执业资格考试丛书

建筑结构设计常用数据速查指南（第二版）

Quick Reference Guide to Common Data of Building Structure Design

兰定筠　编著

中国建筑工业出版社

图书在版编目（CIP）数据

建筑结构设计常用数据速查指南 ＝ Quick Reference Guide to Common Data of Building Structure Design/兰定筠编著. — 2 版. — 北京：中国建筑工业出版社，2023.5

（执业资格考试丛书）

ISBN 978-7-112-28577-8

Ⅰ. ①建… Ⅱ. ①兰… Ⅲ. ①建筑结构－结构设计－数据－资格考试－自学参考资料 Ⅳ. ①TU318

中国国家版本馆 CIP 数据核字(2023)第 057665 号

本指南是为参加一、二级注册结构工程师专业考试的考生编写的，方便考场答题时快速正确地查到有关数据。根据最新的通用规范，本指南对考试需要的数据进行了系统的梳理与归纳，共涉及三十多本标准规范，按各本标准规范的章、节和条款的顺序进行编写，采用表格、图形表达，便于数据速查。

其主要内容包括：各本标准规范的常用数据表；标准规范的计算公式参数表、系数表及速查表；结构构件的内力调整系数速查表、抗震措施与抗震构造措施速查表；常用结构计算的内力与挠度速查表；标准规范的条文要点和计算要点、方法、技巧等。

本指南与《建筑结构静力计算应试指南》（第二版）配套，适用于一、二级注册结构工程师专业考试的考生使用，也可供本行业结构设计人员使用和大专院校土建类专业师生参考。

责任编辑：吕　娜　王　跃

责任校对：姜小莲

执业资格考试丛书

建筑结构设计常用数据速查指南（第二版）

Quick Reference Guide to Common Data of Building Structure Design

兰定筠　编著

*

中国建筑工业出版社出版、发行（北京海淀三里河路 9 号）

各地新华书店、建筑书店经销

北京红光制版公司制版

北京同文印刷有限责任公司印刷

*

开本：850 毫米×1168 毫米　1/32　印张：15⅛　字数：420 千字

2023 年 5 月第二版　　2023 年 5 月第一次印刷

定价：**68.00** 元

ISBN 978-7-112-28577-8

（40845）

第二版前言

一、二级注册结构工程师专业考试的难度和深度逐年加大，注册考试不断改革，考生应及时适应新的注册考试特点。为了顺利通过考试，考生应保证答题的速度和正确率，这要求考生必须在考试现场对考题所涉及的数据能快速正确地查找得到。为此，根据最新的通用规范，本指南对考试需要的数据进行了系统的梳理与归纳，涉及三十多本标准规范，按各本标准规范的章、节和条款的顺序组织编写，采用表格、图形表达，具体的特色如下：

1. 突出重点，最常用数据编写在本指南第一章。注册考试的最常用数据，如：上午段钢筋混凝土结构和下午段高层建筑结构均涉及混凝土的抗压强度和抗拉强度的设计值、钢筋的设计值、相对界限受压区高度值、钢筋的截面面积等，将其编写在最重要位置即第一章，便于快速查找数据，提高答题速度和正确率。

2. 以考试大纲要求的标准规范为主线组织编写。本指南按考试大纲要求的标准规范进行分类，并按上、下午命题内容的顺序按章组织编写，同时，突出重点，对重要的规范独立按章编写，如：《混凝土结构设计规范》《建筑抗震设计规范》《高层建筑混凝土结构技术规程》《钢结构设计标准》。各章整理归纳出：规范的常用数据表；规范的计算公式所需的基础数据表、参数表、系数表及速查表；结构构件的内力调整系数速查表、抗震措施与抗震构造措施速查表。

3. 常考的结构计算公式和规范条文计算要点的速查。归纳整理常考的结构计算公式的直观图示和速查表，如：钢筋混凝土结构、钢结构受弯构件（简支梁、悬臂梁、斜梁等）的挠度计算公式速查表；钢筋混凝土结构框架梁、框架柱的计算公式速查；双角钢与钢板角焊缝连接的计算公式速查表；常用的螺栓群和高强度螺栓群在各类外力作用下的计算公式速查等。同时，归纳整理常考的规范条文的计算要点、方法和计算技巧等。

4. 按四级目录编排、目录文字言简意赅，便于快速查找。 本指南目录按四级目录编排、目录文字言简意赅，现场考试答题时需要的数据，考生可以从目录直接找到所需数据，或者从目录直接找到所需数据的本指南页码位置，或者从目录直接找到所需数据的规范位置，从而快速正确地获取需要的数据。

例如：仅计算竖向地震作用时取 1.0《抗规》5.4.3 条，其表达的意思是：依据目录文字，可直接得到需要的数据、该数据依据的规范及其条文，不需要再查找规范。

又如：受压杆件的容许长细比查《钢标》表 7.4.6，其表达的意思是：依据目录文字，考生查自备的《钢结构设计标准》表 7.4.6，避免冗长，本指南不再列出其具体内容。

考生和读者在使用过程中如有疑问或建议，可发邮件到邮箱 Landj2020@163.com，作者将及时回复。

本指南主要编制人员：兰定筠、叶天义、黄音、黄小莉、刘福聪、杨松、王源盛、饶伟立、蓝亮。

本指南主要审核人员：杨利容、罗刚、谢应坤、赵诣深。

扫码观看
本书使用指南

标准规范简称对照表

为了阐述方便、避免冗长，标准规范简称如下：

标准名	标准号	简称
1.《工程结构通用规范》	GB 55001—2021	《结通规》
2.《建筑与市政工程抗震通用规范》	GB 55002—2021	《抗震通规》
3.《建筑与市政地基基础通用规范》	GB 55003—2021	《地基通规》
4.《组合结构通用规范》	GB 55004—2021	《组合通规》
5.《木结构通用规范》	GB 55005—2021	《木通规》
6.《钢结构通用规范》	GB 55006—2021	《钢通规》
7.《砌体结构通用规范》	GB 55007—2021	《砌通规》
8.《混凝土结构通用规范》	GB 55008—2021	《混通规》
9.《建筑结构可靠性设计统一标准》	GB 50068—2018	《可靠性标准》
10.《建筑结构荷载规范》	GB 50009—2012	《荷规》
11.《建筑工程抗震设防分类标准》	GB 50223—2008	《设防分类标准》
12.《建筑抗震设计规范》	GB 50011—2010（2016 年版）	《抗规》
13.《建筑地基基础设计规范》	GB 50007—2011	《地规》
14.《建筑桩基技术规范》	JGJ 94—2008	《桩规》
15.《建筑边坡工程技术规范》	GB 50330—2013	《边坡规范》
16.《建筑地基处理技术规范》	JGJ 79—2012	《地处规》
17.《建筑地基基础工程施工质量验收规范》	GB 50202—2018	《地验规》
18.《既有建筑地基基础加固技术规范》	JGJ 123—2012	《既有地规》
19.《混凝土结构设计规范》	GB 50010—2010（2015 年版）	《混规》

续表

标准名	标准号	简称
20.《混凝土结构工程施工质量验收规范》	GB 50204—2015	《混验规》
21.《混凝土异形柱结构技术规程》	JGJ 149—2017	《异形柱规》
22.《组合结构设计规范》	JGJ 138—2016	《组合规范》
23.《钢结构设计标准》	GB 50017—2017	《钢标》
24.《冷弯薄壁型钢结构技术规范》	GB 50018—2002	《薄壁钢规》
25.《高层民用建筑钢结构技术规程》	JGJ 99—2015	《高钢规》
26.《空间网格结构技术规程》	JGJ 7—2010	《网格规程》
27.《钢结构焊接规范》	GB 50661—2011	《焊接规范》
28.《钢结构高强度螺栓连接技术规程》	JGJ 82—2011	《螺栓规程》
29.《钢结构工程施工质量验收标准》	GB 50205—2020	《钢验标》
30.《砌体结构设计规范》	GB 50003—2011	《砌规》
31.《砌体结构工程施工质量验收规范》	GB 50203—2011	《砌验规》
32.《木结构设计标准》	GB 50005—2017	《木标》
33.《门式刚架轻型房屋钢结构技术规范》	GB 51022—2015	《门规》
34.《混凝土结构加固设计规范》	GB 50367—2013	《混加规》
35.《建筑抗震加固技术规程》	JGJ 116—2009	《抗加规》
36.《高层建筑混凝土结构技术规程》	JGJ 3—2010	《高规》
37.《建筑设计防火规范》	GB 50016—2014（2018年版）	《防火规范》
38.《公路桥涵设计通用规范》	JTG D60—2015	《公桥通规》
39.《城市桥梁设计规范》	CJJ 11—2011（2019年版）	《城市桥规》
40.《城市桥梁抗震设计规范》	CJJ 166—2011	《城桥抗规》

续表

标准名	标准号	简称
41.《公路钢筋混凝土及预应力混凝土桥涵设计规范》	JTG 3362—2018	《公桥混规》
42.《公路桥梁抗震设计规范》	JTG/T 2231-01—2020	《公桥抗规》
43.《城市人行天桥和人行地道技术规程》	CJJ 69—95（含 1998 年局部修订）	《城市天桥》

第一章　最常用数据

第二章　《设防分类标准》《结通规》和《荷规》

第三章　《混规》

第四章　《抗震通规》和《抗规》

第五章　《钢标》

第六章　《螺栓规程》《焊接规范》和《网格规程》

第七章　《砌规》《抗规》和《木标》

第八章　《地规》《桩规》《地处规》和《抗规》

第九章　《高规》

第十一章 《高钢规》《钢通规》和《抗规》

第十二章　桥梁结构

附录一　型钢截面特性

附录二　角钢的组合截面特性

附录三　《建筑桩基技术规范》第一次印刷本问题修改建议

第一章

最常用数据

第一节 《混规》最常用数据

一、混凝土

1. 混凝土轴心抗压强度和抗拉强度的标准值

《混规》规定：

4.1.3 混凝土轴心抗压强度的标准值 f_{ck} 应按表 4.1.3-1 采用；轴心抗拉强度的标准值 f_{tk} 应按表 4.1.3-2 采用。

表 4.1.3-1 混凝土轴心抗压强度标准值（N/mm²）

强度	混凝土强度等级													
	C15	C20	C25	C30	C35	C40	C45	C50	C55	C60	C65	C70	C75	C80
f_{ck}	10.0	13.4	16.7	20.1	23.4	26.8	29.6	32.4	35.5	38.5	41.5	44.5	47.4	50.2

表 4.1.3-2 混凝土轴心抗拉强度标准值（N/mm²）

强度	混凝土强度等级													
	C15	C20	C25	C30	C35	C40	C45	C50	C55	C60	C65	C70	C75	C80
f_{tk}	1.27	1.54	1.78	2.01	2.20	2.39	2.51	2.64	2.74	2.85	2.93	2.99	3.05	3.11

2. 混凝土轴心抗压强度和抗拉强度的设计值

4.1.4 混凝土轴心抗压强度的设计值 f_c 应按表 4.1.4-1 采用；轴心抗拉强度的设计值 f_t 应按表 4.1.4-2 采用。

表 4.1.4-1 混凝土轴心抗压强度设计值（N/mm²）

强度	混凝土强度等级													
	C15	C20	C25	C30	C35	C40	C45	C50	C55	C60	C65	C70	C75	C80
f_c	7.2	9.6	11.9	14.3	16.7	19.1	21.1	23.1	25.3	27.5	29.7	31.8	33.8	35.9

表 4.1.4-2 混凝土轴心抗拉强度设计值（N/mm²）

强度	混凝土强度等级													
	C15	C20	C25	C30	C35	C40	C45	C50	C55	C60	C65	C70	C75	C80
f_t	0.91	1.10	1.27	1.43	1.57	1.71	1.80	1.89	1.96	2.04	2.09	2.14	2.18	2.22

3. 混凝土的弹性模量、剪变模量和泊松比及热工参数

4.1.5　混凝土受压和受拉的弹性模量 E_c 宜按表 4.1.5 采用。

混凝土的剪切变形模量 G_c 可按相应弹性模量值的 40% 采用。

混凝土泊松比 υ_c 可按 0.2 采用。

表 4.1.5　混凝土的弹性模量（$\times 10^4 N/mm^2$）

混凝土强度等级	C15	C20	C25	C30	C35	C40	C45	C50	C55	C60	C65	C70	C75	C80
E_c	2.20	2.55	2.80	3.00	3.15	3.25	3.35	3.45	3.55	3.60	3.65	3.70	3.75	3.80

注：1. 当有可靠试验依据时，弹性模量可根据实测数据确定；

2. 当混凝土中掺有大量矿物掺合料时，弹性模量可按规定龄期根据实测数据确定。

4.1.8　当温度在 0～100℃范围内时，混凝土的热工参数可按下列规定取值：

线膨胀系数 α_c：1×10^{-5}/℃；

导热系数 λ：10.6kJ/(m·h·℃)；

比热容 c：0.96kJ/(kg·℃)。

4. 钢筋混凝土构件的相对界限受压区高度 ξ_b 值

钢筋混凝土构件的相对界限受压区高度 ξ_b 值，见表1.1.1-1。

相对界限受压区高度 ξ_b 值　　表 1.1.1-1

钢筋牌号	混凝土强度等级						
	≤C50	C55	C60	C65	C70	C75	C80
HPB300	0.576	0.566	0.556	0.547	0.537	0.528	0.518
HRB335	0.550	0.541	0.531	0.522	0.512	0.503	0.493
HRB400 HRBF400	0.518	0.508	0.499	0.490	0.481	0.472	0.463
HRB500 HRBF500	0.482	0.473	0.464	0.455	0.447	0.438	0.429

5. 等效矩形应力图形系数 α_1 和 β_1

根据《混规》6.2.6 条，等效矩形应力图形系数 α_1，见表 1.1.1-2；系数 β_1，见表 1.1.1-3。

系 数 α_1 **表 1.1.1-2**

混凝土强度等级	≤C50	C55	C60	C65	C70	C75	C80
α_1	1.0	0.99	0.98	0.97	0.96	0.95	0.94

系 数 β_1 **表 1.1.1-3**

混凝土强度等级	≤C50	C55	C60	C65	C70	C75	C80
β_1	0.80	0.79	0.78	0.77	0.76	0.75	0.74

6. 混凝土强度影响系数 β_c

根据《混规》6.3.1 条，强度影响系数 β_c，见表 1.1.1-4。

混凝土强度影响系数 β_c **表 1.1.1-4**

混凝土强度等级	≤C50	C55	C60	C65	C70	C75	C80
β_c	1.0	0.97	0.93	0.90	0.87	0.83	0.80

二、钢筋

1. 普通钢筋和预应力筋的强度设计值

4.2.3 普通钢筋的抗拉强度设计值 f_y、抗压强度设计值 f'_y 应按表 4.2.3-1 采用；预应力筋的抗拉强度设计值 f_{py}、抗压强度设计值 f'_{py} 应按表 4.2.3-2 采用。

当构件中配有不同种类的钢筋时，每种钢筋应采用各自的强度设计值。

对轴心受压构件，当采用 HRB500、HRBF500 钢筋时，钢筋的抗压强度设计值 f'_y 应取 400N/mm²。横向钢筋的抗拉强度设计值 f_{yv} 应按表中 f_y 的数值采用；但用作受剪、受扭、受冲切承载力计算时，其数值大于 360N/mm² 时应取 360N/mm²。

表 4.2.3-1　普通钢筋强度设计值（N/mm²）

牌　　号	抗拉强度设计值 f_y	抗压强度设计值 f'_y
HPB300	270	270
HRB335	300	300
HRB400、HRBF400、RRB400	360	360
HRB500、HRBF500	435	435

表 4.2.3-2　预应力筋强度设计值（N/mm²）

种　类	极限强度标准值 f_{ptk}	抗拉强度设计值 f_{py}	抗压强度设计值 f'_{py}
中强度预应力钢丝	800	510	410
	970	650	
	1270	810	
消除应力钢丝	1470	1040	410
	1570	1110	
	1860	1320	
钢绞线	1570	1110	390
	1720	1220	
	1860	1320	
	1960	1390	
预应力螺纹钢筋	980	650	400
	1080	770	
	1230	900	

注：当预应力筋的强度标准值不符合表 4.2.3-2 的规定时，其强度设计值应进行相应的比例换算。

2. 普通钢筋和预应力筋的强度标准值

4.2.2　钢筋的强度标准值应具有不小于 95%的保证率。普通钢筋的屈服强度标准值 f_{yk}、极限强度标准值 f_{stk} 应按表 4.2.2-1采用；预应力钢丝、钢绞线和预应力螺纹钢筋的极限强度标准值 f_{ptk} 及屈服强度标准值 f_{pyk} 应按表 4.2.2-2 采用。

表 4.2.2-1　普通钢筋强度标准值（N/mm²）

牌号	符　号	公称直径 d（mm）	屈服强度标准值 f_{yk}	极限强度标准值 f_{stk}
HPB300	Φ	6～14	300	420
HRB335	Φ	6～14	335	455
HRB400 HRBF400 RRB400	Φ Φ^{F} Φ^{R}	6～50	400	540
HRB500 HRBF500	Φ Φ^{F}	6～50	500	630

表 4.2.2-2　预应力筋强度标准值（N/mm²）

种　类		符号	公称直径 d（mm）	屈服强度标准值 f_{pyk}	极限强度标准值 f_{ptk}
中强度预应力钢丝	光面	Φ^{PM}	5、7、9	620	800
	螺旋肋	Φ^{HM}		780	970
				980	1270
预应力螺纹钢筋	螺纹	Φ^{T}	18、25、32、40、50	785	980
				930	1080
				1080	1230
消除应力钢丝	光面	Φ^{P}	5	—	1570
				—	1860
			7	—	1570
	螺旋肋	Φ^{H}	9	—	1470
				—	1570
钢绞线	1×3（三股）	Φ^{S}	8.6、10.8、12.9	—	1570
				—	1860
				—	1960
	1×7（七股）		9.5、12.7、15.2、17.8	—	1720
				—	1860
				—	1960
			21.6	—	1860

注：极限强度标准值为 1960N/mm² 的钢绞线作后张预应力配筋时，应有可靠的工程经验。

3. 普通钢筋和预应力筋的弹性模量

4.2.5 普通钢筋和预应力筋的弹性模量 E_s 可按表 4.2.5 采用。

表 4.2.5　钢筋的弹性模量（$\times 10^5 N/mm^2$）

牌号或种类	弹性模量 E_s
HPB300	2.10
HRB335、HRB400、HRB500 HRBF400、HRBF500、RRB400 预应力螺纹钢筋	2.00
消除应力钢丝、中强度预应力钢丝	2.05
钢绞线	1.95

4. 钢筋、钢绞线和钢丝的截面面积速查表

表 A.0.1　钢筋的公称直径、公称截面面积及理论重量

公称直径(mm)	不同根数钢筋的公称截面面积（mm^2）									单根钢筋理论重量(kg/m)
	1	2	3	4	5	6	7	8	9	
6	28.3	57	85	113	142	170	198	226	255	0.222
8	50.3	101	151	201	252	302	352	402	453	0.395
10	78.5	157	236	314	393	471	550	628	707	0.617
12	113.1	226	339	452	565	678	791	904	1017	0.888
14	153.9	308	461	615	769	923	1077	1231	1385	1.21
16	201.1	402	603	804	1005	1206	1407	1608	1809	1.58
18	254.5	509	763	1017	1272	1527	1781	2036	2290	2.00(2.11)
20	314.2	628	942	1256	1570	1884	2199	2513	2827	2.47
22	380.1	760	1140	1520	1900	2281	2661	3041	3421	2.98
25	490.9	982	1473	1964	2454	2945	3436	3927	4418	3.85(4.10)
28	615.8	1232	1847	2463	3079	3695	4310	4926	5542	4.83
32	804.2	1609	2413	3217	4021	4826	5630	6434	7238	6.31(6.65)
36	1017.9	2036	3054	4072	5089	6107	7125	8143	9161	7.99
40	1256.6	2513	3770	5027	6283	7540	8796	10053	11310	9.87(10.34)
50	1963.5	3928	5892	7856	9820	11784	13748	15712	17676	15.42(16.28)

注：括号内为预应力螺纹钢筋的数值。

表 A.0.2 钢绞线的公称直径、公称截面面积及理论重量

种类	公称直径（mm）	公称截面面积（mm^2）	理论重量（kg/m）
1×3	8.6	37.7	0.296
	10.8	58.9	0.462
	12.9	84.8	0.666
1×7 标准型	9.5	54.8	0.430
	12.7	98.7	0.775
	15.2	140	1.101
	17.8	191	1.500
	21.6	285	2.237

表 A.0.3 钢丝的公称直径、公称截面面积及理论重量

公称直径（mm）	公称截面面积（mm^2）	理论重量（kg/m）
5.0	19.63	0.154
7.0	38.48	0.302
9.0	63.62	0.499

三、环境类别

3.5.2 混凝土结构暴露的环境类别应按表 3.5.2 的要求划分。

表 3.5.2 混凝土结构的环境类别

环境类别	条件
一	室内干燥环境； 无侵蚀性静水浸没环境
二 a	室内潮湿环境； 非严寒和非寒冷地区的露天环境； 非严寒和非寒冷地区与无侵蚀性的水或土壤直接接触的环境； 严寒和寒冷地区的冰冻线以下与无侵蚀性的水或土壤直接接触的环境
二 b	干湿交替环境； 水位频繁变动环境； 严寒和寒冷地区的露天环境； 严寒和寒冷地区冰冻线以上与无侵蚀性的水或土壤直接接触的环境

续表 3.5.2

环境类别	条　　件
三 a	严寒和寒冷地区冬季水位变动区环境； 受除冰盐影响环境； 海风环境
三 b	盐渍土环境； 受除冰盐作用环境； 海岸环境
四	海水环境
五	受人为或自然的侵蚀性物质影响的环境

注：1. 室内潮湿环境是指构件表面经常处于结露或湿润状态的环境；
2. 严寒和寒冷地区的划分应符合现行国家标准《民用建筑热工设计规范》GB 50176 的有关规定；
3. 海岸环境和海风环境宜根据当地情况，考虑主导风向及结构所处迎风、背风部位等因素的影响，由调查研究和工程经验确定；
4. 受除冰盐影响环境是指受到除冰盐盐雾影响的环境；受除冰盐作用环境是指被除冰盐溶液溅射的环境以及使用除冰盐地区的洗车房、停车楼等建筑；
5. 暴露的环境是指混凝土结构表面所处的环境。

四、混凝土保护层厚度

8.2.1　构件中普通钢筋及预应力筋的混凝土保护层厚度应满足下列要求。

1　构件中受力钢筋的保护层厚度不应小于钢筋的公称直径 d；

2　设计使用年限为 50 年的混凝土结构，最外层钢筋的保护层厚度应符合表 8.2.1 的规定；设计使用年限为 100 年的混凝土结构，最外层钢筋的保护层厚度不应小于表 8.2.1 中数值的 1.4 倍。

表 8.2.1 混凝土保护层的最小厚度 c（mm）

环境类别	板、墙、壳	梁、柱、杆
一	15	20
二 a	20	25
二 b	25	35
三 a	30	40
三 b	40	50

注：1. 混凝土强度等级不大于 C25 时，表中保护层厚度数值应增加 5mm；
2. 钢筋混凝土基础宜设置混凝土垫层，基础中钢筋的混凝土保护层厚度应从垫层顶面算起，且不应小于 40mm。

五、钢筋的最小配筋率

1. 纵向受力钢筋的最小配筋率

根据《混通规》4.4.6 条，钢筋混凝土结构构件中纵向受力钢筋的配筋百分率 ρ_{min} 不应小于表 1.1.5-1 规定的数值。

纵向受力钢筋的最小配筋百分率 ρ_{min}（%）　　表 1.1.5-1

<table>
<tr><th colspan="3">受力类型</th><th>最小配筋百分率</th></tr>
<tr><td rowspan="4">受压构件</td><td rowspan="3">全部纵向钢筋</td><td>强度等级 500MPa</td><td>0.50</td></tr>
<tr><td>强度等级 400MPa</td><td>0.55</td></tr>
<tr><td>强度等级 300MPa</td><td>0.60</td></tr>
<tr><td colspan="2">一侧纵向钢筋</td><td>0.20</td></tr>
<tr><td colspan="3">受弯构件、偏心受拉、轴心受拉构件一侧的受拉钢筋</td><td>0.20 和 $45f_t/f_y$ 中的较大值</td></tr>
</table>

注：1. 受压构件全部纵向钢筋最小配筋百分率，当采用 C60 以上强度等级的混凝土时，应按表中规定增加 0.10；
2. 板类受弯构件（除悬臂板、柱支承板之外）的受拉钢筋，当采用强度等级 500MPa 的钢筋时，其最小配筋百分率应允许采用 0.15 和 $45f_t/f_y$ 中的较大值；
3. 偏心受拉构件中的受压钢筋，应按受压构件一侧纵向钢筋考虑；
4. 受压构件的全部纵向钢筋和一侧纵向钢筋的配筋率以及轴心受拉构件和小偏心受拉构件一侧受拉钢筋的配筋率均应按构件的全截面面积计算；
5. 受弯构件、大偏心受拉构件一侧受拉钢筋的配筋率应按全截面面积扣除受压翼缘面积 $(b'_f-b)h'_f$ 后的截面面积计算；
6. 当钢筋沿构件截面周边布置时，“一侧纵向钢筋”系指沿受力方向两个对边中一边布置的纵向钢筋。

《混通规》4.4.6 条规定：

> **3**　对于卧置于地基上的钢筋混凝土板，板中受拉普通钢筋的最小配筋率不应小于 0.15%。

2. 板的一侧纵向受拉钢筋的最小配筋率

根据《混通规》4.4.6 条，板一侧的纵向受拉钢筋的最小配筋百分率（%），见表 1.1.5-2。

板一侧的纵向受拉钢筋的最小配筋百分率（%）　　**表 1.1.5-2**

钢筋牌号	混凝土强度等级						备注
	C25	C30	C35	C40	C45	C50	
HPB300	0.21	0.24	0.26	0.29	0.30	0.32	包括悬臂板
HRB335	0.20	0.21	0.24	0.26	0.27	0.28	
HRB400	0.20	0.20	0.20	0.21	0.23	0.24	
HRB500	0.15	0.15	0.16	0.18	0.19	0.20	不包括悬臂板

3. 每米板宽内的普通钢筋截面面积速查表

每米板宽内的普通钢筋截面面积速查表，见表 1.1.5-3。

每米板宽内的普通钢筋截面面积速查表（mm）　**表 1.1.5-3**

钢筋间距	钢筋直径											
	6	6/8	8	8/10	10	10/12	12	12/14	14	16	18	20
70	404	561	719	920	1121	1369	1616	1908	2199	2872	3636	4489
75	377	524	671	859	1047	1277	1508	1780	2053	2681	3393	4189
80	354	491	629	805	981	1198	1414	1669	1924	2513	3181	3928
85	333	462	592	758	924	1127	1331	1571	1811	2365	2994	3696
90	314	437	559	716	872	1064	1257	1484	1710	2234	2828	3491
95	298	414	529	678	826	1008	1190	1405	1620	2116	2679	3307
100	283	393	503	644	785	958	1131	1335	1539	2011	2545	3142
110	257	357	457	585	714	871	1028	1214	1399	1828	2314	2856
120	236	327	419	537	654	798	942	1112	1283	1676	2121	2618

续表

钢筋间距	钢筋直径											
	6	6/8	8	8/10	10	10/12	12	12/14	14	16	18	20
125	226	314	402	515	628	766	905	1068	1232	1608	2036	2514
130	218	302	387	495	604	737	870	1027	1184	1547	1958	2417
140	202	281	359	460	561	684	808	954	1100	1436	1818	2244
150	189	262	335	429	523	639	754	890	1026	1340	1697	2095
160	177	246	314	403	491	599	707	834	962	1257	1591	1964
170	166	231	296	379	462	564	665	786	906	1183	1497	1848
180	157	218	279	358	436	532	628	742	855	1117	1414	1746
190	149	207	265	339	413	504	595	702	810	1058	1339	1654
200	141	196	251	322	393	479	565	668	770	1005	1273	1571
220	129	178	228	292	357	436	514	607	700	914	1157	1428
240	118	164	209	268	327	399	471	556	641	838	1060	1309
250	113	157	201	258	314	385	452	534	616	804	1018	1257

注：表中 6/8，8/10 等是指两种直径的钢筋间隔放置。

4. 梁、偏心受拉和轴心受拉构件的一侧纵向受拉钢筋的最小配筋率

根据《混通规》4.4.6 条，梁、偏心受拉和轴心受拉构件一侧的纵向受拉钢筋的最小配筋百分率（%），见表 1.1.5-4。

梁、偏心受拉、轴心受拉构件的一侧纵向受拉钢筋的最小配筋百分率（%） **表 1.1.5-4**

钢筋牌号	混凝土强度等级					
	C25	C30	C35	C40	C45	C50
HPB300	0.21	0.24	0.26	0.29	0.30	0.32
HRB400	0.20	0.20	0.20	0.21	0.23	0.24
HRB500	0.20	0.20	0.20	0.20	0.20	0.20

六、梁箍筋的配筋选用速查表

梁箍筋的配筋 A_{sv}/s（mm^2/mm）选用速查表，见表 1.1.6-1。

梁箍筋的配筋 A_{sv}/s（mm^2/mm）选用速查表　表 1.1.6-1

箍筋直径与配置		箍筋间距 s（mm）					
		100	125	150	200	250	300
6 (28.3)	双肢箍	0.566	0.453	0.377	0.283	0.226	0.189
	四肢箍	1.132	0.906	0.755	0.566	0.453	0.377
8 (50.3)	双肢箍	1.006	0.805	0.671	0.503	0.402	0.335
	四肢箍	2.012	1.610	1.341	1.006	0.805	0.671
10 (78.5)	双肢箍	1.57	1.256	1.047	0.785	0.628	0.523
	四肢箍	3.14	2.512	2.093	1.570	1.256	1.047
12 (113.1)	双肢箍	2.262	1.810	1.508	1.131	0.905	0.754
	四肢箍	4.524	3.619	3.016	2.262	1.810	1.508
14 (153.9)	双肢箍	3.078	2.462	2.052	1.539	1.231	1.026
	四肢箍	6.156	4.925	4.104	3.078	2.462	2.052

第二节　《结通规》最常用数据

一、安全等级

《结通规》规定：

2.2.1　结构设计时，应根据结构破坏可能产生后果的严重性，采用不同的安全等级。结构安全等级的划分应符合表 2.2.1 的规定。结构及其部件的安全等级不得低于三级。

表 2.2.1　安全等级的划分

安全等级	破坏后果	安全等级	破坏后果	安全等级	破坏后果
一级	很严重	二级	严重	三级	不严重

二、设计工作年限

2.2.2　结构设计时，应根据工程的使用功能、建造和使用维护成本以及环境影响等因素规定设计工作年限，并应符合下列规定：

1 房屋建筑的结构设计工作年限不应低于表 2.2.2-1 的规定；

表 2.2.2-1 房屋建筑的结构设计工作年限

类别	设计工作年限（年）
临时性建筑结构	5
普通房屋和构筑物	50
特别重要的建筑结构	100

三、结构重要性系数 γ_0

3.1.12 结构重要性系数 γ_0 不应小于表 3.1.12 的规定。

表 3.1.12 结构重要性系数 γ_0

结构重要性系数	对持久设计状况和短暂设计状况			对偶然设计状况和地震设计状况
	安全等级			
	一级	二级	三级	
γ_0	1.1	1.0	0.9	1.0

四、作用分项系数

3.1.13 房屋建筑结构的作用分项系数应按下列规定取值：

1 永久作用：当对结构不利时，不应小于 1.3；当对结构有利时，不应大于 1.0。

2 预应力：当对结构不利时，不应小于 1.3；当对结构有利时，不应大于 1.0。

3 标准值大于 $4kN/m^2$ 的工业房屋楼面活荷载，当对结构不利时不应小于 1.4；当对结构有利时，应取为 0。

4 除第 3 款之外的可变作用，当对结构不利时不应小于 1.5；当对结构有利时，应取为 0。

五、考虑设计工作年限的调整系数 γ_L

3.1.16　房屋建筑的可变荷载考虑设计工作年限的调整系数 γ_L 应按下列规定采用：

1　对于荷载标准值随时间变化的楼面和屋面活荷载，考虑设计工作年限的调整系数 γ_L 应按表 3.1.16 采用。当设计工作年限不为表中数值时，调整系数 γ_L 不应小于按线性内插确定的值。

表 3.1.16　楼面和屋面活荷载考虑设计工作年限的调整系数 γ_L

结构设计工作年限（年）	5	50	100
γ_L	0.9	1.0	1.1

2　对雪荷载和风荷载，调整系数应按重现期与设计工作年限相同的原则确定。

第三节　《可靠性标准》最常用数据

一、安全等级

《可靠性标准》规定：

3.2.1　建筑结构设计时，应根据结构破坏可能产生的后果，即危及人的生命、造成经济损失、对社会或环境产生影响等的严重性，采用不同的安全等级。建筑结构安全等级的划分应符合表 3.2.1 的规定。

表 3.2.1　建筑结构的安全等级

安全等级	破坏后果
一级	很严重：对人的生命、经济、社会或环境影响很大
二级	严重：对人的生命、经济、社会或环境影响较大
三级	不严重：对人的生命、经济、社会或环境影响较小

二、可靠指标

3.2.6 结构构件持久设计状况承载能力极限状态设计的可靠指标，不应小于表 3.2.6 的规定。

表 3.2.6 结构构件的可靠指标 β

破坏类型	安全等级		
	一级	二级	三级
延性破坏	3.7	3.2	2.7
脆性破坏	4.2	3.7	3.2

3.2.7 结构构件持久设计状况正常使用极限状态设计的可靠指标，宜根据其可逆程度取 0～1.5。

3.2.8 结构构件持久设计状况耐久性极限状态设计的可靠指标，宜根据其可逆程度取 1.0～2.0。

三、结构设计使用年限

3.3.3 建筑结构的设计使用年限，应按表 3.3.3 采用。

表 3.3.3 建筑结构的设计使用年限

类别	设计使用年限（年）
临时性建筑结构	5
易于替换的结构构件	25
普通房屋和构筑物	50
标志性建筑和特别重要的建筑结构	100

四、结构重要性系数 γ_0

8.2.8 结构重要性系数 γ_0，不应小于表 8.2.8 的规定。

表 8.2.8 结构重要性系数 γ_0

结构重要性系数	对持久设计状况和短暂设计状况			对偶然设计状况和地震设计状况
	安全等级			
	一级	二级	三级	
γ_0	1.1	1.0	0.9	1.0

五、作用分项系数

8.2.9 建筑结构的作用分项系数，应按表 8.2.9 采用。

表 8.2.9 建筑结构的作用分项系数

适用情况 作用分项系数	当作用效应对承载力不利时	当作用效应对承载力有利时
γ_G	1.3	≤1.0
γ_P	1.3	≤1.0
γ_Q	1.5	0

六、考虑设计使用年限的荷载调整系数 γ_L

表 8.2.10 建筑结构考虑结构设计使用年限的荷载调整系数 γ_L

结构的设计使用年限（年）	γ_L
5	0.9
50	1.0
100	1.1

注：对设计使用年限为 25 年的结构构件，γ_L 应按各种材料结构设计标准的规定采用。

第二章

《设防分类标准》《结通规》和《荷规》

第一节 《设防分类标准》

一、适用对象

《设防分类标准》规定：

1.0.3 抗震设防区的所有建筑工程应确定其抗震设防类别。

新建、改建、扩建的建筑工程，其抗震设防类别不应低于本标准的规定。

1.0.3（条文说明）

鉴于既有建筑工程的情况复杂，需要根据实际情况处理，故本标准的规定不包括既有建筑。

二、不同的设计使用年限建筑抗震要求

2.0.2 抗震设防烈度 seismic fortification intensity

按国家规定的权限批准作为一个地区抗震设防依据的地震烈度。一般情况下，取50年内超越概率10%的地震烈度。

2.0.3 抗震设防标准 seismic fortification criterion

衡量抗震设防要求高低的尺度，由抗震设防烈度或设计地震动参数及建筑抗震设防类别确定。

2.0.2、2.0.3（条文说明）

对于抗震设计，鉴于本标准的建筑抗震设防分类和相应的设防标准已体现抗震安全性要求的不同，对不同的设计使用年限，可参考下列处理方法：

1）若投资方提出的所谓设计使用年限100年的功能要求仅仅是耐久性100年的要求，则抗震设防类别和相应的设防标准仍按本标准的规定采用。

2）不同设计使用年限的地震动参数与设计基准期（50年）的地震动参数之间的基本关系，可参阅有关的研究成果。当获得设计使用年限100年内不同超越概率的地震动参数时，如按这些地震动参数确定地震作用，即意味着通过提高结构的地震作用来提高抗震能力。此时，如果按本标准划分规定不属

于标准设防类，仍应按本标准的相关要求采取抗震措施。

需注意，只提高地震作用或只提高抗震措施，二者的效果有所不同，但均可认为满足提高抗震安全性的要求；当既提高地震作用又提高抗震措施时，则结构抗震安全性可有较大程度的提高。

3）当设计使用年限少于设计基准期，抗震设防要求可相应降低。临时性建筑通常可不设防。

注意：临时性建筑通常可不设防。

三、确定抗震设防类别应考虑的因素

3.0.1 建筑抗震设防类别划分，应根据下列因素的综合分析确定：

1 建筑破坏造成的人员伤亡、直接和间接经济损失及社会影响的大小。

2 城镇的大小、行业的特点、工矿企业的规模。

3 建筑使用功能失效后，对全局的影响范围大小、抗震救灾影响及恢复的难易程度。

4 建筑各区段的重要性有显著不同时，可按区段划分抗震设防类别。下部区段的类别不应低于上部区段。

5 不同行业的相同建筑，当所处地位及地震破坏所产生的后果和影响不同时，其抗震设防类别可不相同。

注：区段指由防震缝分开的结构单元、平面内使用功能不同的部分、或上下使用功能不同的部分。

四、抗震设防类别

3.0.2 建筑工程应分为以下四个抗震设防类别：

1 特殊设防类：指使用上有特殊设施，涉及国家公共安全的重大建筑工程和地震时可能发生严重次生灾害等特别重大灾害后果，需要进行特殊设防的建筑。简称甲类。

2 重点设防类：指地震时使用功能不能中断或需尽快恢复的

生命线相关建筑，以及地震时可能导致大量人员伤亡等重大灾害后果，需要提高设防标准的建筑。简称乙类。

3 标准设防类：指大量的除 1、2、4 款以外按标准要求进行设防的建筑。简称丙类。

4 适度设防类：指使用上人员稀少且震损不致产生次生灾害，允许在一定条件下适度降低要求的建筑。简称丁类。

五、抗震设防标准及其速查表

3.0.3 各抗震设防类别建筑的抗震设防标准，应符合下列要求：

1 标准设防类，应按本地区抗震设防烈度确定其抗震措施和地震作用，达到在遭遇高于当地抗震设防烈度的预估罕遇地震影响时不致倒塌或发生危及生命安全的严重破坏的抗震设防目标。

2 重点设防类，应按高于本地区抗震设防烈度一度的要求加强其抗震措施；但抗震设防烈度为 9 度时应按比 9 度更高的要求采取抗震措施；地基基础的抗震措施，应符合有关规定。同时，应按本地区抗震设防烈度确定其地震作用。

3 特殊设防类，应按高于本地区抗震设防烈度提高一度的要求加强其抗震措施；但抗震设防烈度为 9 度时应按比 9 度更高的要求采取抗震措施。同时，应按批准的地震安全性评价的结果且高于本地区抗震设防烈度的要求确定其地震作用。

4 适度设防类，允许比本地区抗震设防烈度的要求适当降低其抗震措施，但抗震设防烈度为 6 度时不应降低。一般情况下，仍应按本地区抗震设防烈度确定其地震作用。

注：对于划为重点设防类而规模很小的工业建筑，当改用抗震性能较好的材料且符合抗震设计规范对结构体系的要求时，允许按标准设防类设防。

按上述规定，不同抗震设防类别建筑的抗震设防标准，即经调整后的设防烈度，见表 2.1.5-1。

不同抗震设防类别建筑的抗震设防标准　　表 2.1.5-1

<table>
<tr><th rowspan="2">抗震设防类别</th><th colspan="4">确定地震作用时的设防标准</th><th colspan="4">确定抗震措施时的设防标准</th></tr>
<tr><th>6 度</th><th>7 度</th><th>8 度</th><th>9 度</th><th>6 度</th><th>7 度</th><th>8 度</th><th>9 度</th></tr>
<tr><td>甲类</td><td colspan="4">高于本地区设防烈度的要求，其值应按批准的地震安全性评价结果确定</td><td>7</td><td>8</td><td>9</td><td>9⁺</td></tr>
<tr><td>乙类</td><td>6</td><td>7</td><td>8</td><td>9</td><td>7</td><td>8</td><td>9</td><td>9⁺</td></tr>
<tr><td>丙类</td><td>6</td><td>7</td><td>8</td><td>9</td><td>6</td><td>7</td><td>8</td><td>9</td></tr>
<tr><td>丁类</td><td>6</td><td>7</td><td>8</td><td>9</td><td>6</td><td>6</td><td>7</td><td>8</td></tr>
</table>

注：抗震措施包括内力调整的抗震措施和抗震构造措施。

六、防灾救灾建筑

4.0.3 医疗建筑的抗震设防类别，应符合下列规定：

1 三级医院中承担特别重要医疗任务的门诊、医技、住院用房，抗震设防类别应划为特殊设防类。

2 二、三级医院的门诊、医技、住院用房，具有外科手术室或急诊科的乡镇卫生院的医疗用房，县级及以上急救中心的指挥、通信、运输系统的重要建筑，县级及以上的独立采供血机构的建筑，抗震设防类别应划为重点设防类。

3 工矿企业的医疗建筑，可比照城市的医疗建筑示例确定其抗震设防类别。

4.0.3（条文说明）

医院的级别，按国家卫生行政主管部门的规定，三级医院指该医院总床位不少于 500 个且每床建筑面积不少于 $60m^2$，二级医院指床位不少于 100 个且每床建筑面积不少于 $45m^2$。

《设防分类标准》还规定：

4.0.4 消防车库及其值班用房，抗震设防类别应划为重点设防类。

4.0.5 20万人口以上的城镇和县及县级市防灾应急指挥中心的主要建筑，抗震设防类别不应低于重点设防类。

工矿企业的防灾应急指挥系统建筑，可比照城市防灾应急指挥系统建筑示例确定其抗震设防类别。

4.0.6 疾病预防与控制中心建筑的抗震设防类别，应符合下列规定：

1 承担研究、中试和存放剧毒的高危险传染病病毒任务的疾病预防与控制中心的建筑或其区段，抗震设防类别应划为特殊设防类。

2 不属于1款的县、县级市及以上的疾病预防与控制中心的主要建筑，抗震设防类别应划为重点设防类。

4.0.7 作为应急避难场所的建筑，其抗震设防类别不应低于重点设防类。

七、公共建筑和居住建筑

6.0.3 体育建筑中，规模分级为特大型的体育场，大型、观众席容量很多的中型体育场和体育馆（含游泳馆），抗震设防类别应划为重点设防类。

6.0.3（条文说明）

进一步明确体育建筑中人员密集的范围：观众座位很多的大型体育场指观众座位容量不少于30000人或每个结构区段的座位容量不少于5000人，观众座位很多的大型体育馆（含游泳馆）指观众座位容量不少于4500人。

6.0.4 文化娱乐建筑中，大型的电影院、剧场、礼堂、图书馆的视听室和报告厅、文化馆的观演厅和展览厅、娱乐中心建筑，抗震设防类别应划为重点设防类。

6.0.4（条文说明）

本标准的大型剧场、电影院、礼堂，指座位不少于1200座；本次修订新增的图书馆和文化馆，与大型娱乐中心同样对待，指一个区段内上下楼层合计的座位明显大于1200座，同时其中至少有一个500座以上（相当于中型电影院的座位容量）的大厅。

6.0.5 商业建筑中，人流密集的大型的多层商场抗震设防类别应划为重点设防类。当商业建筑与其他建筑合建时应分别判断，并按区段确定其抗震设防类别。

6.0.5（条文说明）

大型商场指一个区段人流5000人，换算的建筑面积约17000m^{2}或营业面积7000m^{2}以上的商业建筑。这类商业建筑一般须同时满足人员密集、建筑面积或营业面积达到大型商场的标准、多层建筑等条件；所有仓储式、单层的大商场不包括在内。

当商业建筑与其他建筑合建时，包括商住楼或综合楼，其划分以区段按比照原则确定。例如，高层建筑中多层的商业裙房区段或者下部的商业区段为重点设防类，而上部的住宅可以不提高设防类别。还需注意，当按区段划分时，若上部区段为重点设防类，则其下部区段也应为重点设防类。

《设防分类标准》还规定：

6.0.6 博物馆和档案馆中，大型博物馆，存放国家一级文物的博物馆，特级、甲级档案馆，抗震设防类别应划为重点设防类。

6.0.6（条文说明）

本标准的大型博物馆指建筑规模大于10000m^2，一般适用于中央各部委直属博物馆和各省、自治区、直辖市博物馆。按照《档案馆建筑设计规范》JGJ 25—2000，特级档案馆为国家级档案馆，甲级档案馆为省、自治区、直辖市档案馆，二者的耐久年限要求在100年以上。

6.0.7 会展建筑中，大型展览馆、会展中心，抗震设防类别应划为重点设防类。

6.0.7（条文说明）

这类展览馆、会展中心，在一个区段的设计容纳人数一般在5000人以上。

6.0.8 教育建筑中，幼儿园、小学、中学的教学用房以及学生宿舍和食堂，抗震设防类别应不低于重点设防类。

6.0.9 科学实验建筑中，研究、中试生产和存放具有高放射性物品以及剧毒的生物制品、化学制品、天然和人工细菌、病毒（如鼠疫、霍乱、伤寒和新发高危险传染病等）的建筑，抗震设防类别应划为特殊设防类。

6.0.10 电子信息中心的建筑中，省部级编制和贮存重要信息的建筑，抗震设防类别应划为重点设防类。

国家级信息中心建筑的抗震设防标准应高于重点设防类。

6.0.11 高层建筑中，当结构单元内经常使用人数超过8000人时，抗震设防类别宜划为重点设防类。

6.0.12 居住建筑的抗震设防类别不应低于标准设防类。

八、其他建筑

1. 基础设施建筑

（1）城镇给水排水、燃气、热力建筑（表2.1.8-1）

城镇给排水、燃气、热力建筑的抗震设防类别　表2.1.8-1

类别	条文	建筑名称
乙类	5.1.3	给水建筑工程中，20万人口以上城镇、抗震设防烈度为7度及以上的县及县级市的主要取水设施和输水管线、水质净化处理厂的主要水处理建（构）筑物、配水井、送水泵房、中控室、化验室等
	5.1.4	排水建筑工程中，20万人口以上城镇、抗震设防烈度为7度及以上的县及县级市的污水干管（含合流），主要污水处理厂的主要水处理建（构）筑物、进水泵房、中控室、化验室，以及城市排涝泵站、城镇主干道立交处的雨水泵房等

续表

类别	条文	建筑名称
乙类	5.1.5	燃气建筑中，20万人口以上城镇、县及县级市的主要燃气厂的主厂房、贮气罐、加压泵房和压缩间、调度楼及相应的超高压和高压调压间、高压和次高压输配气管道等主要设施
	5.1.6	热力建筑中，50万人口以上城镇的主要热力厂主厂房、调度楼、中继泵站及相应的主要设施等

(2) 电力建筑（表2.1.8-2）

电力调度建筑的抗震设防类别　　表2.1.8-2

类别	条文	建筑名称
甲类	5.2.3	国家和区域电力调度中心
乙类	5.2.3	省、自治区、直辖市的电力调度中心
乙类	5.2.4	单机容量为300MW及以上或规划容量为800MW及以上的火力发电厂和地震时必须维持正常供电的重要电力设施的主厂房、电气综合楼、网控楼、调度通信楼、配电装置楼、烟囱、烟道、碎煤机室、输煤转运站和输煤栈桥、燃油和燃气机组电厂的燃料供应设施
		330kV及以上的变电所和220kV及以下枢纽变电所的主控通信楼、配电装置楼、就地继电器室；330kV及以上的换流站工程中的主控通信楼、阀厅和就地继电器室
		供应20万人口以上规模的城镇集中供热的热电站的主要发配电控制室及其供电、供热设施
		不应中断通信设施的通信调度建筑

(3) 交通运输建筑（表2.1.8-3）

交通运输建筑的抗震设防类别　　表2.1.8-3

类别	条文	建筑名称
乙类	5.3.3	铁路建筑中，高速铁路、客运专线（含城际铁路）、客货共线Ⅰ、Ⅱ级干线和货运专线的铁路枢纽的行车调度、运转、通信、信号、供电、供水建筑，以及特大型站和最高聚集人数很多的大型客运候车楼

续表

类别	条文	建筑名称
乙类	5.3.4	公路建筑中，高速公路、一级公路、一级汽车客运站和位于抗震设防烈度7度及以上地区的公路监控室，一级长途汽车站客运候车楼
乙类	5.3.5	水运建筑中，50万人口以上城市、位于抗震设防烈度7度及以上地区的水运通信和导航等重要设施的建筑，国家重要客运站，海难救助打捞等部门的重要建筑
甲类	5.3.6	空运建筑中，航管楼应高于乙类
乙类	5.3.6	空运建筑中，国际或国内主要干线机场中的航空站楼、大型机库，以及通信、供电、供热、供水、供气、供油的建筑
甲类	5.3.7	城市交通设施中，在交通网络中占关键地位、承担交通量大的大跨度桥
乙类	5.3.7	城市交通设施中，处于交通枢纽的其余桥梁（上述甲类除外）、城市轨道交通的地下隧道、枢纽建筑及其供电、通风设施
		城市轨道交通的地下隧道、枢纽建筑及其供电、通风设施

（4）邮电通信、广播电视建筑（表2.1.8-4、表2.1.8-5）

邮电通信建筑的抗震设防类别　　表2.1.8-4

类别	条文	建筑名称
甲类	5.4.3	国际出入口局，国际无线电台，国家卫星通信地球站，国际海缆登陆站
乙类	5.4.3	省中心及省中心以上通信枢纽楼、长途传输一级干线枢纽站、国内卫星通信地球站、本地网通枢纽楼及通信生产楼、应急通信用房
		大区中心和省中心的邮政枢纽

广播电视建筑的抗震设防类别　　表2.1.8-5

类别	条文	建筑名称
甲类	5.4.4	国家级、省级的电视调频广播发射塔建筑（当混凝土结构塔的高度＞250m或钢结构塔的高度＞300m时）
		国家级卫星地球站上行站

续表

类别	条文	建筑名称
乙类	5.4.4	国家级、省级的电视调频广播发射塔建筑（除甲类外）
		国家级、省级广播中心、电视中心和电视调频广播发射台的主体建筑，发射总功率不小于200kW的中波和短波广播发射台、广播电视卫星地球站、国家级和省级广播电视监测台与节目传送台的机房建筑和天线支承物

2. 工业建筑

(1) 采煤、采油和矿山生产建筑（表2.1.8-6）

采炭、采油和矿山生产建筑的抗震设防类别　表2.1.8-6

类别	条文	建筑名称
乙类	7.1.3	采煤生产建筑中，矿井的提升、通风、供电、供水、通信和瓦斯排放系统
	7.1.4	采油和天然气生产建筑中： 大型油、气田的联合站、压缩机房、加压气站泵房、阀组间、加热炉建筑； 大型计算机房和信息贮存库； 油品储运系统液化气站、轻油泵房及氮气站、长途管道首末站、中间加压泵站建筑； 油、气田主要供电、供水建筑
	7.1.5	采矿生产建筑中： 大型冶金矿山的风机室、排水泵房、变电室、配电室等； 大型非金属矿山的提升、供水、排水、供电、通风等系统的建筑

(2) 原材料生产建筑（表2.1.8-7）

原材料生产建筑的抗震设防类别　表2.1.8-7

类别	条文	建筑名称
乙类	7.2.3	冶金工业、建材工业企业的生产建筑中，大中型冶金企业的动力系统建筑，油库及油泵房，全厂性生产管制中心、通信中心的主要建筑； 大型和不容许中断生产的中型建材工业企业的动力系统建筑
	7.2.4	化工和石油化工生产建筑中： 特大型、大型和中型企业的主要生产建筑以及对正常运行起关键作用的建筑； 特大型、大型和中型企业的供热、供电、供气和供水建筑； 特大型、大型和中型企业的通讯、生产指挥中心建筑

续表

类别	条文	建　筑　名　称
乙类	7.2.5	轻工原料生产建筑中，大型浆板厂和洗涤原料厂等大型原材料生产企业中的主要装置及其控制系统和动力系统建筑
	7.2.6	冶金、化工、石油化工、建材、轻工业原料生产建筑中，使用或生产过程中具有剧毒、易燃、易爆物质的厂房，当具有泄毒、爆炸或火灾危险性时

（3）加工制造业生产建筑（表 2.1.8-8）

加工制造业生产建筑的抗震设防类别　　　表 2.1.8-8

类别	条文	建　筑　名　称
乙类	7.3.3	航空工业建筑中： 部级及部级以上的计量基准所在的建筑，记录和贮存航空主要产品（如飞机、发动机等）或关键产品的信息贮存所在的建筑； 对航空工业发展有重要影响的整机或系统性能试验设施、关键设备所在建筑（如大型风洞及其测试间，发动机高空试车台及其动力装置及测试间，全机电磁兼容试验建筑）； 存放国内少有或仅有的重要精密设备的建筑； 大中型企业主要的动力系统建筑
	7.3.4	航天工业建筑中： 重要的航天工业科研楼、生产厂房和试验设施、动力系统的建筑； 重要的演示、通信、计量、培训中心的建筑
	7.3.5	电子信息工业生产建筑中： 大型彩管、玻壳生产厂房及其动力系统； 大型的集成电路、平板显示器和其他电子类生产厂房； 重要的科研中心、测试中心、试验中心的主要建筑
	7.3.8	加工制造工业建筑中，生产或使用具有剧毒、易燃、易爆物质且具有火灾危险性的厂房及其控制系统的建筑
	7.3.9	大型的机械、船舶、纺织、轻工、医药等工业企业的动力系统建筑
	7.3.10	机械、船舶工业的生产厂房，电子、纺织、轻工、医药等工业其他生产厂房

续表

类别	条文	建筑名称
—	7.3.6	纺织工业的化纤生产建筑中，具有化工性质的生产建筑，其抗震设防类别宜按本标准 7.2.4 条划分
	7.3.7	大型医药生产建筑中，具有生物制品性质的厂房及其控制系统，其抗震设防类别宜按本标准 6.0.9 条划分

3. 仓库类建筑

仓库类建筑适用于工业与民用的仓库类建筑，见表2.1.8-9。

仓库建筑的抗震设防类别　　表 2.1.8-9

类别	条文	建筑名称
乙类	8.0.3	储存高、中放射性物质或剧毒物品的仓库
		贮存易燃、易爆物质等具有火灾危险性的危险品仓库
丁类	8.0.3	贮存物品的价值低、人员活动少、无次生灾害的单层仓库

第二节 《结通规》和《荷规》

一、荷载组合

1. 基本组合

荷载的基本组合，《荷规》规定与《结通规》规定不一致，应按《结通规》。

《荷规》规定：

3.2.5 可变荷载考虑设计使用年限的调整系数 γ_L 应按下列规定采用：

1 楼面和屋面活荷载考虑设计使用年限的调整系数 γ_L 应按表 3.2.5 采用。

表 3.2.5 楼面和屋面活荷载考虑设计使用年限的调整系数 γ_L

结构设计使用年限（年）	5	50	100
γ_L	0.9	1.0	1.1

注：1. 当设计使用年限不为表中数值时，调整系数 γ_L 可按线性内插确定；
2. 对于荷载标准值可控制的活荷载，设计使用年限调整系数 γ_L 取 1.0。

2 对雪荷载和风荷载，应取重现期为设计使用年限，按本规范第 E. 3. 3 条的规定确定基本雪压和基本风压，或按有关规范的规定采用。

《荷规》表 3. 2. 5，按内插法，可得不同设计使用年限的 γ_L，见表 2. 2. 1-1。

楼面和屋面活荷载考虑设计使用年限的调整系数 γ_L

表 2. 2. 1-1

设计使用年限（年）	5	25	30	40	50	75	100
γ_L	0. 9	0. 95	0. 96	0. 98	1. 0	1. 05	1. 10

2. 偶然组合

《荷规》规定：

3. 2. 6 荷载偶然组合的效应设计值 S_d 可按下列规定采用：

1 用于承载能力极限状态计算的效应设计值，应按下式进行计算：

$$S_d = \sum_{j=1}^{m} S_{G_j k} + S_{A_d} + \psi_{f_1} S_{Q_1 k} + \sum_{i=2}^{n} \psi_{q_i} S_{Q_i k} \quad (3.2.6\text{-}1)$$

式中 S_{A_d} ——按偶然荷载标准值 A_d 计算的荷载效应值；

ψ_{f_1} ——第 1 个可变荷载的频遇值系数；

ψ_{q_i} ——第 i 个可变荷载的准永久值系数。

2 用于偶然事件发生后受损结构整体稳固性验算的效应设计值，应按下式进行计算：

$$S_d = \sum_{j=1}^{m} S_{G_j k} + \psi_{f_1} S_{Q_1 k} + \sum_{i=2}^{n} \psi_{q_i} S_{Q_i k} \quad (3.2.6\text{-}2)$$

注：组合中的设计值仅适用于荷载与荷载效应为线性的情况。

《荷规》3.2.6 条条文说明：

> **3.2.6**（条文说明）
>
> 偶然荷载效应组合的表达式主要考虑到：（1）由于偶然荷载标准值的确定往往带有主观和经验的因素，因而设计表达式中不再考虑荷载分项系数，而直接采用规定的标准值为设计值；（2）对偶然设计状况，偶然事件本身属于小概率事件，两种不相关的偶然事件同时发生的概率更小，所以不必同时考虑两种或两种以上偶然荷载；（3）偶然事件的发生是一个强不确定性事件，偶然荷载的大小也是不确定的，所以实际情况下偶然荷载值超过规定设计值的可能性是存在的，按规定设计值设计的结构仍然存在破坏的可能性。

二、永久荷载

《荷规》规定：

> **4.0.1** 永久荷载应包括结构构件、围护构件、面层及装饰、固定设备、长期储物的自重，土压力、水压力，以及其他需要按永久荷载考虑的荷载。
>
> **4.0.2** 结构自重的标准值可按结构构件的设计尺寸与材料单位体积的自重计算确定。
>
> **4.0.3** 一般材料和构件的单位自重可取其平均值，对于自重变异较大的材料和构件，自重的标准值应根据对结构的不利或有利状态，分别取上限值或下限值。常用材料和构件单位体积的自重可按本规范附录 A 采用。
>
> **4.0.4** 固定隔墙的自重可按永久荷载考虑，位置可灵活布置的隔墙自重应按可变荷载考虑。

注意：《荷规》4.0.3 条规定，对结构不利，取自重标准值的上限值（即最大值）；对结构有利，取其下限值（即最小值）。例如，抗浮稳定性计算时，钢筋混凝土自重标准值可取 $23kN/m^3$。

三、《结通规》民用建筑楼面均布活荷载标准值

《结通规》与《荷规》不一致，应按《结通规》。《结通规》表 4.2.2 规定(表 4.2.2 中有灰底的，与《荷规》不相同)：

表 4.2.2 民用建筑楼面均布活荷载标准值及其组合值系数、频遇值系数和准永久值系数

项次	类别		标准值(kN/m²)	组合值系数ψ_c	频遇值系数ψ_f	准永久值系数ψ_q
1	(1) 住宅、宿舍、旅馆、医院病房、托儿所、幼儿园		2.0	0.7	0.5	0.4
	(2) 办公楼、教室、医院门诊室		2.5	0.7	0.6	0.5
2	食堂、餐厅、试验室、阅览室、会议室、一般资料档案室		3.0	0.7	0.6	0.5
3	礼堂、剧场、影院、有固定座位的看台、公共洗衣房		3.5	0.7	0.5	0.3
4	(1) 商店、展览厅、车站、港口、机场大厅及其旅客等候室		4.0	0.7	0.6	0.5
	(2) 无固定座位的看台		4.0	0.7	0.5	0.3
5	(1) 健身房、演出舞台		4.5	0.7	0.6	0.5
	(2) 运动场、舞厅		4.5	0.7	0.6	0.3
6	(1) 书库、档案库、储藏室（书架高度不超过 2.5m)		6.0	0.9	0.9	0.8
	(2) 密集柜书库（书架高度不超过 2.5m)		12.0	0.9	0.9	0.8
7	通风机房、电梯机房		8.0	0.9	0.9	0.8
8	厨房	(1) 餐厅	4.0	0.7	0.7	0.7
		(2) 其他	2.0	0.7	0.6	0.5
9	浴室、卫生间、盥洗室		2.5	0.7	0.6	0.5
10	走廊、门厅	(1) 宿舍、旅馆、医院病房、托儿所、幼儿园、住宅	2.0	0.7	0.5	0.4
		(2) 办公楼、餐厅、医院门诊部	3.0	0.7	0.6	0.5
		(3) 教学楼及其他可能出现人员密集的情况	3.5	0.7	0.5	0.3
11	楼梯	(1) 多层住宅	2.0	0.7	0.5	0.4
		(2) 其他	3.5	0.7	0.5	0.3
12	阳台	(1) 可能出现人员密集的情况	3.5	0.7	0.6	0.5
		(2) 其他	2.5	0.7	0.6	0.5

四、民用建筑楼面均布活荷载的计算要点

（1）《荷规》5.1.1 条表 5.1.1 中项次 8，区分“板跨”和“柱网”的不同概念，即：只设置主梁无次梁的大板结构楼盖，板跨与柱网尺寸相同；对设置了主次梁的双向板楼盖，板跨与柱网尺寸不相同。

对于设置有主次梁的双向板楼盖，不是按柱网尺寸进行内插取值，而是按双向板板跨内插取值，同时，按其短边跨度考虑内插取值。

（2）《荷规》5.1.1 条表 5.1.1 对消防车活荷载的规定，其准永久值系数 $\psi_q=0$，该条条文说明指出，其适用于：对于消防车不经常通行的车道，也即除消防站以外的车道。

（3）《荷规》5.1.2 条表 5.1.2 中，楼面活荷载按楼层的折减系数，是指“计算截面以上各楼层活荷载总和的折减系数”，故不涉及屋面活荷载；当同时有楼面活荷载、屋面活荷载时，应按荷载组合确定。

（4）《荷规》5.1.2 条表 5.1.2 中，特别应注意，20 层与大于 20 层的取值情况，假定各楼层活荷载数值 P（kN）相同，当楼层总数为 20 层时，首层柱底经折减后的活荷载总值为 $20\times0.6P=12P$（kN）；而当楼层总数为 21 层时，其经折减后的活荷载总值为 $21\times0.55P=11.5P<12P$，不合理。此时，当计算截面以上层数为 21 层时，可调整相应的活荷载折减系数，并按最不利情况考虑。

（5）《荷规》5.1.2 条第 2 款规定，也适用于板柱-剪力墙结构等。

《荷规》规定：

> **5.1.3** 设计墙、柱时，本规范表 5.1.1 中第 8 项的消防车活荷载可按实际情况考虑；设计基础时可不考虑消防车荷载。常用板跨的消防车活荷载按覆土厚度的折减系数可按附录 B 规定采用。

五、屋面活荷载

根据《结通规》4.2.8 条，屋顶运动场地，取 4.5kN/m^2，笔者将《荷规》表 5.3.1 中 3.0kN/m^2 修正为 4.5kN/m^2。《荷规》规定：

5.3.1 房屋建筑的屋面，其水平投影面上的屋面均布活荷载的标准值及其组合值系数、频遇值系数和准永久值系数的取值，不应小于表 5.3.1 的规定。

表 5.3.1 屋面均布活荷载标准值及其组合值系数、频遇值系数和准永久值系数

项次	类别	标准值（kN/m^2）	组合值系数 ψ_c	频遇值系数 ψ_f	准永久值系数 ψ_q
1	不上人的屋面	0.5	0.7	0.5	0.0
2	上人的屋面	2.0	0.7	0.5	0.4
3	屋顶花园	3.0	0.7	0.6	0.5
4	屋顶运动场地	4.5	0.7	0.6	0.4

注：1. 不上人的屋面，当施工或维修荷载较大时，应按实际情况采用；对不同类型的结构应按有关设计规范的规定采用，但不得低于 0.3kN/m^2；
2. 当上人的屋面兼作其他用途时，应按相应楼面活荷载采用；
3. 对于因屋面排水不畅、堵塞等引起的积水荷载，应采取构造措施加以防止；必要时，应按积水的可能深度确定屋面活荷载；
4. 屋顶花园活荷载不应包括花圃土石等材料自重。

5.3.2 屋面直升机停机坪荷载应按下列规定采用（此处略）。

5.3.3 不上人的屋面均布活荷载，可不与雪荷载和风荷载同时组合。

注意：

（1）屋面活荷载，按屋面水平投影面计算。

（2）《荷规》表 5.3.1 注 1～注 4 的规定；不上人的屋面，对于轻屋面钢结构，《钢标》3.3.1 条作了具体规定。

（3）《荷规》5.3.2 条屋面直升机荷载计算，其第 1 款、第 2 款均应计入动力系数，《荷规》5.6.3 条作了具体规定。

（4）《荷规》5.3.3条的理解如下：

金新阳主编的《建筑结构荷载规范理解与应用》指出：《荷规》5.3.3条，不上人屋面的均布活荷载是针对检修或维修而规定的，该条文的具体含义是指不上人屋面（主要是指那些轻型屋面和大跨度结构）的均布活荷载，可以不与雪荷载或者风荷载同时考虑，只要选择活荷载和雪荷载中的较大值，再考虑与风荷载组合进行设计。

对于上人屋面，由于活荷载标准值普遍大于雪荷载，一般可不用考虑雪荷载，特种大跨度结构由于局部雪荷载较大，需慎重。

六、施工和检修荷载及栏杆荷载

施工和检修荷载及栏杆荷载，《结通规》与《荷规》基本一致，但取值有区别，应按《结通规》。

《结通规》规定：

4.2.12 施工和检修荷载应按下列规定采用：

1 设计屋面板、檩条、钢筋混凝土挑檐、悬挑雨篷和预制小梁时，施工或检修集中荷载标准值不应小于1.0kN，并应在最不利位置处进行验算；

2 对于轻型构件或较宽的构件，应按实际情况验算，或应加垫板、支撑等临时设施；

3 计算挑檐、悬挑雨篷的承载力时，应沿板宽每隔1.0m取一个集中荷载；在验算挑檐、悬挑雨篷的倾覆时，应沿板宽每隔2.5m～3.0m取一个集中荷载。

4.2.13 地下室顶板施工活荷载标准值不应小于5.0kN/m^2，当有临时堆积荷载以及有重型车辆通过时，施工组织设计中应按实际荷载验算并采取相应措施。

4.2.14 楼梯、看台、阳台和上人屋面等的栏杆活荷载标准值，不应小于下列规定值：

1 住宅、宿舍、办公楼、旅馆、医院、托儿所、幼儿园，栏杆顶部的水平荷载应取1.0kN/m；

2 食堂、剧场、电影院、车站、礼堂、展览馆或体育场，栏杆顶部的水平荷载应取1.0kN/m，竖向荷载应取1.2kN/m，水平荷载与竖向荷载应分别考虑；

3 中小学校的上人屋面、外廊、楼梯、平台、阳台等临空部位必须设防护栏杆，栏杆顶部的水平荷载应取1.5kN/m，竖向荷载应取1.2kN/m，水平荷载与竖向荷载应分别考虑。

4.2.15 施工荷载、检修荷载及栏杆荷载的组合值系数应取0.7，频遇值系数应取0.5，准永久值系数应取0。

七、动力系数

《荷规》规定：

5.6.1 建筑结构设计的动力计算，在有充分依据时，可将重物或设备的自重乘以动力系数后，按静力计算方法设计。

5.6.2 搬运和装卸重物以及车辆启动和刹车的动力系数，可采用1.1～1.3；其动力荷载只传至楼板和梁。

5.6.3 直升机在屋面上的荷载，也应乘以动力系数，对具有液压轮胎起落架的直升机可取1.4；其动力荷载只传至楼板和梁。

八、吊车荷载

1. 吊车竖向和水平荷载

《荷规》规定：

6.1.1 吊车竖向荷载标准值，应采用吊车的最大轮压或最小轮压。

6.1.2 吊车纵向和横向水平荷载，应按下列规定采用：

1 吊车纵向水平荷载标准值，应按作用在一边轨道上所有刹车轮的最大轮压之和的10%采用；该项荷载的作用点位于刹车轮与轨道的接触点，其方向与轨道方向一致。

2 吊车横向水平荷载标准值，应取横行小车重量与额定起重量之和的百分数，并应乘以重力加速度，吊车横向水平荷载标准值的百分数应按表6.1.2采用。

表 6.1.2 吊车横向水平荷载标准值的百分数

吊车类型	额定起重量（t）	百分数（%）
软钩吊车	≤10	12
	16～50	10
	≥75	8
硬钩吊车	—	20

3 吊车横向水平荷载应等分于桥架的两端，分别由轨道上的车轮平均传至轨道，其方向与轨道垂直，并应考虑正反两个方向的刹车情况。

注：1. 悬挂吊车的水平荷载应由支撑系统承受；设计该支撑系统时，尚应考虑风荷载与悬挂吊车水平荷载的组合；

2. 手动吊车及电动葫芦可不考虑水平荷载。

《荷规》6.1.2 条，吊车横向水平荷载、纵向水平荷载均为惯性力，故不考虑 6.3.1 条动力系数。

2. 多台吊车的组合与荷载折减系数

《荷规》规定：

6.2.1 计算排架考虑多台吊车竖向荷载时，对单层吊车的单跨厂房的每个排架，参与组合的吊车台数不宜多于 2 台；对单层吊车的多跨厂房的每个排架，不宜多于 4 台；对双层吊车的单跨厂房宜按上层和下层吊车分别不多于 2 台进行组合；对双层吊车的多跨厂房宜按上层和下层吊车分别不多于 4 台进行组合，且当下层吊车满载时，上层吊车应按空载计算；上层吊车满载时，下层吊车不应计入。考虑多台吊车水平荷载时，对单跨或多跨厂房的每个排架，参与组合的吊车台数不应多于 2 台。

注：当情况特殊时，应按实际情况考虑。

6.2.2 计算排架时，多台吊车的竖向荷载和水平荷载的标准值，应乘以表 6.2.2 中规定的折减系数。

表 6.2.2 多台吊车的荷载折减系数

参与组合的吊车台数	吊车工作级别	
	A1～A5	A6～A8
2	0.90	0.95
3	0.85	0.90
4	0.80	0.85

注意：吊车梁计算时，多台吊车时不考虑多台吊车荷载折减系数。

3. 吊车荷载的动力系数与工作制等级

《荷规》规定：

6.3.1 当计算吊车梁及其连接的承载力时，吊车竖向荷载应乘以动力系数。对悬挂吊车（包括电动葫芦）及工作级别A1～A5的软钩吊车，动力系数可取 1.05；对工作级别为A6～A8的软钩吊车、硬钩吊车和其他特种吊车，动力系数可取为 1.1。

6.1.1 （条文说明）

表 5 吊车的工作制等级与工作级别的对应关系

工作制等级	轻级	中级	重级	超重级
工作级别	A1～A3	A4，A5	A6，A7	A8

4. 吊车荷载的组合值系数、频遇值系数和准永久值系数

《荷规》规定：

6.4.1 吊车荷载的组合值系数、频遇值系数及准永久值系数可按表 6.4.1 中的规定采用。

表 6.4.1 吊车荷载的组合值系数、频遇值系数及准永久值系数

吊车工作级别		组合值系数 ψ_c	频遇值系数 ψ_f	准永久值系数 ψ_q
软钩吊车	工作级别 A1～A3	0.70	0.60	0.50
	工作级别 A4、A5	0.70	0.70	0.60
	工作级别 A6、A7	0.70	0.70	0.70
硬钩吊车及工作级别A8 的软钩吊车		0.95	0.95	0.95

6.4.2 厂房排架设计时，在荷载准永久组合中可不考虑吊车荷载；但在吊车梁按正常使用极限状态设计时，宜采用吊车荷载的准永久值。

6.4.2（条文说明）

处于工作状态的吊车，一般很少会持续地停留在某一个位置上，所以在正常条件下，吊车荷载的作用都是短时间的。但当空载吊车经常被安置在指定的某个位置时，计算吊车梁的长期荷载效应可按本条文规定的准永久值采用。

九、雪荷载

1. 雪荷载标准值

《荷规》规定：

7.1.1 屋面水平投影面上的雪荷载标准值应按下式计算：

$$s_k = \mu_r s_0 \tag{7.1.1}$$

式中 s_k——雪荷载标准值（kN/m^2）；

μ_r——屋面积雪分布系数；

s_0——基本雪压（kN/m^2）。

7.1.2 基本雪压应采用按本规范规定的方法确定的 50 年重现期的雪压；对雪荷载敏感的结构，应采用 100 年重现期的雪压。

7.1.2（条文说明）

对雪荷载敏感的结构主要是指大跨、轻质屋盖结构，此类结构的雪荷载经常是控制荷载，极端雪荷载作用下的容易造成结构整体破坏，后果特别严重，应此基本雪压要适当提高，采用100年重现期的雪压。

（1）基本雪压的确定

《荷规》规定：

E.1.2 雪压样本数据应符合下列规定：

1 雪压样本数据应采用单位水平面积上的雪重(kN/m^2)；

2 当气象台站有雪压记录时，应直接采用雪压数据计算基本雪压；当无雪压记录时，可采用积雪深度和密度按下式计算雪压 s：

$$s = h\rho g \tag{E.1.2}$$

式中 h——积雪深度，指从积雪表面到地面的垂直深度（m）；

ρ——积雪密度（t/m^3）；

g——重力加速度，9.8m/s^2。

3 雪密度随积雪深度、积雪时间和当地的地理气候条件等因素的变化有较大幅度的变异，对于无雪压直接记录的台站，可按地区的平均雪密度计算雪压。

（2）其他确定

《荷规》规定：

7.1.4 山区的雪荷载应通过实际调查后确定。当无实测资料时，可按当地邻近空旷平坦地面的雪荷载值乘以系数1.2采用。

2. 雪荷载的组合值系数、频遇值系数和准永久系数

《荷规》规定：

7.1.5 雪荷载的组合值系数可取0.7；频遇值系数可取0.6；准永久值系数应按雪荷载分区Ⅰ、Ⅱ和Ⅲ的不同，分别取0.5、0.2和0；雪荷载分区应按本规范附录E.5或附图E.6.2的规定采用。

3. 屋面积雪分布系数的计算要点

《荷规》7.2.1条作了规定。

注意：《荷规》表7.2.1中项次8高低屋面，7.2.1条条文说明指出，它也适用于雨篷的设计。

《结通规》规定：

4.5.5 当考虑周边环境对屋面积雪的有利影响而对积雪分布系数进行调整时，调整系数不应低于0.90。

《荷规》规定：

7.2.2 设计建筑结构及屋面的承重构件时，应按下列规定采用积雪的分布情况：

1 屋面板和檩条按积雪不均匀分布的最不利情况采用；

2 屋架和拱壳应分别按全跨积雪的均匀分布、不均匀分布和半跨积雪的均匀分布按最不利情况采用；

3 框架和柱可按全跨积雪的均匀分布情况采用。

第三节 风荷载

一、风荷载的组合值系数、频遇值系数和准永久值系数

《荷规》规定：

8.1.4 风荷载的组合值系数、频遇值系数和准永久值系数可分别取0.6、0.4和0.0。

二、顺风向计算主要受力结构风荷载标准值

1. 风荷载标准值计算公式

《荷规》规定：

8.1.1 垂直于建筑物表面上的风荷载标准值，应按下列规定确定：

1 计算主要受力结构时，应按下式计算：

$$w_k = \beta_z \mu_s \mu_z w_0 \tag{8.1.1-1}$$

式中 w_k——风荷载标准值（kN/m^2）；

β_z——高度 z 处的风振系数。

2. 基本风压

《荷规》规定：

8.1.2 基本风压应采用按本规范规定的方法确定的50年重现期的风压，但不得小于0.3kN/m^2。对于高层建筑、高耸结构以及对风荷载比较敏感的其他结构，基本风压的取值应适当提高，并应符合有关结构设计规范的规定。

《荷规》附录E规定：

E.2.4 基本风压应按下列规定确定：

1 基本风压 w_0 应根据基本风速按下式计算：

$$w_0 = \frac{1}{2}\rho v_0^2 \tag{E.2.4-1}$$

式中 v_0——基本风速；

ρ——空气密度（t/m^3）。

2 基本风速 v_0 应按本规范附录E.3中规定的方法进行统计计算，重现期应取50年。

三、风压高度变化系数 $\boldsymbol{\mu_z}$

《结通规》规定：

4.6.3 风压高度变化系数应根据建设地点的地面粗糙度确定。地面粗糙度应以结构上风向一定距离范围内的地面植被特征和房屋高度、密集程度等因素确定，需考虑的最远距离不应小于建筑高度的20倍且不应小于2000m。标准地面粗糙度条件应为周边无遮挡的空旷平坦地形，其10m高处的风压高度变化系数应取1.0。

《荷规》规定：

8.2.1 对于平坦或稍有起伏的地形，风压高度变化系数应根据地面粗糙度类别按表8.2.1确定。地面粗糙度可分为A、B、C、D四类：A类指近海海面和海岛、海岸、湖岸及沙漠地区；B类指田野、乡村、丛林、丘陵以及房屋比较稀疏的乡镇；C类指有密集建筑群的城市市区；D类指有密集建筑群且房屋较高的城市市区。

表8.2.1 风压高度变化系数 μ_z

离地面或海平面高度(m)	地面粗糙度类别				离地面或海平面高度(m)	地面粗糙度类别			
	A	B	C	D		A	B	C	D
5	1.09	1.00	0.65	0.51	100	2.23	2.00	1.50	1.04
10	1.28	1.00	0.65	0.51	150	2.46	2.25	1.79	1.33
15	1.42	1.13	0.65	0.51	200	2.64	2.46	2.03	1.58
20	1.52	1.23	0.74	0.51	250	2.78	2.63	2.24	1.81
30	1.67	1.39	0.88	0.51	300	2.91	2.77	2.43	2.02
40	1.79	1.52	1.00	0.60	350	2.91	2.91	2.60	2.22
50	1.89	1.62	1.10	0.69	400	2.91	2.91	2.76	2.40
60	1.97	1.71	1.20	0.77	450	2.91	2.91	2.91	2.58
70	2.05	1.79	1.28	0.84	500	2.91	2.91	2.91	2.74
80	2.12	1.87	1.36	0.91	≥550	2.91	2.91	2.91	2.91
90	2.18	1.93	1.43	0.98					

注意：

(1) 查《荷规》表 8.2.1 时，计算高度 z 取离房屋室外地面或海平面高度。

(2)《荷规》8.2.1 条的条文说明指出，确定城区的地面粗糙度类别的近似原则。

四、风荷载体型系数 μ_s

《荷规》规定：

8.3.1 房屋和构筑物的风荷载体型系数，可按下列规定采用：

1 房屋和构筑物与表 8.3.1 中的体型类同时，可按表 8.3.1 的规定采用；

2 房屋和构筑物与表 8.3.1 中的体型不同时，可按有关资料采用；当无资料时，宜由风洞试验确定；

3 对于重要且体型复杂的房屋和构筑物，应由风洞试验确定。

表 8.3.1 风荷载体型系数（部分）

项次	类 别	体型及体型系数 μ_s	备 注
…	…	…	…
30	封闭式房屋和构筑物	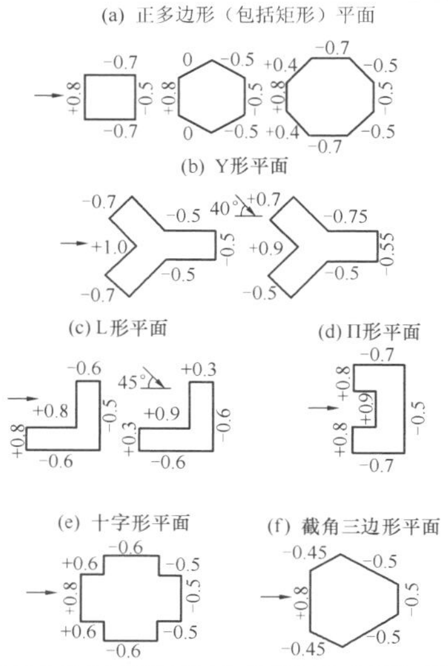 (a) 正多边形（包括矩形）平面 (b) Y形平面 (c) L形平面 (d) Π形平面 (e) 十字形平面 (f) 截角三边形平面	—

续表 8.3.1

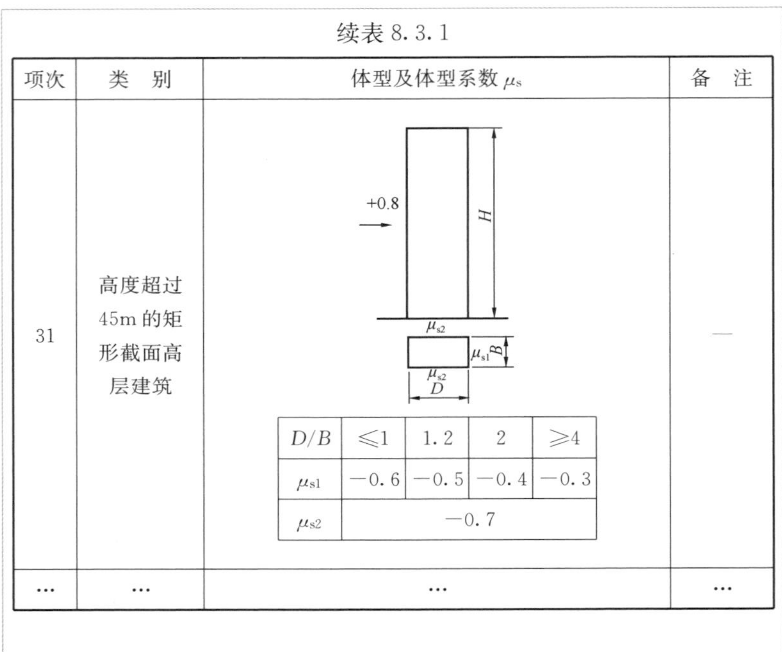

项次	类　别	体型及体型系数 μ_s	备　注
31	高度超过45m的矩形截面高层建筑	（见上图及下表）	—
…	…	…	…

D/B	≤1	1.2	2	≥4
μ_{s1}	−0.6	−0.5	−0.4	−0.3
μ_{s2}	−0.7			

注意：

（1）《荷规》表 8.3.1 中给出的是房屋各表面的风荷载体型系数 μ_s，需注意风压力（+）、风吸力（−），及相应方向；而《高规》中给出的是高层房屋的整体风荷载体型系数 μ_s。

（2）《荷规》表 8.3.1 中第 2 项、第 4 项的注 2“μ_s 的绝对值不小于 0.1”的内涵：体型系数仅代表平均风压的大小，当体型系数取 0 时，按照风荷载标准值计算公式将得出风荷载为 0 的结果，这不符合实际情况。因此《荷规》表 8.3.1 中第 2 项、第 4 项的注 2 强调了体型系数取值的绝对值不能小于 0.1，也就是当体型系数插值后得到的结果小于 0.1 时，应按±0.1 取值；而且平均风压接近 0 时，瞬时风压会出现时正时负，因此建议对上吸和下压风荷载都要有所考虑。

（3）《荷规》表 8.3.1 中第 27 项注 3 的内涵：风吹过屋面时，

除了会产生垂直于屋面的风压作用外，还会由于风与屋面的摩擦产生平行于屋面的水平力，其作用方向与风流动方向一致。注 3 即给出了计算该水平力的方法，其中的 w_h 是指 h 高度的风压高度变化系数和基本风压相乘得出的风压值，一般 h 取檐口高度。

（4）《荷规》表 8.3.1 项次 37 中，圆截面构筑物的 μ_s 计算中，$\mu_z w_0 d^2$ 中 d 以“m”计。

● 群体效应

《荷规》规定：

> **8.3.2** 当多个建筑物，特别是群集的高层建筑，相互间距较近时，宜考虑风力相互干扰的群体效应；一般可将单独建筑物的体型系数 μ_s 乘以相互干扰系数。相互干扰系数可按下列规定确定：
>
> **1** 对矩形平面高层建筑，当单个施扰建筑与受扰建筑高度相近时，根据施扰建筑的位置，对顺风向风荷载可在 1.00～1.10 范围内选取，对横风向风荷载可在 1.00～1.20 范围内选取；
>
> **2** 其他情况可比照类似条件的风洞试验资料确定，必要时宜通过风洞试验确定。

《荷规》8.3.2 条的条文说明图 6、图 7 分别是顺风向、横风向风荷载相互干扰系数。

五、顺风向风振系数 $\boldsymbol{\beta}_z$ 的计算要点

《荷规》8.4 节作了规定。

（1）《荷规》8.4.4 条公式（8.4.4-2），$f_1=\dfrac{1}{T_1}$，房屋建筑为空间结构，分别计算正交方向 X、Y 方向的风荷载时，T_1 分别按 X、Y 方向的结构基本自振周期 T_{1X}、T_{1Y}计算。

（2）《荷载》8.4.6 条式（8.4.6-2），B 为结构迎风面宽度，且 $B\leqslant 2H$。

《结通规》规定：

4.6.5 当采用风荷载放大系数的方法考虑风荷载脉动的增大效应时，风荷载放大系数应按下列规定采用：

1 主要受力结构的风荷载放大系数应根据地形特征、脉动风特性、结构周期、阻尼比等因素确定，其值不应小于1.2。

六、顺风向围护结构风荷载标准值

1. 风荷载标准值计算公式

8.1.1

2 计算围护结构时，应按下式计算：

$$w_k = \beta_{gz}\mu_{sl}\mu_z w_0 \tag{8.1.1-2}$$

式中 β_{gz}——高度 z 处的阵风系数；

μ_{sl}——风荷载局部体型系数。

2. 计算围护结构的基本风压

依据《荷规》8.1.2条的条文说明，设计使用年限50年或者设计使用年限100年，均按重现期为50年的基本风压 w_0 计算。

3. 局部体型系数 μ_{sl} 的计算要点

(1)《荷规》8.3.4条区分墙面和屋面，并且屋面又细分为两类，$|\mu_{sl}|>1.0$ 的屋面；$|\mu_{sl}|\leqslant 1.0$ 的屋面。

从属面积折减系数不适用于《荷规》8.3.5条。

(2)《荷规》8.3.5条中注1、2的规定，及本条文说明。

《结通规》4.6.5条第2款规定：

2 围护结构的风荷载放大系数应根据地形特征、脉动风特性和流场特征等因素确定，且不应小于 $1+\frac{0.7}{\sqrt{\mu_z}}$，其中 μ_z 为风压高度变化系数。

七、横风向风振等效风荷载的计算要点

1.《荷规》附录 H.1 圆形截面结构

《荷规》8.5.3 条、附录 H.1 作了规定。

(1)《荷规》8.5.3 条公式(8.5.3-3)适用于任意截面形式结构。一般地,取 $\rho=1.25\text{kg/m}^3$。

(2)《荷规》附录公式(H.1.1-1)中 v_{cr},依据《荷规》8.5.2 条、8.5.3 条的条文说明,其分别对应不同的结构自振周期(T_{L1}、T_{L2},…),即:

$$v_{cr1}=\frac{D}{T_{L1}St}$$

$$v_{cr2}=\frac{D}{T_{L2}St}$$

(3)跨临界强风共振为确定性振动,故不能采用随机振动 SRSS、CQC 组合法。

2.《荷规》附录 H.2 矩形截面结构

《荷规》附录 H.2 作了规定。

(1)《荷规》H.2.1 条,B、D 均为相对的概念,与分析的风向有关。

《荷规》H.2.1 条第 3 款,v_H 可按《荷规》公式(8.5.3-3)计算。

(2)《荷规》表 H.2.5 中,"折减频率"应为"折算频率"。

八、风荷载组合工况的计算要点

《荷规》规定:

8.5.6 顺风向风荷载、横风向风振及扭转风振等效风荷载宜按表 8.5.6 考虑风荷载组合工况。表 8.5.6 中的单位高度风力 F_{Dk}、F_{Lk} 及扭矩 T_{Tk} 标准值应按下列公式计算:

$$F_{Dk}=(w_{k1}-w_{k2})B \tag{8.5.6-1}$$

$$F_{Lk}=w_{Lk}B \tag{8.5.6-2}$$

$$T_{Tk}=w_{Tk}B^2 \tag{8.5.6-3}$$

式中 F_{Dk}——顺风向单位高度风力标准值（kN/m）；
F_{Lk}——横风向单位高度风力标准值（kN/m）；
T_{Tk}——单位高度风致扭矩标准值（kN·m/m）；
w_{k1}、w_{k2}——迎风面、背风面风荷载标准值（kN/m^2）；
w_{Lk}、w_{Tk}——横风向风振和扭转风振等效风荷载标准值（kN/m^2）；
B——迎风面宽度（m）。

表 8.5.6 风荷载组合工况

工况	顺风向风荷载	横风向风振等效风荷载	扭转风振等效风荷载
1	F_{Dk}	—	—
2	$0.6F_{Dk}$	F_{Lk}	—
3	—	—	T_{Tk}

注意：

（1）《荷规》公式(8.5.6-3)中，T_{Tk}的量纲为：kN·m/m。

（2）《荷规》表 8.5.6 的内涵如下：

当风沿 X 轴方向（顺方向为 X 轴方向）时，风荷载组合工况为：工况 1、工况 2、工况 3，见表 2.3.8-1。

当顺方向为 Y 轴方向时，风荷载组合工况为：工况 1、工况 2、工况 3，见表 2.3.8-2。

表 2.3.8-1

工况	顺风向风荷载	横风向风振等效风荷载	扭转风振等效风荷载
工况 1	F_{Dk}（用 T_{1x}）	—	—
工况 2	$0.6F_{Dk}$（用 T_{1x}）	F_{Lk}（用 T_{1y}）	—
工况 3	—	—	T_{Tk}（用 T_{T1}）

表 2.3.8-2

工况	顺风向风荷载	横风向风振等效风荷载	扭转风振等效风荷载
工况 1	$F_{水}$（用 T_{1y}）	—	—
工况 2	$0.6F_{Dk}$（用 T_{1y}）	F_{Lk}（用 T_{1x}）	—
工况 3	—	—	T_{Tk}（用 T_{T1}）

九、舒适度验算要点

(1)《荷规》表 J.1.2 中 ζ_1 取值按《荷规》8.4.4 条中 ζ_1 规定采用。

(2)《荷规》J.1.2 条 x_1 计算，按公式（8.4.4-2），此时 w_0 取值仍按《荷规》8.4.4 条规定采用，不采用 J.1.1 条中的 w_R 值。

第四节　温度作用

一、常用材料的线膨胀系数和一般规定

《荷规》规定：

9.1.1　温度作用应考虑气温变化、太阳辐射及使用热源等因素，作用在结构或构件上的温度作用应采用其温度的变化来表示。

9.1.2　计算结构或构件的温度作用效应时，应采用材料的线膨胀系数 α_T 。常用材料的线膨胀系数可按表 9.1.2 采用。

表 9.1.2　常用材料的线膨胀系数 α_T

材　料	线膨胀系数 α_T（$\times 10^{-6}$/℃）
轻骨料混凝土	7
普通混凝土	10
砌体	6～10
钢，锻铁，铸铁	12
不锈钢	16
铝，铝合金	24

9.1.3 温度作用的组合值系数、频遇值系数和准永久值系数可分别取0.6、0.5和0.4。

《荷规》9.1.3条条文说明指出：温度作用的分项系数为1.4。

二、基本气温

《荷规》规定：

9.2.1 基本气温可采用按本规范附录E规定的方法确定的50年重现期的月平均最高气温 T_{max} 和月平均最低气温 T_{min}。全国各城市的基本气温值可按本规范附录E中表E.5采用。

9.2.2 对金属结构等对气温变化较敏感的结构，宜考虑极端气温的影响，基本气温 T_{max} 和 T_{min} 可根据当地气候条件适当增加或降低。

三、均匀温度作用

《荷规》规定：

9.3.1 均匀温度作用的标准值应按下列规定确定：

1 对结构最大温升的工况，均匀温度作用标准值按下式计算：

$$\Delta T_k = T_{s,max} - T_{0,min} \quad (9.3.1\text{-}1)$$

式中 ΔT_k——均匀温度作用标准值（℃）；

$T_{s,max}$——结构最高平均温度（℃）；

$T_{0,min}$——结构最低初始平均温度（℃）。

2 对结构最大温降的工况，均匀温度作用标准值按下式计算：

$$\Delta T_k = T_{s,min} - T_{0,max} \quad (9.3.1\text{-}2)$$

式中 $T_{s,min}$——结构最低平均温度（℃）；

$T_{0,max}$——结构最高初始平均温度（℃）。

9.3.2　结构最高平均温度 $T_{s,max}$ 和最低平均温度 $T_{s,min}$ 宜分别根据基本气温 T_{max} 和 T_{min} 按热工学的原理确定。对于有围护的室内结构，结构平均温度应考虑室内外温差的影响；对于暴露于室外的结构或施工期间的结构，宜依据结构的朝向和表面吸热性质考虑太阳辐射的影响。

9.3.3　结构的最高初始平均温度 $T_{0,max}$ 和最低初始平均温度 $T_{0,min}$ 应根据结构的合拢或形成约束的时间确定，或根据施工时结构可能出现的温度按不利情况确定。

9.3.3（条文说明）

混凝土结构的合拢温度一般可取后浇带封闭时的月平均气温。钢结构的合拢温度一般可取合拢时的日平均温度，但当合拢时有日照时，应考虑日照的影响。结构设计时，往往不能准确确定施工工期，因此，结构合拢温度通常是一个区间值。这个区间值应包括施工可能出现的合拢温度，即应考虑施工的可行性和工期的不可预见性。

注意：

（1）混凝土收缩、徐变作用是永久作用，而温度作用是可变作用。

（2）超长混凝土结构一般均设有后浇带，后浇带通常在两侧的混凝土结构浇捣 45d 后封闭。对于设置后浇带的钢筋混凝土结构，收缩等效温降可近似取为−4℃。

第五节　结构基本自振周期的经验公式

一、高层建筑

《荷规》规定：

F.2.1　一般情况下，高层建筑的基本自振周期可根据建筑总层数近似地按下列规定采用：

1 钢结构的基本自振周期按下式计算：

$$T_1 = (0.10 \sim 0.15)n \qquad (F.2.1\text{-}1)$$

式中 n——建筑总层数。

2 钢筋混凝土结构的基本自振周期按下式计算：

$$T_1 = (0.05 \sim 0.10)n \qquad (F.2.1\text{-}2)$$

F.2.2 钢筋混凝土框架、框剪和剪力墙结构的基本自振周期可按下列规定采用：

1 钢筋混凝土框架和框剪结构的基本自振周期按下式计算：

$$T_1 = 0.25 + 0.53 \times 10^{-3} \frac{H^2}{\sqrt[3]{B}} \qquad (F.2.2\text{-}1)$$

2 钢筋混凝土剪力墙结构的基本自振周期按下式计算：

$$T_1 = 0.03 + 0.03 \frac{H}{\sqrt[3]{B}} \qquad (F.2.2\text{-}2)$$

式中 H——房屋总高度（m）；

B——房屋宽度（m）。

二、高耸结构

《荷规》规定：

F.1.1 一般高耸结构的基本自振周期，钢结构可取下式计算的较大值，钢筋混凝土结构可取下式计算的较小值：

$$T_1 = (0.007 \sim 0.013)H \qquad (F.1.1)$$

式中 H——结构的高度（m）。

F.1.2 烟囱和塔架等具体结构的基本自振周期可按下列规定采用：

1 烟囱的基本自振周期可按下列规定计算：

1）高度不超过 60m 的砖烟囱的基本自振周期按下式计算：

$$T_1 = 0.23 + 0.22 \times 10^{-2} \frac{H^2}{d} \quad (F.1.2\text{-}1)$$

2）高度不超过 150m 的钢筋混凝土烟囱的基本自振周期按下式计算：

$$T_1 = 0.41 + 0.10 \times 10^{-2} \frac{H^2}{d} \quad (F.1.2\text{-}2)$$

3）高度超过 150m，但低于 210m 的钢筋混凝土烟囱的基本自振周期按下式计算：

$$T_1 = 0.53 + 0.08 \times 10^{-2} \frac{H^2}{d} \quad (F.1.2\text{-}3)$$

式中　H——烟囱高度（m）；

d——烟囱 1/2 高度处的外径（m）。

第三章

《混规》

第一节　基本设计规定

一、钢筋的锚固长度

《混规》规定：

8.3.1　当计算中充分利用钢筋的抗拉强度时，受拉钢筋的锚固应符合下列要求：

1　基本锚固长度应按下列公式计算：

普通钢筋

$$l_{ab}=\alpha\frac{f_y}{f_t}d \tag{8.3.1-1}$$

预应力筋

$$l_{ab}=\alpha\frac{f_{py}}{f_t}d \tag{8.3.1-2}$$

式中　l_{ab}——受拉钢筋的基本锚固长度；

f_t——混凝土轴心抗拉强度设计值，当混凝土强度等级高于C60时，按C60（笔者注：$f_t=2.04\text{N/mm}^2$）取值；

α——锚固钢筋的外形系数，按表8.3.1取用。

表8.3.1　锚固钢筋的外形系数 α

钢筋类型	光圆钢筋	带肋钢筋	螺旋肋钢丝	三股钢绞线	七股钢绞线
α	0.16	0.14	0.13	0.16	0.17

注：光圆钢筋末端应做180°弯钩，弯后平直段长度不应小于3d，但作受压钢筋时可不做弯钩。

2　受拉钢筋的锚固长度应根据锚固条件按下列公式计算，且不应小于200mm：

$$l_a=\zeta_a l_{ab} \tag{8.3.1-3}$$

式中　ζ_a——锚固长度修正系数，对普通钢筋按本规范第8.3.2条的规定取用，当多于一项时，可按连乘计算，但不应小于0.6；对预应力筋，可取1.0。

8.3.2　纵向受拉普通钢筋的锚固长度修正系数 ζ_a 应按下列规定取用：

1 当带肋钢筋的公称直径大于 25mm 时取 1.10；

2 环氧树脂涂层带肋钢筋取 1.25；

3 施工过程中易受扰动的钢筋取 1.10；

4 当纵向受力钢筋的实际配筋面积大于其设计计算面积时，修正系数取设计计算面积与实际配筋面积的比值，但对有抗震设防要求及直接承受动力荷载的结构构件，不应考虑此项修正；

5 锚固钢筋的保护层厚度为 $3d$ 时修正系数可取 0.80，保护层厚度不小于 $5d$ 时修正系数可取 0.70，中间按内插取值，此处 d 为锚固钢筋的直径。

8.3.4 混凝土结构中的纵向受压钢筋，当计算中充分利用其抗压强度时，锚固长度不应小于相应受拉锚固长度的 70%。

二、钢筋的抗震锚固长度

《混规》规定：

11.1.7 混凝土结构构件的纵向受力钢筋的锚固和连接除应符合本规范第 8.3 节和第 8.4 节的有关规定外，尚应符合下列要求：

1 纵向受拉钢筋的抗震锚固长度 l_{aE} 应按下式计算：

$$l_{aE}=\zeta_{aE}l_a \tag{11.1.7-1}$$

式中 ζ_{aE}——纵向受拉钢筋抗震锚固长度修正系数，对一、二级抗震等级取 1.15，对三级抗震等级取 1.05，对四级抗震等级取 1.00；

l_a——纵向受拉钢筋的锚固长度，按本规范第 8.3.1 条确定。

4 纵向受力钢筋连接的位置宜避开梁端、柱端箍筋加密区；如必须在此连接时，应采用机械连接或焊接。

5 混凝土构件位于同一连接区段内的纵向受力钢筋接头面积百分率不宜超过 50%。

11.6.7　框架梁和框架柱的纵向受力钢筋在框架节点区的锚固和搭接应符合下列要求：

2　对于框架中间层中间节点、中间层端节点、顶层中间节点以及顶层端节点，梁、柱纵向钢筋在节点部位的锚固和搭接，应符合图 11.6.7 的相关构造规定。图中 l_{lE} 按本规范第 11.1.7 条规定取用，l_{abE} 按下式取用：

$$l_{abE}=\zeta_{aE}l_{ab} \tag{11.6.7}$$

式中　ζ_{aE}——纵向受拉钢筋锚固长度修正系数，按第 11.1.7 条规定取用。

三、并筋

《混规》规定：

4.2.7　构件中的钢筋可采用并筋的配置形式。直径 28mm 及以下的钢筋并筋数量不应超过 3 根；直径 32mm 的钢筋并筋数量宜为 2 根；直径 36mm 及以上的钢筋不应采用并筋。并筋应按单根等效钢筋进行计算，等效钢筋的等效直径应按截面面积相等的原则换算确定。

4.2.7（条文说明）

并筋等效直径的概念适用于本规范中钢筋间距、保护层厚度、裂缝宽度验算、钢筋锚固长度、搭接接头面积百分率及搭接长度等有关条文的计算及构造规定。

相同直径的二并筋等效直径可取为 1.41 倍单根钢筋直径；三并筋等效直径可取为 1.73 倍单根钢筋直径。二并筋可按纵向或横向的方式布置；三并筋宜按品字形布置，并均按并筋的重心作为等效钢筋的重心。

8.2.1（条文说明）

1　混凝土保护层厚度不小于受力钢筋直径（单筋的公称直径或并筋的等效直径）的要求，是为了保证握裹层混凝土对受力钢筋的锚固。

梁中二并筋如图 3.1.3-1 所示，其等效直径、最小净距，见表 3.1.3-1。

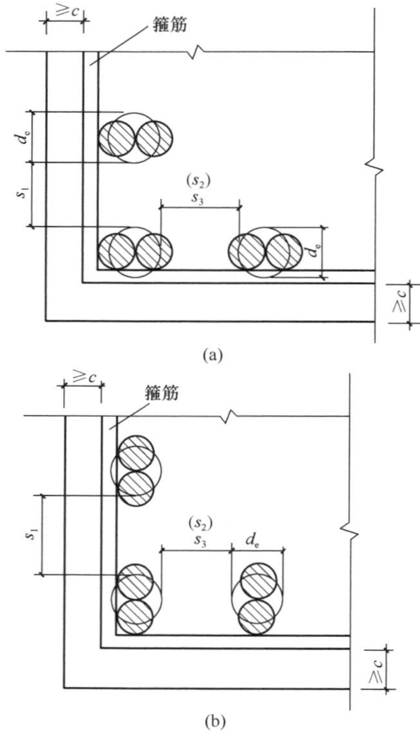

图 3.1.3-1 梁中二并筋布置

（a）水平二并筋；（b）上下二并筋

注：s_1—层净距；s_2—梁上部钢筋净距；s_3—梁下部钢筋净距；c—混凝土保护层厚度

梁二并筋的等效直径、最小净距表　　表 3.1.3-1

单筋直径 d	25	28	32
并筋根数	2	2	2
等效直径 d_{eq}	35	39	45
层净距 s_1	35	39	45
上部钢筋净距 s_2	53	59	68
下部钢筋净距 s_3	35	39	45

《混规》规定：

8.4.3　并筋采用绑扎搭接连接时，应按每根单筋错开搭接的方式连接。接头面积百分率应按同一连接区段内所有的单根钢筋计算。并筋中钢筋的搭接长度应按单筋分别计算。

第二节　承载力计算的一般规定

一、受剪切截面高度影响系数 β_h

根据《混规》6.3.3 条，受剪切截面高度影响系数 β_h，见表3.2.1-1。

受剪截面高度影响系数 β_h　　　　**表 3.2.1-1**

截面有效高度 h_0（mm）	$h_0 \leqslant 800$	$800 < h_0 < 2000$	$2000 \leqslant h_0$
β_h	1.0	$\left(\frac{800}{h_0}\right)^{1/4}$	0.795

二、受冲切截面高度影响系数及其速查表

根据《混规》6.5.1 条，受冲切截面高度影响系数 β_h，见表 3.2.2-1，常用截面高度的 β_h 速查表，见表 3.2.2-2。

板受冲切截面高度影响系数 β_h　　　　**表 3.2.2-1**

截面高度 h（mm）	$h \leqslant 800$	$800 < h < 2000$	$2000 \leqslant h$
β_h	1.0	$1-\frac{h-800}{2000-800} \cdot (1-0.9)$	0.9

常用截面高度的受冲切截面高度影响系数 β_h 速查表　　　　**表 3.2.2-2**

截面高度 h（mm）	900	1000	1100	1200	1300	1400	1500	1600	1700	1800	1900
β_h	0.992	0.983	0.975	0.967	0.958	0.95	0.942	0.933	0.925	0.917	0.908

三、受剪截面的腹板高度 h_w

《混规》规定：

> **6.3.1**
> h_w——截面的腹板高度：矩形截面，取有效高度；T 形截面，取有效高度减去翼缘高度；I 形截面，取腹板净高。

第三节 受弯构件正截面承载力计算

一、矩形截面或翼缘位于受拉边的倒 T 形截面

《混规》规定：

6.2.10 矩形截面或翼缘位于受拉边的倒 T 形截面受弯构件，其正截面受弯承载力应符合下列规定（图 6.2.10）：

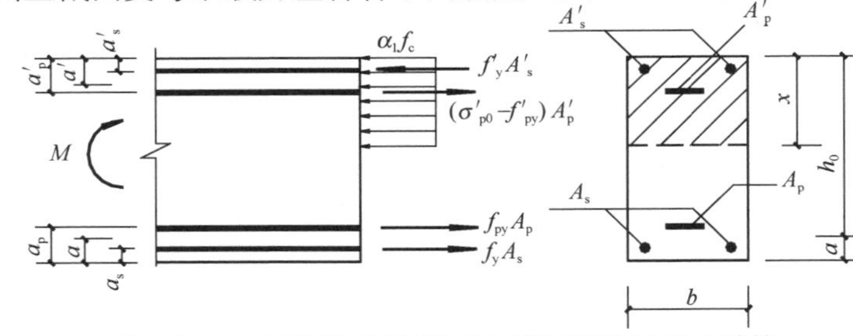

图 6.2.10 矩形截面受弯构件正截面受弯承载力计算

$$M \leqslant \alpha_1 f_c bx\left(h_0 - \frac{x}{2}\right) + f'_y A'_s (h_0 - a'_s) - (\sigma'_{p0} - f'_{py}) A'_p (h_0 - a'_p) \quad (6.2.10\text{-}1)$$

混凝土受压区高度应按下列公式确定：

$$\alpha_1 f_c bx = f_y A_s - f'_y A'_s + f_{py} A_p + (\sigma'_{p0} - f'_{py}) A'_p \quad (6.2.10\text{-}2)$$

混凝土受压区高度尚应符合下列条件：

$$x \leqslant \xi_b h_0 \quad (6.2.10\text{-}3)$$

$$x \geqslant 2a' \quad (6.2.10\text{-}4)$$

6.2.14 当计算中计入纵向普通受压钢筋时，应满足本规范公式（6.2.10-4）的条件；当不满足此条件时，正截面受弯承载力应符合下列规定：

$$M \leqslant f_{py}A_p(h - a_p - a'_s) + f_y A_s(h - a_s - a'_s) + (\sigma'_{p0} - f'_{py})A'_p(a'_p - a'_s) \qquad (6.2.14)$$

式中 a_s、a_p——受拉区纵向普通钢筋、预应力筋至受拉边缘的距离。

1. 配筋计算

（1）单筋梁（板）

由规范式（6.2.10-1），可得：

$$x = h_0 - \sqrt{h_0^2 - \frac{2\gamma_0 M}{\alpha_1 f_c b}} \begin{cases} \leqslant \xi_b h_0\text{，由式（6.2.10-2），计算 } A_s\text{，} \\ \text{复核 } A_s \geqslant A_{s,\min} \\ > \xi_b h_0\text{，截面过小} \end{cases}$$

（2）双筋梁（板）

假定已知 A'_s，由规范式（6.2.10-1），可得：

令 $M_1 = \gamma_0 M - f'_y A'_s\ (h_0 - a'_s)$

$$x = h_0 - \sqrt{h_0^2 - \frac{2M_1}{\alpha_1 f_c b}} \begin{cases} < 2a'_s\text{，按式（6.2.14）计算 } A_s\text{，} \\ \text{复核 } A_s \geqslant A_{s,\min} \\ \geqslant 2a'_s\text{，且} \leqslant \xi_b h_0\text{，按式（6.2.10-2）} \\ \text{计算 } A_s\text{，复核 } A_s \geqslant A_{s,\min} \\ > \xi_b h_0\text{，} A'_s \text{ 过小} \end{cases}$$

2. 承载力复核

（1）单筋梁（板）

由规范式（6.2.10-2）计算 x，则：

$$x \begin{cases} \leqslant \xi_b h_0\text{，由式（6.2.10-1），计算 } M_u = \alpha_1 f_c b x\left(h_0 - \dfrac{x}{2}\right) \\ > \xi_b h_0\text{，取 } x = x_b = \xi_b h_0\text{，同理，} M_u = \alpha_1 f_c b x_b\left(h_0 - \dfrac{x_b}{2}\right) \end{cases}$$

(2) 双筋梁（板）

由规范式（6.2.10-2），计算 x，则：

$$x\begin{cases}<2a'_s\text{，计算 }M_u\text{，取公式（6.2.14）右端项}\\ \geqslant 2a'_s\text{，且}\leqslant \xi_b h_0\text{，计算 }M_u\text{，取公式（6.2.10-1）右端项}\\ >\xi_b h_0\text{，取 }x=x_b=\xi_b h_0\text{，计算 }M_u\text{，取公式（6.2.10-1）右端项}\end{cases}$$

二、翼缘位于受压区的T形、I形截面

《混规》规定：

6.2.11 翼缘位于受压区的T形、I形截面受弯构件（图6.2.11），其正截面受弯承载力计算应符合下列规定：

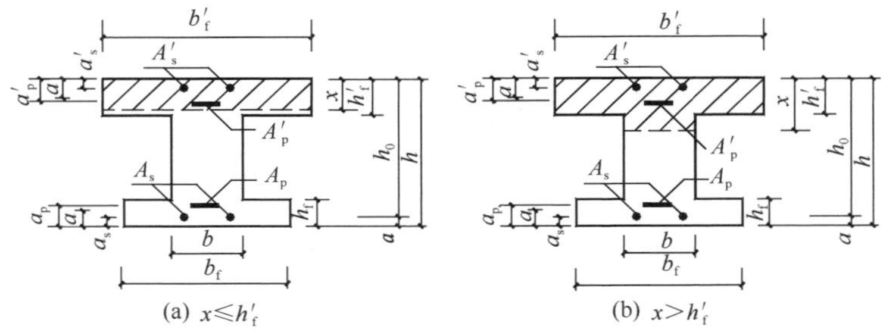

图6.2.11 I形截面受弯构件受压区高度位置

1 当满足下列条件时，应按宽度为 b'_f 的矩形截面计算：

$$f_yA_s+f_{py}A_p\leqslant\alpha_1 f_c b'_f h'_f+f'_yA'_s-(\sigma'_{p0}-f'_{py})A'_p \tag{6.2.11-1}$$

2 当不满足公式(6.2.11-1)的条件时，应按下列公式计算：

$$M\leqslant\alpha_1 f_c bx\left(h_0-\frac{x}{2}\right)+\alpha_1 f_c(b'_f-b)h'_f\left(h_0-\frac{h'_f}{2}\right)+f'_yA'_s(h_0-a'_s)-(\sigma'_{p0}-f'_{py})A'_p(h_0-a'_p) \tag{6.2.11-2}$$

混凝土受压区高度应按下列公式确定：

$$\alpha_1 f_c[bx+(b'_f-b)h'_f]=f_yA_s-f'_yA'_s+f_{py}A_p+(\sigma'_{p0}-f'_{py})A'_p \tag{6.2.11-3}$$

式中　h'_f——T形、I形截面受压区的翼缘高度；

b'_f——T形、I形截面受压区的翼缘计算宽度，按本规范第6.2.12条的规定确定。

按上述公式计算T形、I形截面受弯构件时，混凝土受压区高度仍应符合本规范公式（6.2.10-3）和公式（6.2.10-4）的要求。

1. 配筋计算

（1）单筋T形（梁、板）

判别类型，取 $x=h'_f$ 作为界限状况，由《混规》式（6.2.11-2），可得：

$$\gamma_0 M \leqslant \alpha_1 f_c b h'_f\left(h_0-\frac{h'_f}{2}\right)+\alpha_1 f_c(b'_f-b)h'_f\left(h_0-\frac{h'_f}{2}\right)$$

整理即：$\gamma_0 M \leqslant \alpha_1 f_c b'_f h'_f\left(h_0-\frac{h'_f}{2}\right)$

1）当 $\gamma_0 M \leqslant \alpha_1 f_c b'_f h'_f\left(h_0-\frac{h'_f}{2}\right)$，属第一类T形，可按 $b'_f \times h$ 的单筋矩形梁计算。

2）当 $\gamma_0 M > \alpha_1 f_c b'_f h'_f\left(h_0-\frac{h'_f}{2}\right)$，属第二类T形，由式（6.2.11-2）计算，即：

令 $M_1=\gamma_0 M-\alpha_1 f_c(b'_f-b)h'_f\left(h_0-\frac{h'_f}{2}\right)$

$$x=h_0-\sqrt{h_0^2-\frac{2M_1}{\alpha_1 f_c b}}\begin{cases}\leqslant \xi_b h_0\text{，由式（6.2.11-3），计算 }A_s\text{，}\\ \text{复核 }A_s \geqslant A_{s,\min}\\ >\xi_b h_0\text{，截面过小}\end{cases}$$

（2）双筋T形（梁、板）

假定已知 A'_s，类型判别，仍取 $x=h'_f$ 作为界限状况，由式（6.2.11-2），可得：

$$\gamma_0 M \leqslant \alpha_1 f_c b'_f h'_f\left(h_0-\frac{h'_f}{2}\right)+f'_y A'_s\ (h_0-a'_s)$$

1）当 $\gamma_0 M \leqslant \alpha_1 f_c b'_f h'_f \left(h_0 - \frac{h'_f}{2}\right) + f'_y A'_s (h_0 - a'_s)$，属第一类T形，可按 $b'_f \times h$ 的双筋矩形梁计算。

2）当 $\gamma_0 M > \alpha_1 f_c b'_f h'_f \left(h_0 - \frac{h'_f}{2}\right) + f'_y A'_s (h_0 - a'_s)$，属第二类T形，由式（6.2.11-2）计算，即：

令 $M_1 = \gamma_0 M - \alpha_1 f_c (b'_f - b) h'_f \left(h_0 - \frac{h'_f}{2}\right) - f'_y A'_s (h_0 - a'_s)$

$x = h_0 - \sqrt{h_0^2 - \frac{2M_1}{\alpha_1 f_c b}}$
- $< 2a'_s$，按式（6.2.14），计算 A_s，复核 $A_s \geqslant A_{s,min}$（一般均能满足，可不必验算）
- $\geqslant 2a'_s$，且 $\leqslant \xi_b h_0$，按式（6.2.11-3）计算 A_s，复核 $A_s \geqslant A_{s,min}$（一般均能满足，可不必验算）
- $> \xi_b h_0$，A'_s 过小

2. 承载力复核

（1）单筋T形（梁、板）

类型判别，仍取 $x = h'_f$ 作为界限状况，由《混规》式（6.2.11-1），可得：

1）当 $f_y A_s \leqslant \alpha_1 f_c b'_f h'_f$，属第一类T形，按 $b'_f \times h$ 的单筋矩形梁计算。

2）当 $f_y A_s > \alpha_1 f_c b'_f h'_f$，属第二类T形，由式（6.2.11-3）计算 x，则：

x
- $\leqslant \xi_b h_0$，计算 M_u，取公式（6.2.11-2）右端项
- $> \xi_b h_0$，取 $x = x_b = \xi_b h_0$，计算 M_u，取公式（6.2.11-2）右端项

（2）双筋T形（梁、板）

假定已知 A_s，判别类型，由《混规》式（6.2.11-1），可得：

1）当 $f_y A_s \leqslant \alpha_1 f_c b'_f h'_f + f'_y A'_s$，属第一类T形，按 $b'_f \times h$ 双筋矩形梁计算。

2）当 $f_yA_s > \alpha_1 f_c b'_f h'_f + f'_y A'_s$，属第二类 T 形，由式（6.2.11-3）计算 x，则：

$$x\begin{cases} x<2a'_s\text{，计算 }M_u\text{，取公式（6.2.14）右端项} \\ \geqslant 2a'_s\text{，且}\leqslant \xi_b h_0\text{，计算 }M_u\text{，取公式（6.2.11-2）右端项} \\ x>\xi_b h_0\text{，取 }x=x_b=\xi_b h_0\text{，计算 }M_u\text{，取公式（6.2.11-2）} \\ \text{右端项} \end{cases}$$

综上可知，灵活运用《混规》式（6.2.11-1）、式（6.2.11-2）、式（6.2.11-3）、式（6.2.14），即力平衡，力矩平衡，不用记忆繁杂的计算步骤。

第四节　受压构件正截面承载力计算

一、轴心受压构件的稳定系数 φ 和折减系数 α 速查表

1. 轴心受压构件的稳定系数 φ 的计算

根据《混规》表 6.2.15，采用内插法确定 φ。例如：$l_0/b=10.5$，则：

$$\varphi = 0.98 - \frac{l_0/b - 10}{12 - 10} \cdot (0.98 - 0.95)$$

同理，各本规范的内插法均可按上述原则进行计算（注：善于利用计算器的存储、调用功能，可使计算简便）。

2. 间接钢筋对混凝土约束的折减系数 α 速查表

根据《混规》6.2.16 条，折减系数 α 速查表，见表 3.4.1-1。

折减系数 α 速查表　　　　**表 3.4.1-1**

混凝土强度等级	≤C50	C55	C60	C65	C70	C75	C80
α	1.0	0.975	0.95	0.925	0.90	0.875	0.85

3. 柱的配筋构造要求

《混规》8.5.1 条（纵筋最小配筋率）、9.3.1 条（纵筋最大配筋率）、9.3.2 条。

二、矩形截面偏心受压构件

《混规》规定：

6.2.17 矩形截面偏心受压构件正截面受压承载力应符合下列规定（见图 6.2.17）：

$$N \leqslant \alpha_1 f_c bx + f'_y A'_s - \sigma_s A_s - (\sigma'_{p0} - f'_{py})A'_p - \sigma_p A_p \tag{6.2.17-1}$$

$$Ne \leqslant \alpha_1 f_c bx \left(h_0 - \frac{x}{2}\right) + f'_y A'_s (h_0 - a'_s) - (\sigma'_{p0} - f'_{py})A'_p (h_0 - a'_p) \tag{6.2.17-2}$$

$$e = e_i + \frac{h}{2} - a \tag{6.2.17-3}$$

$$e_i = e_0 + e_a \tag{6.2.17-4}$$

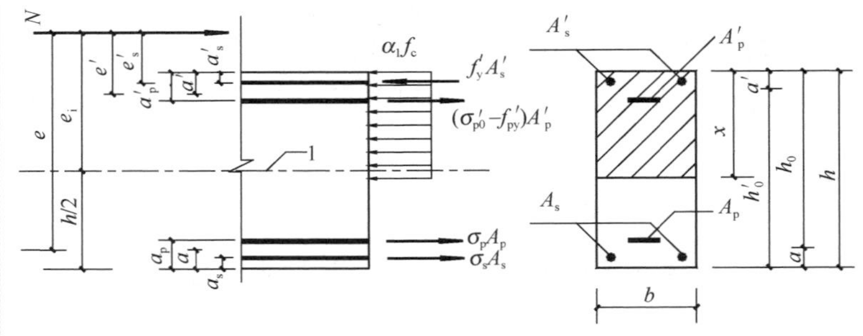

图 6.2.17 矩形截面偏心受压构件正截面受压承载力计算

1—截面重心轴

2 当计算中计入纵向受压普通钢筋时，受压区高度应满足本规范公式（6.2.10-4）的条件；当不满足此条件时，其正截面受压承载力可按本规范第 6.2.14 条的规定进行计算，此时，应将本规范公式（6.2.14）中的 M 以 Ne'_s 代替，此处，e'_s 为轴向压力作用点至受压区纵向普通钢筋合力点的距离；初始偏心距应按公式（6.2.17-4）确定。

当 $x<2a'_s$ 时，$e'_s=e_i-\dfrac{h}{2}+a'_s$

1. 对称配筋（$A_s=A'_s$）计算

一般采用假定法。假定为大偏压，由《混规》式(6.2.17-1)，计算 x，则：

x：

- $>\xi_b h_0$，假定不正确，为小偏压，由式(6.2.17-7)近似计算 A'_s，复核 $A'_{s,min}$、$A_{s总,min}$(8.5.1 条)
- $x\leqslant\xi_b h_0$，假定正确，大偏压：
  - $x<2a'_s$，按式(6.2.14)计算 A_s，复核 $A_{s,min}$、$A_{s总,min}$(8.5.1 条)
  - $x\geqslant 2a'_s$，按式(6.2.17-2)计算 A'_s，复核 $A'_{s,min}$、$A_{s总,min}$(8.5.1 条)

2. 承载力复核(已知 N，求 M)

假定为大偏压，由《混规》式(6.2.17-1)，计算 x，则：

x：

- $\geqslant\xi_b h_0$，假定不正确，为小偏压，由规范式(6.2.8-3)、式(6.2.17-1)联解，求出 x；由式(6.2.17-2)求出 e，确定 e_i 与 e_0，求 $M=Ne_0$
- $<\xi_b h_0$，假定正确，为大偏压：
  - $x<2a'_s$，由式(6.2.14)且 Ne'_s 代替 M 求出 e'_s，确定 e_i 与 e_0，求 $M=Ne_0$
  - $x\geqslant 2a'_s$，由式(6.2.17-2)求出 e，确定 e_i 与 e_0，求 $M=Ne_0$

综上可知，灵活运用《混规》6.2.17 条、6.2.14 条的力平衡、力矩平衡。

第五节 受拉构件正截面承载力计算

一、大、小偏心受拉构件的判别

$e_0=\frac{M}{N}<\frac{h}{2}-a_s$，属于小偏拉

$e_0=\frac{M}{N}>\frac{h}{2}-a_s$，属于大偏拉

二、偏心受拉构件的参数 e、e' 和 h'_0

根据《混规》6.2.23 条：

小偏心受拉：$\begin{cases} e' = e_0 + \frac{h}{2} - a'_s \\ e = -e_0 + \frac{h}{2} - a_s \end{cases}$

大偏心受拉：$\begin{cases} e' = e_0 + \frac{h}{2} - a'_s \\ e = e_0 - \frac{h}{2} + a_s \end{cases}$

$$h'_0 = h - a'_s$$

第六节 斜截面受剪承载力计算

一、受剪截面限制条件

《混规》规定：

6.3.1 矩形、T 形和 I 形截面受弯构件的受剪截面应符合下列条件：

当 $h_w/b \leqslant 4$ 时

$$V \leqslant 0.25\beta_c f_c b h_0 \quad (6.3.1\text{-}1)$$

当 $h_w/b \geqslant 6$ 时

$$V \leqslant 0.2\beta_c f_c b h_0 \quad (6.3.1\text{-}2)$$

当 $4 < h_w/b < 6$ 时，按线性内插法确定。

式中 b——矩形截面的宽度，T 形截面或 I 形截面的腹板宽度。

注：1. 对 T 形或 I 形截面的简支受弯构件，当有实践经验时，公式（6.3.1-1）中的系数可改用 0.3。

《混规》6.3.1 条条文说明指出，规定受弯构件的受剪截面限制条件，其目的有三个。

二、板的斜截面受剪承载力计算

《混规》规定：

6.3.3 不配置箍筋和弯起钢筋的一般板类受弯构件，其斜截面受剪承载力应符合下列规定：

$$V \leqslant 0.7\beta_h f_t b h_0 \tag{6.3.3-1}$$

$$\beta_h = \left(\frac{800}{h_0}\right)^{1/4} \tag{6.3.3-2}$$

式中 β_h——截面高度影响系数：当 h_0 小于 800mm 时，取 800mm；当 h_0 大于 2000mm 时，取 2000mm。

《混规》6.3.3 条的条文说明，$V \leqslant 0.7\beta_h f_t b h_0$ 仅适用于：①均布荷载作用下的单向板；②均布荷载作用下双向板需按单向板计算的构件。此外，纵向受拉钢筋配筋率 ρ 对无腹筋梁受剪承载力 V_c 的影响。

三、受弯构件斜截面受剪承载力计算

1.《混规》6.3.4 条计算要点

《混规》6.3.4 条集中荷载作用下的独立梁（即不与楼板整体浇筑的梁）。注意，当框架独立梁承受水平荷载（如风荷载）时，由其产生的剪力值也归属于集中荷载作用产生的剪力值。

《混规》6.3.4 条，a 也称为剪跨。公式（6.3.4-2）中 f_{yv} 取值：$f_{yv} \leqslant 360\text{N/mm}^2$。箍筋的构造、最小配筋率见 9.2.9 条。

（1）箍筋计算（已知 V，求 A_{sv}/s）

一般首先复核受剪截面限制条件，即《混规》6.3.1 条，$V_{截} = 0.25\beta_c f_c b h_0$（$h_w/b \leqslant 4$）或 $0.2\beta_c f_c b h_0$（$h_w/b \geqslant 6$），取 $V = \min(V, V_{截})$ 计算箍筋，最后复核最小配筋率。

（2）斜截面抗剪承载力复核（已知箍筋 A_{sv}/s，求 V_u）

由 A_{sv}/s，当其 $\rho_{sv} \geqslant \rho_{sv,\min} = 0.24 f_t/f_{yv}$ 时，按《混规》公式（6.3.4-2）计算 V_{cs}［当 $\rho_{sv} < \rho_{sv,\min}$ 时，按《混规》式（6.3.7）

计算 V_{cs}]；由受剪截面限制条件，即 6.3.1 条，计算 $V_{截}$；最终取 V_u＝min {V_{cs}，$V_{截}$} 作为受剪承载力设计值。

《混规》6.3.8 条式（6.3.8-2）中 $\sum f_{yv}A_{sv}$ 的内涵是：在规范图 6.3.8 中，在 c 范围内所有箍筋的合力。

2.《混规》6.3.5 条计算要点

《混规》公式（6.3.5）中弯起钢筋（f_yA_{sb}）的 f_y 取值不受限制。

四、偏压和偏拉构件的斜截面受剪承载力计算要点

《混规》6.3.12 条、6.3.14 条和 6.3.15 条作了规定。

（1）《混规》6.3.12 条、6.3.14 条，针对单向受剪，故 b、h_0、λ 均与 V 作用方向挂钩，参见《混规》6.3.17 条。

（2）《混规》公式（6.3.14）中 N（拉力）大小不受限制。

（3）《混规》公式（6.3.12）、公式（6.3.14）中 f_{yv} 取值为：$f_{yv}\leqslant 360\text{N/mm}^2$。

五、剪力墙的斜截面受剪承载力计算要点

《混规》6.3.21 条和 6.3.22 条作了规定。

（1）《混规》公式（6.3.21）、公式（6.3.22）中 f_{yv} 取值：$f_{yv}\leqslant 360\text{N/mm}^2$。

（2）《混规》6.3.21 条，当 V 较小时，按构造配置水平分布筋。

（3）《混规》6.3.22 条中 N（拉力）大小不受限制。

第七节 扭曲截面承载力计算

一、《混规》6.4.4 条纯扭构件计算要点

纯扭构件，其截面条件应满足《混规》6.4.1 条，此时，取 V＝0。纯扭构件按 6.4.4 条计算，其受扭纵筋的配筋率 ρ_{tl}、受扭箍筋的配筋率 ρ_{sv} 应分别满足 9.2.5 条、9.2.10 条，即：

$$\rho_{tl}=\frac{A_{stl}}{bh}\geqslant 0.6\sqrt{\frac{T}{Vb}}\frac{f_t}{f_y}\left(\text{此时取}\frac{T}{Vb}=2.0\right)$$

$$\rho_{sv}=\frac{2A_{st1}}{bs}\geqslant 0.28f_t/f_{yv}$$

二、《混规》6.4.8 条剪扭构件计算要点

剪扭构件按《混规》6.4.8 条计算，其截面条件应满足《混规》6.4.1 条，由受剪承载力计算受剪箍筋（A_{sv}/s）；由受扭承载力计算受扭箍筋（A_{st1}/s）和抗扭纵筋（A_{stl}），并满足最小配筋率要求 9.2.5 条、9.2.10 条，即：

$$\rho_{tl}=\frac{A_{stl}}{bh}\geqslant 0.6\sqrt{\frac{T}{Vb}}\frac{f_t}{f_y}$$

$$\rho_{sv}=\frac{A_{sv}}{bs}+\frac{2A_{st1}}{bs}\geqslant 0.28f_t/f_{yv}$$

三、弯剪扭构件计算要点

（1）当 V、T 满足《混规》6.4.2 条时，不用计算，按构造配筋。

（2）当 $V\leqslant 0.35f_tbh_0$ ［或 $V\leqslant 0.875f_tbh_0/(\lambda+1)$］时，由《混规》6.4.12 条，仅计算由 M 产生的抗弯纵筋 A_s，由纯扭构件 T 产生的抗扭纵筋 A_{stl} 和受扭箍筋（A_{st1}/s），然后将配筋叠加配置。

（3）当 $T\leqslant 0.175f_tW_t$（或 $T\leqslant 0.175\alpha_hf_tW_t$）时，由《混规》6.4.12 条，仅计算按受弯构件由 M 产生的抗弯纵筋 A_s、由 V 产生的抗剪箍筋（A_{sv}/s）。

（4）一般弯剪扭（M、V、T）构件，由《混规》6.4.13 条，由 M 产生的抗弯纵筋 A_s；在剪扭共同作用下，由 V 产生的抗剪箍筋$\left(\frac{A_{sv}}{s}=\frac{nA_{sv1}}{s}\right)$，由 T 产生的抗扭纵筋（A_{st1}）和抗扭箍筋（A_{st1}/s），并满足最小配筋率要求，即：

$$\rho_{纵}=\frac{A_s}{bh}\geqslant \max(0.20, 45f_t/f_y)\%\quad（见《混规》8.5.1 条）$$

$$\rho_{tl}=\frac{A_{stl}}{bh}\geqslant 0.6\sqrt{\frac{T}{Vb}}\frac{f_t}{f_y}$$

$$\rho_{sv}=\frac{nA_{sv1}}{bs}+\frac{2A_{st1}}{bs}\geqslant 0.28f_t/f_{yv}$$

其配筋如图 3.7.3-1、图 3.7.3-2 所示。

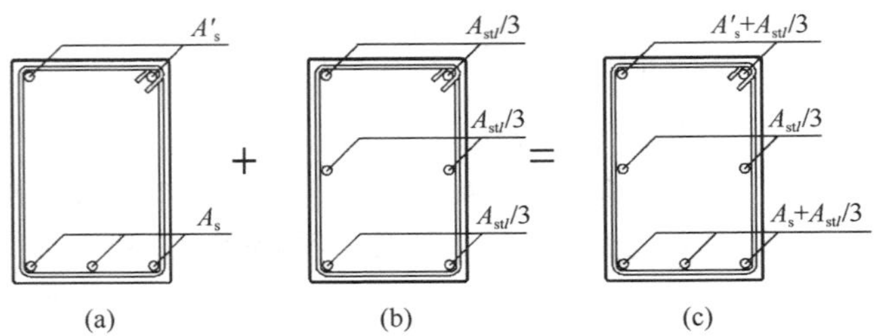

图 3.7.3-1 弯、扭纵筋的叠加

(a) 受弯纵筋；(b) 受扭纵筋；(c) 纵筋叠加

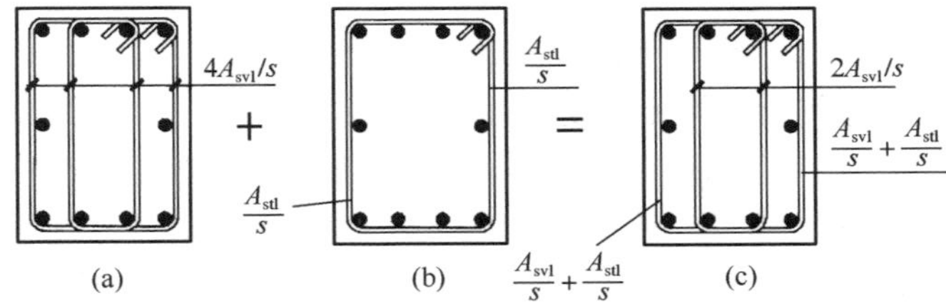

图 3.7.3-2 剪、扭箍筋的叠加

(a) 受剪箍筋；(b) 受扭箍筋；(c) 箍筋叠加

(5) 上述（1）～（4）均应满足截面条件要求《混规》6.4.1 条的要求。

第八节 受冲切承载力计算

一、板的受冲切承载力计算

1. 不配置箍筋或弯起钢筋的 u_m 计算式

如图 3.8.1-1 所示，临界截面的周长 u_m（图 3.8.1-1 中 3）：

$$u_m = 2\times(b+l+2h_0)$$

2. 配置抗冲切钢筋的 u_m 计算式

根据《混规》6.5.4 条，冲切破坏锥体以外 $0.5h_0$ 处的 u_m（图 3.8.1-1 中 5）：

$$u_m = 2\times(b+3h_0+l+3h_0) = 2\times(b+l+6h_0)$$

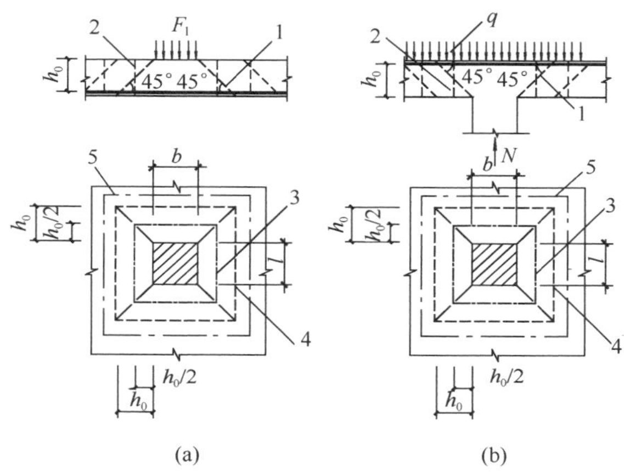

图 3.8.1-1 板受冲切承载力计算

（a）局部荷载作用下；（b）集中反力作用下

1—冲切破坏锥体的斜截面；2—计算截面；3—计算截面的周长 u_m；4—冲切破坏锥体的底面线；5—冲切破坏锥以 $0.5h_0$ 处的周长 u_m

3. 计算要点

（1）《混规》6.5.1 条的条文说明，u_m取值：等厚板为垂直于板中心平面的截面；变高度板为垂直于板受拉面的截面。其次，异形截面柱的 u_m 取值规定。

（2）《混规》6.5.1 条，板柱节点为中间楼层时，F_l 计算时，$F_l=\Delta N_{轴力}-qA_{冲切}$，其中，$A_{冲切}$应扣除节点上柱柱底面积。

二、板开洞受冲切承载力计算的扣除长度计算式

如图 3.8.2-1 所示，应扣除长度 l_4 为：

$$当\ l_1\leqslant l_2\ 时，l_4=\frac{\dfrac{b}{2}+\dfrac{h_0}{2}}{\dfrac{b}{2}+l_x}\cdot l_2$$

$$当\ l_1>l_2\ 时，l_4=\frac{\dfrac{b}{2}+\dfrac{h_0}{2}}{\dfrac{b}{2}+l_x}\cdot\sqrt{l_1l_2}$$

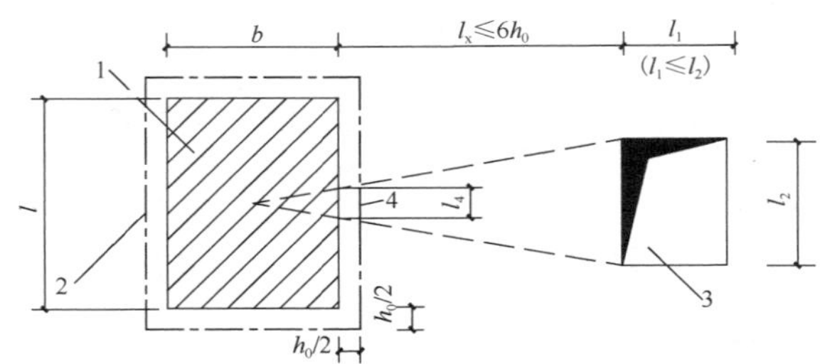

图 3.8.2-1 邻近孔洞时的计算截面周长
1—局部荷载或集中反力作用面；2—计算截面周长；3—孔洞；4—应扣除的长度
注：当图中 l_1 大于 l_2 时，孔洞边长 l_2 用 $\sqrt{l_1 l_2}$ 代替

三、区分非抗震设计与抗震设计时板受冲切承载力计算

区分《混规》6.5.3 条（非抗震设计）和《混规》11.9.4 条（抗震设计）的规定。《混规》6.5.3 条的条文说明指出，公式（6.5.3-1）的实质是：对抗冲切箍筋或弯起钢筋数量的限制。

第九节 局部受压承载力计算

一、局部受压的计算底面积 A_b 的计算原则

《混规》规定：

6.6.2 局部受压的计算底面积 A_b，可由局部受压面积与计算底面积按同心、对称的原则确定；常用情况，可按图 6.6.2 取用。

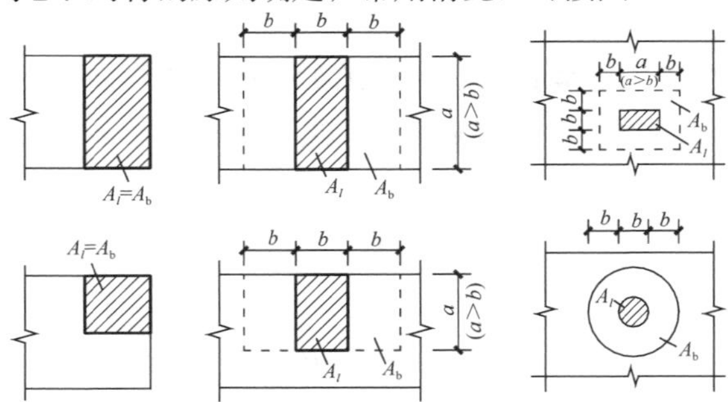

图 6.6.2 局部受压的计算底面积
A_l—混凝土局部受压面积；A_b—局部受压的计算底面积

二、局部受压的强度提高系数 β_l

《混规》规定：

6.6.1

$$F_l \leqslant 1.35\beta_c\beta_l f_c A_{ln} \tag{6.6.1-1}$$

$$\beta_l=\sqrt{\frac{A_b}{A_l}} \tag{6.6.1-2}$$

式中　A_{ln}——混凝土局部受压净面积。

《混规》6.6.1 条的条文说明，公式（6.6.1-1）的目的是：限制混凝土下沉变形不致过大。β_l、β_{cor} 计算时，不应扣除孔道面积。

三、配置间接钢筋时局部受压承载力及体积配筋率 ρ_v

1.《混规》规定

6.6.3　配置方格网式或螺旋式间接钢筋（图 6.6.3）的局部受压承载力应符合下列规定：

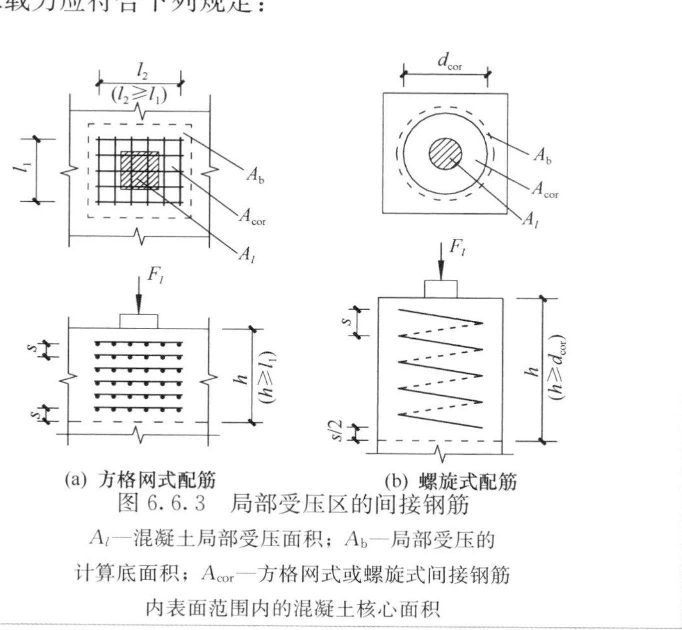

图 6.6.3　局部受压区的间接钢筋

A_l—混凝土局部受压面积；A_b—局部受压的计算底面积；A_{cor}—方格网式或螺旋式间接钢筋内表面范围内的混凝土核心面积

$$F_l \leqslant 0.9(\beta_c\beta_l f_c + 2\alpha\rho_v\beta_{cor} f_{yv})A_{ln} \qquad (6.6.3\text{-}1)$$

当为方格网式配筋时（图 6.6.3a），钢筋网两个方向上单位长度内钢筋截面面积的比值不宜大于 1.5，其体积配筋率 ρ_v 应按下列公式计算：

$$\rho_v = \frac{n_1 A_{s1} l_1 + n_2 A_{s2} l_2}{A_{cor} s} \qquad (6.6.3\text{-}2)$$

当为螺旋式配筋时（图 6.6.3b），其体积配筋率 ρ_v 应按下列公式计算：

$$\rho_v = \frac{4A_{ss1}}{d_{cor} s} \qquad (6.6.3\text{-}3)$$

2. 计算要点

《混规》6.6.3 条及条文说明中，公式（6.6.3-2）、公式（6.6.3-3）成立的前提条件是：$A_{cor} > A_l$。

β_{cor} 计算，分为如下三种情况：

（1）$A_{cor} > A_b$，且 $A_{cor} > 1.25A_l$ 时，$\beta_{cor} = \sqrt{\frac{A_b}{A_l}}$；

（2）$A_{cor} < A_b$，且 $A_{cor} > 1.25A_l$ 时，$\beta_{cor} = \sqrt{\frac{A_{cor}}{A_l}}$；

（3）$A_{cor} \leqslant 1.25A_l$ 时，$\beta_{cor} = 1.0$。

第十节 疲劳验算要点

（1）《混规》3.3.1 条的条文说明指出了不作疲劳验算的情况。

（2）《混规》6.7.1 条规定，疲劳验算的基本假定，与《混规》6.2.1 条正截面承载力的基本假定不相同。

（3）《混规》6.7.2 条、6.7.12 条，计入动力系数。

（4）《混规》6.7.3 条注、6.7.4 条注、6.7.10 条注 1、2。

第十一节　正常使用极限状态验算

一、受弯构件的挠度限值

《混规》规定：

3.4.3　钢筋混凝土受弯构件的最大挠度应按荷载的准永久组合，预应力混凝土受弯构件的最大挠度应按荷载的标准组合，并均应考虑荷载长期作用的影响进行计算，其计算值不应超过表3.4.3规定的挠度限值。

表3.4.3　受弯构件的挠度限值

构件类型		挠度限值
吊车梁	手动吊车	$l_0/500$
	电动吊车	$l_0/600$
屋盖、楼盖及楼梯构件	当 $l_0<7$m 时	$l_0/200(l_0/250)$
	当 $7\text{m}\leqslant l_0\leqslant 9$m 时	$l_0/250$ $(l_0/300)$
	当 $l_0>9$m 时	$l_0/300(l_0/400)$

注：1. 表中 l_0 为构件的计算跨度；计算悬臂构件的挠度限值时，其计算跨度 l_0 按实际悬臂长度的2倍取用。
2. 表中括号内的数值适用于使用上对挠度有较高要求的构件。
3. 如果构件制作时预先起拱，且使用上也允许，则在验算挠度时，可将计算所得的挠度值减去起拱值；对预应力混凝土构件，尚可减去预加力所产生的反拱值。
4. 构件制作时的起拱值和预加力所产生的反拱值，不宜超过构件在相应荷载组合作用下的计算挠度值。

注意：《混规》3.4.3条中注1、2、3、4的规定。

对于悬臂构件，假定其实际悬挑跨度为3m，查《混规》表3.4.3时，取计算跨度 $l_0=2\times3=6$m，“构件类型”栏中应按“当 $l_0<7$m 时”，再查其对应的“挠度限值”，$\dfrac{l_0}{200}=\dfrac{6000}{200}=30$mm。

二、钢筋混凝土构件的裂缝控制验算要点

(1)《混规》公式(7.1.2-1)中相关参数取值:

$$c_s \begin{matrix} \leqslant 65 \\ \geqslant 20 \end{matrix};\ \psi \begin{matrix} \leqslant 1.0 \\ \geqslant 0.2 \end{matrix}$$

在最大裂缝宽度 w_{max} 计算中,当 $\rho_{te}<0.01$ 时,取 $\rho_{te}=0.01$。

(2)《混规》7.1.2 条:

轴心受拉构件:$A_{te}=bh$(矩形)

受弯、偏心受压、偏心受拉构件:$A_{te}=0.5bh+(b_f-b)h_f$(b_f、h_f 为受拉翼缘的宽度、高度)

(3)《混规》7.1.4 条:

轴心受拉构件即规范式(7.1.4-1)中 A_s 取全部纵筋截面面积。偏心受拉构件即规范式(7.1.4-2)中 A_s 取受拉较大边的纵向钢筋截面面积。

《混规》式(7.1.4-7):$\gamma_f'=\dfrac{(b_f'-b)h_f'}{bh_0}$,当为矩形截面时,$\gamma_f'=0$;

$$\text{当 } h_f'>0.2h_0 \text{ 时,取 } h_f'=0.2h_0$$

《混规》式(7.1.4-8):$\eta_s=1+\dfrac{1}{4000e_0/h_0}\left(\dfrac{l_0}{h}\right)^2$;当 $l_0/h\leqslant 14$ 时,取 $\eta_s=1.0$

《混规》式(7.1.4-8)中 l_0,根据《混规》6.2.20 条条文说明,偏压构件计算 w_{max},其 l_0 仍按《混规》表 6.2.20-2。

三、钢筋混凝土受弯构件的挠度验算

1.《混规》规定

7.2.1 钢筋混凝土和预应力混凝土受弯构件的挠度可按照结构力学方法计算,且不应超过本规范表 3.4.3 规定的限值。

在等截面构件中,可假定各同号弯矩区段内的刚度相等,并取用该区段内最大弯矩处的刚度。当计算跨度内的支座截面刚度不大于跨中截面刚度的 2 倍或不小于跨中截面刚度的 1/2 时，该跨也可按等刚度构件进行计算，其构件刚度可取跨中最大弯矩截面的刚度。

注意：

(1)《混规》7.2.1 条的条文说明，即按等刚度构件计算时，取构件跨内的最大弯矩处的刚度。

(2)《混规》7.2.1 条的条文说明，即对于允许出现裂缝的构件，它就是该区段内的最小刚度。

《混规》规定：

7.2.2　矩形、T 形、倒 T 形和 I 形截面受弯构件考虑荷载长期作用影响的刚度 B 可按下列规定计算：

2　采用荷载准永久组合时

$$B=\frac{B_s}{\theta} \tag{7.2.2-2}$$

7.2.3　按裂缝控制等级要求的荷载组合作用下，钢筋混凝土受弯构件和预应力混凝土受弯构件的短期刚度 B_s，可按下列公式计算：

1　钢筋混凝土受弯构件

$$B_s=\frac{E_sA_sh_0^2}{1.15\psi+0.2+\dfrac{6\alpha_E\rho}{1+3.5\gamma'_f}} \tag{7.2.3-1}$$

式中　α_E——钢筋弹性模量与混凝土弹性模量的比值，即 E_s/E_c；

ρ——纵向受拉钢筋配筋率：对钢筋混凝土受弯构件，取为 $A_s/(bh_0)$。

7.2.5　考虑荷载长期作用对挠度增大的影响系数 θ 可按下列规定取用：

1　钢筋混凝土受弯构件

当 $\rho'=0$ 时，取 $\theta=2.0$；当 $\rho'=\rho$ 时，取 $\theta=1.6$；当 ρ' 为中间数值时，θ 按线性内插法取用。此处，$\rho'=A'_s/(bh_0)$，$\rho=A_s/(bh_0)$。

对翼缘位于受拉区的倒 T 形截面，θ 应增加 20%。

2. 计算要点

（1）《混规》7.2.3 条，规范式（7.2.3-1）中相关参数的取值：

纵向受拉钢筋配筋率：$\rho=\dfrac{A_s}{bh_0}$

上式适用于：矩形、T 形和 I 形截面。

γ'_f 由规范式（7.1.4-7）得：$\gamma'_f=\dfrac{(b'_f-b)h'_f}{bh_0}$；当为矩形时，$\gamma'_f=0$。

$$\psi=1.1-0.65\frac{f_{tk}}{\rho_{te}\sigma_{sq}}\ {}^{\leqslant 1.0}_{\geqslant 0.2}\text{；}\rho_{te}=\frac{A_s}{A_{te}}$$

ψ 与 ρ_{te} 挂钩，此时，ρ_{te} 不受 0.01 的限制，$\rho_{te}=\dfrac{A_s}{A_{te}}$ 是多少就取多少。

（2）《混规》7.2.5 条，θ 的内插公式为：$\theta=2-\dfrac{\rho'}{\rho}(2-1.6)$

翼缘位于受拉区的倒 T 形截面，此时，由于翼缘处混凝土为受拉，处于不利状态，故刚度 $B=\dfrac{B_s}{\theta}$ 变小，即取 θ 增加 20%。

3. 受弯构件的挠度计算公式

常见钢筋混凝土受弯构件的挠度计算公式，见表 3.11.3-1、表 3.11.3-2，M_C、M_{Cx} 取荷载的准永久组合进行计算。

表 3.11.3-1

荷载类型	q A C B l/2 l/2 l	F A C B l/2 l/2 l	q A B l	F A B l
弯矩	$M_C=\dfrac{1}{8}ql^2$	$M_C=\dfrac{1}{4}Fl$	—	—
挠度	$f_C=\dfrac{5ql^4}{384B}$ $f_C=\dfrac{5M_cl^2}{48B}$	$f_C=\dfrac{Fl^3}{48B}$ $f_C=\dfrac{M_cl^2}{12B}$	$f_A=\dfrac{ql^4}{8B}$	$f_A=\dfrac{Fl^3}{3B}$

表 3.11.3-2

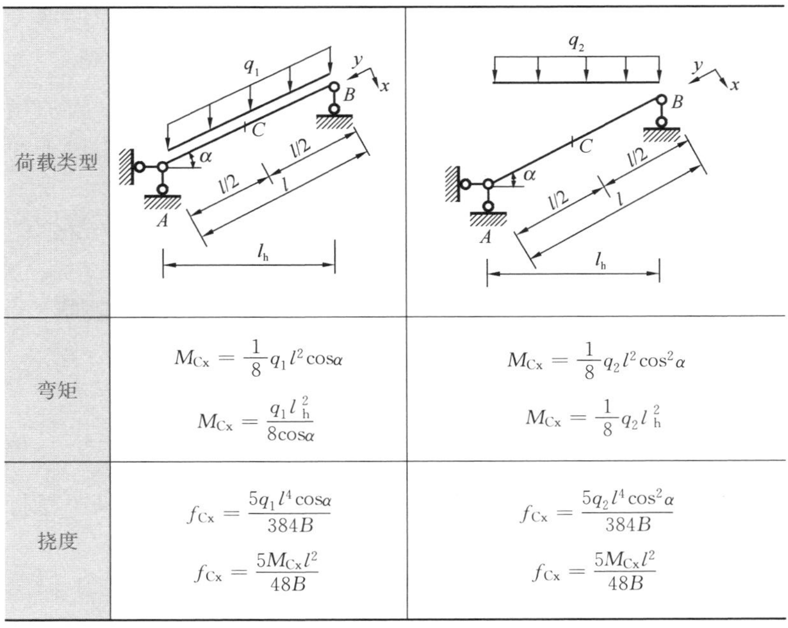

荷载类型	q_1 y x B C α l/2 l/2 l A l_h	q_2 y x B C α l/2 l/2 l A l_h
弯矩	$M_{Cx}=\dfrac{1}{8}q_1l^2\cos\alpha$ $M_{Cx}=\dfrac{q_1l_h^2}{8\cos\alpha}$	$M_{Cx}=\dfrac{1}{8}q_2l^2\cos^2\alpha$ $M_{Cx}=\dfrac{1}{8}q_2l_h^2$
挠度	$f_{Cx}=\dfrac{5q_1l^4\cos\alpha}{384B}$ $f_{Cx}=\dfrac{5M_{Cx}l^2}{48B}$	$f_{Cx}=\dfrac{5q_2l^4\cos^2\alpha}{384B}$ $f_{Cx}=\dfrac{5M_{Cx}l^2}{48B}$

第十二节 构件的基本规定

一、板的要点

（1）《混规》9.1.2 条的条文说明，现浇板的合理厚度应满足承载能力极限状态和正常使用极限状态要求。

（2）《混规》9.1.6 条的条文说明。

（3）《混规》9.1.9 条的条文已说明。

（4）抗震设计时，《混规》11.9.2 条。

二、梁

1. 梁的要点

（1）《混规》9.2.2 条第 3 款规定及本条注的规定。

（2）《混规》9.2.3 条的条文说明，即："通过两个条件控制负弯矩钢筋的截断点"。

（3）《混规》9.2.9 条：$\rho_{sv}=\frac{A_{sv}}{bs}\geqslant 0.24f_t/f_{yv}$，箱形截面梁时，取 $b=2t_w$。

（4）《混规》9.2.11 条条文说明，附加横向钢筋（附加箍筋、附加吊筋）的目的是：为防止集中荷载影响区下部混凝土的撕裂及裂缝。

《混规》9.2.11 条，附加箍筋（f_{yv}）取值受 360N/mm^2 的限制。

（5）《混规》9.2.12 条，f_{yv}取值不受 360N/mm^2 的限制。

《混规》9.2.12 条，箍筋面积应满足竖向力平衡，即：

$$f_{yv}A_{sv}\cos\left(90^{\circ}-\frac{\alpha}{2}\right)=\max\{N_{s1},N_{s2}\}$$

N_{s1}、N_{s2}见《混规》式（9.2.12-1）、式（9.2.12-2）。

《混规》9.2.12 条的图 9.1.12，假定折梁高度为 h_b，则：$h=\frac{h_b}{\sin\frac{\alpha}{2}}$。

2. 非抗震设计时梁纵向受力钢筋和箍筋的构造措施表

非抗震设计时梁纵向受力钢筋和箍筋的构造措施，分别见表 3.12.2-1、表 3.12.2-2。

非抗震设计时梁纵向受力钢筋的构造措施　　表 3.12.2-1

项　　目	非框架梁、框架梁
	《混规》
最大配筋率	单筋梁：$\rho_{max}=\xi_b\alpha_1 f_c/f_y$；　框架梁：——
最小配筋率	8.5.1 条：$\rho_{min}=\max(0.20, 45f_t/f_{yv})\%$
纵筋直径（d）	9.2.1 条：$h\geqslant300$，$d\geqslant10$；$h<300$，$d\geqslant8$
纵筋水平净间距（h）	顶筋 $h\geqslant\max(30, 1.5d_{最大})$；底筋 $h\geqslant\max(25, d_{最大})$ 底筋>2 层，其 2 层以上纵筋中距比下面 2 层纵筋中距增大 1 倍
纵筋竖向净间距（v）	各层纵筋 $v\geqslant\max(25,\ d_{最大})$
框架顶层端节点梁顶纵筋面积	9.3.8 条：满足式（9.3.8）

注：1. 梁纵向受力钢筋的最小配筋率，取 bh 计算；其最大配筋率，取 bh_0 计算。
2. $d_{最大}$是指梁纵向受力钢筋的最大直径。

非抗震设计时梁箍筋和纵向构造钢筋（腰筋）的构造措施　　表 3.12.2-2

项　　目	非框架梁、框架梁
	《混规》
箍筋最小直径（ϕ）	9.2.9 条：$h>800$，$\phi\geqslant8$；$h\leqslant800$，$\phi\geqslant6$；配置计算需要的纵向受压钢筋，$\phi\geqslant d_{最大}/4$； 8.4.6 条：受力钢筋搭接长度范围内，$\phi\geqslant d_{最大}/4$，$s\leqslant5d_{最小}$
箍筋最大间距（s）	9.2.9 条：表 9.2.9 配置计算需要的纵向受压钢筋时： 1）$s\leqslant\max(15d_{最小},\ 400)$； 2）一层内纵向受压钢筋>5 根且直径>18 时，$s\leqslant10d_{最小}$

续表

项　　目	非框架梁、框架梁
	《混规》
箍筋肢距	配置计算需要的纵向受压钢筋时，9.2.9条第4款
箍筋的面积配筋率	9.2.9条：当$V>0.7f_tbh_0$时，$\rho_{sv}=A_{sv}/(bs)\geqslant 0.24f_t/f_{yv}$
腰筋	9.2.13条：$h_w\geqslant 450$时，每侧腰筋面积$\geqslant 0.1\%bh_w$

注：1. $d_{最大}$和$d_{最小}$分别是指梁纵向受力钢筋的最大直径、最小直径。
2. h_w是指梁腹板高度，按《混规》6.3.1条采用。

三、柱及梁柱节点

1. 柱的要点

（1）《混规》9.3.1条的条文说明，解释了限制柱最大配筋率的理由。

（2）《混规》9.3.2条的条文说明，解释了柱中箍筋的作用（或目的）。

2. 非抗震设计时柱纵向受力钢筋和箍筋的构造措施表

非抗震设计时柱纵向受力钢筋和箍筋的构造措施，见表3.12.3-1。

非抗震设计时柱纵向受力钢筋和箍筋的构造措施　　表3.12.3-1

项　　目	非框架柱、框架柱
	《混规》
最大配筋率	9.3.1条：$\rho_{全}$不宜大于5%
最小配筋率	8.5.1条：表8.5.1 $\rho_{侧}$，不应小于0.2%
纵筋直径	9.3.1条：$d_{纵}\geqslant 12$
纵筋间距	9.3.1条：纵筋间距$\leqslant 300$；纵筋净间距$\geqslant 50$
箍筋最大间距 (s)	9.3.2条： $s\leqslant \max(400,b_c,15d_{最小})$； $\rho_{全}>3\%$时，$s\leqslant \max(200,10d_{最小})$

续表

项　　目	非框架柱、框架柱
	《混规》
箍筋最小直径（ϕ）	9.3.2 条： $\phi \geqslant \max(6, d_{最大}/4)$； $\rho_{全} > 3\%$ 时，$\phi \geqslant 8$
箍筋肢距	9.3.2 条：$b_c > 400$ 且各边纵筋多余 3 根，应设置复合箍筋

注：b_c 是指柱截面的短边尺寸；$d_{最大}$ 和 $d_{最小}$ 分别是指柱纵向钢筋的最大直径、最小直径。

3. 梁柱节点的要点

（1）《混规》9.3.4 条，对于规范图 9.3.4（a）情况，梁上部纵筋宜伸至柱外侧纵筋内边；规范图 9.3.4（b）情况，应伸至柱外侧纵筋内边。注意，“宜”“应”的不同点。

（2）《混规》9.3.6 条的条文说明，解释了柱的纵向钢筋采用 $0.5l_{ab}$ 的理由。

（3）《混规》9.3.7 条的条文说明指出：“在顶层端节点处，节点外侧钢筋不是锚固受力，而属于搭接传力问题。”

（4）《混规》9.3.8 条的条文说明。

（5）《混规》9.3.9 条的条文说明指出：当节点四边有梁时，可以不设复合箍筋。

四、牛腿的要点

（1）《混规》9.3.10 条、9.3.11 条，水平距离 a 的取值，应考虑安装偏差 20mm；

h_0 的取值：$h_0 = h - a_s$，或 $h_0 = h_1 - a_s + c \cdot \tan\alpha$，当 $\alpha > 45°$ 时，取 $\alpha = 45°$。

《混规》9.3.10 条的条文说明，当符合规范式（9.3.10）时，牛腿不需要作受剪承载力计算。

（2）《混规》9.3.12 条，承受竖向力所需的纵向受力钢筋的配筋率，按牛腿截面($b \cdot h$)计算：$\rho=\dfrac{A_{s,竖向力}}{bh}\begin{cases}\geqslant 0.2\% \\ \geqslant 0.45f_t/f_y \\ \leqslant 0.6\%\end{cases}$，且大于4$\Phi$12。

由《混规》式（9.3.11）可计算$A_{s,竖向力}$：

$$A_{s,竖向力}=\frac{F_v a}{0.85f_y h_0}$$

（3）《混规》9.3.13条，牛腿水平箍筋截面面积A_{sv}：

$$A_{sv}\geqslant\frac{1}{2}\cdot\frac{F_v a}{0.85f_y h}$$

当剪跨比$\dfrac{a}{h_0}\geqslant 0.3$，牛腿弯起钢筋截面面积$A_{sb}$：

$$A_{sb}\geqslant\frac{1}{2}\cdot\frac{F_v a}{0.85f_y h_0}$$，且大于2Φ12。

（4）抗震设计时，不等高厂房中，支承低跨屋盖的柱牛腿的纵向受拉钢筋截面面积，应按《抗规》9.1.12条规定进行计算。

五、墙与连梁的要点

（1）《混规》9.4.2条的条文说明指出：配置拉结筋的目的。

（2）《混规》9.4.3条，剪力墙的翼缘计算宽度的取值，其用于承载力计算（即配筋计算）。用于结构整体内力、变形的计算，应按《抗规》6.2.13条条文说明。

（3）《混规》9.4.5条，矮墙的构造要求。注意，对比《混规》9.4.4条规定。

（4）《混规》9.4.7条，非抗震设计的连梁配筋的构造要求。

六、《混规》附录H叠合构件的要点

《混规》9.5节条文说明指出，叠合构件主要用于装配整体式结构，其原则也适用于对既有结构进行重新设计。

《混规》9.5.2条，区分普通预制板、预应力预制板的不同构造要求。

《混规》附录H规定：

（1）附录H.0.1条，第一阶段，预制件按简支构件分析；

第二阶段，叠合构件按整体结构分析，即：简支叠合构件按简支模型分析；连续叠合构件按连梁梁（板）模型分析。

（2）附录 H.0.2 条中，M_{2Q}的取值，取第二阶段施工活荷载和使用阶段可变荷载在计算截面产生的弯矩设计值中的较大值。

在计算中，正弯矩区段的混凝土强度等级按叠合层取用；负弯矩区段的混凝土强度等级按计算截面受压区的实际情况取用。

（3）附录 H.0.3 条，受剪承载力设计值 V_{cs}应取叠合层和预制构件中较低的混凝土强度等级进行计算，且不低于预制构件的受剪承载力设计值。

（4）附录 H.0.4 条，规范式（H.0.4-1）中 f_t 取叠合层和预制构件中的较低值。

附录 H.0.4 条条文说明，叠合式受弯构件的箍筋应按斜截面受剪承载力计算$\left(\frac{A_{sv,斜}}{s}\right)$、叠合面受剪承载力计算$\left(\frac{A_{sv,叠}}{s}\right)$得到的较大值配置，即：

$$\frac{A_{sv}}{s}=\max\left(\frac{A_{sv,斜}}{s},\frac{A_{sv,叠}}{s}\right)$$

（5）附录 H.0.7 条，$M_{2q}=M_{2Gk}+\psi_q M_{2Qk}$，其中，$M_{2Qk}$是指使用阶段可变荷载标准值在计算截面产生的弯矩值。

M_{1u}的计算按《混规》6.2.10 条计算，由规范式（6.2.10-1），当 $A'_s=0$，则有：

$$M_{1u}=\alpha_1 f_c bx\left(h_{01}-\frac{x}{2}\right)\quad（h_{01}\text{ 为预制构件截面有效高度}）$$

上式中，$x\leqslant x_b=\xi_b h_{01}$。

（6）附录 H.0.8 条，式（H.0.8-2）中，$\rho_{te1}=\frac{A_s}{0.5bh_1}\geqslant 0.01$，$\rho_{te}=\frac{A_s}{0.5bh}\geqslant 0.01$，$h_1$ 为预制构件高度，h 为叠合构件高度。

(7) 对于钢筋混凝土叠合构件，当为连续叠合构件时，其支座处负弯矩区段内的短期刚度 $B_{s1}^{负}$，与跨中正弯矩区段内的短期刚度 $B_{s1}^{正}$，两者有本质区别，《混规》H.0.10 条、H.0.9 条适用于 $B_{s1}^{正}$，而《混规》H.0.11 条适用于 $B_{s1}^{负}$。

附录 H.0.10 条中，根据《混规》7.2.3 条规定，规范式（H.0.10-1）中 ρ 的计算为：$\rho=\dfrac{A_s}{bh_0}$

γ_f' 的计算为：$\gamma_f'=\dfrac{(b_f'-b)h_f'}{bh_0}$ ［依据规范式(7.1.4-7)］

对于矩形截面，$\gamma_f'=0.0$。

(8) 附录 H.0.12 条中，增大系数为 1.75。在《混规》7.2.6 条中，增大系数为 2.0。

七、装配式结构的要点

(1)《混规》9.6.2 条，施工阶段验算采用混凝土实体强度，并且考虑动力系数。

(2)《混规》9.6.3 条的条文说明。

(3)《混规》9.6.8 条的条文说明。

八、预埋件及连接件的要点

(1)《混规》9.7.1 条，规定了锚板厚度 t 要求，即：$t\geqslant 0.6d$。

受拉和受弯预埋件的锚板厚度 t：$t\geqslant 0.6d$；$t\geqslant \dfrac{b}{8}$。

(2)《混规》9.7.2 条，锚筋的抗拉强度设计值 $f_y\leqslant 300\text{N/mm}^2$；

法向压力设计值：

$$N\leqslant 0.5f_cA，A\text{ 为锚板的面积。}$$

《混规》式（9.7.2-5）：

$$\alpha_v=(4.0-0.08d)\sqrt{\frac{f_c}{f_y}}\leqslant 0.7$$

α_r 与 V 的作用方向挂钩；计算参数 N、M、α_r、α_b 的取值规定。

《混规》9.7.2 条的条文说明指出了有抗震要求的重要预埋件，其锚筋的构造要求。

(3)《混规》9.7.3 条注的规定，它也是规范式（9.7.3）成立的前提条件。式（9.7.3）中 f_y 取值：$f_y \leqslant 300\text{N/mm}^2$。

(4)《混规》9.7.4 条，受剪预埋件、受拉和受弯预埋件，对锚筋及锚筋至构件边缘的距离的不同规定；规定了锚筋的直径、根数要求。

(5) 抗震设计时，《混规》11.1.9 条作出了规定。

(6)《混规》9.7.6 条中，“在荷载标准值作用下的吊环应力”，其中，荷载标准值的实质是：构件自重标准值、悬挂设备自重标准值、可变荷载标准值等的累加值。

当计算所需的吊环直径大于 14mm 时，可采用 Q235 圆钢。

九、《混规》附录 G 深受弯构件的要点

(1) 深受弯构件的计算跨度 l_0 的确定为：

$$l_0 = \min\{l_c, 1.15l_n\}$$

式中，l_c 为支座中心线之间的距离；l_n 为深受弯构件的净跨。

根据《混规》2.1.11 条、2.1.12 条，$l_0/h<5$ 的受弯构件称为深受弯构件；深梁是指 $l_0/h<2$ 的简支单跨梁或 $l_0/h<2.5$ 的多跨连续梁。

(2)《混规》G.0.1 条的条文说明，连续深梁的内力变化规律，且不宜考虑内力重分布。

(3)《混规》G.0.2 条的条文说明，在正截面受弯承载力计算公式中忽略了水平分布筋的作用。

当 $l_0<h$ 时，取 $z=0.6l_0$

$h_0=h-a_s$，区分跨中截面、支座截面 a_s 的不同取值。

截面受压区高度 x，按《混规》式（6.2.10-2）计算，即：

$$x = \frac{f_y A_s - f'_y A'_s}{\alpha_1 f_c b}$$

当 $x < 0.2h_0$ 时，取 $x = 0.2h_0$

(4) 《混规》G. 0. 3 条，规范式（G. 0. 3-1)、式（G. 0. 3-2）中：

l_0 的取值：当 $l_0<2h$ 时，取 $l_0=2h$。

(5)《混规》G. 0. 4 条，规范式（G. 0. 4-2）中：

λ 的取值：当 $l_0/h\leqslant 2.0$ 时，取 $\lambda=0.25$；当 $2<l_0/h<5.0$ 时，$0.42\dfrac{l_0}{h}-0.58\leqslant\lambda=\dfrac{a}{h_0}\leqslant 0.92\dfrac{l_0}{h}-1.58$

跨高比 l_0/h 的取值：当 $l_0/h<2.0$ 时，取 $l_0/h=2.0$。

《混规》G. 0. 4 条的条文说明，当深梁受剪承载力不足时，应主要通过调整截面尺寸，或者提高混凝土强度等级来满足受剪要求。

(6)《混规》G. 0. 8 条第 2 款规定，当 $l_0/h\leqslant 1.0$ 的连续深梁，中间支座底面以上 $0.2l_0\sim 0.6l_0$ 范围内的纵筋配筋率 $\rho\geqslant 0.5\%$，对应于规范图 G. 0. 8-3（c)，配筋截面面积为$\dfrac{2A_s}{3}$。

《混规》G. 0. 8 条的条文说明，解释了规范图 G. 0. 8-3 中 (a)、(b)、(c) 配筋分配比例的理由。

(7)《混规》G. 0. 9 条，在简支单跨深梁支座及连续深梁梁端的简支支座处，纵向受拉钢筋的锚固长度为：$1.1l_a$。

(8)《混规》G. 0. 10 条，规定了水平、竖向分布钢筋的直径 $d\geqslant 8$mm，间距$s\leqslant 200$mm。

(9)《混规》G. 0. 11 条及条文说明指出，吊筋的 f_{yv}应考虑 0. 8（即取 $0.8f_{yv}$)，同时，f_{yv}取值不受 360N/mm^2 的限制。

(10)《混规》G. 0. 12 条中表 G. 0. 12 及注的规定，规定了深梁中钢筋的最小配筋率。

第十三节 预应力混凝土结构

一、一般规定

(1)《混规》10. 1. 2 条，预应力作用效应对承载力不利时，

γ_0 按《混规》3.3.2 条确定，其内涵是：在持久、短暂设计状况下，安全等级为一级，取 $\gamma_0 \geqslant 1.1$；安全等级为二级时，$\gamma_0 \geqslant 1.0$；安全等级为三级时，$\gamma_0 \geqslant 0.9$。抗震设计时，取 $\gamma_0 = 1.0$。

（2）《混规》10.1.2 条条文说明、《混规》10.1.5 条，可知，对于超静定结构，综合内力＝次内力＋主内力，如：$M_r = M_2 + M_1$，$V_r = V_2 + V_1$，$N_r = N_2 + N_1$。

（3）《混规》10.1.2 条条文说明："本规范为避免出现冗长的公式，在诸多计算公式中并没有具体列出相关次内力。……均应计入相关次内力。"可理解为：例如对超静定受弯结构，当计入二次内力时，《混规》公式（6.2.10-1），公式（6.2.10-2）的左端分别为：$M - \left[M_2 + N_2\left(\dfrac{h}{2} - a\right)\right] \leqslant \cdots$；$\alpha_1 f_c bx - N_2 = \cdots$。

（4）《混规》10.1.6 条、10.1.7 条中计算公式均为"概括公式"，适用于第一批损失计算，也适用于第二批损失计算。例如公式（10.1.6-2），第一批损失结束时，$\sigma_{pe\text{I}} = \sigma_{con} - \sigma_{l\text{I}} - \alpha_E \sigma_{pc\text{I}}$；第二批损失结束时，$\sigma_{pe\text{II}} = \sigma_{con} - (\sigma_{l\text{I}} + \sigma_{l\text{II}}) - \alpha_E \sigma_{pc\text{II}} = \sigma_{con} - \sigma_l - \alpha_E \sigma_{pc\text{II}}$。

由此可知，《混规》6.2.7 条式（6.2.7-3）中 σ_{p0} 为：

先张法， $\sigma_{p0} = \sigma_{con} - (\sigma_{l\text{I}} + \sigma_{l\text{II}}) = \sigma_{con} - \sigma_l$

后张法， $\sigma_{p0} = \sigma_{con} - (\sigma_{l\text{I}} + \sigma_{l\text{II}}) + \alpha_E \sigma_{pc\text{II}}$

$= \sigma_{con} - \sigma_l + \alpha_E \sigma_{pc\text{II}}$

（5）《混规》10.1.8 条的条文说明，β 可取其正值或负值。当 β 为正值，表示支座处的直接弯矩向跨中调幅；反之，β 为负值，则跨中的直接弯矩向支座处调幅。

（6）《混规》10.1.9 条，与《混规》7.1.9 条的对比。

（7）《混规》10.1.13 条规定针对受剪承载力、受扭承载力、裂缝宽度，如：《混规》6.3.4 条中 N_{p0}、6.4.2 条中 N_{p0}、7.1.4 条中 N_{p0}。

（8）《混规》10.1.17 条的条文说明。

二、预应力损失值计算要点

（1）《混规》表 10.2.1，先张法构件：$2\Delta t$，其量纲为 N/mm^2。

(2)《混规》10.2.5 条规定，计算 σ_{pc}、σ'_{pc} 时，$\sigma_{l5}=0$、$\sigma'_{l5}=0$，其实质是：由《混规》表 10.2.7，可知，预压前（第一批）的损失，根本就没有 σ_{l5}、σ'_{l5}，而《混规》10.1.6 条、10.1.7 条中公式为“概括公式”。

(3)《混规》10.2.7 条规定。

三、构造规定

(1)《混规》10.3.8 条第 2 款规定。

(2)《混规》10.3.8 条第 5 款中公式（10.3.8-2）也适用于：构件端面横向端面裂缝钢筋的计算。

(3)《混规》10.3.11 条公式（10.3.11-2）中 f_{yv} 的取值：$f_{yv}\leqslant 360\text{N/mm}^2$。

四、承载能力极限状态计算要点

《混规》6.2.7 条，ξ_b 值计算：

先张法：$\sigma_{p0}=\sigma_{con}-\sigma_l=\sigma_{con}-(\sigma_{l\text{Ⅰ}}+\sigma_{l\text{Ⅱ}})$

后张法：$\sigma_{p0}=\sigma_{con}-\sigma_l+\alpha_E\sigma_{pc}=\sigma_{con}-(\sigma_{l\text{Ⅰ}}+\sigma_{l\text{Ⅱ}})+\sigma_E\sigma_{pc\text{Ⅱ}}$

承载能力极限状态下的具体计算，《混规》第 6 章作了规定。

五、正常使用极限状态验算要点

(1) 预应力混凝土结构构件的裂缝、挠度验算，其荷载组合的取值，应依据《混规》3.4.2 条、3.4.3 条、7.1.1 条。

(2)《混规》7.2.3 条公式（7.2.3-4）中 σ_{pc} 计算为：

先张法：
$$\sigma_{pc}=\sigma_{pc\text{Ⅱ}}=\frac{N_{p0\text{Ⅱ}}}{A_0}\pm\frac{N_{p0\text{Ⅱ}}e_{p0}}{I_0}y_0$$

后张法：
$$\sigma_{pc}=\sigma_{pc\text{Ⅱ}}=\frac{N_{p\text{Ⅱ}}}{A_n}\pm\frac{N_{p\text{Ⅱ}}e_{pn}}{I_n}y_n+\sigma_{p2}$$

(3)《混规》7.2.6 条、《混规》附录 H.0.12 条，反拱值的增大系数的取值是不相同的，前者取 2.0，后者取 1.75。

六、抗震设计要点

1.《混规》规定

(1)《混规》11.8.3 条，阻尼比的取值。

《混规》11.8.3 条的条文说明，取 $V_p=0.4N_{pe}$。

（2）《混规》11.8.4 条第 1 款：

$$\rho_{纵}=\frac{\dfrac{f_{py}A_p}{f_y}+A_s}{bh_0}\leqslant 2.5\%$$

（3）《混规》11.8.4 条、《结通规》3.1.13 条，轴压比计算时，预应力作用引起的轴压力设计值为 $1.3N_{pe}$。

2.《抗规》规定

（1）《抗规》C.0.4 条、C.0.6 条。

（2）《抗规》C.0.7 条第 1 款，预应力强度比 λ 是指：

$$\lambda=\frac{f_{py}A_p}{f_{py}A_p+f_yA_s}$$

第四章

《抗震通规》和《抗规》

第一节　基本规定

一、确定抗震措施时的抗震设防标准

根据《抗震通规》2.3.2条，不同抗震设防类别的建筑，其抗震措施（含抗震构造措施）时的抗震设防标准，见表4.1.1-1。

不同抗震设防类别建筑的抗震设防标准　　表4.1.1-1

抗震设防类别	确定抗震措施（含抗震构造措施）时的设防标准			
	6度	7度	8度	9度
甲类	7	8	9	9^+
乙类	7	8	9	9^+
丙类	6	7	8	9
丁类	6	6	7	8

注：1. 9^+表示适当提高而不是提高一度的要求。
2. 丁类，适当降低，可按降低一度考虑。

二、场地对抗震构造措施的影响

《抗规》规定：

3.3.2　建筑场地为Ⅰ类时，对甲、乙类的建筑应允许仍按本地区抗震设防烈度的要求采取抗震构造措施；对丙类的建筑应允许按本地区抗震设防烈度降低一度的要求采取抗震构造措施，但抗震设防烈度为6度时仍应按本地区抗震设防烈度的要求采取抗震构造措施。

3.3.3　建筑场地为Ⅲ、Ⅳ类时，对设计基本地震加速度为0.15g和0.30g的地区，除本规范另有规定外，宜分别按抗震设防烈度8度（0.20g）和9度（0.40g）时各抗震设防类别建筑的要求采取抗震构造措施。

3.3.2、3.3.3 （条文说明）

本规范对Ⅰ类场地，仅降低抗震构造措施，不降低抗震措施中的其他要求，如按概念设计要求的内力调整措施。对于丁类建筑，其抗震措施已降低，不再重复降低。

对Ⅲ、Ⅳ类场地，除各章有具体规定外，仅提高抗震构造措施，不提高抗震措施中的其他要求，如按概念设计要求的内力调整措施。

三、《抗规》确定抗震措施和抗震构造措施时的抗震设防标准速查表

考虑场地影响后，确定建筑结构抗震措施和抗震构造措施时的抗震设防标准速查表，见表4.1.3-1。

《抗规》确定抗震措施和抗震构造措施时的抗震设防标准速查表 **表4.1.3-1**

抗震设防类别	本地区抗震设防烈度		确定抗震措施和抗震构造措施时的设防标准					
			Ⅰ类场地		Ⅱ类场地		Ⅲ、Ⅳ类场地	
			抗震措施	构造措施	抗震措施	构造措施	抗震措施	构造措施
甲类 乙类	6度	0.05g	7	6	7	7	7	7
	7度	0.10g	8	7	8	8	8	8
		0.15g	8	7	8	8	8	8^{+}
	8度	0.20g	9	8	9	9	9	9
		0.30g	9	8	9	9	9	9^{+}
	9度	0.40g	9^{+}	9	9^{+}	9^{+}	9^{+}	9^{+}
丙类	6度	0.05g	6	6	6	6	6	6
	7度	0.10g	7	6	7	7	7	7
		0.15g	7	6	7	7	7	8
	8度	0.20g	8	7	8	8	8	8
		0.30g	8	7	8	8	8	9
	9度	0.40g	9	8	9	9	9	9

续表

抗震设防类别	本地区抗震设防烈度		确定抗震措施和抗震构造措施时的设防标准					
			Ⅰ类场地		Ⅱ类场地		Ⅲ、Ⅳ类场地	
			抗震措施	构造措施	抗震措施	构造措施	抗震措施	构造措施
丁类	6度	0.05g	6	6	6	6	6	6
	7度	0.10g	6	6	6	6	6	6
		0.15g	6	6	6	6	6	7
	8度	0.20g	7	7	7	7	7	7
		0.30g	7	7	7	7	7	8
	9度	0.40g	8	8	8	8	8	8

注：1. 8^+、9^+表示适当提高而不是提高一度的要求。

2. 丁类，适当降低，可按降低一度考虑。

四、抗震设防烈度与设计基本地震加速度值的对应关系

《抗规》规定：

3.2.2 抗震设防烈度和设计基本地震加速度取值的对应关系，应符合表3.2.2的规定。设计基本地震加速度为0.15g和0.30g地区内的建筑，除本规范另有规定外，应分别按抗震设防烈度7度和8度的要求进行抗震设计。

表3.2.2 抗震设防烈度和设计基本地震加速度值的对应关系

抗震设防烈度	6	7	8	9
设计基本地震加速度值	0.05g	0.10(0.15)g	0.20(0.30)g	0.40g

注：g为重力加速度。

五、规则性

1. 平面、竖向不规则性的类型与定义

《抗规》规定：

3.4.3 建筑形体及其构件布置的平面、竖向不规则性，应按下列要求划分：

1 混凝土房屋、钢结构房屋和钢-混凝土混合结构房屋存在表 3.4.3-1 所列举的某项平面不规则类型或表 3.4.3-2 所列举的某项竖向不规则类型以及类似的不规则类型，应属于不规则的建筑。

表 3.4.3-1 平面不规则的主要类型

不规则类型	定义和参考指标
扭转不规则	在具有偶然偏心的规定水平力作用下，楼层两端抗侧力构件弹性水平位移（或层间位移）的最大值与平均值的比值大于 1.2
凹凸不规则	平面凹进的尺寸，大于相应投影方向总尺寸的 30%
楼板局部不连续	楼板的尺寸和平面刚度急剧变化，例如，有效楼板宽度小于该层楼板典型宽度的 50%，或开洞面积大于该层楼面面积的 30%，或较大的楼层错层

表 3.4.3-2 竖向不规则的主要类型

不规则类型	定义和参考指标
侧向刚度不规则	该层的侧向刚度小于相邻上一层的 70%，或小于其上相邻三个楼层侧向刚度平均值的 80%；除顶层或出屋面小建筑外，局部收进的水平向尺寸大于相邻下一层的 25%
竖向抗侧力构件不连续	竖向抗侧力构件（柱、抗震墙、抗震支撑）的内力由水平转换构件（梁、桁架等）向下传递
楼层承载力突变	抗侧力结构的层间受剪承载力小于相邻上一楼层的 80%

2 砌体房屋、单层工业厂房、单层空旷房屋、大跨屋盖建筑和地下建筑的平面和竖向不规则性的划分，应符合本规范有关章节的规定。

3 当存在多项不规则或某项不规则超过规定的参考指标较多时，应属于特别不规则的建筑。

2. 不规则、特别不规则和严重不规则的划分

《抗规》规定：

3.4.1 （条文说明）

三种不规则程度的主要划分方法如下：

不规则，指的是超过表 3.4.3-1 和 3.4.3-2 中一项及以上的不规则指标；

特别不规则，指具有较明显的抗震薄弱部位，可能引起不良后果者，通常有三类：

其一，同时具有正文表 3.4.3 所列六个主要不规则类型的三个或三个以上；

其二，具有表 3.4.1 所列的一项不规则；

其三，具有表 3.4.3 所列两个方面的基本不规则且其中有一项接近表 3.4.1 的不规则指标。

表 3.4.1　特别不规则的项目举例

序号	不规则类型	简　要　含　义
1	扭转偏大	裙房以上有较多楼层考虑偶然偏心的扭转位移比大于 1.4
2	抗扭刚度弱	扭转周期比大于 0.9，混合结构扭转周期比大于 0.85
3	层刚度偏小	本层侧向刚度小于相邻上层的 50%
4	高位转换	框支墙体的转换构件位置：7 度超过 5 层，8 度超过 3 层
5	厚板转换	7～9 度设防的厚板转换结构
6	塔楼偏置	单塔或多塔合质心与大底盘的质心偏心距大于底盘相应边长 20%
7	复杂连接	各部分层数、刚度、布置不同的错层或连体两端塔楼显著不规则的结构
8	多重复杂	同时具有转换层、加强层、错层、连体和多塔类型中的 2 种以上

对于特别不规则的建筑方案，只要不属于严重不规则，结构设计应采取比规范第 3.4.4 条等的要求更加有效的措施。

严重不规则，指的是形体复杂，多项不规则指标超过 3.4.4 条上限值或某一项大大超过规定值，具有现有技术和经济条件不能克服的严重的抗震薄弱环节，可能导致地震破坏的严重后果者。

六、设计使用年限不同于 50 年时地震作用的调整

《抗规》3.10.3 条条文说明："其调整系数的范围大体是：设计使用年限 70 年，取 1.15～1.2；100 年取 1.3～1.4。"

第二节 地震作用和结构抗震验算

一、《抗规》确定地震作用的抗震设防标准速查表

根据《抗震通规》2.3.2 条，不同抗震设防类别的建筑，其地震作用的抗震设防标准速查表，见表 4.2.1-1。

确定地震作用时的抗震设防标准速查表　　表 4.2.1-1

抗震设防类别	确定地震作用时的设防标准			
	6 度	7 度	8 度	9 度
甲类	高于本地区设防烈度的要求，其值应按批准的地震安全性评价结果确定			
乙类	6	7	8	9
丙类	6	7	8	9
丁类	6	7	8	9

二、大跨度和长悬臂结构的界定

《抗震通规》4.1.2 条条文说明：

竖向地震作用计算时，应注意大跨度和长悬臂结构的界定，如表 5 所示。

表 5　大跨度和长悬臂结构

设防烈度	大跨度（m）	长悬臂（m）
8 度	≥24	≥2.0
9 度	≥18	≥1.5

《抗规》5.1.1 条条文说明指出：

5.1.1（条文说明）

5　关于大跨度和长悬臂结构，根据我国大陆和台湾地震的经验，9 度和 9 度以上时，跨度大于 18m 的屋架、1.5m 以上的悬挑阳台和走廊等震害严重甚至倒塌；8 度时，跨度大于 24m 的屋架、2m 以上的悬挑阳台和走廊等震害严重。

三、较高的高层建筑的界定

《抗规》5.1.6 条条文说明指出：

5.1.6（条文说明）

"较高的高层建筑（以后各章同）"，诸如高于 40m 的钢筋混凝土框架、高于 60m 的其他钢筋混凝土民用房屋和类似的工业厂房，以及高层钢结构房屋。

四、重力荷载代表值

《抗震通规》4.1.3 条和《抗规》5.1.3 条作了相同规定。《抗规》规定：

5.1.3　计算地震作用时，建筑的重力荷载代表值应取结构和构配件自重标准值和各可变荷载组合值之和。各可变荷载的组合值系数，应按表 5.1.3 采用。

表 5.1.3　组合值系数

可变荷载种类	组合值系数
雪荷载	0.5
屋面积灰荷载	0.5

续表 5.1.3

可变荷载种类		组合值系数
屋面活荷载		不计入
按实际情况计算的楼面活荷载		1.0
按等效均布荷载计算的楼面活荷载	藏书库、档案库	0.8
	其他民用建筑	0.5
起重机悬吊物重力	硬钩吊车	0.3
	软钩吊车	不计入

注：硬钩吊车的吊重较大时，组合值系数应按实际情况采用。

注意：根据中国建筑设计院有限公司编著的《结构设计统一技术措施》2.5.1 条，上人屋面的可变荷载组合值系数可取 0.5。

五、水平地震影响系数最大值

《抗震通规》4.2.2 条和《抗规》3.10.3 条、5.1.4 条作了相同规定，水平地震影响系数最大值，见表 4.2.5-1。

水平地震影响系数最大值　　表 4.2.5-1

地震影响	6 度	7 度	8 度	9 度
多遇地震	0.04	0.08(0.12)	0.16(0.24)	0.32
设防地震	0.12	0.23(0.34)	0.45(0.68)	0.90
罕遇地震	0.28	0.50(0.72)	0.90(1.20)	1.40

注：括号中数值分别用于设计基本地震加速度为 0.15g 和 0.30g 的地区。

六、场地特征周期

《抗震通规》4.2.2 条和《抗规》5.1.4 条作了相同规定。《抗规》规定：

5.1.4 建筑结构的地震影响系数应根据烈度、场地类别、设计地震分组和结构自振周期以及阻尼比确定。特征周期应根据场地类别和设计地震分组按表 5.1.4-2 采用，计算罕遇地震作用时，特征周期应增加 0.05s。

表 5.1.4-2　特征周期值（s）

设计地震分组	场地类别				
	$Ⅰ_0$	$Ⅰ_1$	Ⅱ	Ⅲ	Ⅳ
第一组	0.20	0.25	0.35	0.45	0.65
第二组	0.25	0.30	0.40	0.55	0.75
第三组	0.30	0.35	0.45	0.65	0.90

七、时程分析所用地震加速度时程的最大值

根据《抗规》3.10.3 条、5.1.2 条，地震加速度时程的最大值，见表 4.2.7-1。

时程分析所用地震加速度时程的最大值（cm/s^2）　　表 4.2.7-1

设防烈度	6 度	7 度	8 度	9 度
多遇地震	18	35(55)	70(110)	140
设防地震	50	100(150)	200(300)	400
罕遇地震	125	220(310)	400(510)	620

注：括号内数值分别用于设计基本地震加速度为 0.15g 和 0.30g 的地区。

八、地震影响系数曲线

《抗规》规定：

5.1.5　建筑结构地震影响系数曲线（图 5.1.5）的阻尼调整和形状参数应符合下列要求：

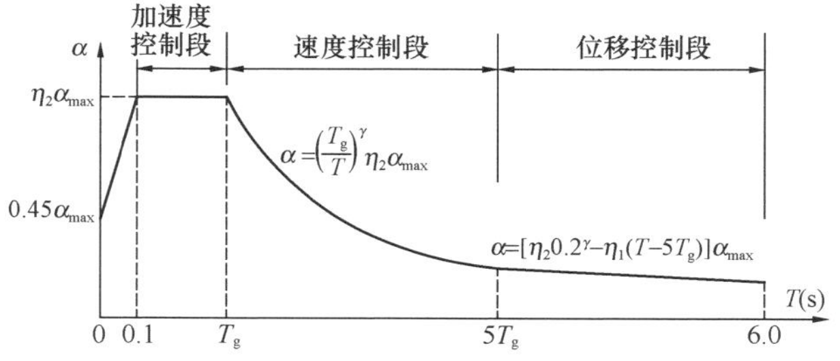

图 5.1.5　地震影响系数曲线

α—地震影响系数；α_{max}—地震影响系数最大值；
η_1—直线下降段的下降斜率调整系数；γ—衰减指数；
T_g—特征周期；η_2—阻尼调整系数；T—结构自振周期

1 除有专门规定外，建筑结构的阻尼比应取 0.05，地震影响系数曲线的阻尼调整系数应按 1.0 采用，形状参数应符合下列规定：

2 当建筑结构的阻尼比按有关规定不等于 0.05 时，地震影响系数曲线的阻尼调整系数和形状参数应符合下列规定：

1）曲线下降段的衰减指数应按下式确定：

$$\gamma = 0.9 + \frac{0.05 - \zeta}{0.3 + 6\zeta} \qquad (5.1.5\text{-}1)$$

2）直线下降段的下降斜率调整系数应按下式确定：

$$\eta_1 = 0.02 + \frac{0.05 - \zeta}{4 + 32\zeta} \geqslant 0 \qquad (5.1.5\text{-}2)$$

3）阻尼调整系数应按下式确定：

$$\eta_2 = 1 + \frac{0.05 - \zeta}{0.08 + 1.6\zeta} \geqslant 0.55 \qquad (5.1.5\text{-}3)$$

注意：规范图 5.1.5 中“加速度控制段、速度控制段和位移控制段”为笔者所增加的。

九、底部剪力法

《抗规》规定：

5.2.1 采用底部剪力法时，各楼层可仅取一个自由度，结构的水平地震作用标准值，应按下列公式确定（图 5.2.1）：

$$F_{\mathrm{Ek}} = \alpha_1 G_{\mathrm{eq}} \qquad (5.2.1\text{-}1)$$

$$F_i = \frac{G_i H_i}{\sum_{j=1}^{n} G_j H_j} F_{\mathrm{Ek}}(1 - \delta_n)\ (i = 1, 2, \cdots, n) \qquad (5.2.1\text{-}2)$$

$$\Delta F_n = \delta_n F_{\mathrm{Ek}} \qquad (5.2.1\text{-}3)$$

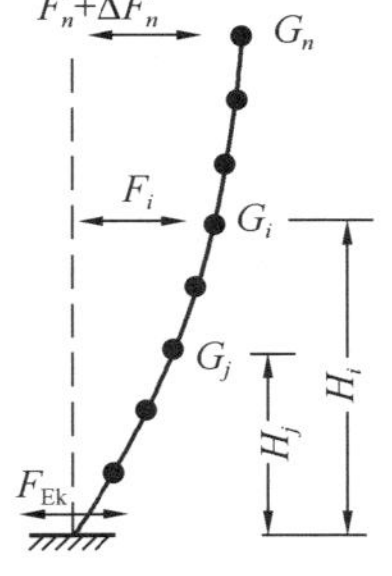

图 5.2.1 结构水平地震作用计算简图

式中　α_1——相应于结构基本自振周期的水平地震影响系数值，应按本规范第 5.1.4、第 5.1.5 条确定，多层砌体房屋、底部框架砌体房屋，宜取水平地震影响系数最大值；

G_{eq}——结构等效总重力荷载，单质点应取总重力荷载代表值，多质点可取总重力荷载代表值的 85%；

δ_n——顶部附加地震作用系数，多层钢筋混凝土和钢结构房屋可按表 5.2.1 采用，其他房屋可采用 0.0；

ΔF_n——顶部附加水平地震作用。

表 5.2.1　顶部附加地震作用系数

T_g（s）	$T_1>1.4T_g$	$T_1\leqslant 1.4T_g$
$T_g\leqslant 0.35$	$0.08T_1+0.07$	0.0
$0.35<T_g\leqslant 0.55$	$0.08T_1+0.01$	
$T_g>0.55$	$0.08T_1-0.02$	

注：T_1 为结构基本自振周期。

注意：T_1 为考虑周期折减系数后的基本自振周期。

十、时程分析法及其选波原则

《抗规》规定：

5.1.2

3　特别不规则的建筑、甲类建筑和表 5.1.2-1 所列高度范围的高层建筑，应采用时程分析法进行多遇地震下的补充计算；当取三组加速度时程曲线输入时，计算结果宜取时程法的包络值和振型分解反应谱法的较大值；当取七组及七组以上的时程曲线时，计算结果可取时程法的平均值和振型分解反应谱法的较大值。

采用时程分析法时，应按建筑场地类别和设计地震分组选用实际强震记录和人工模拟的加速度时程曲线，其中实际强震记录的数量不应少于总数的 2/3，多组时程曲线的平均地震影响系数曲线应与振型分解反应谱法所采用的地震影响系数曲线在统计意义上相符，其加速度时程的最大值可按表 5.1.2-2 采用。弹性时程分析时，每条时程曲线计算所得结构底部剪力不应小于振型分解反应谱法计算结果的 65%，多条时程曲线计算所得结构底部剪力的平均值不应小于振型分解反应谱法计算结果的 80%。

表 5.1.2-1 采用时程分析的房屋高度范围

烈度、场地类别	房屋高度范围（m）
8 度Ⅰ、Ⅱ类场地和 7 度	>100
8 度Ⅲ、Ⅳ类场地	>80
9 度	>60

《抗规》5.1.2 条条文说明指出：

5.1.2 （条文说明）

时程分析法作为补充计算方法，对特别不规则（参照本规范表 3.4.3 的规定）、特别重要的和较高的高层建筑才要求采用。所谓“补充”，主要指对计算结果的底部剪力、楼层剪力和层间位移进行比较，当时程分析法大于振型分解反应谱法时，相关部位的构件内力和配筋作相应的调整。

所谓“在统计意义上相符”指的是，多组时程波的平均地震影响系数曲线与振型分解反应谱法所用的地震影响系数曲线相比，在对应于结构主要振型的周期点上相差不大于 20%。计算结果在结构主方向的平均底部剪力一般不会小于振型分解反应谱法计算结果的 80%，每条地震波输入的计算结果不会小于 65%。从工程角度考虑，这样可以保证时程分析结果满足最低安全要求。但计算结果也不能太大，每条地震波输入计算不大于 135%，平均不大于 120%。

正确选择输入的地震加速度时程曲线，要满足地震动三要素的要求，即频谱特性、有效峰值和持续时间均要符合规定。

频谱特性可用地震影响系数曲线表征，依据所处的场地类别和设计地震分组确定。

加速度的有效峰值按规范表 5.1.2-2 中所列地震加速度最大值采用，即以地震影响系数最大值除以放大系数（约 2.25）得到。计算输入的加速度曲线的峰值，必要时可比上述有效峰值适当加大。当结构采用三维空间模型等需要双向（二个水平向）或三向（二个水平和一个竖向）地震波输入时，其加速度最大值通常按 1（水平 1）：0.85（水平 2）：0.65（竖向）的比例调整。人工模拟的加速度时程曲线，也应按上述要求生成。

输入的地震加速度时程曲线的有效持续时间，一般从首次达到该时程曲线最大峰值的 10%那一点算起，到最后一点达到最大峰值的 10%为止；不论是实际的强震记录还是人工模拟波形，有效持续时间一般为结构基本周期的（5～10）倍，即结构顶点的位移可按基本周期往复（5～10）次。

十一、楼层最小地震剪力

《抗规》规定：

5.2.5 抗震验算时，结构任一楼层的水平地震剪力应符合下式要求：

$$V_{\mathrm{Ek}i} \geqslant \lambda \sum_{j=i}^{n} G_j \tag{5.2.5}$$

式中 $V_{\mathrm{Ek}i}$——第 i 层对应于水平地震作用标准值的楼层剪力；

λ——剪力系数，不应小于表 5.2.5 规定的楼层最小地震剪力系数值，对竖向不规则结构的薄弱层，尚应乘以 1.15 的增大系数；

G_j——第 j 层的重力荷载代表值。

表 5.2.5 楼层最小地震剪力系数值

类 别	6 度	7 度	8 度	9 度
扭转效应明显或基本周期小于 3.5s 的结构	0.008	0.016(0.024)	0.032(0.048)	0.064
基本周期大于 5.0s 的结构	0.006	0.012(0.018)	0.024(0.032)	0.040

注：1. 基本周期介于 3.5s 和 5s 之间的结构，可插入取值；

2. 括号内数值分别用于设计基本地震加速度为 0.15g 和 0.30g 的地区。

注意：

（1）基本周期为考虑周期折减系数后的基本周期。

（2）薄弱层，剪力系数为：1.15λ。

（3）5.2.5 条条文说明。

《抗震通规》4.2.3 条规定：

3 多遇地震下，建筑与市政工程结构的最小地震剪力系数取值应符合下列规定：

1）对扭转不规则或基本周期小于 3.5s 的结构，最小地震剪力系数不应小于表 4.2.3 的基准值；

2）对基本周期大于 5.0s 的结构，最小地震剪力系数不应小于表 4.2.3 的基准值的 0.75 倍；

3）对基本周期介于 3.5s 和 5s 之间的结构，最小地震剪力系数不应小于表 4.2.3 的基准值的（$9.5-T_1$）/6 倍（T_1为结构计算方向的基本周期）。

表 4.2.3 最小地震剪力系数基准值 λ_0

设防烈度	6 度	7 度	7 度(0.15g)	8 度	8 度(0.30g)	9 度
λ_0	0.008	0.016	0.024	0.032	0.048	0.064

最小地震剪力系数，《抗震通规》和《抗规》是一致的。

十二、竖向地震作用系数（最小值）

《抗规》规定：

5.3.3　长悬臂构件和不属于本规范第 5.3.2 条的大跨结构的竖向地震作用标准值，8 度和 9 度可分别取该结构、构件重力荷载代表值的 10%和 20%，设计基本地震加速度为 0.30g 时，可取该结构、构件重力荷载代表值的 15%。

十三、《抗震通规》地震组合及地震作用分项系数

《抗震通规》4.3.2 条规定：

4.3.2　结构构件抗震验算的组合内力设计值应采用地震作用效应和其他作用效应的基本组合值，并应符合下式规定：

$$S = \gamma_{G} S_{GE} + \gamma_{Eh} S_{Ehk} + \gamma_{Ev} S_{Evk} + \sum \gamma_{Di} S_{Dik} + \sum \psi_{i} \gamma_{i} S_{ik} \tag{4.3.2}$$

式中：S——结构构件地震组合内力设计值，包括组合的弯矩、轴向力和剪力设计值等；

γ_{G}——重力荷载分项系数，按表 4.3.2-1 采用；

γ_{Eh}、γ_{Ev}——分别为水平、竖向地震作用分项系数，其取值不应低于表 4.3.2-2 的规定；

γ_{Di}——不包括在重力荷载内的第 i 个永久荷载的分项系数，应按表 4.3.2-1 采用；

γ_{i}——不包括在重力荷载内的第 i 个可变荷载的分项系数，不应小于 1.5；

S_{GE}——重力荷载代表值的效应，有吊车时，尚应包括悬吊物重力标准值的效应；

S_{Ehk}——水平地震作用标准值的效应；

S_{Evk}——竖向地震作用标准值的效应；

S_{Dik}——不包括在重力荷载内的第 i 个永久荷载标准值的效应；

S_{ik}——不包括在重力荷载内的第 i 个可变荷载标准值的效应；

ψ_i——不包括在重力荷载内的第 i 个可变荷载的组合值系数，应按表 4.3.2-1 采用。

表 4.3.2-1 各荷载分项系数及组合系数

<table>
<tr><td colspan="3">荷载类别、分项系数、组合系数</td><td>对承载力不利</td><td>对承载力有利</td><td>适用对象</td></tr>
<tr><td rowspan="4">永久荷载</td><td>重力荷载</td><td>γ_G</td><td rowspan="2">≥1.3</td><td rowspan="2">≤1.0</td><td rowspan="2">所有工程</td></tr>
<tr><td>预应力</td><td>γ_{Dy}</td></tr>
<tr><td>土压力</td><td>γ_{Ds}</td><td rowspan="2">≥1.3</td><td rowspan="2">≤1.0</td><td rowspan="2">市政工程、地下结构</td></tr>
<tr><td>水压力</td><td>γ_{Dw}</td></tr>
<tr><td rowspan="3">可变荷载</td><td rowspan="2">风荷载</td><td rowspan="2">ψ_w</td><td colspan="2">0.0</td><td>一般的建筑结构</td></tr>
<tr><td colspan="2">0.2</td><td>风荷载起控制作用的建筑结构</td></tr>
<tr><td>温度作用</td><td>ψ_t</td><td colspan="2">0.65</td><td>市政工程</td></tr>
</table>

表 4.3.2-2 地震作用分项系数

地震作用	γ_{Eh}	γ_{Ev}
仅计算水平地震作用	1.4	0.0
仅计算竖向地震作用	0.0	1.4
同时计算水平与竖向地震作用（水平地震为主）	1.4	0.5
同时计算水平与竖向地震作用（竖向地震为主）	0.5	1.4

十四、地震组合前的地震内力调整系数

地震内力是指地震作用产生的结构构件的内力，如：地震剪力、地震弯矩、地震轴力等。

① 薄弱层地震剪力的调整；（《抗规》3.4.4 条第 2 款）

② 竖向抗侧力构件不连续，水平转换构件的地震内力的增大；（《抗规》3.4.4 条第 2 款）

③ 发震断裂附近的地震动参数的增大；（《抗规》3.10.3 条第 1 款）

④ 抗震不利地段的水平地震影响系数最大值的增大；（《抗规》4.1.8 条）

⑤ 扭转效应的边榀构件的地震作用效应的增大；（《抗规》5.2.3 条第 1 款）

⑥ 底部剪力法时屋顶间的地震作用效应的增大；（《抗规》5.2.4 条）

⑦ 楼层最小地震剪力的调整；（《抗规》5.2.5 条）

⑧ 考虑空间作用、楼盖变形等对抗侧力构件的地震作用的调整；（《抗规》5.2.6 条第 4 款）

⑨ 刚性地基假定的高层建筑楼层地震剪力的折减；（《抗规》5.2.7 条）

⑩ 部分框支抗震墙结构的框支柱的内力调整；（《抗规》6.2.10 条第 1 款）

⑪ 框架-剪力墙结构的框架的剪力调整；（《抗规》6.2.13 条第 1 款）

⑫ 板柱-抗震墙结构中地震作用分配调整；（《抗规》6.6.3 条第 1 款）

⑬ 框架-核心筒结构的框架的剪力调整；（《抗规》6.2.13 条第 1 款、6.7.1 条第 2 款）

⑭ 单层混凝土厂房的突出屋面天窗架的地震作用的调整；（《抗规》9.19 条、9.1.10 条）

⑮ 单层混凝土厂房排架柱考虑空间影响的地震内力的调整；（《抗规》附录 J.2.3 条）

⑯ 多层混凝土厂房顶层排架柱设置柱间支撑时地震产生的轴力的增大；（《抗规》附录 H.12.6 条）

⑰ 钢支撑-混凝土框架结构中框架的地震剪力的调整；（《抗规》附录 G.1.4 条）

⑱ 钢框架-混凝土核心筒结构中钢框架的地震剪力的调整；（《抗规》附录 G.2.3 条）

⑲ 隔震设计时各楼层的水平地震剪力应满足楼层最小地震剪力。（《抗规》12.2.5 条）

十五、《混规》的 γ_{RE}

《抗规》5.4.2 条作了规定，但《混规》11.1.6 条更加细化，具体如下：

11.1.6 考虑地震组合验算混凝土结构构件的承载力时，均应按承载力抗震调整系数 γ_{RE} 进行调整，承载力抗震调整系数 γ_{RE} 应按表 11.1.6 采用。

当仅计算竖向地震作用时，各类结构构件的承载力抗震调整系数 γ_{RE} 均应取为 1.0。

表 11.1.6 承载力抗震调整系数

<table>
<tr><td rowspan="3">结构构件类别</td><td colspan="5">正截面承载力计算</td><td>斜截面承载力计算</td><td rowspan="3">受冲切承载力计算</td><td rowspan="3">局部受压承载力计算</td></tr>
<tr><td rowspan="2">受弯构件</td><td colspan="2">偏心受压柱</td><td rowspan="2">偏心受拉构件</td><td rowspan="2">剪力墙</td><td rowspan="2">各类构件及框架节点</td></tr>
<tr><td>轴压比小于 0.15</td><td>轴压比不小于 0.15</td></tr>
<tr><td>γ_{RE}</td><td>0.75</td><td>0.75</td><td>0.8</td><td>0.85</td><td>0.85</td><td>0.85</td><td>0.85</td><td>1.0</td></tr>
</table>

注：预埋件锚筋截面计算的承载力抗震调整系数 γ_{RE} 应取为 1.0。

注意：仅计算竖向地震作用时，$\gamma_{RE}=1.0$，即：

$$\gamma_G S_{GE}+\gamma_{Ev} S_{Evk} \leqslant R/\gamma_{RE}=R/1.0$$

根据《抗震通规》表 4.3.1，竖向地震为主的地震组合，$\gamma_{RE}=1.0$，即：

$$\gamma_G S_{GE}+0.5S_{Ehk}+1.4S_{Evk} \leqslant R/1.0$$

$$\gamma_G S_{GE}+0.5S_{Ehk}+1.4S_{Evk}+1.5\times 0.2S_{wk} \leqslant \frac{R}{1.0}$$

十六、弹性层间位移角限值

《抗规》规定：

5.5.1 表 5.5.1 所列各类结构应进行多遇地震作用下的抗震变形验算，其楼层内最大的弹性层间位移应符合下式要求：

$$\Delta u_e \leqslant [\theta_e]h \qquad (5.5.1)$$

式中　Δu_e——多遇地震作用标准值产生的楼层内最大的弹性层间位移；计算时，除以弯曲变形为主的高层建筑外，可不扣除结构整体弯曲变形；应计入扭转变形，各作用分项系数均应采用 1.0；钢筋混凝土结构构件的截面刚度可采用弹性刚度；

$[\theta_e]$——弹性层间位移角限值，宜按表 5.5.1 采用；

h——计算楼层层高。

表 5.5.1　弹性层间位移角限值

结构类型	$[\theta_e]$
钢筋混凝土框架	1/550
钢筋混凝土框架-抗震墙、板柱-抗震墙、框架-核心筒	1/800
钢筋混凝土抗震墙、筒中筒	1/1000
钢筋混凝土框支层	1/1000
多、高层钢结构	1/250

十七、弹塑性层间位移角限值

《抗规》规定：

5.5.5　结构薄弱层（部位）弹塑性层间位移应符合下式要求：

$$\Delta u_p \leqslant [\theta_p]h \tag{5.5.5}$$

式中　$[\theta_p]$——弹塑性层间位移角限值，可按表 5.5.5 采用；对钢筋混凝土框架结构，当轴压比小于 0.40 时，可提高 10%；当柱子全高的箍筋构造比本规范第 6.3.9 条规定的体积配箍率大 30% 时，可提高 20%，但累计不超过 25%；

h——薄弱层楼层高度或单层厂房上柱高度。

表 5.5.5 弹塑性层间位移角限值

结构类型	$[\theta_p]$
单层钢筋混凝土柱排架	1/30
钢筋混凝土框架	1/50
底部框架砌体房屋中的框架-抗震墙	1/100
钢筋混凝土框架-抗震墙、板柱-抗震墙、框架-核心筒	1/100
钢筋混凝土抗震墙、筒中筒	1/120
多、高层钢结构	1/50

《抗规》5.5.5 条条文说明：表 5.5.5 不适用甲类建筑。

第三节 《抗规》和《混规》多层和高层钢筋混凝土房屋

一、房屋适用的最大高度

对于甲类，《抗规》表 6.1.1 的注未明确，此时，可按《高规》表 3.3.1-1 注 3，即：6～8 度时宜按本地区抗震设防烈度提高一度后符合《抗规》表 6.1.1 要求，9 度时应专门研究。

二、房屋的抗震等级

《抗规》表 6.1.2 中“设防烈度”为经抗震设防标准调整后的烈度，见本章第一节表 4.1.3-1。注意，“大跨度框架”的定义及抗震等级。

《抗规》表 6.1.2 中数字为有效数字，按四舍五入原则确定。如：24.4m 划为 24m；24.6m 划为 25m。

三、框架梁

框架梁可分为：框架结构中框架梁；非框架结构（如：框架-剪力墙结构、框架-核心筒结构等）中框架梁。

1. 框架梁截面尺寸

框架梁截面尺寸，见表 4.3.3-1。

框架梁截面尺寸　　表 4.3.3-1

框架梁截面尺寸	《混通规》	《混规》	《抗规》
	4.4.4 条	11.3.5 条	6.3.1 条、6.3.2 条

2. 框架梁抗震受弯承载力计算

抗震设计，框架梁梁端梁底、梁顶均配置有纵向受力钢筋，故应按双筋梁考虑。

根据《混规》11.1.6 条，取 $\gamma_{RE}=0.75$，并按《混规》6.2 节计算。

《混规》规定：

6.2.10 矩形截面或翼缘位于受拉边的倒 T 形截面受弯构件，其正截面受弯承载力应符合下列规定（图 6.2.10）：

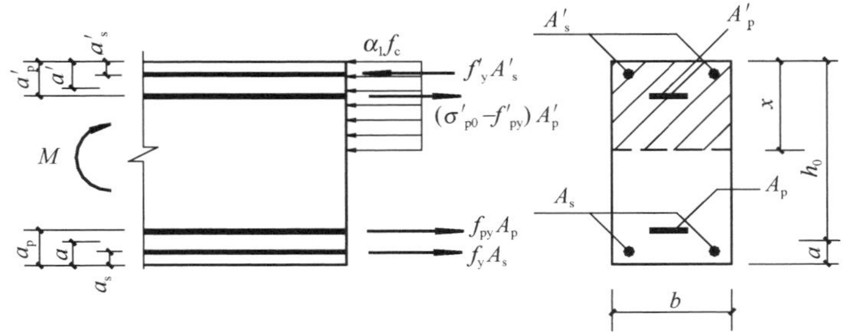

图 6.2.10 矩形截面受弯构件正截面受弯承载力计算

$$M \leqslant \alpha_1 f_c bx\left(h_0-\frac{x}{2}\right)+f'_y A'_s(h_0-a'_s)-(\sigma'_{p0}-f'_{py})A'_p(h_0-a'_p) \quad (6.2.10\text{-}1)$$

混凝土受压区高度应按下列公式确定：

$$\alpha_1 f_c bx = f_y A_s - f'_y A'_s + f_{py}A_p + (\sigma'_{p0}-f'_{py})A'_p \quad (6.2.10\text{-}2)$$

混凝土受压区高度尚应符合下列条件：

$$x \leqslant \xi_b h_0 \tag{6.2.10-3}$$

$$x \geqslant 2a' \tag{6.2.10-4}$$

6.2.14 当计算中计入纵向普通受压钢筋时，应满足本规范公式（6.2.10-4）的条件；当不满足此条件时，正截面受弯承载力应符合下列规定：

$$M \leqslant f_{py}A_p(h - a_p - a'_s) + f_yA_s(h - a_s - a'_s) + (\sigma'_{p0} - f'_{py})A'_p(a'_p - a'_s) \tag{6.2.14}$$

式中 a_s、a_p——受拉区纵向普通钢筋、预应力筋至受拉边缘的距离。

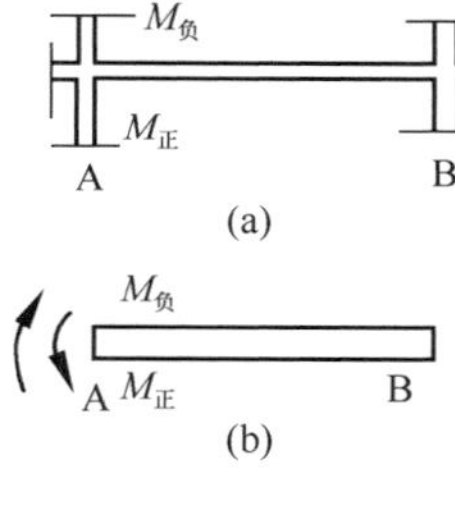

图 4.3.3-1

抗震设计时，M 为地震组合下的弯矩设计值。假若有地震内力的调整，则 M 为地震内力调整后的地基组合设计值，如：水平转换框架梁。假若存在负弯矩调幅，则 M 为负弯矩调幅后的地基组合设计值。

（1）配筋计算（已知 A'_s，求 A_s）（图 4.3.3-1）

由《混规》式（6.2.10-1），可得：

令 $M_1 = \gamma_{RE}M - f'_yA'_s(h_0 - a'_s)$

$x = h_0 - \sqrt{h_0^2 - \dfrac{2M_1}{\alpha_1 f_c b}}$

- $< 2a'_s$，按式(6.2.14)，$A_s = \dfrac{\gamma_{RE}M}{(h_0 - a'_s)}$，复核 $A_{s,min}$，见 11.3.6 条
- $\geqslant 2a'_s$，$\leqslant 0.25h_0$(一级)；$\leqslant 0.35h_0$(二、三级)，按式(6.2.10-2) 计算 A_s，复核 $A_{s,min}$，见 11.3.6 条
- $> 0.25h_0$(一级)；$> 0.35h_0$(二、三级)，A'_s 过小

如图 4.3.3-1 所示，框架梁梁端弯矩值存在 $M_负$、$M_正$，运用

上述公式，钢筋受拉或受压应与相应的弯矩值（$M_{负}$ 或 $M_{正}$）相对应。

（2）抗震受弯承载力复核

由《混规》式（6.2.10-2），计算 x，则：

$$x\begin{cases}<2a'_s\text{，计算 }M_u\text{，取公式(6.2.14) 右端项，并乘以}\dfrac{1}{\gamma_{RE}}\\ \geqslant 2a'_s\text{，}\leqslant 0.25h_0\text{(一级)；}\leqslant 0.35h_0\text{(二、三级)，计算 }M_u\text{，取}\\ \quad\text{公式(6.2.10-1) 右端项，并乘以}\dfrac{1}{\gamma_{RE}}\\ >0.25h_0\text{(一级)；}>0.35h_0\text{(二、三级)，计算 }M_u\text{，令 }x=x_b\\ \quad =0.25h_0\text{(一级)(或 }0.35h_0\text{，二、三级)，取公式(6.2.10-1)}\\ \quad\text{右端项，并乘以}\dfrac{1}{\gamma_{RE}}\end{cases}$$

如图 4.3.3-1 所示，框架梁梁端抗震受弯承载力存在逆时针工况、顺时针工况，运用上述公式，应考虑方向性。

思考：当考虑有效翼缘内楼板纵向受力钢筋（$f_{y板}A_{s板}$）时，应计入楼板纵向受力钢筋的影响并参与计算。同时，考虑方向性(逆时针或顺时针)，楼板纵向受力钢筋可能受拉或受压。

3. 框架梁纵向受力钢筋的工作机理

抗震设计，框架梁纵向受力钢筋的工作机理，见表 4.3.3-2。

抗震设计时框架梁纵向受力钢筋的工作机理 **表 4.3.3-2**

项　　目	工作机理	
	《混规》	《抗规》
纵筋最小配筋率	11.3.6 条条文说明	—
纵筋最大配筋率	—	—
梁端梁底、顶纵筋面积比 A'_s/A_s	11.3.6 条条文说明	6.3.3、6.3.4 条条文说明

续表

项目	工作机理	
	《混规》	《抗规》
相对受压区高度 $\xi = x/h_0$	11.3.1 条条文说明	6.3.3、6.3.4 条条文说明
沿梁全长的通长纵筋	11.3.7 条条文说明	—
贯通中柱的纵筋直径	11.6.7 条条文说明	—

注：最大配筋率，其工作机理，见《高规》6.3.3 条条文说明。

4. 抗震设计时框架梁纵向受力钢筋的抗震构造措施表

抗震设计，框架梁纵向受力钢筋的抗震构造措施表，见表 4.3.3-3。

抗震设计时框架梁纵向受力钢筋的抗震构造措施表　　表 4.3.3-3

项目	规定	
	《混规》	《抗规》
最小配筋率	11.3.6 条： 表 11.3.6-1	—
最大配筋率	11.3.7 条： $\rho_{纵}$ 不宜大于 2.5%	6.3.4 条： $\rho_{纵}$ 不宜大于 2.5%
梁端梁底、顶纵筋面积比 A'_s/A_s	11.3.6 条： 一级：$A'_s/A_s \geqslant 0.5$ 二、三级：$A'_s/A_s \geqslant 0.3$	6.3.3 条： 同《混规》
相对受压区高度 $\xi = x/h_0$	11.3.1 条： 一级：$x/h_0 \leqslant 0.25$ 二、三级：$x/h_0 \leqslant 0.35$	6.3.3 条： 同《混规》
沿梁全长的通长纵筋	11.3.7 条	6.3.4 条第 1 款： 同《混规》

续表

项目	规定	
	《混规》	《抗规》
贯通中柱的纵筋直径 $d_{纵}$	11.6.7 条： 1）9 度各类框架和一级框架结构：$d_{纵}$ 不宜大于 $B/25$ 2）一、二、三级框架：$d_{纵}$ 不宜大于 $B/20$	6.3.4 条： 1）一、二、三级框架结构：$d_{纵}$ 不应大于 $B/20$ 2）一、二、三级框架：$d_{纵}$ 不宜大于 $B/20$

注：1. B 是指矩形截面柱时，柱在该方向截面尺寸；为圆截面柱，纵筋所在位置柱截面弦长。$d_{纵}$ 是指柱纵向受力钢筋的直径。

2. 梁纵向受力钢筋的最小配筋率，取 bh 计算；其最大配筋率，取 bh_0 计算。

5. 框架梁抗震受剪承载力计算

框架梁梁端剪力设计值 V_b 按“强剪弱弯”原则，其抗震受剪承载力计算，见表 4.3.3-4。

梁端剪力和抗震受剪承载力　　表 4.3.3-4

规范	梁端剪力设计值	抗震受剪承载力
《混规》	11.3.2 条	11.3.3（截面限制条件）、11.3.4（受剪计算公式）
《抗规》	6.2.4 条	6.2.9（截面限制条件）

（1）箍筋计算（已知 V_b，求 A_{sv}/s）

首先复核截面限制条件，$V_{截}=\dfrac{0.20\beta_c f_c bh_0}{\gamma_{RE}}$（跨高比>2.5），取 min（$V_b$，$V_{截}$），按《混规》式（11.3.4）计算 A_{sv}/s，然后复核最小配筋率。

（2）抗震受剪承载力（已知 A_{sv}/s，求 V_u）

由 A_{sv}/s 按《混规》式（11.3.4）计算，取右端项作为 V_{cs}；由截面限制条件，计算 $V_{截}$；然后，取 $V_u=\min(V_{cs}, V_{截})$。

6. 框架梁箍筋的工作机理

抗震设计时，框架梁箍筋的工作机理，见表 4.3.3-5。

抗震设计时框架梁箍筋的工作机理　　表 4.3.3-5

项目		工作机理	
		《混规》	《抗规》
箍筋加密区	加密区长度	11.3.6 条条文说明	6.3.3、6.3.4 条条文说明
	箍筋最大间距	11.3.6 条条文说明	6.3.3、6.3.4 条条文说明
	箍筋最小直径	11.3.6 条条文说明	6.3.3、6.3.4 条条文说明
	箍筋最大肢距	11.3.8 条条文说明	6.3.3、6.3.4 条条文说明
箍筋非加密区	箍筋间距	—	—
沿梁全长箍筋的最小面积配筋率		11.3.9 条条文说明	—

7. 抗震设计时框架梁箍筋的抗震构造措施表

抗震设计时，框架梁箍筋的抗震构造措施表，见表 4.3.3-6。

抗震设计时框架梁箍筋的抗震构造措施表　　表 4.3.3-6

项目		规定	
		《混规》	《抗规》
箍筋加密区	加密区长度	11.3.6 条： 表 11.3.6-2	6.3.3 条： 同《混规》
	箍筋最大间距（s）	11.3.6 条： 表 11.3.6-2	6.3.3 条： 同《混规》
	箍筋最小直径（ϕ）	11.3.6 条第 3 款：表 11.3.6-2； $\rho_{纵}>2\%$时，箍筋最小直径+2	6.3.3 条： 同《混规》
	箍筋最大肢距（a）	11.3.8 条： 一级：$a\leqslant\max$（200，20ϕ）； 二、三级：$a\leqslant\max$（250，20ϕ）； 一级～四级：$a\leqslant300$	6.3.4 条： 一、二、三级：同《混规》； 四级：$a\leqslant300$

续表

项目		规定	
		《混规》	《抗规》
箍筋非加密区	箍筋间距（$s_{非}$）	11.3.9条： $s_{非} \leqslant 2s$	—
沿梁全长箍筋的最小面积配筋率 ρ_{sv} $\rho_{sv} = A_{sv}/(bs)$		11.3.9条： 一级：$\rho_{sv} \geqslant 0.30 f_t/f_{yv}$ 二级：$\rho_{sv} \geqslant 0.28 f_t/f_{yv}$ 三、四级：$\rho_{sv} \geqslant 0.26 f_t/f_{yv}$	—

四、框架柱

框架柱可分为：框架结构中框架柱；非框架结构中框架柱。

1. 框架柱截面尺寸和轴压比

框架柱截面尺寸和轴压比，见表4.3.4-1。

框架柱截面尺寸和轴压比　　表4.3.4-1

框架柱	《混通规》	《混规》	《抗规》
截面尺寸	4.4.4条	11.4.11条	6.3.5条
轴压比	—	11.4.16条	6.3.6条

2. 框架柱抗震正截面承载力计算

(1) 框架柱柱端弯矩设计值

抗震设计，框架柱内力设计值 N、M 为经内力调整后的地震组合设计值，当需要考虑二阶效应时，M 还应计入二阶效应（P-Δ、P-δ 效应）的影响，N 应计入 P-Δ 效应的影响。

框架柱柱端弯矩设计值按"强柱弱梁"原则，进行地震组合内力的调整，见表4.3.4-2。

柱端弯矩设计值　　表4.3.4-2

柱端弯矩设计值	《混规》	《抗规》
	11.4.1条、11.4.2条、11.4.5条	6.2.2条、6.2.3条、6.2.6条

注：1. 当反弯点不在柱的层高范围的情况，《抗规》有此规定，而《混规》无此规定。

2. 一级框架结构的弯矩增大系数 $\eta_c = 1.7$，《抗规》有此规定，而《混规》无此规定。

（2）偏心受压框架柱抗震正截面承载力计算

根据《混规》11.1.6条，当轴压比 $\mu_N<0.15$ 时，取 $\gamma_{RE}=0.75$；当 $\mu_N\geqslant0.15$ 时，取 $\gamma_{RE}=0.80$。

《混规》规定：

6.2.17 矩形截面偏心受压构件正截面受压承载力应符合下列规定（图6.2.17）：

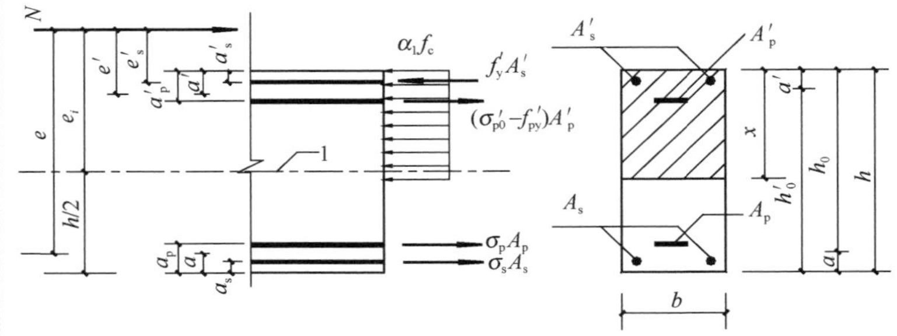

图6.2.17 矩形截面偏心受压构件正截面受压承载力计算

1—截面重心轴

$$N\leqslant\alpha_1 f_c bx+f'_y A'_s-\sigma_s A_s-(\sigma'_{p0}-f'_{py})A'_p-\sigma_p A_p \tag{6.2.17-1}$$

$$Ne\leqslant\alpha_1 f_c bx\left(h_0-\frac{x}{2}\right)+f'_y A'_s(h_0-a'_s)-(\sigma'_{p0}-f'_{py})A'_p(h_0-a'_p) \tag{6.2.17-2}$$

$$e=e_i+\frac{h}{2}-a \tag{6.2.17-3}$$

$$e_i=e_0+e_a \tag{6.2.17-4}$$

2 当计算中计入纵向受压普通钢筋时，受压区高度应满足本规范公式（6.2.10-4）的条件；当不满足此条件时，其正截面受压承载力可按本规范第6.2.14条的规定进行计算，此时，应将本规范公式（6.2.14）中的 M 以 Ne'_s 代替，此处，

e'_s 为轴向压力作用点至受压区纵向普通钢筋合力点的距离；初始偏心距应按公式（6.2.17-4）确定。

《混规》6.2.17 条第 2 款中 e'_s 为：

$$e'_s = e_i - \frac{h}{2} + a'_s$$

1）矩形截面偏压框架柱的对称配筋计算（$A_s = A'_s$）

假定为大偏压，由《混规》式（6.2.17-1），计算 x，即：

$$x = \frac{\gamma_{RE} N}{\alpha_1 f_c b} \quad (\mu_N < 0.15, \text{取 } \gamma_{RE} = 0.75;$$

$$\mu_N \geqslant 0.15, \text{取 } \gamma_{RE} = 0.80)$$

$$x\begin{cases} > \xi_b h_0, \text{假定不正确,为小偏压,由式(6.2.17-8)、式(6.2.17-1)} \\ \quad \text{且 } \gamma_{RE}N \text{ 代替 } N \text{ 计算 } A'_s, \text{复核 } A'_{s,min}、A_{s总,min}\text{(11.4.12 条)} \\ \leqslant \xi_b h_0, \text{假定正确,为大偏压} \begin{cases} x < 2a'_s, \text{按式(6.2.14) 且 } \gamma_{RE}Ne'_s \text{ 代替 } M \text{ 计算 } A_s, \text{复核 } A_{s,min}、A_{s总,min}\text{(11.4.12 条)} \\ x \geqslant 2a'_s, \text{按式(6.2.17-2) 且 } \gamma_{RE}N \text{ 代替 } N \text{ 计算 } A'_s, \text{复核 } A'_{s,min}、A_{s总,min}\text{(11.4.12 条)} \end{cases} \end{cases}$$

2）矩形截面大偏压框架柱的承载力复核（已知 N，求 M）

假定为大偏压，由《混规》式（6.2.17-1），计算 x，即：

$$x = \frac{\gamma_{RE} N}{\alpha_1 f_c b} \leqslant \xi_b h_0, \text{假定正确。}$$

$$x\begin{cases} < 2a'_s, \text{由式(6.2.14) 且 } \gamma_{RE}Ne'_s \text{ 代替 } M, \text{求出 } e'_s; \\ \quad \text{确定 } e_i \text{ 与 } e_0; \text{求 } M = Ne_0 \\ \geqslant 2a'_s, \text{由式(6.2.17-2) 且 } \gamma_{RE}N \text{ 代替 } N, \text{求出 } e; \\ \quad \text{确定 } e_i \text{ 与 } e_0; \text{求 } M = Ne_0 \end{cases}$$

上述计算中，用 $\gamma_{RE}N$ 代替 N，用 $\gamma_{RE}Ne'_s$ 代替 Ne'_s，其实质是：抗震计算，各公式右端项应乘以 $\frac{1}{\gamma_{RE}}$，现将 γ_{RE} 移至各公式左端项，两者是等价的。

（3）偏心受拉框架柱抗震正截面承载力计算

《混规》6.2.23 条、11.1.6 条、11.4.13 条作了规定。

《混规》11.1.6 条，偏拉，取 $\gamma_{RE}=0.85$。

《混规》11.4.13 条，小偏拉的框架边柱、角柱，其纵向钢筋截面面积应计算值增加 25%。

3. 抗震设计时框架柱纵向受力钢筋的抗震构造措施表

抗震设计时，框架柱纵向受力钢筋的抗震构造措施表，见表 4.3.4-3。

抗震设计时框架柱纵向受力钢筋的抗震构造措施表 **表 4.3.4-3**

项目	规定	
	《混规》	《抗规》
最大配筋率	11.4.13 条： $\rho_{全}$ 不应大于 5%； 一级且 $\lambda \leqslant 2$ 柱，其 $\rho_{一侧}$ 不宜大于 1.2%	6.3.8 条： 同《混规》
最小配筋率	11.4.12 条： $\rho_{全}$，查表 6.4.3-1（Ⅳ类场地较高高层，表中值为 0.1）； $\rho_{一侧}$，不应小于 0.2%	6.3.7 条： 同《混规》
纵筋直径	—	—
纵筋间距	11.4.13 条： $B>400$，纵筋间距 $\leqslant 200$	6.3.8 条： 同《混规》

注：1. Ⅳ类场地较高高层，是指大于 40m 的框架结构，或大于 60m 的其他结构，见《抗规》5.1.6 条条文说明。
2. B 是指柱截面尺寸。

4. 框架柱抗震受剪承载力计算

柱端的剪力设计值按“强剪弱弯”原则，其抗震受剪承载力计算，见表 4.3.4-4。

柱端剪力设计值和抗震受剪承载力　　　表 4.3.4-4

规范	柱端剪力设计值	抗震受剪承载力
《混规》	11.4.3 条、11.4.5 条	11.4.6 条（截面限制条件）、11.4.7 条（偏压时抗剪公式）、11.4.8 条（偏拉时抗剪公式）
《抗规》	6.2.5 条、6.2.6 条	6.2.9 条（截面限制条件）

注：一级框架结构，柱剪力增大系数 $\eta_{vc}=1.5$，见《抗规》6.2.5 条，而《混规》无此规定。

（1）箍筋计算（已知 V_c，求 A_{sv}/s）

首先复核柱受剪截面限制条件，$V_{截}=\dfrac{0.2\beta_c f_c bh_0}{\gamma_{RE}}$（$\lambda>2$）或 $V_{截}=\dfrac{0.15\beta_c f_c bh_0}{\gamma_{RE}}$（$\lambda\leqslant 2$），取 min（$V_c$，$V_{截}$）按《混规》公式（11.4.7）［或公式（11.4.8）］计算 A_{sv}/s，然后复核最小配箍率。

（2）抗震受剪承载力（已知 A_{sv}/s，求 V_u）

由 A_{sv}/s 按《混规》公式（11.4.7）［或公式（11.4.8）］计算，取公式右端项作为 V_{cs}；由截面限制条件，计算 $V_{截}$；然后取 $V_u=\min$（V_{cs}，$V_{截}$）。

5. 抗震设计时框架柱箍筋的抗震构造措施表

抗震设计时，框架柱箍筋的抗震构造措施表，见表 4.3.4-5。

抗震设计时框架柱箍筋的抗震构造措施表　　　表 4.3.4-5

项目		规定	
		《混规》	《抗规》
箍筋加密区	体积配箍率（ρ_v）	11.4.17 条： 一级　$\rho_v\geqslant\max(\lambda_v f_c/f_{yv},0.8\%)$； 二级　$\rho_v\geqslant\max(\lambda_v f_c/f_{yv},0.6\%)$； 三、四级　$\rho_v\geqslant\max(\lambda_v f_c/f_{yv},0.4\%)$； $\lambda\leqslant 2$ 柱，$\rho_v\geqslant\max(\lambda_v f_c/f_{yv},1.2\%)$； $\lambda\leqslant 2$ 且 9 度一级，$\rho_v\geqslant\max(\lambda_v f_c/f_{yv},1.5\%)$	6.3.9 条： 同《混规》

续表

项目		规定《混规》	规定《抗规》
箍筋加密区	加密区范围	11.4.14 条、11.4.12 条： 柱两端：max($H_n/6$，h_c，500)； 底层柱：刚性地面上下各 500； 底层柱：柱根以上 $H_n/3$； $\lambda \leqslant 2$ 柱，全高加密； 一、二级框架角柱，全高加密	6.3.9 条： $H_n/h_c \leqslant 4$ 柱，全高加密；其他同《混规》
	箍筋最大间距（s）	11.4.12 条：表 11.4.12-2 1）一级柱：$\phi>12$ 且 $a \leqslant 150$，除柱根外，可取 $s=150$； 2）二级柱：$\phi \geqslant 10$ 且 $a \leqslant 200$，除柱根外，可取 $s=150$； 3）$\lambda \leqslant 2$ 柱，$s \leqslant$ min（$6d_{纵}$，100）	6.3.7 条： $\lambda \leqslant 2$ 柱，$s \leqslant 100$；其他同《混规》
	箍筋最小直径（ϕ）	11.4.12 条：表 11.4.12-2 四级 $\lambda \leqslant 2$，$\phi \geqslant 8$	6.3.7 条： 三级 $b_c \leqslant 400$，ϕ 可取 6；其他同《混规》
	箍筋最大肢距（a）	11.4.15 条：一级：$a \leqslant 200$； 二、三级：$a \leqslant$ max（250，20ϕ）； 四级：$a \leqslant 300$； 每隔 1 根纵筋双向约束	6.3.9 条： 二、三级：$a \leqslant 250$；其他同《混规》
箍筋非加密区	体积配筋率	11.4.18 条： $\rho_{v排加密} \geqslant 0.5\rho_v$	6.3.9 条： 同《混规》
	箍筋间距（$s_{非}$）	11.4.18 条： 一、二级 $s_{非} \leqslant 10d_{纵}$； 三、四级 $s_{非} \leqslant 15d_{纵}$	6.3.9 条： 同《混规》

注：1. 表中柱是指框架柱，不包括转换柱（框支柱和托柱转换柱）。
2. h_c是指柱截面高度（或圆柱直径），b_c是指柱截面宽度；H_n是指柱净高度；$d_{纵}$是指纵向受力钢筋的直径。

6. 框架柱柱端箍筋加密区 λ_v 值速查表

根据《混凝土结构剪力墙边缘构件和框架柱构造钢筋选用》图集 14G330-1（表 2.1.1-3）、图集 14G330-2。其中，图集 14G330-2 中表 2.1.1-4 中“其他结构”是指：框架-剪力墙、板柱-剪力墙、框架-核心筒、筒中筒结构。图集 14G330-1、图集 14G330-2 作了如下规定：

框架结构框架柱柱端箍筋加密区最小配箍特征值 λ_v 表 2.1.1-3

箍筋形式	抗震等级	柱轴压比											
		≤0.30	0.40	0.50	0.60	0.70	0.75	0.80	0.85	0.90	0.95	1.00	1.05
普通箍、复合箍	特一	0.12	0.13	0.15	0.17	0.19	0.205	0.205	—	—	—	—	—
	一	0.10	0.11	0.13	0.15	0.17	0.185	0.185	—	—	—	—	—
	二	0.08	0.09	0.11	0.13	0.15	0.16	0.17	0.18	0.18	—	—	—
	三	0.06	0.07	0.09	0.11	0.13	0.14	0.15	0.16	0.17	0.185	0.185	—
	四	0.06	0.07	0.09	0.11	0.13	0.14	0.15	0.16	0.17	0.185	0.20	0.20
螺旋箍、复合或连续复合螺旋箍	特一	0.10	0.11	0.13	0.15	0.17	0.185	0.185	—	—	—	—	—
	一	0.08	0.09	0.11	0.13	0.15	0.165	0.165	—	—	—	—	—
	二	0.06	0.07	0.09	0.11	0.13	0.14	0.15	0.16	0.16	—	—	—
	三	0.05	0.06	0.07	0.09	0.11	0.12	0.13	0.14	0.15	0.165	0.165	—
	四	0.05	0.06	0.07	0.09	0.11	0.12	0.13	0.14	0.15	0.165	0.18	0.18

“其他结构”框架柱柱端箍筋加密区最小配箍特征值 λ_v 表 2.1.1-4

箍筋形式	抗震等级	柱轴压比										
		≤0.30	0.40	0.50	0.60	0.70	0.80	0.85	0.90	0.95	1.00	1.05
普通箍、复合箍	特一	0.12	0.13	0.15	0.17	0.19	0.22	0.235	0.235	—	—	—
	一	0.10	0.11	0.13	0.15	0.17	0.20	0.215	0.215	—	—	—
	二	0.08	0.09	0.11	0.13	0.15	0.17	0.18	0.19	0.205	0.205	—
	三	0.06	0.07	0.09	0.11	0.13	0.15	0.16	0.17	0.185	0.20	0.20
	四	0.06	0.07	0.09	0.11	0.13	0.15	0.16	0.17	0.185	0.20	0.22
螺旋箍、复合或连续复合螺旋箍	特一	0.10	0.11	0.13	0.15	0.17	0.20	0.215	0.215	—	—	—
	一	0.08	0.09	0.11	0.13	0.15	0.18	0.195	0.195	—	—	—
	二	0.06	0.07	0.09	0.11	0.13	0.15	0.16	0.17	0.185	0.185	—
	三	0.05	0.06	0.07	0.09	0.11	0.13	0.14	0.15	0.165	0.18	0.18
	四	0.05	0.06	0.07	0.09	0.11	0.13	0.14	0.15	0.165	0.18	0.20

框支柱端箍筋加密区最小配箍特征值 λ_v　　表 2.3.1-3

箍筋形式	抗震等级	柱轴压比							
		≤0.30	0.40	0.50	0.60	0.70	0.75	0.80	0.85
井字复合箍	特一	0.13	0.14	0.16	0.18	0.20	[0.20]	—	—
	一	0.12	0.13	0.15	0.17	0.19	[0.19]	—	—
	二	0.10	0.11	0.13	0.15	0.17	0.18	0.19	[0.19]
复合螺旋箍	特一	0.11	0.12	0.14	0.16	0.18	[0.18]	—	—
	一	0.10	0.11	0.13	0.15	0.17	[0.17]	—	—
	二	0.08	0.09	0.11	0.13	0.15	0.16	0.17	[0.17]

注：3　当轴压比增加 0.15 时，按《建筑抗震设计规范》GB 50011—2010（2016 年版）表 6.3.6 注 4 确定 λ_v 取方框内的数值。

上述表中注 3 的内容，与《混规》表 11.4.16 注 5 的内容是一致的。

五、框架梁柱节点的要点

（1）《混规》11.6.2 条中顶层中间节点和端节点的规定，与《抗规》附录 D.1.1 条有区别，《抗规》附录 D.1.1 条未提供顶层节点的验算公式。

（2）《混规》11.6.3 条的规定，与《抗规》附录 D.1.2 条、D.1.3 条是相同的。

（3）圆柱框架的梁柱节点，《混规》11.6.5 条、11.6.6 条的规定，与《抗规》附录 D.3.1 条、D.3.2 条的规定是协调的。

（4）扁梁框架的梁柱节点，《抗规》附录 D.2 作了规定，而《混规》无此规定。

（5）在框架节点区框架梁柱纵向受力钢筋的锚固、搭接的要求，《混规》11.6.7 条第 1 款，与《抗规》6.3.4 条规定不一致。

（6）区分 l_{aE} 与 l_{abE}。

六、剪力墙结构

1. 剪力墙底部加强部位

《混规》11.1.5 条、《抗规》6.1.10 作了相同规定。《抗规》规定：

> **6.1.10** 抗震墙底部加强部位的范围，应符合下列规定：
>
> **1** 底部加强部位的高度应从地下室顶板算起。
>
> **2** 部分框支抗震墙结构的抗震墙，底部加强部位的高度，可取框支层加框支层以上两层的高度及落地抗震墙总高度的 1/10 二者的较大值。其他结构的抗震墙，房屋高度大于 24m 时，底部加强部位的高度可取底部两层和墙体总高度的 1/10 二者的较大值；房屋高度不大于 24m 时，底部加强部位可取底部一层。
>
> **3** 当结构计算嵌固端位于地下一层的底板或以下时，底部加强部位尚宜向下延伸到计算嵌固端。

2. 剪力墙的墙肢截面厚度和轴压比限值

剪力墙的墙肢截面厚度和轴压比限值，见表 4.3.6-1。

剪力墙墙肢截面厚度和轴压比限值　　表 4.3.6-1

规范	截面厚度	轴压比
《混通规》	4.4.4 条	—
《混规》	11.7.12 条	11.7.16 条
《抗规》	6.4.1 条	6.4.2 条

注意：

（1）《高规》7.2.1 条条文说明指出，取 min（层高、无支长度）计算墙肢截面厚度。

（2）底部加强部位的墙肢截面厚度，三、四级的最低厚度要求，《抗规》有相应规定，而《混规》无此规定。

（3）墙肢的轴压比计算，不考虑地震作用参与组合，由《抗震通规》4.3.2 条，则：

$$\mu_w = \frac{\gamma_G(N_G + 0.5N_Q)}{f_c A_w} = \frac{1.3(N_G + 0.5N_Q)}{f_c b h_w}$$

3. 剪力墙的内力调整与抗震承载力计算

剪力墙的内力调整与抗震承载力计算，见表 4.3.6-2。

剪力墙内力调整和抗震承载力计算　　表 4.3.6-2

规范	内力调整	抗震正截面承载力	抗震受剪承载力
《混规》	11.7.1 条、11.7.2 条	11.1.6 条、6.2.19 条	11.7.3 条（截面限制条件）、11.7.4 条、11.7.5 条
《抗规》	6.2.7 条、6.2.8 条	—	6.2.9 条（截面限制条件）

注：1. 一级剪力墙的非底部加强部位，墙肢的组合弯矩值乘以 1.2，其相应的组合剪力值乘以 1.3，见《高规》7.2.5 条。
2. 四级剪力墙，其剪力设计值的内力调整系数为 1.0。
3. 《混规》、《抗规》对 λ 的计算规定有区别。

《抗规》6.2.7 条规定：

6.2.7

3 双肢抗震墙中，墙肢不宜出现小偏心受拉；当任一墙肢为大偏心受拉时，另一墙肢的剪力设计值、弯矩设计值应乘以增大系数1.25。

配筋计算时，首先复核剪力墙的受剪截面限制条件，即：

$$V_{截}=\frac{0.2\beta_c f_c b h_0}{\gamma_{RE}}(\lambda>2.5)\left[或 V_{截}=\frac{0.15\beta_c f_c b h_0}{\gamma_{RE}}(\lambda\leqslant 2.5)\right],$$

取 $\min(V_w、V_{截})$ 按《混规》式（11.7.4）或者式（11.7.5）计算 A_{sh}/s，再复核最小配筋率。

4. 剪力墙的水平、竖向分布钢筋的最小配筋率

剪力墙结构的水平、竖向分布钢筋的最小配筋率，见表4.3.6-3。

剪力墙的水平及竖向分布钢筋的最小配筋率　表4.3.6-3

情况	水平分布筋配筋率(%)	竖向分布筋配筋率(%)	依据	
一、二、三级	0.25	0.25	《混通规》4.4.7条 《混规》11.7.14条	《抗规》6.4.3条
四级，一般情况	0.20	0.20	《混通规》4.4.7条 《混规》11.7.14条	《抗规》6.4.3条
四级，<24m，剪压比<0.02	0.20	0.15	《混规》11.7.14条	《抗规》6.4.3条
非抗震，一般情况	0.20	0.20	《混规》9.4.4条	—
非抗震，≤10m，≤3层	0.15	0.15	《混规》9.4.5条	—

5. 水平施工缝的受剪承载力计算

《混规》11.7.6条、《抗规》3.9.7条条文说明均作了规定。

6. 剪力墙的约束边缘构件和构造边缘构件的抗震构造措施表

剪力墙设置约束边缘构件的条件，《混规》11.7.17条、《抗

规》6.4.5 条作了规定。

剪力墙的约束边缘构件和构造边缘构件的抗震构造措施表，分别见表 4.3.6-4、表 4.3.6-5。

约束边缘构件的抗震构造措施表　　表 4.3.6-4

项　目	规　定	
	《混规》11.7.18 条	《抗规》6.4.5 条
沿墙肢的长度 l_c	表 11.7.18 及注 1、2、3	同《混规》
阴影部分面积的竖向纵筋面积	一级：$\geqslant 1.2\% A_c$ 二级：$\geqslant 1.0\% A_c$ 三级：$\geqslant 1.0\% A_c$	一级：$\geqslant \max(1.2\% A_c$，8Φ16) 二级：$\geqslant \max(1.0\% A_c$，6Φ16) 三级：$\geqslant \max(1.0\% A_c$，6Φ14)
阴影部分面面积的配箍特征值 λ_v	表 11.7.18 确定 λ_v	同《混规》
阴影部分面面积的箍筋体积配筋率 ρ_v	$\rho_v \geqslant \lambda_v f_c / f_{yv}$	同《混规》
非阴影部分面面积的配箍特征值 λ'_v	图 11.7.18，$\lambda'_v = \lambda_v / 2$	同《混规》
非阴影部分面面积的箍筋体积配筋率 ρ'_v	$\rho'_v \geqslant 0.5 \lambda_v f_c / f_{yv}$	同《混规》
箍筋、拉筋沿竖向间距 s	一级：$s \leqslant 100$ 二、三级：$s \leqslant 150$	同《混规》
箍筋、拉筋的水平向肢距 a	—	—
端柱有集中荷载	—	其配筋构造满足框架柱的要求

注：A_c 是指约束边缘构件的阴影部分面积。

构造边缘构件的抗震构造措施表　　表 4.3.6-5

项　目	规　定	
	《混规》11.7.19 条	《抗规》6.4.5 条
构造边缘构件的范围	图 11.7.19	图 6.4.5-1，与《混规》不同
竖向钢筋面积	表 11.7.19	同《混规》
箍筋、拉筋最小直径	表 11.7.19	同《混规》
箍筋、拉筋沿竖向间距	表 11.7.19	同《混规》

续表

项　目	规　定	
	《混规》11.7.19 条	《抗规》6.4.5 条
箍筋、拉筋的水平方向肢距 a	拉筋 $a \leqslant$ 竖向钢筋间距的 2 倍	同《混规》
端柱有集中荷载	其竖向钢筋、箍筋直径和间距应满足框架柱要求	同《混规》

七、连梁

1. 连梁的内力调整和抗震承载力计算

连梁分为：仅配置普通箍筋的普通连梁；配置普通箍筋和斜向交叉钢筋的连梁。连梁梁端剪力设计值按“强剪弱弯”原则，抗震承载力计算见表 4.3.7-1。

连梁的梁端剪力设计值和抗震承载力　　表 4.3.7-1

规范	梁端剪力设计值	抗震受弯承载力	抗震受剪承载力	
			普通连梁	配交叉筋连梁
《混规》	11.7.8	11.7.7	11.7.9（截面限制条件、计算公式）	11.7.10（截面限制条件，计算公式）
《抗规》	6.2.4	—	6.2.9（截面限制条件）	—

注：《混规》、《抗规》对 λ 的计算规定不相同。

2. 抗震设计时连梁的钢筋抗震构造措施

《混规》11.7.11 条、《抗规》6.4.7 条作了规定。

3. 普通连梁的钢筋构造措施表

普通连梁的钢筋构造措施表，见表 4.3.7-2。

普通连梁的钢筋构造措施表　　表 4.3.7-2

项　目	非抗震设计	抗震设计
	《混规》9.4.7 条	《混规》11.7.11 条
纵筋最小配筋率	$A_s \geqslant 2\phi12$	$\rho_{纵} \geqslant 0.15\%$，$A_s \geqslant 2\phi12$
纵筋最大配筋率	—	—

续表

项　目	非抗震设计	抗震设计
	《混规》9.4.7 条	《混规》11.7.11 条
纵筋的锚固长度	$\geqslant l_a$	$\geqslant 600$，$\geqslant l_{aE}$
沿连梁全长箍筋的直径、间距	箍筋直径≥6，箍筋间距≤150	符合 11.3.6 条框架梁梁端加密区的要求
箍筋肢距	—	符合 11.3.8 条
顶层连梁纵筋伸入墙肢长度内的箍筋	同右	箍筋间距≤150，箍筋直径与该连梁的箍筋直径相同
腰筋	同右	$h_b>450$，腰筋直径≥8，间距≤200；$l/h_b\leqslant 2.5$，两侧腰筋总面积$\geqslant 0.3\%bh_w$

注：h_w 是指连梁腹板高度，按《混规》6.3.1 条采用。

八、《混规》板柱节点的要点

（1）《混规》11.9.3 条，增大系数 η（一、二、三级分别为：1.7、1.5、1.3）是针对由地震组合的不平衡弯矩在节点处引起的冲切反力设计值，见《抗规》6.6.3 条第 3 款规定，则《混规》附录公式（F.0.1-1）变为：

$$F_{l,\mathrm{eq}} = F_l + \frac{\alpha_0 M_{\mathrm{unb}} a_{\mathrm{AB}}}{I_c} u_m h_0 \cdot \eta$$

（2）《混规》11.9.4 条，与《混规》6.5.3 条、6.5.1 条的对比，抗震设计时，f_t 考虑折减系数 0.6。

九、《抗规》6.2 节的要点

（1）《抗规》6.2.13 条的条文说明，计算地震内力，抗震墙连梁刚度可折减，计算地震产生的位移时，连梁刚度可不折减。

（2）《抗规》6.2.13 条的条文说明，计入翼缘的有效长度，它用于结构整体内力和变形的计算，而《混规》9.4.3 条用于承载力计算（即：抗力计算）。

（3）《抗规》6.2.13 条第 4 款，按包络设计原则计算框架部分的地震剪力。

十、《混规》铰接排架柱的要点

（1）《混规》表 11.1.3，铰接排架柱有抗震等级，而《抗规》9.1 节中无抗震等级的规定。

（2）《混规》11.5.1 条及条文说明，根据排架结构的受力特点，对排架结构不需要考虑“强柱弱梁”“强剪弱弯”措施。

（3）抗震设计时，柱牛腿计算见《抗规》9.1.12 条。

（4）《混规》11.5 节内容，与《抗规》9.1 节是一致的。

第五章

《钢标》

第一节 常用数据

一、钢材的设计指标和设计参数

1. 钢材的设计用强度指标

《钢标》规定：

4.4.1 钢材的设计用强度指标，应根据钢材牌号、厚度或直径按表 4.4.1 采用。

表 4.4.1 钢材的设计用强度指标（N/mm^2）

钢材牌号		钢材厚度或直径（mm）	强度设计值			屈服强度 f_y	抗拉强度 f_u
			抗拉、抗压、抗弯 f	抗剪 f_v	端面承压（刨平顶紧）f_{ce}		
碳素结构钢	Q235	⩽16	215	125	320	235	370
		＞16，⩽40	205	120		225	
		＞40，⩽100	200	115		215	
低合金高强度结构钢	Q345	⩽16	305	175	400	345	470
		＞16，⩽40	295	170		335	
		＞40，⩽63	290	165		325	
		＞63，⩽80	280	160		315	
		＞80，⩽100	270	155		305	
	Q390	⩽16	345	200	415	390	490
		＞16，⩽40	330	190		370	
		＞40，⩽63	310	180		350	
		＞63，⩽100	295	170		330	
	Q420	⩽16	375	215	440	420	520
		＞16，⩽40	355	205		400	
		＞40，⩽63	320	185		380	
		＞63，⩽100	305	175		360	
	Q460	⩽16	410	235	470	460	550
		＞16，⩽40	390	225		440	
		＞40，⩽63	355	205		420	
		＞63，⩽100	340	195		400	

注：1. 表中直径指实心棒材直径，厚度系指计算点的钢材或钢管壁厚度，对轴心受拉和轴心受压构件系指截面中较厚板件的厚度；
2. 冷弯型材和冷弯钢管，其强度设计值应按国家现行有关标准的规定采用。

2. 建筑结构用钢板的设计用强度指标

4.4.2 建筑结构用钢板的设计用强度指标，可根据钢材牌号、厚度或直径按表4.4.2采用。

表4.4.2 建筑结构用钢板的设计用强度指标（N/mm^2）

<table>
<tr><th rowspan="2">建筑结构用钢板</th><th rowspan="2">钢材厚度或直径（mm）</th><th colspan="3">强度设计值</th><th rowspan="2">屈服强度 f_y</th><th rowspan="2">抗拉强度 f_u</th></tr>
<tr><th>抗拉、抗压、抗弯 f</th><th>抗剪 f_v</th><th>端面承压（刨平顶紧）f_{ce}</th></tr>
<tr><td rowspan="2">Q345GJ</td><td>>16，≤50</td><td>325</td><td>190</td><td rowspan="2">415</td><td>345</td><td rowspan="2">490</td></tr>
<tr><td>>50，≤100</td><td>300</td><td>175</td><td>335</td></tr>
</table>

3. 钢材的物理性能指标

4.4.8 钢材和铸钢件的物理性能指标应按表4.4.8采用。

表4.4.8 钢材和铸钢件的物理性能指标

弹性模量 E（N/mm^2）	剪变模量 G（N/mm^2）	线膨胀系数 α（以每℃计）	质量密度 ρ（kg/m^3）
206×10^3	79×10^3	12×10^{-6}	7850

二、焊缝的强度指标和构造要求

1. 焊缝的强度指标

4.4.5 焊缝的强度指标应按表4.4.5采用并应符合下列规定：

1 手工焊用焊条、自动焊和半自动焊所采用的焊丝和焊剂，应保证其熔敷金属的力学性能不低于母材的性能。

2 焊缝质量等级应符合现行国家标准《钢结构焊接规范》GB 50661的规定，其检验方法应符合现行国家标准《钢结构工程施工质量验收规范》GB 50205的规定。其中厚度小于6mm钢材的对接焊缝，不应采用超声波探伤确定焊缝质量等级。

表 4.4.5 焊缝的强度指标（N/mm²）

焊接方法和焊条型号	构件钢材		对接焊缝强度设计值				角焊缝强度设计值	对接焊缝抗拉强度 f_u^w	角焊缝抗拉、抗压和抗剪强度 f_u^f
	牌号	厚度或直径（mm）	抗压 f_c^w	焊缝质量为下列等级时，抗拉 f_t^w		抗剪 f_v^w	抗拉、抗压和抗剪 f_f^w		
				一级、二级	三级				
自动焊、半自动焊和E43型焊条手工焊	Q235	≤16	215	215	185	125	160	415	240
		>16，≤40	205	205	175	120			
		>40，≤100	200	200	170	115			
自动焊、半自动焊和E50、E55型焊条手工焊	Q345	≤16	305	305	260	175	200	480(E50) 540(E55)	280(E50) 315(E55)
		>16，≤40	295	295	250	170			
		>40，≤63	290	290	245	165			
		>63，≤80	280	280	240	160			
		>80，≤100	270	270	230	155			
	Q390	≤16	345	345	295	200	200(E50) 220(E55)		
		>16，≤40	330	330	280	190			
		>40，≤63	310	310	265	180			
		>63，≤100	295	295	250	170			

续表 4.4.5

焊接方法和焊条型号	构件钢材 牌号	构件钢材 厚度或直径（mm）	对接焊缝强度设计值 抗压 f_c^w	对接焊缝强度设计值 焊缝质量为下列等级时，抗拉 f_t^w 一级、二级	对接焊缝强度设计值 焊缝质量为下列等级时，抗拉 f_t^w 三级	对接焊缝强度设计值 抗剪 f_v^w	角焊缝强度设计值 抗拉、抗压和抗剪 f_f^w	对接焊缝抗拉强度 f_u^w	角焊缝抗拉、抗压和抗剪强度 f_u^f
自动焊、半自动焊和 E55、E60 型焊条手工焊	Q420	≤16	375	375	320	215	220(E55) 240(E60)	540(E55) 590(E60)	315(E55) 340(E60)
		＞16，≤40	355	355	300	205			
		＞40，≤63	320	320	270	185			
		＞63，≤100	305	305	260	175			
自动焊、半自动焊和 E55、E60 型焊条手工焊	Q460	≤16	410	410	350	235	220(E55) 240(E60)	540(E55) 590(E60)	315(E55) 340(E60)
		＞16，≤40	390	390	330	225			
		＞40，≤63	355	355	300	205			
		＞63，≤100	340	340	290	195			
自动焊、半自动焊和 E50、E55 型焊条手工焊	Q345GJ	＞16，≤35	310	310	265	180	200	480(E50) 540(E55)	280(E50) 315(E55)
		＞35，≤50	290	290	245	170			
		＞50，≤100	285	285	240	165			

注：表中厚度系指计算点的钢材厚度，对轴心受拉和轴心受压构件系指截面中较厚板件的厚度。

3　对接焊缝在受压区的抗弯强度设计值取 f_c^w，在受拉区的抗弯强度设计值取 f_t^w。

4　计算下列情况的连接时，表 4.4.5 规定的强度设计值应乘以相应的折减系数；几种情况同时存在时，其折减系数应连乘：

1）施工条件较差的高空安装焊缝应乘以系数 0.9；

2）进行无垫板的单面施焊对接焊缝的连接计算应乘折减系数 0.85。

2. 角焊缝尺寸的构造要求

11.3.5　角焊缝的尺寸应符合下列规定：

1　角焊缝的最小计算长度应为其焊脚尺寸 h_f的 8 倍，且不应小于 40mm；焊缝计算长度应为扣除引弧、收弧长度后的焊缝长度；

2　断续角焊缝焊段的最小长度不应小于最小计算长度；

3　角焊缝最小焊脚尺寸宜按表 11.3.5 取值，承受动荷载时角焊缝焊脚尺寸不宜小于 5mm。

表 11.3.5　角焊缝最小焊脚尺寸（mm）

母材厚度 t	角焊缝最小焊脚尺寸 h_f
$t \leqslant 6$	3
$6 < t \leqslant 12$	5
$12 < t \leqslant 20$	6
$t > 20$	8

注：1. 采用不预热的非低氢焊接方法进行焊接时，t 等于焊接连接部位中较厚件厚度，宜采用单道焊缝；采用预热的非低氢焊接方法或低氢焊接方法进行焊接时，t 等于焊接连接部位中较薄件厚度；
2. 焊脚尺寸 h_f不要求超过焊接连接部位中较薄件厚度的情况除外。

11.3.8　在次要构件或次要焊接连接中，可采用断续角焊缝。断续角焊缝焊段的长度不得小于 $10h_f$或 50mm，其净距不应大于 $15t$（对受压构件）或 $30t$（对受拉构件），t 为较薄焊件厚度。腐蚀环境中不宜采用断续角焊缝。

三、螺栓连接的强度指标和设计参数

1. 螺栓连接的强度指标

4.4.6 螺栓连接的强度指标应按表 4.4.6 采用。

表 4.4.6 螺栓连接的强度指标（N/mm²）

螺栓的性能等级、锚栓和构件钢材的牌号		强度设计值										高强度螺栓的抗拉强度
		普通螺栓						锚栓	承压型连接或网架用高强度螺栓			
		C 级螺栓			A 级、B 级螺栓							
		抗拉 f_t^b	抗剪 f_v^b	承压 f_c^b	抗拉 f_t^b	抗剪 f_v^b	承压 f_c^b	抗拉 f_t^a	抗拉 f_t^b	抗剪 f_v^b	承压 f_c^b	f_u^b
普通螺栓	4.6 级、4.8 级	170	140	—	—	—	—	—	—	—	—	—
	5.6 级	—	—	—	210	190	—	—	—	—	—	—
	8.8 级	—	—	—	400	320	—	—	—	—	—	—
锚栓	Q235	—	—	—	—	—	—	140	—	—	—	—
	Q345	—	—	—	—	—	—	180	—	—	—	—
	Q390	—	—	—	—	—	—	185	—	—	—	—
承压型连接高强度螺栓	8.8 级	—	—	—	—	—	—	—	400	250	—	830
	10.9 级	—	—	—	—	—	—	—	500	310	—	1040
螺栓球节点用高强度螺栓	9.8 级	—	—	—	—	—	—	—	385	—	—	—
	10.9 级	—	—	—	—	—	—	—	430	—	—	—
构件钢材牌号	Q235	—	—	305	—	—	405	—	—	—	470	—
	Q345	—	—	385	—	—	510	—	—	—	590	—
	Q390	—	—	400	—	—	530	—	—	—	615	—
	Q420	—	—	425	—	—	560	—	—	—	655	—
	Q460	—	—	450	—	—	595	—	—	—	695	—
	Q345GJ	—	—	400	—	—	530	—	—	—	615	—

注：1. A 级螺栓用于 $d \leqslant 24$mm 和 $L \leqslant 10d$ 或 $L \leqslant 150$mm（按较小值）的螺栓；B 级螺栓用于 $d > 24$mm 和 $L > 10d$ 或 $L > 150$mm（按较小值）的螺栓；d 为公称直径，L 为螺栓公称长度。

2. A 级、B 级螺栓孔的精度和孔壁表面粗糙度，C 级螺栓孔的允许偏差和孔壁表面粗糙度，均应符合现行国家标准《钢结构工程施工质量验收规范》GB 50205 的要求。

3. 用于螺栓球节点网架的高强度螺栓，M12～M36 为 10.9 级，M39～M64 为 9.8 级。

2. 高强度螺栓的摩擦面的抗滑移系数和预拉力

表 11.4.2-1　钢材摩擦面的抗滑移系数 μ

连接处构件接触面的处理方法	构件的钢材牌号		
	Q235 钢	Q345 钢或 Q390 钢	Q420 钢或 Q460 钢
喷硬质石英砂或铸钢棱角砂	0.45	0.45	0.45
抛丸（喷砂）	0.40	0.40	0.40
钢丝刷清除浮锈或未经处理的干净轧制面	0.30	0.35	—

注：1. 钢丝刷除锈方向应与受力方向垂直。
2. 当连接构件采用不同钢材牌号时，μ 按相应较低强度者取值。
3. 采用其他方法处理时，其处理工艺及抗滑移系数值均需经试验确定。

表 11.4.2-2　一个高强度螺栓的预拉力设计值 P（kN）

螺栓的承载性能等级	螺栓公称直径（mm）					
	M16	M20	M22	M24	M27	M30
8.8 级	80	125	150	175	230	280
10.9 级	100	155	190	225	290	355

3. 螺栓和锚栓的有效直径和有效面积速查表

螺栓（普通螺栓和高强度螺栓）、锚栓的有效直径和在螺纹处的有效面积速查表，见表 5.1.3-1。

螺栓（或锚栓）的有效直径和在螺纹处的有效面积速查表　　表 5.1.3-1

螺栓直径 d（mm）	螺纹间距 p（mm）	螺栓有效直径 d_e（mm）	螺栓有效面积 A_e（mm^2）
10	1.5	8.59	58
12	1.75	10.36	84
14	2.0	12.12	115

续表

螺栓直径 d (mm)	螺纹间距 p (mm)	螺栓有效直径 d_e (mm)	螺栓有效面积 A_e (mm^2)
16	2.0	14.12	157
18	2.5	15.65	193
20	2.5	17.65	245
22	2.5	17.65	303
24	3.0	21.19	353
27	3.0	24.19	459
30	3.5	26.72	561
33	3.5	29.72	694
36	4.0	32.25	817
39	4.0	35.25	976
42	4.5	37.78	1121
45	4.5	40.78	1306
48	5.0	43.31	1473
52	5.0	47.31	1758
56	5.5	50.84	2030
60	5.5	54.84	2362
64	6.0	58.37	2676
68	6.0	62.37	3055
72	6.0	66.37	3460
76	6.0	70.37	3889
80	6.0	74.37	4344
85	6.0	79.37	4948
90	6.0	84.37	5591
95	6.0	89.37	6273
100	6.0	94.37	6995

注：表中 d_e——螺栓或锚栓在螺纹处的有效直径，按下式计算得：

$$d_e = \left(d - \frac{13}{24}\sqrt{3}p\right)$$

A_e——螺纹处的有效面积 $A_e = \frac{\pi}{4}d_e^2$。

四、截面板件宽厚比等级与限值

1.《钢标》规定

3.5.1 进行受弯和压弯构件计算时，截面板件宽厚比等级及限值应符合表 3.5.1 的规定，其中参数 α_0 应按下式计算：

$$\alpha_0 = \frac{\sigma_{max} - \sigma_{min}}{\sigma_{max}} \tag{3.5.1}$$

式中 σ_{max}——腹板计算高度边缘的最大压应力（N/mm²）；

σ_{min}——腹板计算高度另一边缘相应的应力（N/mm²），压应力取正值，拉应力取负值。

表 3.5.1 压弯和受弯构件的截面板件宽厚比等级及限值

<table>
<tr><th>构件</th><th colspan="2">截面板件宽厚比等级</th><th>S1 级</th><th>S2 级</th><th>S3 级</th><th>S4 级</th><th>S5 级</th></tr>
<tr><td rowspan="4">压弯构件（框架柱）</td><td rowspan="2">H 形截面</td><td>翼缘 b/t</td><td>$9\varepsilon_k$</td><td>$11\varepsilon_k$</td><td>$13\varepsilon_k$</td><td>$15\varepsilon_k$</td><td>20</td></tr>
<tr><td>腹板 h_0/t_w</td><td>$(33+13\alpha_0^{1.3})\varepsilon_k$</td><td>$(38+13\alpha_0^{1.39})\varepsilon_k$</td><td>$(40+18\alpha_0^{1.5})\varepsilon_k$</td><td>$(45+25\alpha_0^{1.66})\varepsilon_k$</td><td>250</td></tr>
<tr><td>箱形截面</td><td>壁板（腹板）间翼缘 b_0/t</td><td>$30\varepsilon_k$</td><td>$35\varepsilon_k$</td><td>$40\varepsilon_k$</td><td>$45\varepsilon_k$</td><td>—</td></tr>
<tr><td>圆钢管截面</td><td>径厚比 D/t</td><td>$50\varepsilon_k^2$</td><td>$70\varepsilon_k^2$</td><td>$90\varepsilon_k^2$</td><td>$100\varepsilon_k^2$</td><td>—</td></tr>
</table>

续表

构件	截面板件宽厚比等级		S1 级	S2 级	S3 级	S4 级	S5 级
受弯构件（梁）	工字形截面	翼缘 b/t	$9\varepsilon_k$	$11\varepsilon_k$	$13\varepsilon_k$	$15\varepsilon_k$	20
		腹板 h_0/t_w	$65\varepsilon_k$	$72\varepsilon_k$	$93\varepsilon_k$	$124\varepsilon_k$	250
	箱形截面	壁板（腹板）间翼缘 b_0/t	$25\varepsilon_k$	$32\varepsilon_k$	$37\varepsilon_k$	$42\varepsilon_k$	—

注：1. ε_k 为钢号修正系数，其值为 235 与钢材牌号中屈服点数值的比值的平方根。

2. b 为工字形、H 形截面的翼缘外伸宽度，t、h_0、t_w 分别是翼缘厚度、腹板净高和腹板厚度，对轧制型截面，翼缘外伸宽度及腹板净高不包括翼缘腹板过渡处圆弧段；对于箱形截面，b_0、t 分别为壁板间的距离和壁板厚度；D 为圆管截面外径。

3. 箱形截面梁及单向受弯的箱形截面柱，其腹板限值可根据工字形截面梁及 H 形截面柱腹板采用。

4. 腹板的宽厚比可通过设置加劲肋减小。

5. 当按国家标准《建筑抗震设计规范》（2016 年版）GB 50011—2010 第 9.2.14 条第 2 款的规定设计，且 S5 级截面的板件宽厚比小于 S4 级经 ε_σ 修正的板件宽厚比时，可视作 S4 级截面，ε_σ 为应力修正因子，$\varepsilon_\sigma=\sqrt{f/\sigma_{max}}$。

2. 计算要点

(1) 双轴对称的 H 形截面的 σ_{max}、σ_{min} 计算

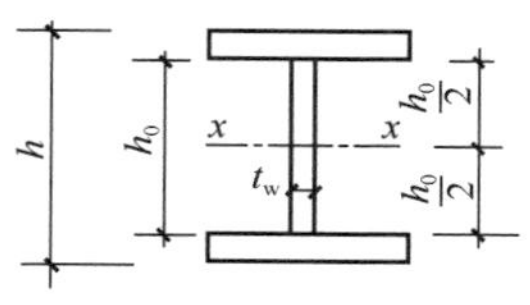

图 5.1.4-1

如图 5.1.4-1 所示焊接 H 形截面：

$$\sigma_{max}=\frac{N}{A_n}+\frac{M_x}{I_{nx}}\cdot\frac{h_0}{2}$$

$$\sigma_{min} = \frac{N}{A_n} - \frac{M_x}{I_{nx}} \cdot \frac{h_0}{2}$$

（2）《钢标》表 3.5.1 注 3 的速查表

《钢标》表 3.5.1 注 3 的速查表，见表 5.1.4-1。

单向受弯的箱形截面柱和箱形截面梁的 h_0/t_w 限值速查表　　表 5.1.4-1

构件	板件宽厚比等级	S1 级	S2 级	S3 级	S4 级	S5 级
单向受弯的箱形截面柱	腹板 h_0/t_w	$(33+13\alpha_0^{1.3})\varepsilon_k$	$(38+13\alpha_0^{1.39})\varepsilon_k$	$(40+18\alpha_0^{1.5})\varepsilon_k$	$(45+25\alpha_0^{1.66})\varepsilon_k$	250
箱形截面梁	腹板 h_0/t_w	$65\varepsilon_k$	$72\varepsilon_k$	$93\varepsilon_k$	$124\varepsilon_k$	250

（3）压弯构件 H 形截面的腹板宽厚比等级的初判和细判

1）初判：取 $\alpha_0=0$，按表 5.1.4-2 确定。

表 5.1.4-2

压弯构件 H 形截面的腹板宽厚比等级	S1	S2	S3	S4	S5
$\frac{h_0}{t_w}$	$33\varepsilon_k$	$38\varepsilon_k$	$40\varepsilon_k$	$45\varepsilon_k$	250

2）细判：初判无法确定其等级时，取 α_0 值，按《钢标》表 3.5.1 进行判别。

五、γ_{RE}

1. 构件和连接强度计算 γ_{RE} 取 0.75；柱和支撑稳定计算 γ_{RE} 取 0.8 [《抗规》5.4.3 条]

2. 仅计算竖向地震作用 γ_{RE} 取 1.0 [《抗规》5.4.3 条]

3. 竖向地震为主的地震组合 γ_{RE} 取 1.0 [《抗震通规》表 4.3.1]

六、截面塑性发展系数 γ_x、γ_y

表 8.1.1 截面塑性发展系数 γ_x、γ_y

项次	截面形式	γ_x	γ_y
1		1.05	1.2
2		1.05	1.05
3		$\gamma_{x1}=1.05$ $\gamma_{x2}=1.2$	1.2
4			1.05
5		1.2	1.2
6		1.15	1.15
7		1.0	1.05
8			1.0

七、轴心受压构件的截面分类

表 7.2.1-1 轴心受压构件的截面分类（板厚 t<40mm）

截面形式		对 x 轴	对 y 轴
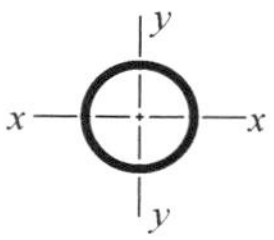 轧制		a类	a类
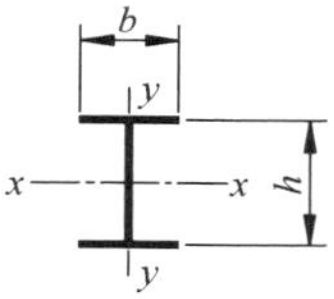 轧制	$b/h \leqslant 0.8$	a类	b类
	$b/h > 0.8$	a*类	b*类
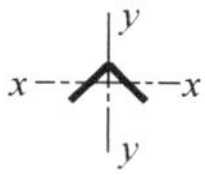 轧制等边角钢		a*类	a*类
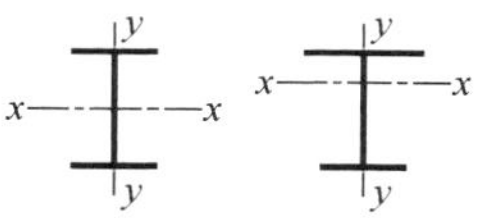 焊接、翼缘为焰切边	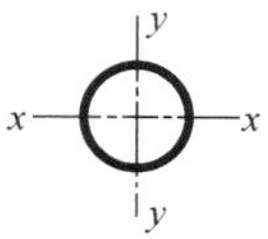 焊接	b类	b类
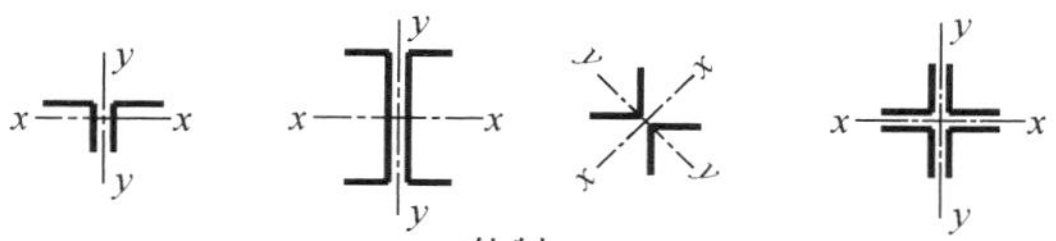 轧制			

续表

截面形式		对 x 轴	对 y 轴
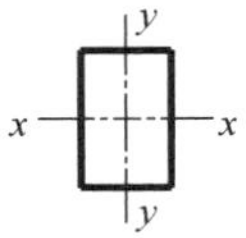 轧制、焊接（板件宽厚比 >20）	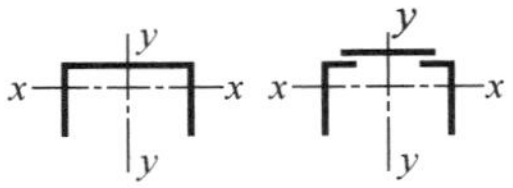 轧制或焊接	b 类	b 类
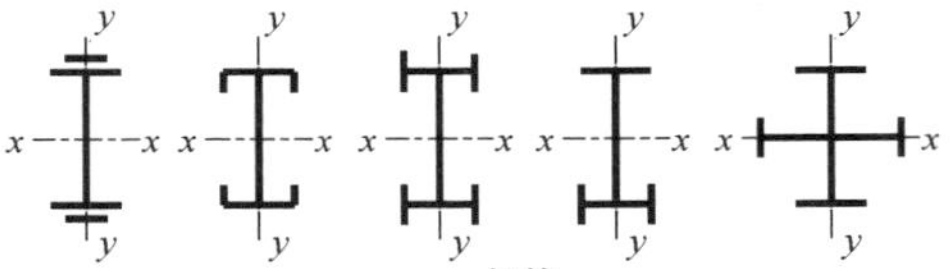 焊接	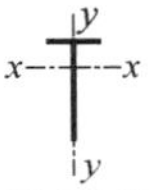 轧制截面和翼缘为焰切边的焊接截面		
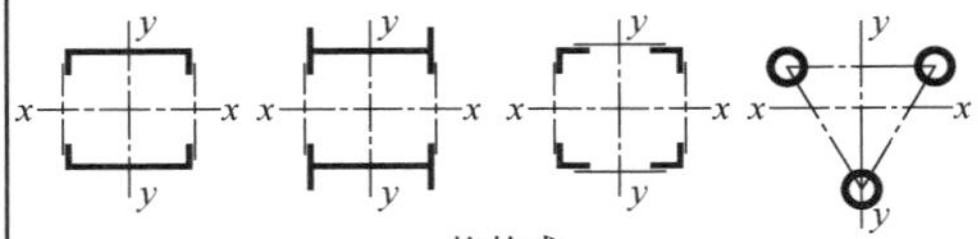 格构式	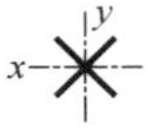 焊接，板件边缘焰切		
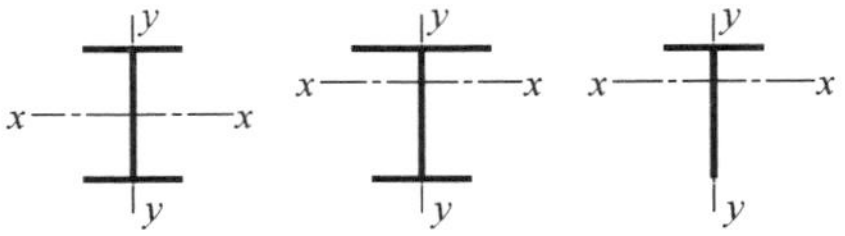 焊接，翼缘为轧制或剪切边		b 类	c 类
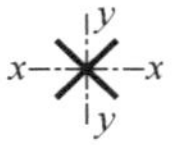 焊接，板件边缘轧制或剪切	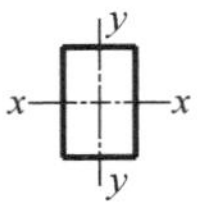 轧制、焊接（板件宽厚比≤ 20）	c 类	c 类

注：1. a* 类含义为 Q235 钢取 b 类，Q345、Q390、Q420 和 Q460 钢取 a 类；b* 类含义为 Q235 钢取 c 类，Q345、Q390、Q420 和 Q460 钢取 b 类。

2. 无对称轴且剪心和形心不重合的截面，其截面分类可按有对称轴的类似截面确定，如不等边角钢采用等边角钢的类别；当无类似截面时，可取 c 类。

注意： 笔者已将《钢标》表 7.2.1-1 中注 1 的规定标注在表 7.2.1-1 中，方便计算。

板厚（$t \geqslant 40$mm）的截面分类，《钢标》规定：

表 7.2.1-2　轴心受压构件的截面分类（板厚 $t \geqslant 40$mm）

截面形式		对 x 轴	对 y 轴
轧制工字形或H形截面	$t<80$mm	b类	c类
	$t \geqslant 80$mm	c类	d类
焊接工字形截面	翼缘为焰切边	b类	b类
	翼缘为轧制或剪切边	c类	d类
焊接箱形截面	板件宽厚比>20	b类	b类
	板件宽厚比 ≤ 20	c类	c类

八、轴心受压构件的稳定系数

1. a 类截面轴心受压构件的稳定系数 φ

a 类截面轴心受压构件的稳定系数 φ　　表 D.0.1

λ/ε_k	0	1	2	3	4	5	6	7	8	9
0	1.000	1.000	1.000	1.000	0.999	0.999	0.998	0.998	0.997	0.996
10	0.995	0.994	0.993	0.992	0.991	0.989	0.988	0.986	0.985	0.983
20	0.981	0.979	0.977	0.976	0.974	0.972	0.970	0.968	0.966	0.964
30	0.963	0.961	0.959	0.957	0.954	0.952	0.950	0.948	0.946	0.944
40	0.941	0.939	0.937	0.934	0.932	0.929	0.927	0.924	0.921	0.918
50	0.916	0.913	0.910	0.907	0.903	0.900	0.897	0.893	0.890	0.886
60	0.883	0.879	0.875	0.871	0.867	0.862	0.858	0.854	0.849	0.844
70	0.839	0.834	0.829	0.824	0.818	0.813	0.807	0.801	0.795	0.789
80	0.783	0.776	0.770	0.763	0.756	0.749	0.742	0.735	0.728	0.721
90	0.713	0.706	0.698	0.691	0.683	0.676	0.668	0.660	0.653	0.645
100	0.637	0.630	0.622	0.614	0.607	0.599	0.592	0.584	0.577	0.569
110	0.562	0.555	0.548	0.541	0.534	0.527	0.520	0.513	0.507	0.500
120	0.494	0.487	0.481	0.475	0.469	0.463	0.457	0.451	0.445	0.439
130	0.434	0.428	0.423	0.417	0.412	0.407	0.402	0.397	0.392	0.387
140	0.382	0.378	0.373	0.368	0.364	0.360	0.355	0.351	0.347	0.343
150	0.339	0.335	0.331	0.327	0.323	0.319	0.316	0.312	0.308	0.305
160	0.302	0.298	0.295	0.292	0.288	0.285	0.282	0.279	0.276	0.273
170	0.270	0.267	0.264	0.261	0.259	0.256	0.253	0.250	0.248	0.245
180	0.243	0.240	0.238	0.235	0.233	0.231	0.228	0.226	0.224	0.222
190	0.219	0.217	0.215	0.213	0.211	0.209	0.207	0.205	0.203	0.201
200	0.199	0.197	0.196	0.194	0.192	0.190	0.188	0.187	0.185	0.183
210	0.182	0.180	0.178	0.177	0.175	0.174	0.172	0.171	0.169	0.168
220	0.166	0.165	0.163	0.162	0.161	0.159	0.158	0.157	0.155	0.154
230	0.153	0.151	0.150	0.149	0.148	0.147	0.145	0.144	0.143	0.142
240	0.141	0.140	0.139	0.137	0.136	0.135	0.134	0.133	0.132	0.131

2. b类截面轴心受压构件的稳定系数 φ

b类截面轴心受压构件的稳定系数 φ　　　　**表 D.0.2**

λ/ε_k	0	1	2	3	4	5	6	7	8	9
0	1.000	1.000	1.000	0.999	0.999	0.998	0.997	0.996	0.995	0.994
10	0.992	0.991	0.989	0.987	0.985	0.983	0.981	0.978	0.976	0.973
20	0.970	0.967	0.963	0.960	0.957	0.953	0.950	0.946	0.943	0.939
30	0.936	0.932	0.929	0.925	0.921	0.918	0.914	0.910	0.906	0.903
40	0.899	0.895	0.891	0.886	0.882	0.878	0.874	0.870	0.865	0.861
50	0.856	0.852	0.847	0.842	0.837	0.833	0.828	0.823	0.818	0.812
60	0.807	0.802	0.796	0.791	0.785	0.780	0.774	0.768	0.762	0.757
70	0.751	0.745	0.738	0.732	0.726	0.720	0.713	0.707	0.701	0.694
80	0.687	0.681	0.674	0.668	0.661	0.654	0.648	0.641	0.634	0.628
90	0.621	0.614	0.607	0.601	0.594	0.587	0.581	0.574	0.568	0.561
100	0.555	0.548	0.542	0.535	0.529	0.523	0.517	0.511	0.504	0.498
110	0.492	0.487	0.481	0.475	0.469	0.464	0.458	0.453	0.447	0.442
120	0.436	0.431	0.426	0.421	0.416	0.411	0.406	0.401	0.396	0.392
130	0.387	0.383	0.378	0.374	0.369	0.365	0.361	0.357	0.352	0.348
140	0.344	0.340	0.337	0.333	0.329	0.325	0.322	0.318	0.314	0.311
150	0.308	0.304	0.301	0.297	0.294	0.291	0.288	0.285	0.282	0.279
160	0.276	0.273	0.270	0.267	0.264	0.262	0.259	0.256	0.253	0.251
170	0.248	0.246	0.243	0.241	0.238	0.236	0.234	0.231	0.229	0.227
180	0.225	0.222	0.220	0.218	0.216	0.214	0.212	0.210	0.208	0.206
190	0.204	0.202	0.200	0.198	0.196	0.195	0.193	0.191	0.189	0.188
200	0.186	0.184	0.183	0.181	0.179	0.178	0.176	0.175	0.173	0.172
210	0.170	0.169	0.167	0.166	0.164	0.163	0.162	0.160	0.159	0.158
220	0.156	0.155	0.154	0.152	0.151	0.150	0.149	0.147	0.146	0.145
230	0.144	0.143	0.142	0.141	0.139	0.138	0.137	0.136	0.135	0.134
240	0.133	0.132	0.131	0.130	0.129	0.128	0.127	0.126	0.125	0.124
250	0.123	—	—	—	—	—	—	—	—	—

3. c类截面轴心受压构件的稳定系数 φ

c类截面轴心受压构件的稳定系数 φ **表 D.0.3**

λ/ε_k	0	1	2	3	4	5	6	7	8	9
0	1.000	1.000	1.000	0.999	0.999	0.998	0.997	0.996	0.995	0.993
10	0.992	0.990	0.988	0.986	0.983	0.981	0.978	0.976	0.973	0.970
20	0.966	0.959	0.953	0.947	0.940	0.934	0.928	0.921	0.915	0.909
30	0.902	0.896	0.890	0.883	0.877	0.871	0.865	0.858	0.852	0.845
40	0.839	0.833	0.826	0.820	0.813	0.807	0.800	0.794	0.787	0.781
50	0.774	0.768	0.761	0.755	0.748	0.742	0.735	0.728	0.722	0.715
60	0.709	0.702	0.695	0.689	0.682	0.675	0.669	0.662	0.656	0.649
70	0.642	0.636	0.629	0.623	0.616	0.610	0.603	0.597	0.591	0.584
80	0.578	0.572	0.565	0.559	0.553	0.547	0.541	0.535	0.529	0.523
90	0.517	0.511	0.505	0.499	0.494	0.488	0.483	0.477	0.471	0.467
100	0.462	0.458	0.453	0.449	0.445	0.440	0.436	0.432	0.427	0.423
110	0.419	0.415	0.411	0.407	0.402	0.398	0.394	0.390	0.386	0.383
120	0.379	0.375	0.371	0.367	0.363	0.360	0.356	0.352	0.349	0.345
130	0.342	0.338	0.335	0.332	0.328	0.325	0.322	0.318	0.315	0.312
140	0.309	0.306	0.303	0.300	0.297	0.294	0.291	0.288	0.285	0.282
150	0.279	0.277	0.274	0.271	0.269	0.266	0.263	0.261	0.258	0.256
160	0.253	0.251	0.248	0.246	0.244	0.241	0.239	0.237	0.235	0.232
170	0.230	0.228	0.226	0.224	0.222	0.220	0.218	0.216	0.214	0.212
180	0.210	0.208	0.206	0.204	0.203	0.201	0.199	0.197	0.195	0.194
190	0.192	0.190	0.189	0.187	0.185	0.184	0.182	0.181	0.179	0.178
200	0.176	0.175	0.173	0.172	0.170	0.169	0.167	0.166	0.165	0.163
210	0.162	0.161	0.159	0.158	0.157	0.155	0.154	0.153	0.152	0.151
220	0.149	0.148	0.147	0.146	0.145	0.144	0.142	0.141	0.140	0.139
230	0.138	0.137	0.136	0.135	0.134	0.133	0.132	0.131	0.130	0.129
240	0.128	0.127	0.126	0.125	0.124	0.123	0.123	0.122	0.121	0.120
250	0.119	—	—	—	—	—	—	—	—	—

4. d类截面轴心受压构件的稳定系数 φ

d类截面轴心受压构件的稳定系数 φ　　表 D. 0. 4

λ/ε_k	0	1	2	3	4	5	6	7	8	9
0	1.000	1.000	0.999	0.999	0.998	0.996	0.994	0.992	0.990	0.987
10	0.984	0.981	0.978	0.974	0.969	0.965	0.960	0.955	0.949	0.944
20	0.937	0.927	0.918	0.909	0.900	0.891	0.883	0.874	0.865	0.857
30	0.848	0.840	0.831	0.823	0.815	0.807	0.798	0.790	0.782	0.774
40	0.766	0.758	0.751	0.743	0.735	0.727	0.720	0.712	0.705	0.697
50	0.690	0.682	0.675	0.668	0.660	0.653	0.646	0.639	0.632	0.625
60	0.618	0.611	0.605	0.598	0.591	0.585	0.578	0.571	0.565	0.559
70	0.552	0.546	0.540	0.534	0.528	0.521	0.516	0.510	0.504	0.498
80	0.492	0.487	0.481	0.476	0.470	0.465	0.459	0.454	0.449	0.444
90	0.439	0.434	0.429	0.424	0.419	0.414	0.409	0.405	0.401	0.397
100	0.393	0.390	0.386	0.383	0.380	0.376	0.373	0.369	0.366	0.363
110	0.359	0.356	0.353	0.350	0.346	0.343	0.340	0.337	0.334	0.331
120	0.328	0.325	0.322	0.319	0.316	0.313	0.310	0.307	0.304	0.301
130	0.298	0.296	0.293	0.290	0.288	0.285	0.282	0.280	0.277	0.275
140	0.272	0.270	0.267	0.265	0.262	0.260	0.257	0.255	0.253	0.250
150	0.248	0.246	0.244	0.242	0.239	0.237	0.235	0.233	0.231	0.229
160	0.227	0.225	0.223	0.221	0.219	0.217	0.215	0.213	0.211	0.210
170	0.208	0.206	0.204	0.202	0.201	0.199	0.197	0.196	0.194	0.192
180	0.191	0.189	0.187	0.186	0.184	0.183	0.181	0.180	0.178	0.177
190	0.175	0.174	0.173	0.171	0.170	0.168	0.167	0.166	0.164	0.163
200	0.162	—	—	—	—	—	—	—	—	—

第二节 焊缝连接

一、对接焊缝计算

《钢标》规定：

11. 2. 1

1 在对接和T形连接中，垂直于轴心拉力或轴心压力的对接焊接或对接与角接组合焊缝，其强度应按下式计算：

$$\sigma = \frac{N}{l_w h_e} \leqslant f_t^w \text{ 或 } f_c^w \qquad (11.2.1\text{-}1)$$

式中 l_w——焊缝长度（mm）；

h_e——对接焊缝的计算厚度（mm），在对接连接节点中取连接件的较小厚度，在T形连接节点中取腹板的厚度。

2 在对接和T形连接中，承受弯矩和剪力共同作用的对接焊缝或对接与角接组合焊缝，其正应力和剪应力应分别进行计算。但在同时受有较大正应力和剪应力处（如梁腹板横向对接焊缝的端部）应按下式计算折算应力：

$$\sqrt{\sigma^2+3\tau^2}\leqslant 1.1f_t^w \qquad (11.2.1\text{-}2)$$

11.2.1 （条文说明）在某些特殊情况下无法采用引弧板和引出板时，计算每条焊缝长度时应减去 $2t$（t 为焊件的较小厚度）。

当承受轴心力的板件用斜焊缝对接，焊缝与作用力间的夹角 θ 符合 $\tan\theta\leqslant1.5$ 时，其强度可不计算。

二、常用的对接焊缝计算

常用的对接焊缝计算，见图5.2.2-1。

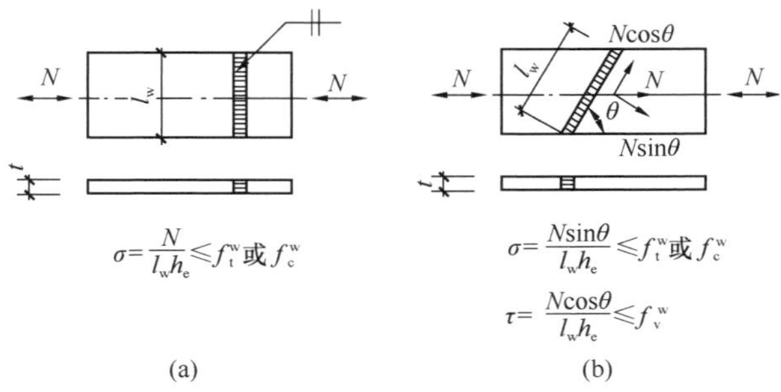

注：W_w 为焊缝截面模量；W_1 为1点处的焊缝截面模量；
S_w 为中和轴以上焊缝截面对中和轴的面积矩；S_1 为1点处以上焊缝截面对中和轴的面积矩。

图5.2.2-1 常用的对接焊缝计算（一）

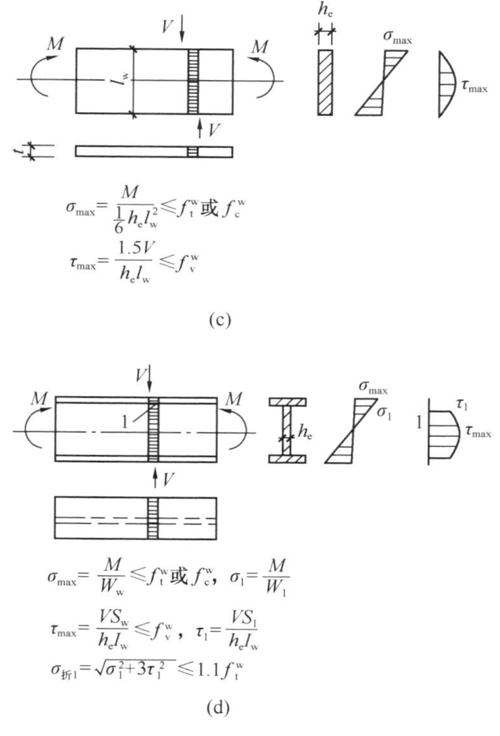

注：W_w 为焊缝截面模量；W_1 为 1 点处的焊缝截面模量；

S_w 为中和轴以上焊缝截面对中和轴的面积矩；

S_1 为 1 点处以上焊缝截面对中和轴的面积矩。

图 5.2.2-1 常用的对接焊缝计算（二）

三、直角角焊缝计算

1.《钢标》规定

11.2.2 直角角焊缝应按下列规定进行强度计算：

1 在通过焊缝形心的拉力、压力或剪力作用下：

$$\sigma_f=\frac{N}{h_e l_w}\leqslant \beta_f f_f^w \qquad (11.2.2\text{-}1)$$

$$\tau_f = \frac{N}{h_e l_w} \leqslant f_f^w \qquad (11.2.2\text{-}2)$$

2 在各种力综合作用下，σ_f 和 τ_f 共同作用处：

$$\sqrt{\left(\frac{\sigma_f}{\beta_f}\right)^2 + \tau_f^2} \leqslant f_f^w \qquad (11.2.2\text{-}3)$$

式中 h_e——直角角焊缝的计算厚度（mm），当两焊件间隙 $b \leqslant 1.5$mm 时，$h_e = 0.7h_f$；$1.5\text{mm} < b \leqslant 5\text{mm}$ 时，$h_e = 0.7(h_f - b)$，h_f 为焊脚尺寸；

l_w——角焊缝的计算长度（mm），对每条焊缝取其实际长度减去 $2h_f$；

β_f——对承受静力荷载和间接承受动力荷载的结构，$\beta_f = 1.22$；对直接承受动力荷载的结构，$\beta_f = 1.0$。

2. 计算要点

（1）搭接的侧面角焊缝超长折减

11.2.6 角焊缝的搭接焊缝连接中，当焊缝计算长度 l_w 超过 $60h_f$ 时，焊缝的承载力设计值应乘以折减系数 α_f，$\alpha_f = 1.5 - \frac{l_w}{120h_f}$，并不小于 0.5。

11.2.6 （条文说明）在计算焊缝强度时可以不考虑超过 $60h_f$ 部分的长度，也可对全长焊缝的承载力进行折减，以考虑长焊缝内力分布不均匀的影响，但有效焊缝计算长度不应超过 $180h_f$。

（2）非搭接的侧面角焊缝

此时，按《钢结构设计规范》（2003 年版）规定：

8.2.7

5 侧面角焊缝的计算长度不宜大于 $60h_f$，当大于上述数值时，其超过部分在计算中不予考虑。

(3) 内力沿侧面角焊缝全长均匀分布

《钢结构设计规范》(2003 年版) 规定:

> **8.2.7**
>
> **5** 若内力沿侧面角焊缝全长分布时，其计算长度不受此限(笔者注：此限是指“不宜大于 $60h_f$”)。

四、圆形塞焊焊缝计算查《钢标》11.2.5 条

五、工字形梁翼缘与腹板的焊缝连接计算查《钢标》11.2.7 条

六、双角钢与钢板角焊缝连接的计算公式速查表

双角钢与钢板角焊缝连接的计算公式速查表，见表 5.2.6-1。其中，角钢肢背和肢尖的角焊缝内力分配系数 k_1 和 k_2 值，见表 5.2.6-2。

双角钢与钢板角焊缝连接的计算公式速查表　表 5.2.6-1

项次	连接形式	公式	说明
1	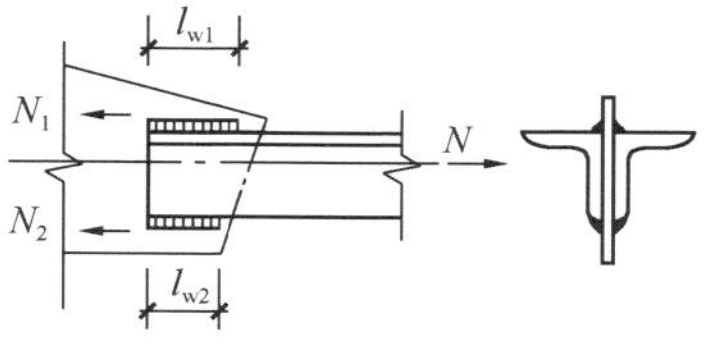 两面侧焊	$l_{w1}=\dfrac{k_1N}{2\times0.7h_{f1}f_f^w}$ $l_{w2}=\dfrac{k_2N}{2\times0.7h_{f2}f_f^w}$	假定侧面角焊缝的 h_{f1}、h_{f2} 为已知，求 l_{w1}、l_{w2}，l_{w1} 为实际长度减 $2h_{f1}$，l_{w2} 为实际长度减 $2h_{f2}$
2	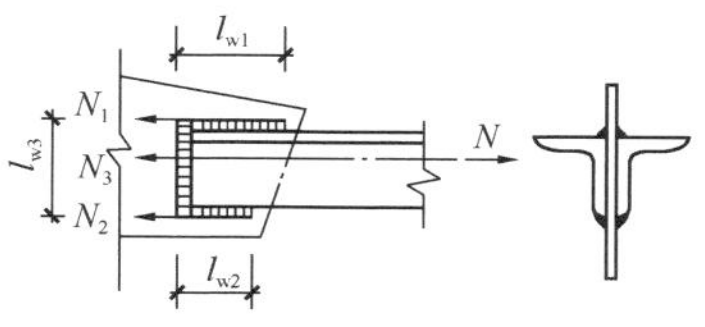 三面围焊	$N_3=2\times0.7h_{f3}l_{w3}\beta_f f_f^w$ $N_1=k_1N-N_3/2$ $N_2=k_2N-N_3/2$ $l_{w1}=\dfrac{N_1}{2\times0.7h_{f1}f_f^w}$ $l_{w2}=\dfrac{N_2}{2\times0.7h_{f2}f_f^w}$	假定正面角焊缝的 h_{f3} ($h_{f3}=b$，b 为肢宽) 和 l_{w3} 为已知，侧面角焊缝的 h_{f1}、h_{f2} 为已知，求 l_{w1}、l_{w2}，l_{w1} 为实际长度减 h_{f1}，l_{w2} 为实际长度减 h_{f2}

续表

项次	连接形式	公式	说明
3	l_{w1} N_1 N_3 l_{w3} N 绕角焊 L形围焊	$N_3=2\times0.7h_{f3}l_{w3}\beta_f f_f^w$ $l_{w1}=\dfrac{N-N_3}{2\times0.7h_{f1}f_f^w}$ $l_{w3}=\dfrac{N_3}{2\times0.7h_{f3}f_f^w}$	《钢标》12.2.6条取消L形围焊

注：表中 h_{f1}、l_{w1}——一个角钢肢背侧面角焊缝的焊脚尺寸和计算长度；
h_{f2}、l_{w2}——一个角钢肢尖侧面角焊缝的焊脚尺寸和计算长度；
h_{f3}、l_{w3}——一个角钢端部正面角焊缝的焊脚尺寸和计算长度。

角钢肢背和肢尖的角焊缝的内力分配系数 k_1 和 k_2 值　　表 5.2.6-2

角钢类型	连接形式	内力分配系数	
		肢背 k_1	肢尖 k_2
等边角钢		0.70	0.30
不等边角钢短肢连接		0.75	0.25
不等边角钢长肢连接		0.65	0.35

《钢标》规定：

12.2.6　杆件与节点板的连接焊缝宜采用两面侧焊，也可以三面围焊，所有围焊的转角处必须连续施焊；弦杆与腹杆、腹杆与腹杆之间的间隙不应小于 20mm，相邻角焊缝焊趾间净距不应小于 5mm。

七、角焊缝在弯矩、扭矩和轴力作用下的计算

1. 弯矩作用下受拉（或受压）的计算

如图 5.2.7-1 所示：

$$\sigma_{\mathrm{f}}=\frac{M}{W_{\mathrm{w}}}\leqslant\beta_{\mathrm{f}}f_{\mathrm{f}}^{\mathrm{w}}$$

2. 力矩（弯矩或扭矩）作用下受扭的计算

（1）角焊缝群受扭（图 5.2.7-2）

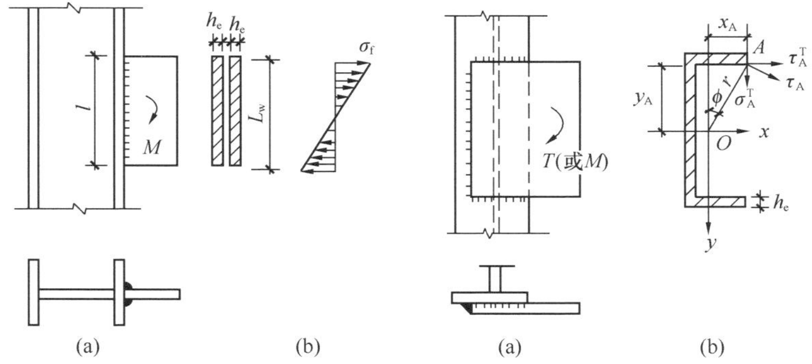

图 5.2.7-1　弯矩作用下角焊缝应力　　　图 5.2.7-2　受扭作用下角焊缝应力

$$\sigma_{\mathrm{A}}^{\mathrm{T}}=\frac{T\cdot x_{\mathrm{A}}}{J_{\mathrm{O}}}$$

$$\tau_{\mathrm{A}}^{\mathrm{T}}=\frac{T\cdot y_{\mathrm{A}}}{J_{\mathrm{O}}}$$

$$J_{\mathrm{O}}=I_{\mathrm{x}}+I_{\mathrm{y}}$$

$$\sqrt{\left(\frac{\sigma_{\mathrm{A}}^{\mathrm{T}}}{\beta_{\mathrm{f}}}\right)^{2}+(\tau_{\mathrm{A}}^{\mathrm{T}})^{2}}\leqslant f_{\mathrm{f}}^{\mathrm{w}}$$

式中，J_{O} 为焊缝有效截面绕形心 O 的极惯性矩；I_{x}、I_{y} 分别为焊缝有效截面绕 x、y 轴的惯性矩。

（2）环焊缝受扭（图 5.2.7-3）

$$\tau_{f}=\frac{TD}{2J}\leqslant f_{f}^{w}$$

式中 J——焊缝环形有效截面极惯性矩，当 $h_{e}<0.1D$（D 为外径）时，可取 $J=0.25\pi h_{e}D^{3}$。

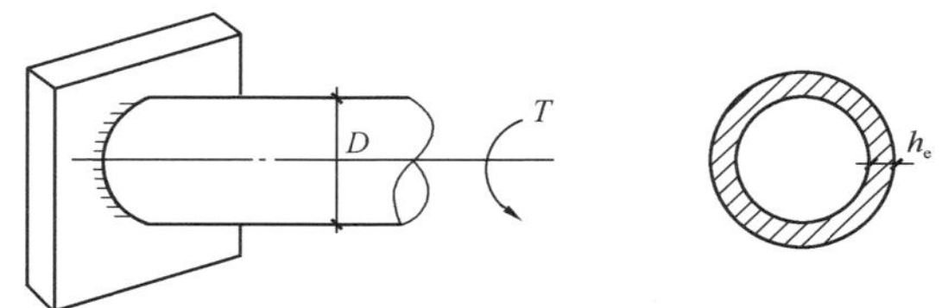

图 5.2.7-3 受扭作用下环形焊缝应力

3. 弯矩、剪力和轴力共同作用下的计算

如图 5.2.7-4 所示，在弯矩、剪力和轴力共同作用下：

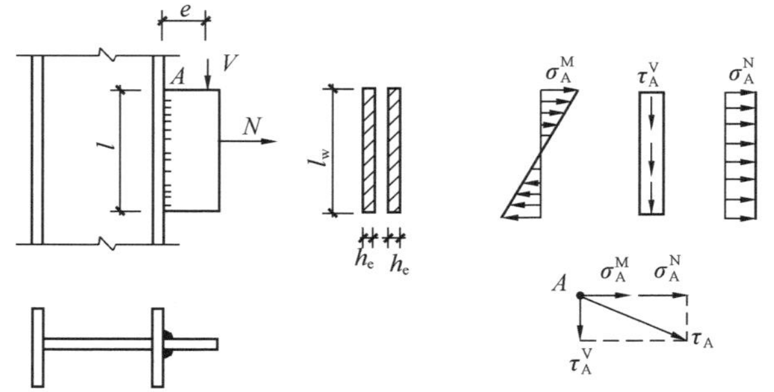

图 5.2.7-4 受弯矩、剪力和轴力共同作用下的角焊缝应力

$$\sigma_{A}^{M}=\frac{M}{W_{w}}，\tau_{A}^{V}=\frac{V}{h_{e}\sum l_{w}}，\sigma_{A}^{N}=\frac{N}{h_{e}\sum l_{w}}$$

$$\sqrt{\left(\frac{\sigma_{A}^{M}+\sigma_{A}^{N}}{\beta_{f}}\right)^{2}+(\tau_{A}^{V})^{2}}\leqslant f_{f}^{w}$$

4. 力矩、剪力、轴力共同作用下的计算

如图 5.2.7-5 所示，在力矩、剪力和轴力共同作用下：

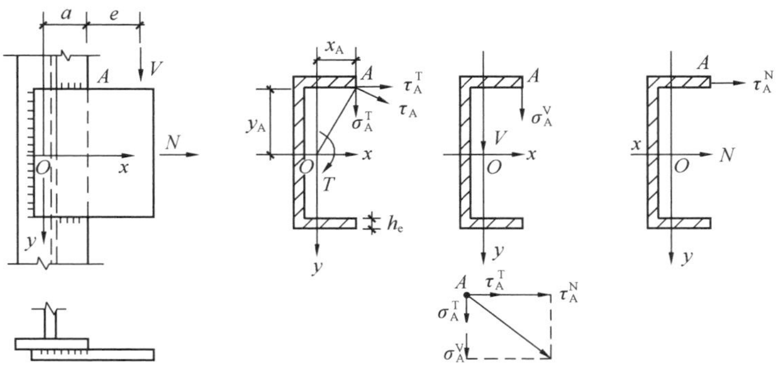

图 5.2.7-5 受力矩、剪力和轴力共同作用下的角焊缝应力

$$T = Ve$$

$$\sigma_A^V = \frac{V}{h_e \sum l_w},\ \tau_A^N = \frac{N}{h_e \sum l_w},\ \tau_A^T = \frac{T \cdot y_A}{J_O},\ \sigma_A^T = \frac{T \cdot x_A}{J_O}$$

$$\sqrt{\left(\frac{\sigma_A^T + \sigma_A^V}{\beta_f}\right)^2 + (\tau_A^T + \tau_A^N)^2} \leqslant f_f^w$$

八、焊缝的极限承载力计算

1. 对接焊缝受拉

$$N_u = f_u A_f^w$$

2. 角焊缝受剪

$$V_u = 0.58 f_u A_f^w = \frac{f_u}{\sqrt{3}} A_f^w$$

式中 f_u ——构件母材的抗拉强度最小值；

A_f^w ——焊缝的有效受力面积。

第三节 螺 栓 连 接

一、普通螺栓连接计算

《钢标》规定：

11.4.1

1 在普通螺栓抗剪连接中，每个螺栓的承载力设计值应取受剪和承压承载力设计值中的较小者。受剪和承压承载力设计值应分别按式（11.4.1-1）和式（11.4.1-3）计算。

$$N_v^b = n_v \frac{\pi d^2}{4} f_v^b \tag{11.4.1-1}$$

$$N_c^b = d \sum t f_c^b \tag{11.4.1-3}$$

式中 n_v——受剪面数目。

2 在普通螺栓杆轴向方向受拉的连接中，每个普通螺栓的承载力设计值应按下列公式计算：

$$N_t^b = \frac{\pi d_e^2}{4} f_t^b \tag{11.4.1-5}$$

式中 d_e——螺栓在螺纹处的有效直径（mm）。

3 同时承受剪力和杆轴方向拉力的普通螺栓，其承载力应分别符合下列公式的要求：

$$\sqrt{\left(\frac{N_v}{N_v^b}\right)^2 + \left(\frac{N_t}{N_t^b}\right)^2} \leqslant 1.0 \tag{11.4.1-8}$$

$$N_v \leqslant N_c^b \tag{11.4.1-9}$$

式中 N_v、N_t——分别为某个普通螺栓所承受的剪力和拉力（N）。

（1）螺栓超长折减

11.4.5 在构件连接节点的一端，当螺栓沿轴向受力方向的连接长度 l_1 大于 $15d_0$ 时（d_0 为孔径），应将螺栓的承载力设计值乘以折减系数$\left(1.1-\frac{l_1}{150d_0}\right)$，当大于 $60d_0$ 时，折减系数取为定值 0.7。

同时，《钢标》11.4.5 条的条文说明指出，11.4.5 条规定适用于：普通螺栓、高强度螺栓和铆钉。

（2）特殊情况下，螺栓数目增加

11.4.4 在下列情况的连接中，螺栓的数目应予增加：

1 一个构件借助填板或其他中间板与另一构件连接的螺栓（摩擦型连接的高强度螺栓除外）数目，应按计算增加10%；

2 当采用搭接或拼接板的单面连接传递轴心力，因偏心引起连接部位发生弯曲时，螺栓（摩擦型连接的高强度螺栓除外）数目应按计算增加10%；

3 在构件的端部连接中，当利用短角钢连接型钢（角钢或槽钢）的外伸肢以缩短连接长度时，在短角钢两肢中的一肢上，所用的螺栓数目应按计算增加50%。

二、高强度螺栓摩擦型连接计算

11.4.2 高强度螺栓摩擦型连接应按下列规定计算：

1 在受剪连接中，每个高强度螺栓的承载力设计值按下式计算：

$$N_{v}^{b}=0.9kn_{f}\mu P \tag{11.4.2-1}$$

式中 k——孔型系数，标准孔取1.0；大圆孔取0.85；内力与槽孔长向垂直时取0.7；内力与槽孔长向平行时取0.6；

n_f——传力摩擦面数目；

μ——摩擦面的抗滑移系数，可按表11.4.2-1（见本章第一节）取值；

P——一个高强度螺栓的预拉力设计值（N），按表11.4.2-2（见本章第一节）取值。

2 在螺栓杆轴方向受拉的连接中，每个高强度螺栓的承载力应按下式计算：

$$N_{t}^{b}=0.8P \tag{11.4.2-2}$$

3 当高强度螺栓摩擦型连接同时承受摩擦面间的剪力和螺栓杆轴方向的外拉力时，承载力应符合下式要求：

$$\frac{N_{\mathrm{v}}}{N_{\mathrm{v}}^{\mathrm{b}}}+\frac{N_{\mathrm{t}}}{N_{\mathrm{t}}^{\mathrm{b}}}\leqslant 1.0 \qquad (11.4.2\text{-}3)$$

式中 N_{v}、N_{t}——分别为某个高强度螺栓所承受的剪力和拉力（N）。

（1）螺栓超长折减

11.4.5 在构件连接节点的一端，当螺栓沿轴向受力方向的连接长度 l_1 大于 $15d_0$ 时（d_0 为孔径），应将螺栓的承载力设计值乘以折减系数 $\left(1.1-\frac{l_1}{150d_0}\right)$，当大于 $60d_0$ 时，折减系数取为定值 0.7。

（2）温度折减

11.5.4 高强度螺栓连接设计应符合下列规定：

4 当高强度螺栓连接的环境温度为 100℃～150℃时，其承载力应降低 10%。

（3）特殊情况下，螺栓数目增加

11.4.4 在下列情况的连接中，螺栓的数目应予增加：

3 在构件的端部连接中，当利用短角钢连接型钢（角钢或槽钢）的外伸肢以缩短连接长度时，在短角钢两肢中的一肢上，所用的螺栓数目应按计算增加 50%。

三、高强度螺栓承压型连接计算

1. 正常使用极限状态下的计算

11.5.4 高强度螺栓连接设计应符合下列规定：

3 抗剪承压型连接在正常使用极限状态下应符合摩擦型连接的设计要求。

2. 承载能力极限状态下的计算

11.4.3 高强度螺栓承压型连接应按下列规定计算：

2　承压型连接中每个高强度螺栓的受剪承载力设计值，其计算方法与普通螺栓相同，但当计算剪切面在螺纹处时，其受剪承载力设计值应按螺纹处的有效截面积进行计算；

3　在杆轴受拉的连接中，每个高强度螺栓的受拉承载力设计值的计算方法与普通螺栓相同；

4　同时承受剪力和杆轴方向拉力的承压型连接，承载力应符合下列公式的要求：

$$\sqrt{\left(\frac{N_v}{N_v^b}\right)^2+\left(\frac{N_t}{N_t^b}\right)^2}\leqslant 1.0 \qquad (11.4.3\text{-}1)$$

$$N_v\leqslant N_c^b/1.2 \qquad (11.4.3\text{-}2)$$

式中　N_v、N_t——所计算的某个高强度螺栓所承受的剪力和拉力（N）。

（1）螺栓超长折减，按《钢标》11.4.5 条，见本节前面。

（2）温度折减，按《钢标》11.5.4 条，见本节前面。

（3）特殊情况下，螺栓数目增加。

11.4.4　在下列情况的连接中，螺栓的数目应予增加：

1　一个构件借助填板或其他中间板与另一构件连接的螺栓（摩擦型连接的高强度螺栓除外）数目，应按计算增加 10%；

2　当采用搭接或拼接板的单面连接传递轴心力，因偏心引起连接部位发生弯曲时，螺栓（摩擦型连接的高强度螺栓除外）数目应按计算增加 10%；

3　在构件的端部连接中，当利用短角钢连接型钢（角钢或槽钢）的外伸肢以缩短连接长度时，在短角钢两肢中的一肢上，所用的螺栓数目应按计算增加 50%。

四、锚栓计算

11.4.1

2 在锚栓杆轴向方向受拉的连接中，每个锚栓的承载力设计值应按下列公式计算：

$$N_t^a = \frac{\pi d_e^2}{4} f_t^a \tag{11.4.1-6}$$

式中 d_e——锚栓在螺纹处的有效直径（mm）；

f_t^a——锚栓的抗拉强度设计值（N/mm^2）。

五、普通螺栓群和高强度螺栓群的计算

1. 普通螺栓群受剪力和拉力共同作用下的计算

（1）假定，支托仅在安装时起临时支承作用，即剪力 V 不由支托承受，普通螺栓群绕最下一排螺栓中心转动，见图 5.3.5-1（d）。

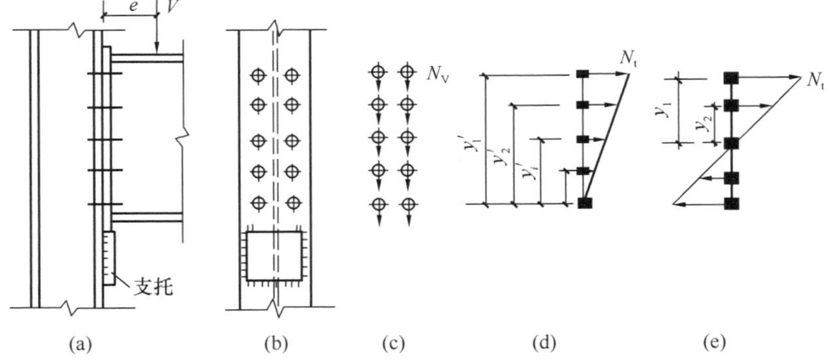

图 5.3.5-1 螺栓群同时承受剪力和拉力

（a）螺栓群侧面；（b）螺栓群正面；（c）螺栓群受剪；

（d）普通螺栓群；（e）高强度螺栓群

$$N_t = N_1^M = \frac{Ve \cdot y_1'}{m\sum_{i=1}^{n} y_i'^2},\ N_v = N_1^v = \frac{V}{n}，则：$$

$$\sqrt{\left(\frac{N_v}{N_v^b}\right)^2 + \left(\frac{N_t}{N_t^b}\right)^2} \leqslant 1,\ N_v = N_c^b$$

式中，m 为螺栓排列的纵列数，如图 5.3.5-1，取 $m=2$；y'_i 为第 i 个普通螺栓到最下一排螺栓中心的竖向距离。

注意：N_v^b 不考虑螺栓超长折减。

（2）假定，剪力 V 由支托承受，此时，螺栓仅承受 $M=Ve$ 作用下的拉力

$$N_1^M = \frac{Ve \cdot y'_1}{m\sum_{i=1}^{n} y'^2_i} \leqslant N_t^b$$

2. 高强度螺栓群受剪力和拉力共同作用下的计算

假定，V 不由支托承受。接触面不被拉开，则高强度螺栓群绕螺栓群形心旋转，见图 5.3.5-1（e）。

$$N_t = N_1^M = \frac{Ve \cdot y_1}{m\sum y_i^2},\ N_v = N_1^V = \frac{V}{n}$$

摩擦型连接时：$\dfrac{N_v}{N_v^b} + \dfrac{N_t}{N_t^b} \leqslant 1.0$

承压型连接时：$\sqrt{\left(\dfrac{N_v}{N_v^b}\right)^2 + \left(\dfrac{N_t}{N_t^b}\right)^2} \leqslant 1.0$

式中，y_i 为第 i 个高强度螺栓到螺栓群形心的竖向距离。

注意：N_v^b 不考虑螺栓超长折减。

3. 螺栓群在弯矩和轴心拉力共同作用下的计算

如图 5.3.5-2 所示：

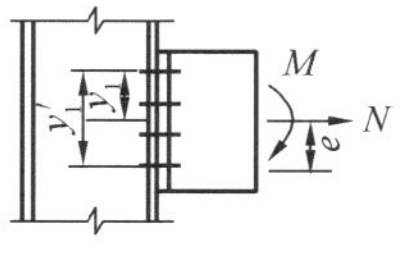

图 5.3.5-2　弯矩和轴力共同作用下

（1）普通螺栓群小偏心受拉、高强度螺栓群（旋转点位于螺栓群形心）

普通螺栓群判别条件：$\dfrac{N}{n} - \dfrac{My_1}{\sum_{i=1}^{n} y_i^2} \geqslant 0$，则：

$$N_{max} = N_t = \frac{N}{n} + \frac{My_1}{\sum_{i=1}^{n} y_i^2} \leqslant N_t^b$$

式中，y_i 为第 i 个螺栓到螺栓群形心的竖向距离。

（2）普通螺栓群大偏心受拉（旋转点位于最外排受压螺栓中心）

判别条件：$\dfrac{N}{n}-\dfrac{My_1}{\sum_{i=1}^{n} y_i^2}<0$，则：

$$N_{\max}=N_{\mathrm{t}}=\frac{(M+N_{\mathrm{e}})y_1'}{\sum_{i=1}^{n} {y_i'}^2}\leqslant N_{\mathrm{t}}^{\mathrm{b}}$$

式中，y_i' 为第 i 个螺栓到最下一排受压螺栓中心的竖向距离。

4. 螺栓群受扭计算

螺栓群在力矩（扭矩 T 或弯矩 M）作用下螺栓受剪时，螺栓群为受扭计算，如图 5.3.5-3 所示。

$$N_{1\mathrm{x}}^{\mathrm{T}}=\frac{T\cdot y_1}{\sum x_i^2+\sum y_i^2}$$

$$N_{1\mathrm{y}}^{\mathrm{T}}=\frac{T\cdot x_1}{\sum x_i^2+\sum y_i^2}$$

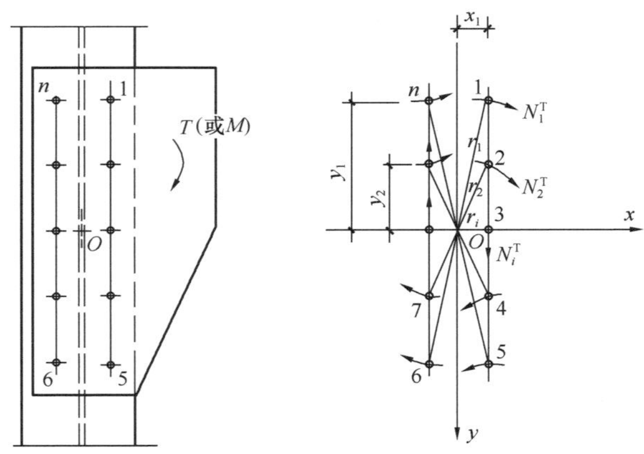

图 5.3.5-3 螺栓群受扭计算

特别地，当螺栓群布置为狭长带时，如当 $y_1>3x_1$ 时，可忽略 $\sum x_i^2$ 及 $N_{1\mathrm{y}}^{\mathrm{T}}$，则：

$$N_1^{\mathrm{T}}=N_{1\mathrm{x}}^{\mathrm{T}}=\frac{T\cdot y_1}{\sum y_i^2}$$

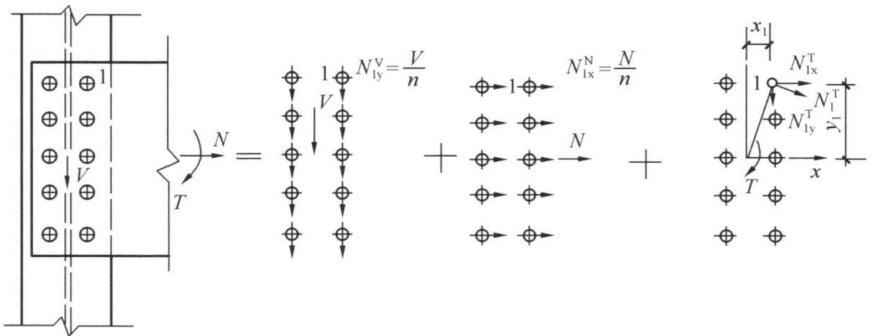

图 5.3.5-4　螺栓群受扭、受剪和受轴心力共同作用下计算

5. 螺栓群受扭、受剪和受轴心力共同作用下的计算

如图 5.3.5-4 所示：

$$N_{1x}^{T}=\frac{Ty_1}{\sum x_i^2+\sum y_i^2},\ N_{1y}^{T}=\frac{T_{x1}}{\sum x_i^2+\sum y_i^2}$$

$$N_{1y}^{v}=\frac{V}{n},\ N_{1x}^{N}=\frac{N}{n}$$

$$N_1=\sqrt{(N_{1x}^{T}+N_{1x}^{N})^2+(N_{1y}^{T}+N_{1y}^{v})^2}\leqslant N_{min}^{b}$$

普通螺栓群：$N_{min}^{b}=\min(N_v^b,N_c^b)$

高强度螺栓群摩擦型连接：$N_{min}^{b}=N_v^b$

高强度螺栓群承压型连接：$N_{min}^{b}=\min(N_v^b,N_c^b)$

注意：N_v^b 不考虑螺栓超长折减。

六、高强度螺栓连接的极限受剪承载力计算

高强度螺栓连接的极限受剪承载力，应取下列两式计算的较小者：

$$N_{vu}^{b}=0.58n_f A_e^b f_u^b$$

$$N_{cu}^{b}=d\sum t f_{cu}^{b}$$

式中　N_{vu}^{b}、N_{cu}^{b}——分别为一个高强度螺栓的极限受剪承载力和对应的板件极限承压力；

n_f——螺栓连接的剪切面数量；

A_e^b——螺栓螺纹处的有效截面面积；

f_u^b——螺栓钢材的抗拉强度最小值；

d——螺栓杆直径；

Σt——同一受力方向的钢板厚度之和；

f_{cu}^b——螺栓连接板的极限承压强度，取 $1.5f_u$。

第四节 受弯构件

一、《钢标》6.1.1 条受弯强度计算要点

《钢标》6.1.1 条条文说明："直接承受动力荷载的梁也可以考虑塑性发展。"

单向受弯的实腹式构件进行受弯强度计算时，其相关参数的取值，见表 5.4.1-1，满足 S3 是指 S1、S2 或 S3 级。

单向受弯实腹式构件的受弯强度计算　　表 5.4.1-1

截面板件宽厚比等级	满足 S3	S4	S5
计算参数	$\gamma_x>1.0$ W_{nx}	$\gamma_x=1.0$ W_{nx}	$\gamma_x=1.0$ W_{nex}

注：W_{nx}为净截面模量；W_{nex}为有效截面的净截面模量。

二、吊车荷载的动力系数与工作制等级

《荷规》规定：

6.3.1　当计算吊车梁及其连接的承载力时，吊车竖向荷载应乘以动力系数。对悬挂吊车（包括电动葫芦）及工作级别 A1～A5 的软钩吊车，动力系数可取 1.05；对工作级别为 A6～A8 的软钩吊车、硬钩吊车和其他特种吊车，动力系数可取为 1.1。

6.1.1（条文说明）

表 5　吊车的工作制等级与工作级别的对应关系

工作制等级	轻级	中级	重级	超重级
工作级别	A1～A3	A4，A5	A6，A7	A8

三、受弯构件的整体稳定性计算要点

（1）单向受弯的实腹式构件进行整体稳定性计算时，其相关

参数的取值，见表5.4.3-1，满足S4是指S1、S2、S3或S4级。

单向受弯实腹式构件的整体稳定性计算　　表5.4.3-1

截面板件宽厚比等级	满足S4	S5
计算参数	W_x	W_{ex}

注：W_x为全截面模量；W_{ex}为有效截面的毛截面模量。

（2）　《钢标》附录C.0.5条，使用式（C.0.5-2）～式（C.0.5-5）时，直接采用λ_y值，不采用λ_{yz}值。

四、《钢标》6.2.5条侧向支承点距离的取值

如图5.4.4-1所示，GL_1为两端简支的连续梁，简支处的仅腹板与相邻的KGL_2相连，GL_2、GL_3作为GL_1面外支承。

计算GL_1稳定性时，按《钢标》6.2.5条规定：

（1）GL_1的BC段，其侧向支承点之间的距离$L_{oy}=L_{BC}$。

（2）GL_2的CD段，$L_{oy}=L_{CD}$。

（3）GL_1的AB段，$L_{oy}=1.2L_{AB}$，L_{AB}可取GL_1一端螺栓群中心到KGL_2中线的距离。

（4）GL_1的DE段，$L_{oy}=1.2L_{DE}$，L_{DE}取值同L_{AB}。

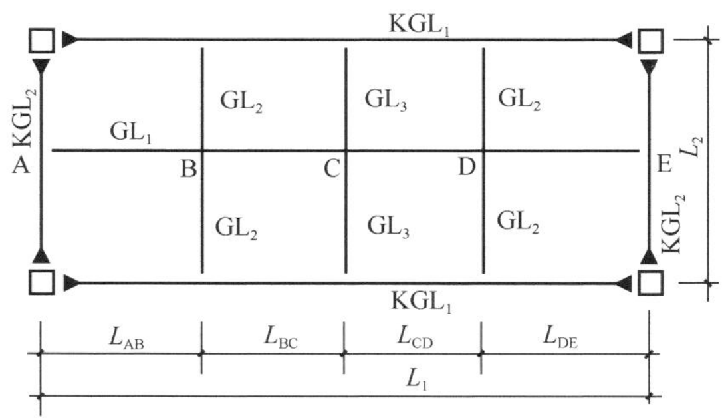

图5.4.4-1

五、梁的支承加劲肋的计算

6.3.7　梁的支承加劲肋应符合下列规定：

1　应按承受梁支座反力或固定集中荷载的轴心受压构件

计算其在腹板平面外的稳定性；此受压构件的截面应包括加劲肋和加劲肋每侧 $15t_w\varepsilon_k$（笔者注：已对原文修正）范围内的腹板面积，计算长度取 h_0；

2 当梁支承加劲肋的端部为刨平顶紧时，应按其所承受的支座反力或固定集中荷载计算其端面承压应力；突缘支座的突缘加劲肋的伸出长度不得大于其厚度的 2 倍；当端部为焊接时，应按传力情况计算其焊缝应力；

3 支承加劲肋与腹板的连接焊缝，应按传力需要进行计算。

如图 5.4.5-1 所示，支承加劲肋截面的计算主要包括：①按承受集中荷载或支座反力的轴心受压构件计算其在腹板平面外的稳定性；②按所承受集中荷载或支座反力进行加劲肋端面承压应力或连接的计算：如端部为刨平顶紧时，应计算其端面承压应力并在施工图纸上注明刨平顶紧的部位；如端部为焊接时，应计算其焊缝应力；③计算加劲肋与腹板的角焊缝连接，但通常算得的焊脚尺寸很小，往往由构造要求 h_{fmin} 控制。

（1）按轴心受压构件计算腹板平面外的稳定性

$$\frac{N}{\varphi A_s} \leqslant f$$

式中，A_s 按图 5.4.5-1 中阴影面积进行取值；φ 计算时，对于十字形、T 形截面绕 y-y 轴时，采用 λ_y/ε_k 查《钢标》附录 D 进行确定。此时，由于腹板的有利影响，故不采用 $\lambda_{yz}/\varepsilon_k$ 进行 φ 的取值。

（2）端部承压应力的计算

$$\frac{N}{A_{ce}} \leqslant f_{ce}$$

在计算加劲肋端面承压面积 A_{ce} 时要考虑加劲肋端面的切角，如图 5.4.5-1 所示，即：$A_{ce}=2\left(b_s-\frac{1}{3}b_s\right)t_s$。

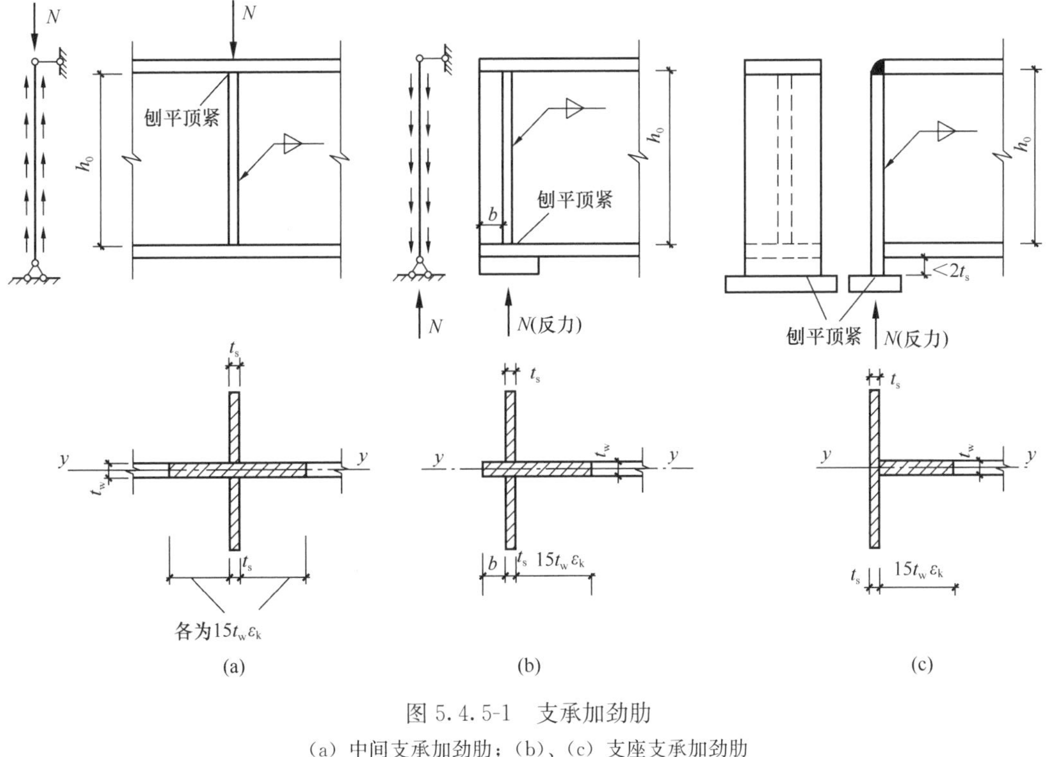

图 5.4.5-1 支承加劲肋

(a) 中间支承加劲肋；(b)、(c) 支座支承加劲肋

（3）支承加劲肋与梁腹板的角焊缝连接

$$\frac{N}{0.7h_{\mathrm{f}}\sum l_{\mathrm{w}}}\leqslant f_{\mathrm{f}}^{\mathrm{w}}$$

焊脚尺寸 h_f 应满足《钢标》11.3.5 条构造要求。确定 l_w 时，要扣除加劲肋端部的切角长度。采用刨平顶紧时，焊缝内力分布均匀，故不考虑《钢标》11.2.6 条。

六、受弯构件檩条内力计算

参考作者编著的《建筑结构静力计算应试指南》（第二版）。

七、受弯构件槽钢檩条的应力

参考作者编著的《建筑结构静力计算应试指南》（第二版）。

八、受弯构件的挠度

1.《钢标》规定

3.1.5 按正常使用极限状态设计钢结构时，应考虑荷载效应的标准组合。

3.1.7 对于直接承受动力荷载的结构：计算强度和稳定性时，动力荷载设计值应乘以动力系数；计算疲劳和变形时，动力荷载标准值不乘动力系数。计算吊车梁或吊车桁架及其制动结构的疲劳和挠度时，起重机荷载应按作用在跨间内荷载效应最大的一台起重机确定。

3.4.2 计算结构或构件的变形时，可不考虑螺栓或铆钉孔引起的截面削弱。

3.4.3 横向受力构件可预先起拱，起拱大小应视实际需要而定，可取恒载标准值加 1/2 活载标准值所产生的挠度值。当仅为改善外观条件时，构件挠度应取在恒荷载和活荷载标准值作用下的挠度计算值减去起拱值。

受弯构件的挠度容许值，见《钢标》附录 B.1.1 条、B.1.2 条。

2. 受弯构件的挠度计算公式

常见受弯构件的挠度计算公式，见表 5.4.8-1、表 5.4.8-2，M_C、M_{Cx}取荷载的标准组合计算。

表 5.4.8-1

荷载类型	简支梁，均布荷载 q（A、C、B；$l/2$，$l/2$，l）	简支梁，跨中集中力 F（A、C、B；$l/2$，$l/2$，l）	悬臂梁，均布荷载 q（A、B；l）	悬臂梁，端部集中力 F（A、B；l）
弯矩	$M_C=\frac{1}{8}ql^2$	$M_C=\frac{1}{4}Fl$	—	—
挠度	$f_C=\frac{5ql^4}{384EI}$ $f_C=\frac{5M_C l^2}{48EI}$	$f_C=\frac{Fl^3}{48EI}$ $f_C=\frac{M_C l^2}{12EI}$	$f_A=\frac{ql^4}{8EI}$	$f_A=\frac{Fl^3}{3EI}$

表 5.4.8-2

荷载类型	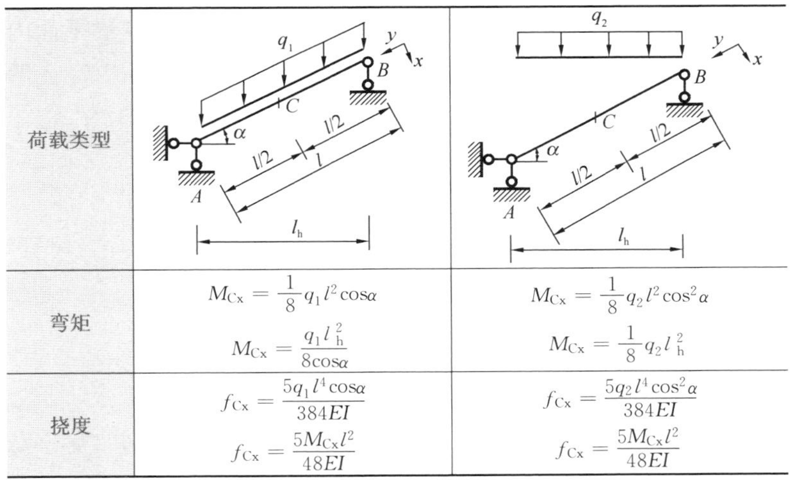	
弯矩	$M_{Cx}=\frac{1}{8}q_1 l^2\cos\alpha$ $M_{Cx}=\frac{q_1 l_h^2}{8\cos\alpha}$	$M_{Cx}=\frac{1}{8}q_2 l^2\cos^2\alpha$ $M_{Cx}=\frac{1}{8}q_2 l_h^2$
挠度	$f_{Cx}=\frac{5q_1 l^4\cos\alpha}{384EI}$ $f_{Cx}=\frac{5M_{Cx}l^2}{48EI}$	$f_{Cx}=\frac{5q_2 l^4\cos^2\alpha}{384EI}$ $f_{Cx}=\frac{5M_{Cx}l^2}{48EI}$

第五节　轴心受力构件

一、轴心受力构件的计算长度

1. 桁架的计算长度的要点

《钢标》7.4.1 条、7.4.3 条作了规定。

再分式腹杆体系和 K 形腹杆体系，如图 5.5.1-1 所示。

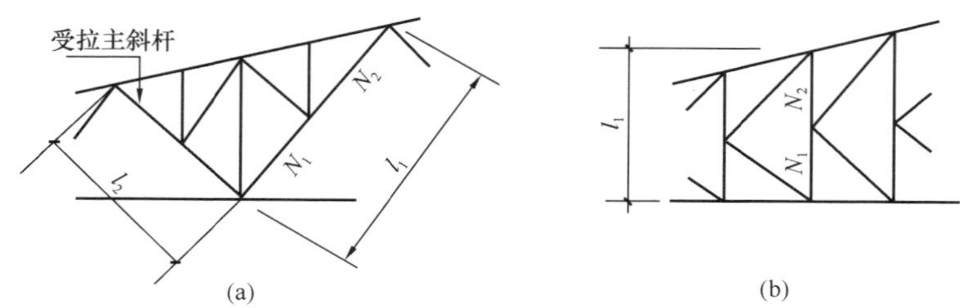

图 5.5.1-1 受压腹杆平面外的计算长度

（a）再分式腹杆体系的受压主斜杆；（b）K 形腹板体系的竖杆

2. 屋架杆件的计算长度

（1）屋架杆件平面内的计算长度 l_{0x}

如图 5.5.1-2 所示，屋架的上弦杆、下弦杆、腹杆的平面内（含斜平面）计算长度 l_{0x}，见《钢标》表 7.4.1-1 中项次 1、3 的规定。

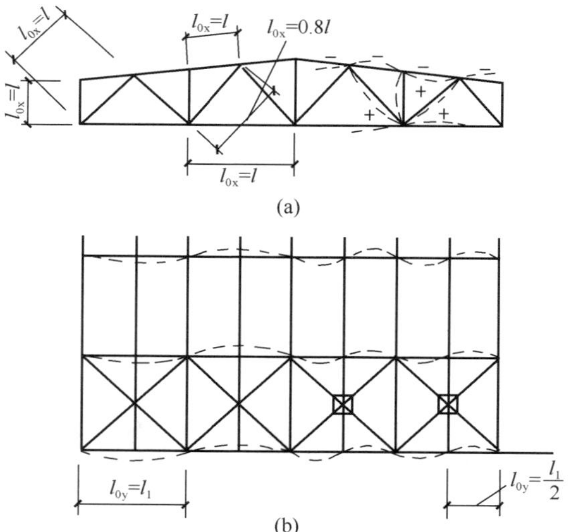

图 5.5.1-2 屋架杆件的计算长度

（a）屋架杆件在平面内的计算长度 l_{0x}；

（b）屋架杆件在平面外的计算长度 l_{0y}

（2）屋架杆件平面外的计算长度 l_{0y}

屋架的上弦杆、下弦杆的 l_{0y}，根据《钢标》表 7.4.1-1 注 1，l_{0y}取为桁架弦杆侧向支承点之间的距离。

1）屋架上弦杆的 l_{0y}

一般取上弦横向水平支撑的节间长度，如图 5.5.1-2（b）中，$l_{0y}=l_1$。

在有檩体系屋盖中，如檩条与横向水平支撑的交叉点用节点板焊牢，则此檩条可能为屋架上弦杆的支承点，如图 5.5.1-2(b) 中，取 $l_{0y}=l_1/2$；但当该檩条与支撑的交叉点不相连时，仍取 $l_{0y}=l_1$。

在无檩体系屋盖中，考虑大型屋面板能起一定的支持作用，能保证屋面板与屋架上弦杆有三个角焊牢，故一般取两块屋面板的宽度，但不大于 3.0m。但是，若不能保证屋面板三个角焊牢，则仍取支撑节间长度，即取 $l_{0y}=l_1$。

2）屋架下弦杆的 l_{0y}

视下弦有无纵向水平支撑，l_{0y}取下弦纵向水平支撑节点与下弦系杆，或下弦系杆与系杆间的距离。

3）屋架腹杆的 l_{0y}

因为节点板在屋架平面外的刚度很小，当腹杆平面外屈曲时只起铰作用，对杆件没有嵌固作用，故所有腹杆均取 $l_{0y}=l$（l 为腹杆几何长度）。

3. 桁架交叉腹杆的计算长度查《钢标》7.4.2 条

4. 塔架单边连接单角钢交叉腹杆的计算长度查《钢标》7.6.2 条

5. 轴心受压柱的计算长度查《钢标》7.4.8 条及条文说明查《钢标》7.4.8 及条文说明

二、受压构件的容许长细比查《钢标》表 7.4.6

三、受拉构件的容许长细比查《钢标》表 7.4.7

四、轴心受力构件强度计算的 A_n 计算

A_n 计算时，《钢标》表 11.5.2 注的规定：

> **3** 计算螺栓孔引起的截面削弱时可取 $d+4$mm 和 d_0 的较大者。

可知： $d_c = \max(d+4, d_0)$

式中 d——螺栓公称直径（螺杆直径）；

d_0——螺栓的孔径。

如图 5.5.4-1 所示：

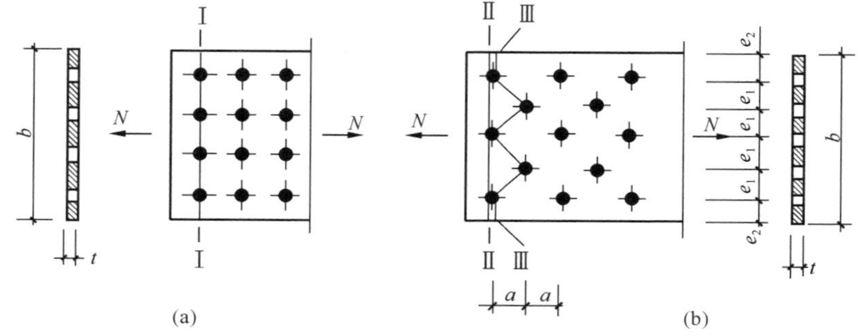

图 5.5.4-1 构件净截面面积的计算图示

（a）并列布置；（b）错列布置

当并列布置时，构件在截面Ⅰ-Ⅰ处受力最大，其净截面面积为：

$$A_n = (b - n_1 d_c)t$$

当错列布置时，构件可能沿截面Ⅱ-Ⅱ或锯齿形截面Ⅲ-Ⅲ破坏，此时净截面面积取按下列公式计算结果中之较小者：

$$A_{n1} = (b - n_2 d_c)t$$

$$A_{n2} = [2e_2 + (n_3 - 1)\sqrt{e_1^2 + a^2} - n_3 d_c]t$$

式中 n_1——Ⅰ-Ⅰ截面上的螺栓数目；

n_2——Ⅱ-Ⅱ截面上的螺栓数目；

n_3——锯齿形截面Ⅲ-Ⅲ上的螺栓数目。

五、单角钢轴心受压构件的计算

1. 等边单角钢轴心受压计算

7.2.2

2 截面为单轴对称的构件：

2）等边单角钢轴心受压构件当绕两主轴弯曲的计算长度相等时，可不计算弯扭屈曲。

《钢标》7.2.2 条条文说明：

等边单角钢轴压构件当两端铰支且没有中间支点时，绕强轴弯扭屈曲的承载力总是高于绕弱轴弯曲屈曲承载力，因此条文明确指出这类构件无须计算弯扭屈曲。

可知：等边单角钢轴压构件的计算长度为 l_0，最小回转半径为 i_v（图 5.5.5-1），则：$\lambda=\dfrac{l_0}{i_v}$，再由 λ/ε_k 查《钢标》附录 D 确定 φ 值。

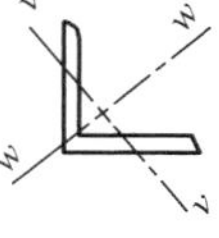

图 5.5.5-1 等边单角钢

2. 不等边单角钢轴心受压计算

7.2.2

4 不等边角钢轴心受压构件的换算长细比可按下列简化公式确定（图 7.2.2-2）：

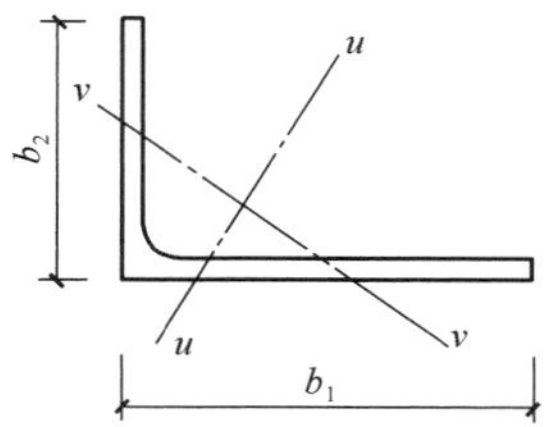

图 7.2.2-2 不等边角钢

注：v 轴为角钢的弱轴，b_1 为角钢长肢宽度

当 $\lambda_v \geqslant \lambda_z$ 时：

$$\lambda_{xyz}=\lambda_v\left[1+0.25\left(\frac{\lambda_z}{\lambda_v}\right)^2\right] \quad (7.2.2\text{-}20)$$

当 $\lambda_v < \lambda_z$ 时：

$$\lambda_{xyz} = \lambda_z\left[1 + 0.25\left(\frac{\lambda_v}{\lambda_z}\right)^2\right] \quad (7.2.2\text{-}21)$$

$$\lambda_z = 4.21\frac{b_1}{t} \quad (7.2.2\text{-}22)$$

3. 塔架单角钢主杆轴心受压计算查《钢标》7.4.4 条

六、轴心受压构件的剪力 V 的计算

7.2.7 轴心受压构件剪力 V 值可认为沿构件全长不变，格构式轴心受压构件的剪力 V 应由承受该剪力的缀材面（包括用整体板连接的面）分担，其值应按下式计算：

$$V = \frac{Af}{85\varepsilon_k} \quad (7.2.7)$$

七、双肢组合格构式轴心受压构件的稳定性计算要点

1. 《钢标》规定

7.2.3 格构式轴心受压构件的稳定性应按本标准式（7.2.1）计算，对实轴的长细比应按本标准式（7.2.2-1）或式（7.2.2-2）（笔者注：$\lambda_y = l_{0y}/i_y$）计算，对虚轴［图 7.2.3（a)］的 x 轴应取换算长细比。换算长细比应按下列公式计算：

1 双肢组合构件［图 7.2.3（a)］：

当缀件为缀板时：

$$\lambda_{0x} = \sqrt{\lambda_x^2 + \lambda_1^2} \quad (7.2.3\text{-}1)$$

当缀件为缀条时：

$$\lambda_{0x} = \sqrt{\lambda_x^2 + 27\frac{A}{A_{1x}}} \quad (7.2.3\text{-}2)$$

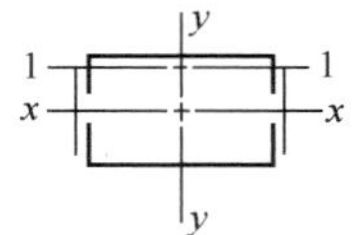

（a）双肢组合构件

图 7.2.3 格构式组合构件截面

式中 λ_x——整个构件对 x 轴的长细比；

λ_1——分肢对最小刚度轴 1-1 的长细比，其计算长度取为：焊接时，为相邻两缀板的净距离；螺栓连接时，为相邻两缀板边缘螺栓的距离；

A_{1x} ——构件截面中垂直于 x 轴的各斜缀条毛截面面积之和（mm^2）。

7.2.4 缀件面宽度较大的格构式柱宜采用缀条柱，斜缀条与构件轴线间的夹角应为 40°～70°。缀条柱的分肢长细比 λ_1 不应大于构件两方向长细比较大值 λ_{max} 的 0.7 倍，对虚轴取换算长细比。格构式柱和大型实腹式柱，在受有较大水平力处和运送单元的端部应设置横隔，横隔的间距不宜大于柱截面长边尺寸的 9 倍且不宜大于 8m。

7.2.5 缀板柱的分肢长细比 λ_1 不应大于 $40\varepsilon_k$，并不应大于 λ_{max} 的 0.5 倍，当 $\lambda_{max} < 50$ 时，取 $\lambda_{max} = 50$。缀板柱中同一截面处缀板或型钢横杆的线刚度之和不得小于柱较大分肢线刚度的 6 倍。

2. 缀条的设计

缀条可视为以柱肢为弦杆的平行弦桁架的腹板，内力与桁架腹杆的计算方法相同。如图 5.5.7-1 所示，在横向剪力 V 作用下，一个斜缀条的轴心力为：

单系缀条：$N_1 = \dfrac{V_1}{\cos\theta}$；$V_1 = \dfrac{V}{2}$

交叉缀条：$N_1 = \dfrac{V_1}{2\cos\theta}$；$V_1 = \dfrac{V}{2}$

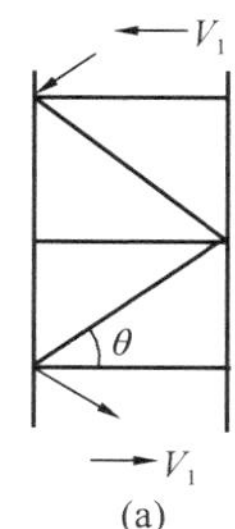

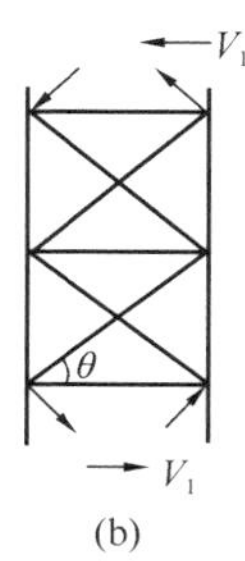

图 5.5.7-1

(a) 单系缀条；(b) 交叉缀条

因为剪力方向不定，斜缀条可能受拉或受压，应按轴心压杆计算。缀条一般采用单角钢，与分肢单面连接，可按《钢标》7.6.1条计算。

交叉缀条中，横缀条压力 N 为：$N=V_1=V/2$。

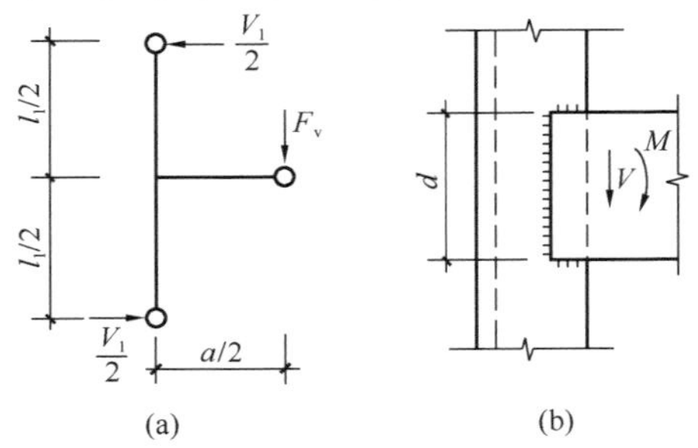

图 5.5.7-2　一个缀板计算简图

l_1 为缀板中心间的距离；a 为分肢轴线间的距离

3. 缀板的设计

缀板柱可视为一多层框架，分肢视为框架柱，相同位置的两个缀板视为横梁，当整体挠曲时，假定各层分肢中点和缀板中点为反弯点，如图 5.5.7-2(a) 所示，其中一个缀板内力(V、M)：

剪力：$V=F_v=\dfrac{V_1 l_1}{a}$；$V_1=\dfrac{V}{2}$

弯矩（与分肢连接处）：

$$M=F_v\cdot\frac{a}{2}=\frac{V_1 l_1}{2}=\frac{Vl_1}{4}$$

八、实腹式轴心受压构件的局部稳定计算要点

（1）T形截面局部稳定验算时 λ 取值

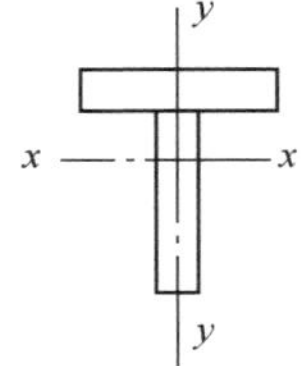

图 5.5.8-1

T形截面（图 5.5.8-1），其 λ_y 采用 λ_{yz}，则：翼缘，按《钢标》式（7.3.1-2），λ 为：

$$\lambda=\max(\lambda_x、\lambda_{yz})$$

腹板，按《钢标》式（7.3.1-4）或式（7.3.1-5），λ 为：

$$\lambda = \max(\lambda_x、\lambda_{yz})$$

（2）《钢标》7.3.2 条轴压力小于稳定承载力时板件宽厚比限值乘以放大系数 $\alpha = \sqrt{\varphi A f / N}$

九、桁架单边连接的单角钢计算

1.《钢标》规定

7.6.1　桁架的单角钢腹杆，当以一个肢连接于节点板时（图 7.6.1），除弦杆亦为单角钢，并位于节点板同侧者外，应符合下列规定：

1　轴心受力构件的截面强度应按本标准式（7.1.1-1）和式（7.1.1-2）计算，但强度设计值应乘以折减系数 0.85。

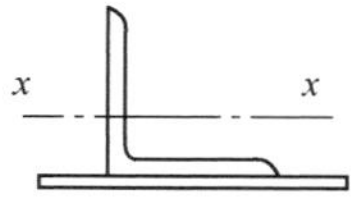

图 7.6.1　角钢的平行轴

2　受压构件的稳定性应按下列公式计算：

$$\frac{N}{\eta \varphi A f} \leqslant 1.0 \qquad (7.6.1\text{-}1)$$

等边角钢

$$\eta = 0.6 + 0.0015\lambda \qquad (7.6.1\text{-}2)$$

短边相连的不等边角钢

$$\eta = 0.5 + 0.0025\lambda \qquad (7.6.1\text{-}3)$$

长边相连的不等边角钢

$$\eta = 0.7 \qquad (7.6.1\text{-}4)$$

式中　λ——长细比，对中间无联系的单角钢压杆，应按最小回转半径计算，当 $\lambda < 20$ 时，取 $\lambda = 20$；

η——折减系数，当计算值大于 1.0 时取为 1.0。

3　当受压斜杆用节点板和桁架弦杆相连接时，节点板厚度不宜小于斜杆肢宽的 1/8。

7.6.3　单边连接的单角钢压杆，当肢件宽厚比 w/t 大于 $14\varepsilon_k$ 时，由本标准式（7.2.1）和式（7.6.1-1）确定的稳定承载力应乘以按下式计算的折减系数 ρ_e：

$$\rho_e = 1.3 - \frac{0.3w}{14t\varepsilon_k} \quad (7.6.3)$$

2. 常见的单边连接单角钢压杆的稳定性计算

（1）中间无联系的单角钢压杆如图 5.5.9-1 所示缀条格构式柱的单系缀条，有节点板时，ab 杆为单角钢压杆，确定其受压稳定承载力时的长细比为：

$$\lambda = \frac{l_0}{i_v} = \frac{0.9l}{i_v}$$

由 λ/ε_k，查《钢标》附表 D，确定 φ；由 λ 按 7.6.1 条确定 η；复核是否满足 7.6.3 条，存在时，计入 ρ_e，最后按下式验算：

$$\frac{N}{\eta\varphi Af\rho_e} \leqslant 1.0$$

（2）桁架交叉腹杆的单角钢压杆如图 5.5.9-2 所示，在交叉点相互连接的桁架交叉腹杆，有节点板。

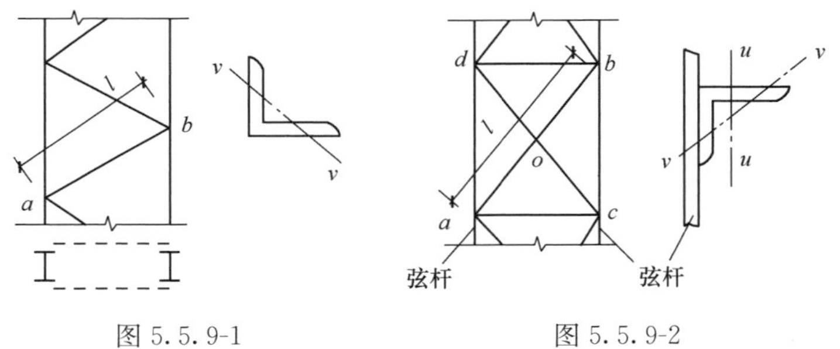

图 5.5.9-1　　图 5.5.9-2

假定，ab 杆为单角钢压杆，确定其受压稳定承载力时的长细比：

斜平面：由《钢标》7.4.2 条第 2 款，$l_{0斜} = \frac{l}{2}$

$$\lambda_{斜} = \frac{l_{0斜}}{i_v} = \frac{l/2}{i_v}$$

平面外：由《钢标》7.4.2 条第 1 款，l_{0y} 按公式（7.4.2-1）～公式（7.4.2-4）确定：

$$\lambda_y = \frac{l_{0y}}{i_u}$$

（3）平面外有联系的单角钢压杆

如图 5.5.9-3 所示大型缀条格构式柱，有节点板，ab 斜缀条为平面外有联系的单角钢压杆，确定其受压稳定承载力时：

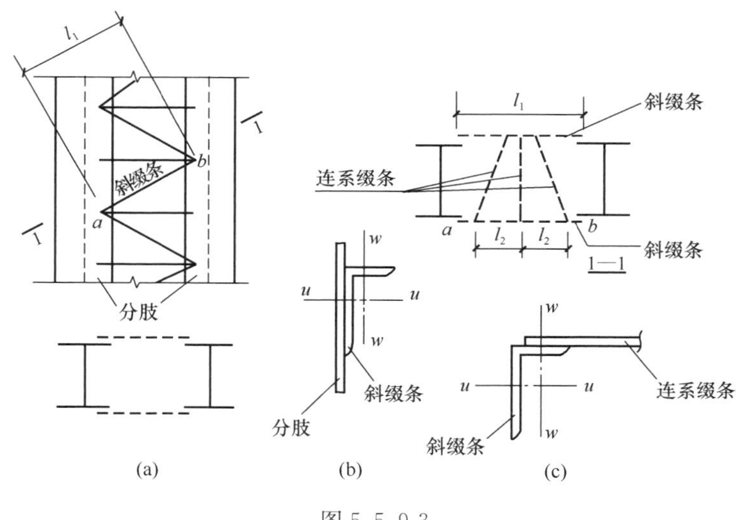

图 5.5.9-3

平面内：由《钢标》表 7.4.1-1，$l_{0x}=0.8l_1$

$$\lambda_x = \frac{l_{0x}}{i_u} = \frac{0.8l_1}{i_u}$$

平面外：

$$l_{0y} = l_2$$

$$\lambda_y = \frac{l_{0y}}{i_w} = \frac{l_2}{i_w}$$

十、塔架单边连接单角钢压杆的稳定性计算要点

（1）平面外：按《钢标》7.6.2 条确定 λ_0，由 λ_0 查《钢标》附录 D，确定 φ；复核是否满足 7.6.3 条，存在时，计入 ρ_e，最后按下式验算：

$$\frac{N}{\varphi A f \rho_e} \leqslant 1.0$$

（2）平面内：按前面九中 2.（1）中间无联系的角单角钢压杆的验算方法进行。

第六节 拉弯和压弯构件

一、柱的几何高度 *H*

1. 单层房屋等截面柱

（1）柱顶与实腹梁刚接

柱的 H 可取柱脚底面至柱顶梁柱轴线的交点处的高度，如图 5.6.1-1 所示。

等截面梁柱：柱轴线为柱截面的形心轴线；梁轴线为梁截面的形心轴线。

变截面梁柱：柱轴线可取通过柱下端（即小端）中心的竖直线；斜梁轴线可取通过梁段最小端的中心与斜梁上表面平行的轴线。

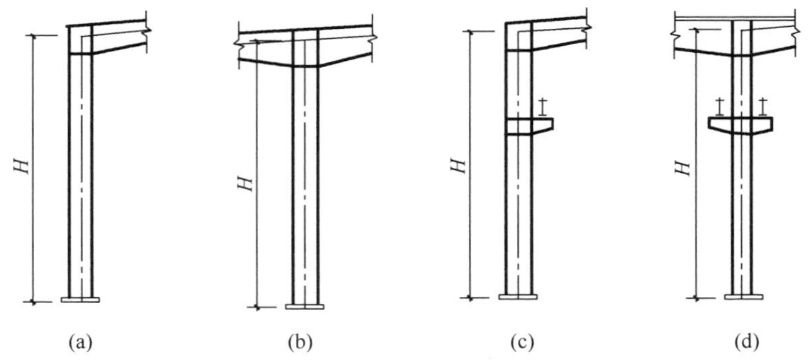

图 5.6.1-1 等截面柱与实腹梁刚接

（2）柱顶与实腹梁铰接

柱的 H 可取柱脚底面至柱顶面的高度，如图 5.6.1-2 所示。

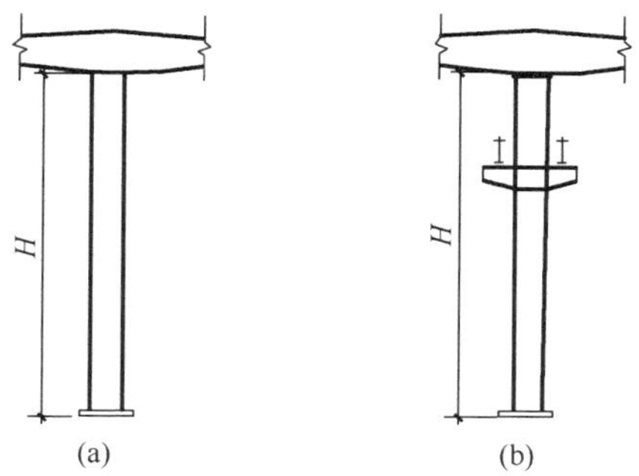

图 5.6.1-2　等截面柱与实腹梁铰接

（3）柱顶与屋架铰接

柱的 H 可取柱脚底面至柱顶面的高度，如图 5.6.1-3 所示。

（4）柱顶与屋架刚接

柱的 H 可取柱脚底面至屋架下弦重心线之间的高度，如

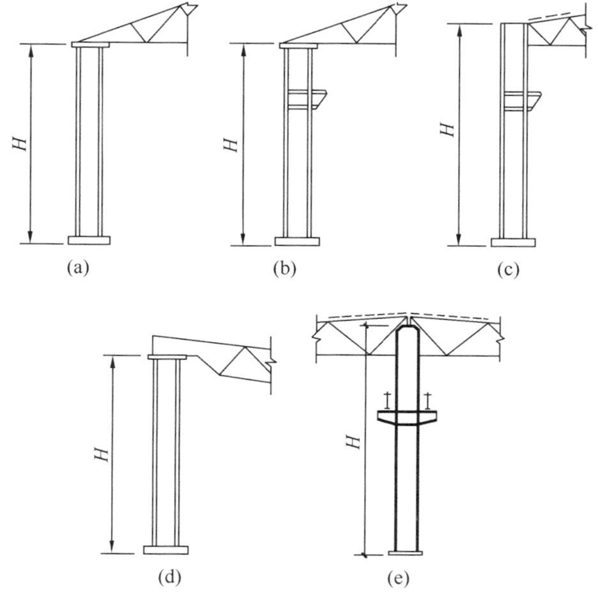

图 5.6.1-3　等截面柱与屋架铰接

图 5.6.1-4所示。

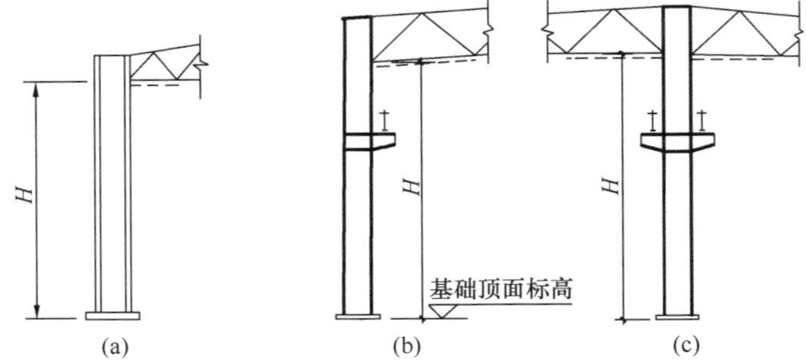

图 5.6.1-4 等截面柱与屋架刚接

（5）带牛腿柱柱顶与屋架（或实腹梁）刚接

《钢标》8.3.2 条规定：

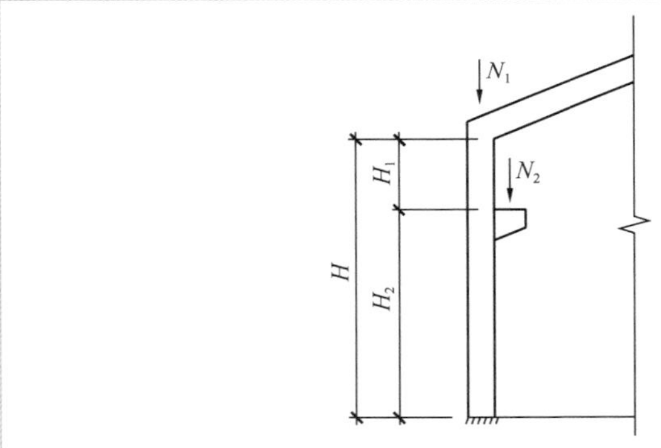

图 8.3.2 单层厂房框架示意

式中 H_1、H——分别为柱在牛腿表面以上的高度和柱总高度。

柱总高度 H 自柱脚底面起算。

2. 下端刚性固定于基础上的单层厂房单阶柱

上段柱的几何高度 H_1：当柱与屋架铰接时，取肩梁顶面至柱顶面高度，如图 5.6.1-5(a) 所示。当柱与屋架刚接时，取肩梁顶面至屋架下弦杆件重心线间的柱高度，如图 5.6.1-5(b)、(c) 所示。当柱与实腹梁刚按时，取肩梁顶面至实腹钢梁梁底面与柱相交处之间的高度，如图 5.6.1-5(d) 所示。

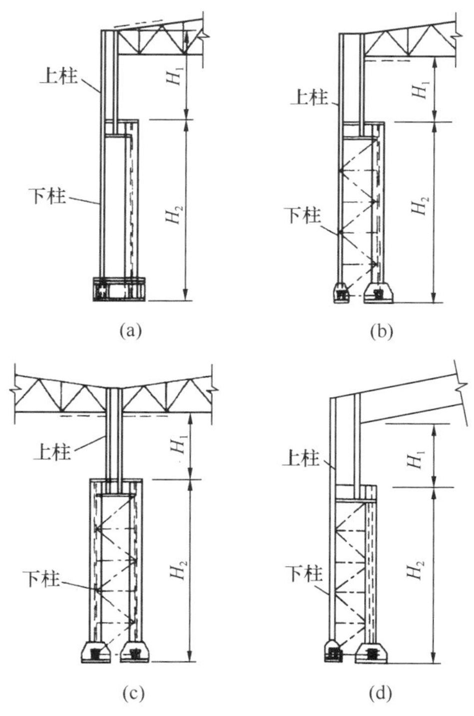

图 5.6.1-5　单阶柱

下段柱的几何高度 H_2；取柱脚底面至肩梁顶面之间的柱高度，如图 5.6.1-5 所示。

3. 下端刚性固定于基础上的单层厂房双阶柱

上段柱的几何高度 H_1，按前述单阶柱的规定确定。

中段柱的几何高度 H_2，取下段柱肩梁顶面至中段柱肩梁顶面的柱高度，如图 5.6.1-6 所示。

下段柱的几何高度 H_3，取柱脚底面至下段柱肩梁顶面的柱高度，如图 5.6.1-6(a)、(b) 所示。

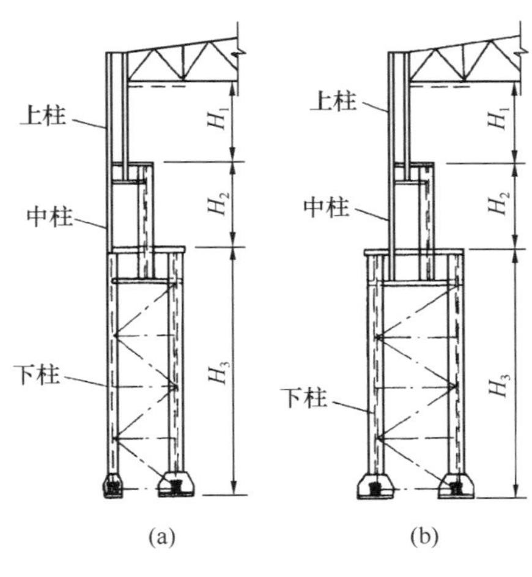

图 5.6.1-6 双阶柱

二、无侧移等截面框架柱平面内的计算长度系数 μ

1. 计算公式确定 μ

8.3.1 等截面柱，在框架平面内的计算长度应等于该层柱的高度乘以计算长度系数 μ。框架应分为无支撑框架和有支撑框架。当采用二阶弹性分析方法计算内力且在每层柱顶附加考虑假想水平力 H_{ni}时，框架柱的计算长度系数可取 1.0 或其他认可的值。当采用一阶弹性分析方法计算内力时，框架柱的计算长度系数 μ 应按下列规定确定：

2 有支撑框架：

当支撑结构（支撑桁架、剪力墙等）满足式（8.3.1-6）要求时，为强支撑框架，框架柱的计算长度系数 μ 可按本标准附录 E 表 E.0.1 无侧移框架柱的计算长度系数确定，也可按式（8.3.1-7）计算。

$$S_b \geqslant 4.4\left[\left(1+\frac{100}{f_y}\right)\Sigma N_{bi}-\Sigma N_{0i}\right] \quad (8.3.1\text{-}6)$$

$$\mu=\sqrt{\frac{(1+0.41K_1)(1+0.41K_2)}{(1+0.82K_1)(1+0.82K_2)}} \quad (8.3.1\text{-}7)$$

式中 K_1、K_2——分别为相交于柱上端、柱下端的横梁线刚度之和与柱线刚度之和的比值。K_1、K_2的修正见本标准附录E表E.0.1注。

2. 无侧移框架柱的μ表

E.0.1 无侧移框架柱的计算长度系数μ应按表E.0.1取值，同时符合下列规定：

1 当横梁与柱铰接时，取横梁线刚度为零。

2 对低层框架柱，当柱与基础铰接时，应取$K_2=0$，当柱与基础刚接时，应取$K_2=10$，平板支座可取$K_2=0.1$。

3 当与柱刚接的横梁所受轴心压力N_b较大时，横梁线刚度折减系数α_N应按下列公式计算：

横梁远端与柱刚接和横梁远端与柱铰接时：

$$\alpha_N=1-N_b/N_{Eb} \quad (E.0.1\text{-}1)$$

横梁远端嵌固时：

$$\alpha_N=1-N_b/(2N_{Eb}) \quad (E.0.1\text{-}2)$$

$$N_{Eb}=\pi^2 EI_b/l^2 \quad (E.0.1\text{-}3)$$

式中 I_b——横梁截面惯性矩（mm^4）；

l——横梁长度（mm）。

表 E.0.1 无侧移框架柱的计算长度系数 μ

K_2 \ K_1	0	0.05	0.1	0.2	0.3	0.4	0.5	1	2	3	4	5	≥10
0	1.000	0.990	0.981	0.964	0.949	0.935	0.922	0.875	0.820	0.791	0.773	0.760	0.732
0.05	0.990	0.981	0.971	0.955	0.940	0.926	0.914	0.867	0.814	0.784	0.766	0.754	0.726
0.1	0.981	0.971	0.962	0.946	0.931	0.918	0.906	0.860	0.807	0.778	0.760	0.748	0.721
0.2	0.964	0.955	0.946	0.930	0.916	0.903	0.891	0.846	0.795	0.767	0.749	0.737	0.711
0.3	0.949	0.940	0.931	0.916	0.902	0.889	0.878	0.834	0.784	0.756	0.739	0.728	0.701
0.4	0.935	0.926	0.918	0.903	0.889	0.877	0.866	0.823	0.774	0.747	0.730	0.719	0.693
0.5	0.922	0.914	0.906	0.891	0.878	0.866	0.855	0.813	0.765	0.738	0.721	0.710	0.685
1	0.875	0.867	0.860	0.846	0.834	0.823	0.813	0.774	0.729	0.704	0.688	0.677	0.654
2	0.820	0.814	0.807	0.795	0.784	0.774	0.765	0.729	0.686	0.663	0.648	0.638	0.615
3	0.791	0.784	0.778	0.767	0.756	0.747	0.738	0.704	0.663	0.640	0.625	0.616	0.593
4	0.773	0.766	0.760	0.749	0.739	0.730	0.721	0.688	0.648	0.625	0.611	0.601	0.580
5	0.760	0.754	0.748	0.737	0.728	0.719	0.710	0.677	0.638	0.616	0.601	0.592	0.570
≥10	0.732	0.726	0.721	0.711	0.701	0.693	0.685	0.654	0.615	0.593	0.580	0.570	0.549

注：表中的计算长度系数 μ 值系按下式计算得出：

$$\left[\left(\frac{\pi}{\mu}\right)^2+2(K_1+K_2)-4K_1K_2\right]\frac{\pi}{\mu}\cdot\sin\frac{\pi}{\mu}-2\left[(K_1+K_2)\left(\frac{\pi}{\mu}\right)^2+4K_1K_2\right]\cos\frac{\pi}{\mu}+8K_1K_2=0$$

式中，K_1、K_2 分别为相交于柱上端、柱下端的横梁线刚度之和与柱线刚度之和的比值。当梁远端为铰接时，应将横梁线刚度乘以 1.5；当横梁远端为嵌固时，则将横梁线刚度乘以 2。

三、有侧移等截面框架柱平面内的计算长度系数 μ

1. 计算公式确定 μ

8.3.1

1 无支撑框架：

1）框架柱的计算长度系数 μ 应按本标准附录 E 表 E.0.2 有侧移框架柱的计算长度系数确定，也可按下列简化公式计算：

$$\mu=\sqrt{\frac{7.5K_1K_2+4(K_1+K_2)+1.52}{7.5K_1K_2+K_1+K_2}} \quad (8.3.1\text{-}1)$$

式中　K_1、K_2——分别为相交于柱上端、柱下端的横梁线刚度之和与柱线刚度之和的比值，K_1、K_2的修正应按本标准附录E表E.0.2注确定。

2. 有侧移框架柱的 μ 表

E.0.2　有侧移框架柱的计算长度系数 μ 应按表E.0.2取值，同时符合下列规定：

1　当横梁与柱铰接时，取横梁线刚度为零。

2　对低层框架柱，当柱与基础铰接时，应取 $K_2=0$，当柱与基础刚接时，应取 $K_2=10$，平板支座可取 $K_2=0.1$。

3　当与柱刚接的横梁所受轴心压力 N_b 较大时，横梁线刚度折减系数 α_N 应按下列公式计算：

横梁远端与柱刚接时：

$$\alpha_N = 1 - N_b/(4N_{Eb}) \tag{E.0.2-1}$$

横梁远端与柱铰接时：

$$\alpha_N = 1 - N_b/N_{Eb} \tag{E.0.2-2}$$

横梁远端嵌固时：

$$\alpha_N = 1 - N_b/(2N_{Eb}) \tag{E.0.2-3}$$

表 E.0.2　有侧移框架柱的计算长度系数 μ

K_2 \ K_1	0	0.05	0.1	0.2	0.3	0.4	0.5	1	2	3	4	5	≥10
0	∞	6.02	4.46	3.42	3.01	2.78	2.64	2.33	2.17	2.11	2.08	2.07	2.03
0.05	6.02	4.16	3.47	2.86	2.58	2.42	2.31	2.07	1.94	1.90	1.87	1.86	1.83
0.1	4.46	3.47	3.01	2.56	2.33	2.20	2.11	1.90	1.79	1.75	1.73	1.72	1.70
0.2	3.42	2.86	2.56	2.23	2.05	1.94	1.87	1.70	1.60	1.57	1.55	1.54	1.52
0.3	3.01	2.58	2.33	2.05	1.90	1.80	1.74	1.58	1.49	1.46	1.45	1.44	1.42
0.4	2.78	2.42	2.20	1.94	1.80	1.71	1.65	1.50	1.42	1.39	1.37	1.37	1.35
0.5	2.64	2.31	2.11	1.87	1.74	1.65	1.59	1.45	1.37	1.34	1.32	1.32	1.30

续表 E.0.2

K_1 / K_2	0	0.05	0.1	0.2	0.3	0.4	0.5	1	2	3	4	5	≥10
1	2.33	2.07	1.90	1.70	1.58	1.50	1.45	1.32	1.24	1.21	1.20	1.19	1.17
2	2.17	1.94	1.79	1.60	1.49	1.42	1.37	1.24	1.16	1.14	1.12	1.12	1.10
3	2.11	1.90	1.75	1.57	1.46	1.39	1.34	1.21	1.14	1.11	1.10	1.09	1.07
4	2.08	1.87	1.73	1.55	1.45	1.37	1.32	1.20	1.12	1.10	1.08	1.08	1.06
5	2.07	1.86	1.72	1.54	1.44	1.37	1.32	1.19	1.12	1.09	1.08	1.07	1.05
≥10	2.03	1.83	1.70	1.52	1.42	1.35	1.30	1.17	1.10	1.07	1.06	1.05	1.03

注：表中的计算长度系数 μ 值系按下式计算得出：

$$\left[36K_1K_2-\left(\frac{\pi}{\mu}\right)^2\right]\sin\frac{\pi}{\mu}+6\ (K_1+K_2)\ \frac{\pi}{\mu}\cdot\cos\frac{\pi}{\mu}=0$$

式中，K_1、K_2 分别为相交于柱上端、柱下端的横梁线刚度之和与柱线刚度之和的比值。当横梁远端为铰接时，应将横梁线刚度乘以 0.5；当横梁远端为嵌固时，则应乘以 2/3。

四、《钢标》8.3.3 条柱上端与实腹梁刚接的计算要点

（1）《钢标》式（8.3.3-2）中 K_b 为与柱连接的横梁线刚度之和与柱线刚度之比，按《钢标》8.3.2 条公式，取 H_1 计算，即：

$$K_b=\frac{\Sigma(I_{bi}/l_i)}{I_1/H_1}$$

（2）根据《钢标》8.3.3 条规定，柱上端与横梁铰接计算时得到的 μ_2 值记为：$\mu_2^{铰接}$；柱上端与桁架横梁刚接计算得到的 μ_2 值记为：$\mu_2^{桁架刚接}$；按公式（8.3.3-2）计算得到的 μ'_2 值记为：$\mu'_{2,计}$，则 μ'_2 取值应同时满足下列条件：

$$\mu'_2=\min(\mu'_{2,计},\mu_2^{铰接})$$

$$\mu'_2=\max(\mu'_{2,计},\mu_2^{桁架刚接})$$

最终 μ_2 值为：$\mu_2 = \mu'_2 \cdot \eta_{折减}$（$\eta$ 折减查《钢标》表 8.3.3）

五、单层厂房带牛腿等截面柱的计算长度查《钢标》**8.3.2** 条

六、框架柱在平面外的计算长度

> **8.3.5**　框架柱在框架平面外的计算长度可取面外支撑点之间距离。

七、拉弯和压弯实腹式构件的强度计算要点

《钢标》8.1.1 条条文说明指出：不需验算疲劳的承受动力荷载的拉弯和压弯构件，要考虑 γ_x、γ_y。

八、实腹式压弯构件的稳定性计算要点

（1）运用《钢标》式（8.2.1-8）计算 N_{cr}，当为单向压弯构件，构件截面绕 x-x 轴为平面内时，由式（8.2.1-2），可知：

$$N_{cr} = N_{cr,x} = \frac{\pi^2 EI}{(\mu l)^2} = 1.1N'_{Ex}$$

（2）运用《钢标》式（8.2.1-9）时，当横向荷载产生的弯矩 M_{qx}与端弯矩（M_1、M_2）对构件产生同向曲率时，M_{qx}与 M_1 取同号；反之，其对构件产生反向曲率时，M_{qx} 与 M_1 取异号，如图 5.6.8-1 所示。

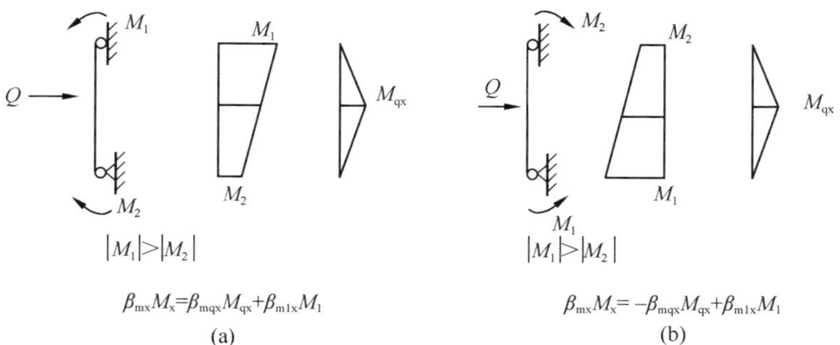

图 5.6.8-1（一）

（a）M_{qx}与 M_1 同向曲率；（b）M_{qx}与 M_1 反向曲率；

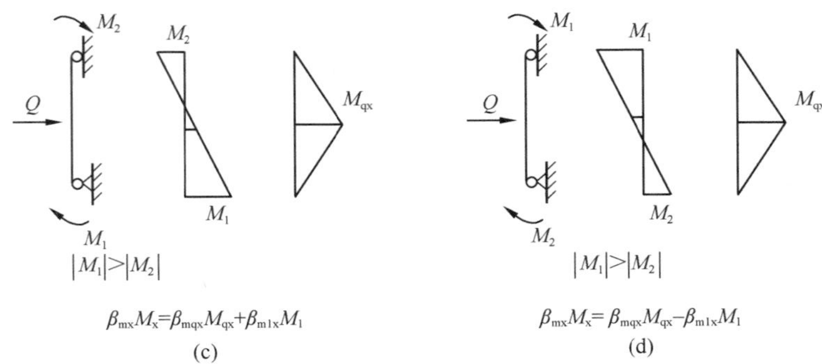

图 5.6.8-1（二）
（c）M_{qx}与 M_1 同向曲率；（d）M_{qx}与 M_1 反向曲率

九、格构式单向压弯构件的稳定性计算要点

（1）《钢标》式（8.2.2-2）：$W_{1x}=I_x/y_0$

式中，I_x 为对 x 轴的毛截面惯性矩；y_0 为由 x 轴到压力较大分肢的轴线距离［图 5.6.9-1(b)、(c)］，或到压力较大分肢腹板外边缘的距离［图 5.6.9-1(a)］，二者取较大者，M_x 为矢量表达，代表绕虚轴(x 轴）作用的弯矩。

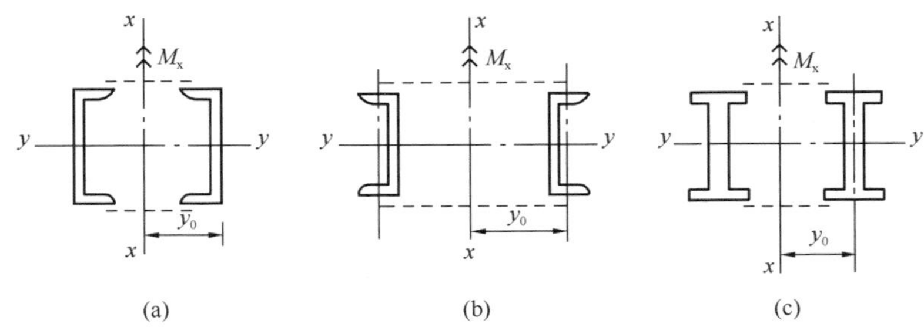

图 5.6.9-1 弯矩 M_x 绕虚轴（x 轴）作用的格构式压弯构件

（2）《钢标》式(8.2.2-1）中，φ_x、N'_{Ex}由换算长细比确定：

缀条时：$\lambda_{0x}=\sqrt{\lambda_x^2+27A/A_1}$，由 $\lambda_{0x}/\varepsilon_k$ 查《钢标》附录D确定 φ_x；

$$N'_{Ex}=\frac{\pi^2 EA}{1.1\lambda_{0x}^2}$$

（3）分肢稳定计算，如图 5.6.9-2 所示，将整个构件视为一平行弦桁架，将构件的两个分肢看作桁架体系的弦杆，两分肢的轴心力计算为：

分肢 1：$N_1 = N\dfrac{y_2}{a} + \dfrac{M_x}{a}$

分肢 2：$N_2 = N - N_1$

缀条式压弯构件的分肢按轴心压杆计算，分肢的计算长度，平面内（图 5.6.9-2 中 1-1 轴），$l_{0内}$ 取缀条体系的节间长度；平面外，$l_{0外}$ 取整个构件侧向支撑点间的距离。

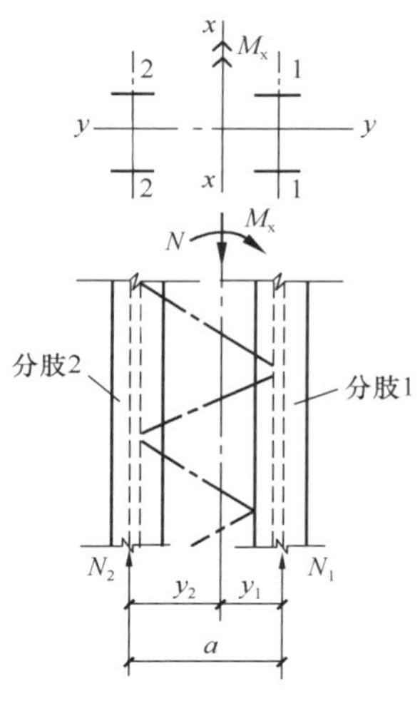

图 5.6.9-2

十、双向压弯实腹式构件的稳定性计算要点

（1）工字形截面和箱形截面双向压弯柱，如图 5.6.10-1 所示。

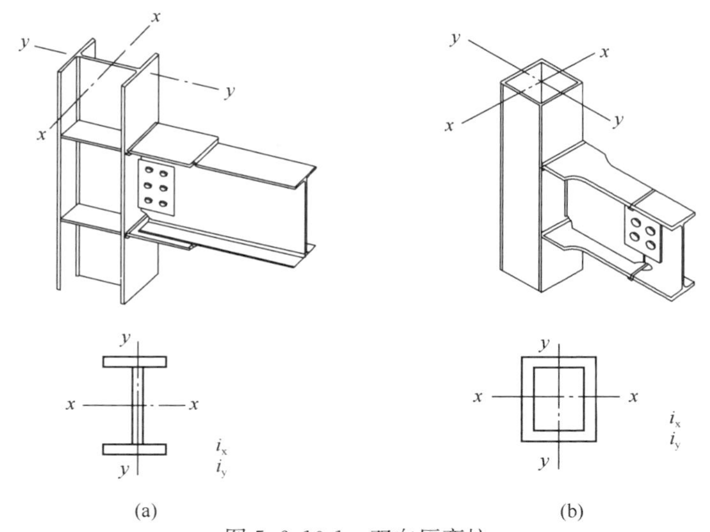

图 5.6.10-1　双向压弯柱

$l_{0x}=\mu_x l$，$l_{0y}=\mu_y l$，则：

$$\lambda_x=\frac{l_{0x}}{i_x}, \lambda_y=\frac{l_{0y}}{i_y}$$

由 λ_x/ε_k，查《钢标》附录 D，确定 φ_x。

由 λ_y/ε_k，查《钢标》附录 D，确定 φ_y。

工字形截面柱：由 λ_y，按《钢标》附录 C.0.5 条计算 φ_{bx}值；

直接取 $\varphi_{by}=1.0$。

箱形截面柱：直接取 $\varphi_{bx}=1.0$，$\varphi_{by}=1.0$。

（2）《钢标》公式（8.2.5-3）中 N'_{Ey}，与之对应的 $N_{cr,y}$为：

$$N_{cr,y}=\pi^2 EI_y/(\mu_y l)^2=1.1N'_{Ey}$$

同理：
$$N_{cr,x}=\pi^2 EI_x/(\mu_x l)^2=1.1N'_{Ex}$$

$$N'_{Ex}=\pi^2 EA/(1.1\lambda_x^2)$$

第七节 钢与混凝土组合梁

一、荷载的标准组合下 I_{eq} 的计算

根据《钢标》14.4.2 条、14.4.3 条：

$$I_{eq}=I_0+A_0 d_c^2$$

上式中，I_0、A_0 按《钢标》式（14.4.3-6）、式（14.4.3-4）计算。

上式的证明，参见作者编著的《建筑结构静力计算应试指南》（第二版）。

二、荷载的准永久组合下 I_{eq} 的计算

根据《钢标》14.4.2 条、14.4.3 条：

$$I_{eq}=I_0+A_0 d_c^2$$

上式中，I_0、A_0 按《钢标》式（14.4.3-6）、式（14.4.3-4）计算，并用 $2\alpha_E$ 代替 α_E。

第八节　常用钢材质量等级和型钢截面特性

一、钢材的质量等级

（1）碳素结构钢

按《碳素结构钢》GB/T 700—2006，Q235 钢的质量等级与夏比冲击试验的温度，见表 5.8.1-1。

碳素结构钢　　　　表 5.8.1-1

钢材牌号	质量等级	A	B	C	D
Q235	试验温度（℃）	不要求	20	0	－20

（2）建筑结构用钢板

按《建筑结构用钢板》GB/T 19879—2015，Q345GJ 钢的质量等级与夏比冲击试验的温度，见表 5.8.1-2。

建筑结构用钢板　　　　表 5.8.1-2

钢材牌号	质量等级	B	C	D	E
Q345GJ	试验温度（℃）	20	0	－20	－40

（3）低合金高强度结构钢

按《低合金高强度结构钢》GB/T 1591—2018，其交货状态包括：热轧（AR 或 WAR）；正火（N）；正火热轧（＋N）；热机械轧制（M）。钢材牌号表示方法为：

4.1　钢的牌号由代表屈服强度“屈”字的汉语拼音首字母 Q、规定的最小上屈服强度数值、交货状态代号、质量等级符号（B、C、D、E、F）四个部分组成。

注 1：交货状态为热轧时，交换状态代号 AR 或 WAR 可省略；交货状态为正火或正火轧制状态时，交货状态代号均用 N 表示。

注 2：Q＋规定的最小上屈服强度数值＋交货状态代号，简称为“钢级”。

示例：Q355ND。其中：

Q——钢的屈服强度的“屈”字汉语拼音的首字母；

355——规定的最小上屈服强度数值，单位为兆帕（MPa）；

N——交货状态为正火或正火轧制；

D——质量等级为D级。

4.2 当需方要求钢板具有厚度方向性能时，则在上述规定的牌号后加上代表厚度方向（Z向）性能级别的符号，如：Q355NDZ25。

1）热轧低合金高强度结构钢

它包括：Q355、Q390、Q420、Q460，其中，Q420和Q460只适用于型钢和棒材。热轧低合金高强度结构用钢的质量等级与夏比冲击试验的温度，见表5.8.1-3。

GB/T 1591—2018 **表5.8.1-3**

钢材牌号	试验温度（℃）	20	0	−20
Q355、Q390	质量等级	B	C	D
Q420	质量等级	B	C	—
Q460	质量等级	—	C	—

注：—表示无此质量等级。

2）正火或正火轧制低合金高强度结构钢

它包括Q355N、Q390N、Q420N、Q460N，其质量等级与夏比冲击试验的温度，见表5.8.1-4。

GB/T 1591—2018 **表5.8.1-4**

钢材牌号	试验温度（℃）	20	0	−20	−40	−60
Q355N	质量等级	B	C	D	E	F
Q390N、Q420N	质量等级	B	C	D	E	—
Q460N	质量等级	—	C	D	E	—

注：—表示无此质量等级。

3）热机械轧制低合金高强度结构钢

它包括 Q355M、Q390M、Q420M、Q460M、Q500M、Q550M、Q620M、Q690M，其中 Q355M～Q460M 的质量等级与夏比冲击试验的温度，见表 5.8.1-5。

GB/T 1591—2018　　表 5.8.1-5

钢材牌号	试验温度（℃）	20	0	−20	−40	−60
Q355M	质量等级	B	C	D	E	F
Q390M、Q420M	质量等级	B	C	D	E	—
Q460M	质量等级	—	C	D	E	—

注：—表示无此质量等级。

二、型钢截面特性见本书附录一

三、角钢的组合截面特性见本书附录二

第六章

《螺栓规程》《焊接规范》和《网格规程》

第一节 《螺栓规程》

一、螺栓拼接接头的计算原则

5.1.2 H 型钢梁截面螺栓拼接接头（图 5.1.2）的计算原则应符合下列规定：

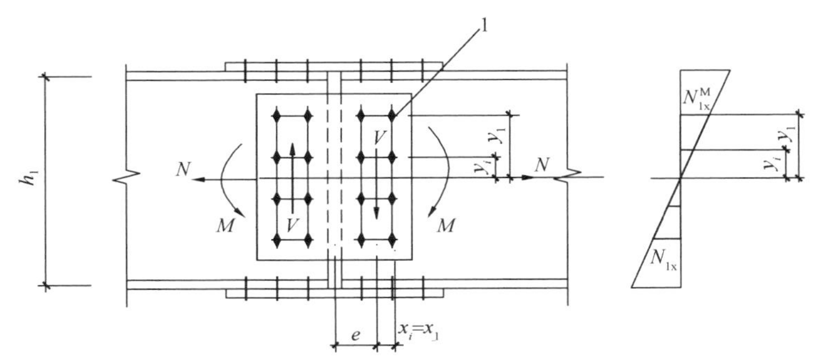

图 5.1.2 H 型钢梁高强度螺栓拼接接头
1—角点 1 号螺栓

1 翼缘拼接板及拼接缝每侧的高强度螺栓，应能承受按翼缘净截面面积计算的翼缘受拉承载力；

2 腹板拼接板及拼接缝每侧的高强度螺栓，应能承受拼接截面的全部剪力及按刚度分配到腹板上的弯矩；同时拼接处拼材与螺栓的受剪承载力不应小于构件截面受剪承载力的 50%；

3 高强度螺栓在弯矩作用下的内力分布应符合平截面假定，即腹板角点上的螺栓水平剪力值与翼缘螺栓水平剪力值呈线性关系；

4 按等强原则计算腹板拼接时，应按与腹板净截面承载力等强计算；

5 当翼缘采用单侧拼接板或双侧拼接板中夹有垫板拼接时，螺栓的数量应按计算增加10%。

二、H型钢梁截面螺栓拼接接头中的翼缘螺栓计算

5.1.3 在H型钢梁截面螺栓拼接接头中的翼缘螺栓计算应符合下列规定：

1 拼接处需由螺栓传递翼缘轴力 N_f 的计算，应符合下列规定：

1） 按等强拼接原则设计时，应按下列公式计算，并取二者中的较大者：

$$N_f = A_{nf} f / \left(1 - 0.5 \frac{n_1}{n}\right) \tag{5.1.3-1}$$

$$N_f = A_f f \tag{5.1.3-2}$$

式中 A_{nf} ——一个翼缘的净截面面积（mm^2）；

A_f ——一个翼缘的毛截面面积（mm^2）；

n_1 ——拼接处构件一端翼缘高强度螺栓中最外列螺栓数目。

2） 按最大内力法设计时，可按下式计算取值：

$$N_f = \frac{M_1}{h_1} + N_1 \frac{A_f}{A} \tag{5.1.3-3}$$

式中 h_1 ——拼接截面处，H型钢上下翼缘中心间距离（mm）；

M_1 ——拼接截面处作用的最大弯矩（kN·m）；

N_1 ——拼接截面处作用的最大弯矩相应的轴力（kN）。

2 H型钢翼缘拼接缝一侧所需的螺栓数量 n 应符合下式要求：

$$n \geqslant N_f / N_v^b \tag{5.1.3-4}$$

式中 N_f——拼接处需由螺栓传递的上、下翼缘轴向力（kN）。

注意： 螺栓规程公式（5.1.3-1）的印刷本为：$N_f=A_{nf}f\left(1-0.5\frac{n_1}{n}\right)$，有误，笔者已进行了修正，即：$N_f=A_{nf}f/\left(1-0.5\frac{n_1}{n}\right)$。

三、H 型钢梁截面螺栓拼接接头中的腹板螺栓计算

5.1.4 在 H 型钢梁截面螺栓拼接接头中的腹板螺栓计算应符合下列规定：

1 H 型钢腹板拼接缝一侧的螺栓群角点栓 1（图 5.1.2）在腹板弯矩作用下所承受的水平剪力 N_{1x}^{M} 和竖向剪力 N_{1y}^{M}，应按下列公式计算：

$$N_{1x}^{M}=\frac{(MI_{wx}/I_x+Ve)y_1}{\sum(x_i^2+y_i^2)} \tag{5.1.4-1}$$

$$N_{1y}^{M}=\frac{(MI_{wx}/I_x+Ve)x_1}{\sum(x_i^2+y_i^2)} \tag{5.1.4-2}$$

式中 e——偏心距（mm）；

I_{wx}——梁腹板的惯性矩（mm^4），对轧制 H 型钢，腹板计算高度取至弧角的上下边缘点；

I_x——梁全截面的惯性矩（mm^4）；

M——拼接截面的弯矩（kN·m）；

V——拼接截面的剪力（kN）；

N_{1x}^{M}——在腹板弯矩作用下，角点栓 1 所承受的水平剪力（kN）；

N_{1y}^{M}——在腹板弯矩作用下，角点栓 1 所承受的竖向剪力（kN）；

x_i——所计算螺栓至栓群中心的横标距(mm)；

y_i ——所计算螺栓至栓群中心的纵标距（mm）。

2 H型钢腹板拼接缝一侧的螺栓群角点栓1（图5.1.2）在腹板轴力作用下所承受的水平剪力 N_{1x}^{N} 和竖向剪力 N_{1y}^{V}，应按下列公式计算：

$$N_{1x}^{N}=\frac{N}{n_{w}}\frac{A_{w}}{A} \qquad (5.1.4\text{-}3)$$

$$N_{1y}^{V}=\frac{V}{n_{w}} \qquad (5.1.4\text{-}4)$$

式中 A_w ——梁腹板截面面积（mm^2）；

N_{1x}^{N} ——在腹板轴力作用下，角点栓1所承受的同号水平剪力（kN）；

N_{1y}^{V} ——在剪力作用下每个高强度螺栓所承受的竖向剪力(kN)；

n_w ——拼接缝一侧腹板螺栓的总数。

3 在拼接截面处弯矩 M 与剪力偏心弯矩 Ve、剪力 V 和轴力 N 作用下，角点1处螺栓所受的剪力 N_v 应满足下式的要求：

$$N_{v}=\sqrt{(N_{1x}^{M}+N_{1x}^{N})^{2}+(N_{1y}^{M}+N_{1y}^{V})^{2}}\leqslant N_{v}^{b} \qquad (5.1.4\text{-}5)$$

注意：螺栓规程公式（5.1.4-5）的印刷本为：

$$N_{v}=\sqrt{(N_{1x}^{M}+N_{1x}^{N})^{2}+(N_{1y}^{M}+N_{1y}^{N})^{2}}\leqslant N_{v}^{b}$$

有误，应将 N_{1y}^{N} 改为：N_{1y}^{V}，笔者已进行了修正。

第二节 《焊接规范》

一、斜角角焊缝计算厚度 h_e 查《焊接规范》**5.3.4** 条

二、圆钢与平板之间的焊缝计算厚度 h_e 查《焊接规范》**5.3.5** 条

注意：《焊接规范》式（5.3.5-2）中符号应为 d_1、d_2。

三、构件制作焊接节点要求查《焊接规范》5.6.1条

第三节 《网格规程》

一、结构挠度容许值查《网格规程》3.5.1条

二、网壳的稳定性安全系数查《网格规程》4.3.4条

三、计算地震作用的阻尼比

4.4.10 在进行结构地震效应分析时，对于周边落地的空间网格结构，阻尼比值可取0.02；对设有混凝土结构支承体系的空间网格结构，阻尼比值可取0.03。

四、杆件的计算长度查《网格规程》5.1.2条

五、杆件截面的最小尺寸

5.1.4 杆件截面的最小尺寸应根据结构的跨度与网格大小按计算确定，普通角钢不宜小于L50×3，钢管不宜小于ϕ48×3。对大、中跨度空间网格结构，钢管不宜小于ϕ60×3.5。

第七章

《砌规》《抗规》和《木标》

第一节 《砌规》非抗震设计规定

一、T 形截面的惯性矩和折算厚度的计算

如图 7.1.1-1 所示：

$$A = b_1 h_1 + b_2 h_2$$

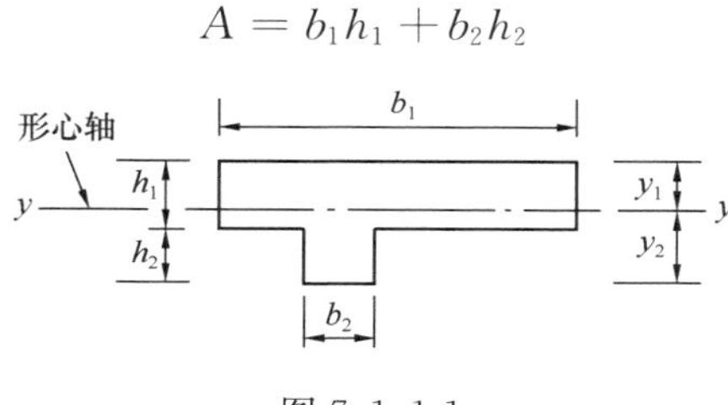

图 7.1.1-1

y_1、y_2 为：

$$y_1 = \frac{b_1 h_1 \times \frac{h_1}{2} + b_2 h_2 \times \left(h_1 + \frac{h_2}{2}\right)}{A}$$

$$y_2 = h_1 + h_2 - y_1$$

$$I = I_y = \frac{1}{3} b_1 y_1^3 + \frac{1}{3}(b_1 - b_2) \cdot (h_1 - y_1) + \frac{1}{3} b_2 y_2^3$$

$$i = \sqrt{I/A}, h_T = 3.5i$$

二、梁端设有刚性垫块时砌体局部受压计算

1.《砌规》规定

5.2.5 在梁端设有刚性垫块时的砌体局部受压，应符合下列规定：

1 刚性垫块下的砌体局部受压承载力，应按下列公式计算：

$$N_0 + N_l \leqslant \varphi \gamma_1 f A_b \quad (5.2.5\text{-}1)$$

$$N_0 = \sigma_0 A_b \quad (5.2.5\text{-}2)$$

$$A_b = a_b b_b \quad (5.2.5\text{-}3)$$

式中 N_0——垫块面积 A_b 内上部轴向力设计值（N）；

φ——垫块上 N_0 与 N_l 合力的影响系数，应取 β 小于或等于 3，按第 5.1.1 条规定取值；

γ_1——垫块外砌体面积的有利影响系数，γ_1应为 0.8γ，但不小于 1.0。γ 为砌体局部抗压强度提高系数，按公式（5.2.2）以 A_b代替 A_l计算得出；

A_b——垫块面积（mm^2）；

a_b——垫块伸入墙内的长度（mm）；

b_b——垫块的宽度（mm）。

2. 计算 φ 的具体步骤

第一步，求得 a_0；

第二步，求得 e_l，$e_l=\frac{a_b}{2}-0.4a_0$；

第三步，求得 N_0，$N_0=\sigma_0 A_b$；

第四步，求 e 及 e/h；$e=\frac{N_l \cdot e_l}{N_0+N_l}$，$\frac{e}{h}=\frac{N_l \cdot e_l}{(N_0+N_l) \cdot a_b}$；

第五步，求 φ：查《砌规》附录 D，或按式（D.0.1-1）计算，即：

$$\varphi=\frac{1}{1+12\left(\frac{e}{h}\right)^2}$$

三、自承重墙的允许高厚比的修正系数 μ_1

根据《砌规》6.1.3 条，当厚度 h 为：240mm$>h>$90mm，μ_1 可按内插法取值，即：$\mu_1=1.2+\frac{240-h}{240-90}(1.5-1.2)$，$h=$180mm 时，$\mu_1=1.32$；$h=$120mm，$\mu_1=1.44$。

四、过梁的计算要点

《砌规》7.2.2 条和 7.2.3 条作了规定。

1. 砖砌平拱过梁计算

$M\leqslant f_{tm}W$；$V\leqslant f_v bz\left(矩形截面\ z=\frac{2}{3}h\right)$，式中 $W=\frac{1}{6}bh^2$。

砖过梁截面计算高度 h 自过梁底面起算，h 取值：当 $h_{实}<\frac{l_n}{3}$

时，$h=h_{实}$；$h_{实} \geqslant \frac{l_n}{3}$ 时，$h=\frac{l_n}{3}$；当考虑梁、板传来的荷载时，则按梁、板下的高度采用。计算 M、V 时，取砖砌平拱过梁净跨 l_n 计算。

砖砌过梁进行受弯、受剪承载力计算时，其 f_{tm}、f_v 值应考虑《砌规》3.2.3 条规定。此外，f_{tm} 按《砌规》表 3.2.2 中"沿齿缝"栏取值。

2. 钢筋砖过梁计算

$M \leqslant 0.85h_0 f_y A_s$；$V \leqslant f_v bz\left(矩形截面，z=\frac{2}{3}h\right)$，其中 $h_0=h-a_s$。h 取值：取过梁底面以上墙体高度，且 $h \leqslant \frac{l_n}{3}$；当考虑梁板传来的荷载，则按梁、板下的高度采用。计算 M、V 时，取钢筋砖过梁净跨 l_n 计算。钢筋砖过梁，受剪承载力计算时，其 f_v 值应考虑《砌规》3.2.3 条规定。

3. 钢筋混凝土过梁计算

按钢筋混凝土受弯构件计算。

钢筋混凝土梁计算跨度 $l_0=\min(1.1l_n, l_n+a)$，a 为过梁在墙上的支承长度。

弯矩 M 取 l_0 计算；剪力 V 取 l_n 净跨计算。

过梁下砌体局部受压力 N_0 取 l_0 计算。

过梁下砌体局部受压承载力计算时，可不考虑上层荷载的影响。此外，矩形截面单筋梁计算公式：

$$x=h_0-\sqrt{h_0^2-\frac{2\gamma_0 M}{\alpha_1 f_c b}}, \quad A_s=\frac{\alpha_1 f_c bx}{f_y}$$

五、组合砖砌体偏心受压构件计算

组合砖砌体偏心受压构件计算，按《砌规》8.2.4 条。

1. 大偏压（$h'_c < x \leqslant \xi_b h_0$）

如图 7.1.5-1 所示，根据《砌规》8.2.4 条，则：

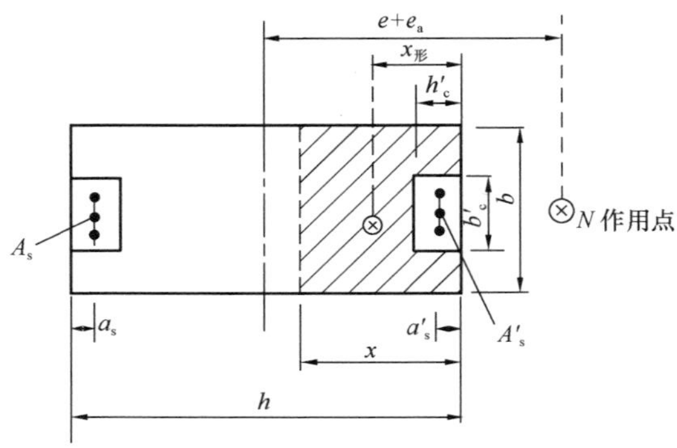

图 7.1.5-1　大偏压（$h'_c < x \leqslant \xi_b h_0$）

$$S_{c,s} = b'_c h'_c \left(h_0 - \frac{h'_c}{2}\right) \qquad (7.1.5\text{-}1)$$

$$S_s = bx\left(h_0 - \frac{x}{2}\right) - b'_c h'_c \left(h_0 - \frac{h'_c}{2}\right) \qquad (7.1.5\text{-}2)$$

或者

$$x_{形} = \frac{bx \cdot \frac{x}{2} - b'_c h'_c \cdot \frac{h'_c}{2}}{bx - b'_c h'_c} \qquad (7.1.5\text{-}3)$$

$$S_s = (bx - b'_c h'_c)(h_0 - x_{形}) \qquad (7.1.5\text{-}4)$$

$$S_{c,N} = b'_c h'_c \left(e + e_a - \frac{h}{2} + \frac{h'_c}{2}\right) \qquad (7.1.5\text{-}5)$$

$$S_N = bx\left(e + e_a - \frac{h}{2} + \frac{x}{2}\right) - b'_c h'_c \left(e + e_a - \frac{h}{2} + \frac{h'_c}{2}\right) \qquad (7.1.5\text{-}6)$$

或者

$$S_N = (bx - b'_c h'_c)\left(e + e_a - \frac{h}{2} + x_{形}\right) \qquad (7.1.5\text{-}7)$$

2. 大偏压（$x \leqslant h'_c$）

如图 7.1.5-2 所示，根据《砌规》8.2.4 条，则：

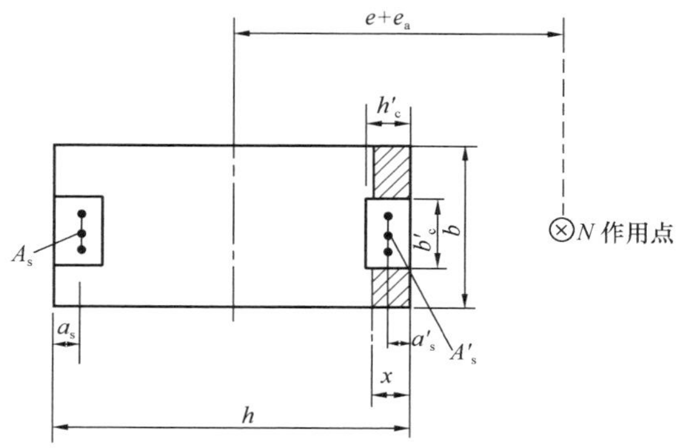

图 7.1.5-2 大偏压（$x \leqslant h'_c$）

$$S_{c,s} = b'_c x\left(h_0 - \frac{x}{2}\right) \tag{7.1.5-8}$$

$$S_s = (b - b'_c) x\left(h_0 - \frac{x}{2}\right) \tag{7.1.5-9}$$

$$S_{c,N} = b'_c x\left(e + e_a - \frac{h}{2} + \frac{x}{2}\right) \tag{7.1.5-10}$$

$$S_N = (b - b'_c) x\left(e + e_a - \frac{h}{2} + \frac{x}{2}\right) \tag{7.1.5-11}$$

3. 小偏压（$x > \xi_b h_0$）

如图 7.1.5-3 所示，根据《砌规》8.2.4 条，则：

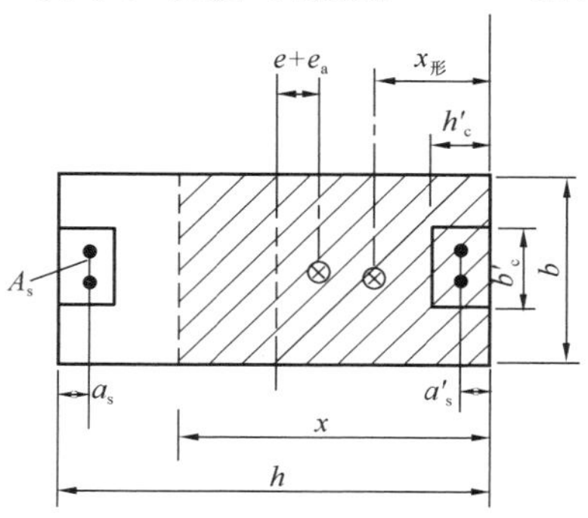

图 7.1.5-3 小偏压（$x > \xi_b h_0$）

$S_{c,s}$、S_s、$S_{c,N}$ 和 S_N 按式（7.1.5-1）～式（7.1.5-7）计算。

注意：$S_{c,N}$、S_N 的计算值为负值时，直接将负值代入《砌规》式（8.2.4-3）。

建议，小偏压计算时，S_N 采用式（7.1.5-7）进行计算。

六、砖砌体和钢筋混凝土构造柱组合墙平面外的偏压计算

如图 7.1.6-1 所示，组合墙承担的内力设计值为 M、N。组合墙的截面尺寸为 l_1、l_2、h，构造柱截面尺寸为 $h_c=h$，b_c。组合墙的计算高度为 H_0。安全等级为二级。构造柱采用对称配筋（$A_s=A'_s$）。已知 a_s、a'_s 值。

试求：构造柱的配筋 A_s。

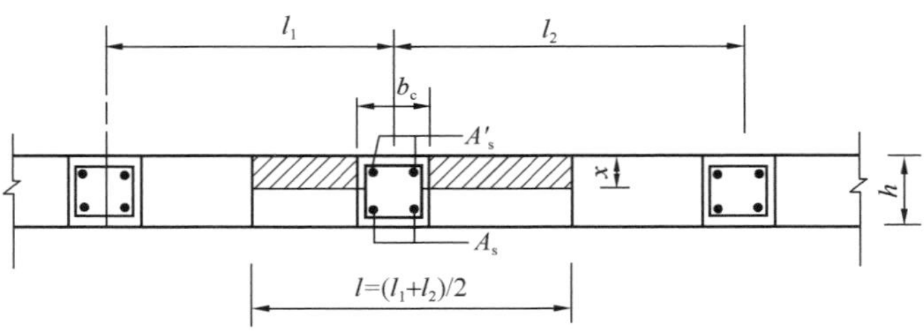

图 7.1.6-1 组合墙平面外的偏压计算

分析如下：

根据《砌规》8.2.8 条，以及 8.2.4 条、8.2.5 条：

假定为大偏压，由《砌规》式（8.2.4-2），取 $f_c=0$，$f'_y=0$，则：

$$Ne_N \leqslant fS_s+0+0=f(l-b_c)x\left(h_0-\frac{x}{2}\right)$$

$$e=\frac{M}{N},\ \beta=\gamma_\beta\frac{H_0}{h},\ e_a=\frac{\beta^2 h}{2200}(1-0.022\beta)$$

$$e_N=e+e_a+\frac{h}{2}-a_s$$

可求出 x 值。

1. 当 $x \leqslant \xi_b h_0$ 时，假定成立，为大偏压

将 x 值代入《砌规》式（8.2.4-1），取 $f_c=0$，$f'_y=0$，则：

$$N \leqslant f(l-b_c)x+0+0-f_y A_s$$

由上式可求出 A_s 值。

复核最小配筋率：按《砌规》8.2.9 条。

2. 当 $x>\xi_b h_0$ 时，假定不成立，应为小偏压

此时，按《砌规》式（8.2.4-1）：

$$\sigma_s=650-800\xi=650-800\frac{x}{h_0} \quad (-f'_y \leqslant \sigma_s \leqslant f'_y)$$

σ_s 为负值，表示 A_s 受压；σ_s 为正值，表示 A_s 受拉。由《砌规》式（8.2.4-1），则：

$$N \leqslant f(l-b_c)x+f_c b_c x+1\times f'_y A'_s-\left(650-800-\frac{x}{h_0}\right)A_s \tag{7.1.6-1}$$

由《砌规》式（8.2.4-2），则：

$$Ne_N \leqslant f(l-b_c)x\left(h_0-\frac{x}{2}\right)+f_c b_c x\left(h_0-\frac{x}{2}\right)+1\times f'_y A'_s(h_0-a'_s) \tag{7.1.6-2}$$

由式（7.1.6-1）、式（7.1.6-2）联解，可求出 x 值。将 x 值代入式（7.1.6-1），可求出 A_s 值，再复核最小配筋率。

注意：已知组合墙为小偏压，已知组合墙的 M、N，截面尺寸大小，构造柱配筋值（$A_s=A'_s$），以及计算高度 H_0，安全等级为二级。试问：复核其偏压承载力是否满足。此时，由式（7.1.6-1）可求出 x 值，将 x 值代入式（7.1.6-2）的右侧，可得小偏压承载力设计值，再与 Ne_N 进行比较。

七、偏心受压配筋砌块砌体构件正截面承载力计算要点

《砌规》9.2.4 条作了规定。

《砌规》9.2.4 条，e_N、e'_N 计算时，当按规范式（8.2.4-6）时，其中的 $\beta=\gamma_\beta H_0/h$，h 取偏心方向的边长，即《砌规》图 9.2.4 中 h。

《砌规》9.2.4 条中，当竖向分布筋的配筋率为 ρ_w，其设计值为 f_{yw}，竖向主筋对称配筋，则：

$$\sum f_{si}A_{si}=f_{yw}\rho_w(h_0-1.5x)b$$

$$\sum f_{si}S_{si}\approx f_{yw}\frac{1}{2}\rho_w b(h_0-1.5x)^2$$

假定大偏压，由《砌规》中式（9.2.4-1），可得：

$$x=\frac{N+f_{yw}\rho_w bh_0}{(f_g+1.5f_{yw}\rho_w)b}$$

（1）当 x 小于 $\xi_b h_0$，并且大于 $2a'_s$ 时，由《砌规》式(9.2.4-2)可求出 A'_s 值。

（2）当 x 小于 $2a'_s$ 时，则由《砌规》式（9.2.4-3）可求出 A_s 值。

（3）当 x 大于 $\xi_b h_0$ 时，原假定不正确，按小偏压重新计算。

八、配筋砌块砌体剪力墙连梁受弯承载力计算要点

《砌规》9.3.2 条注作了规定。

配筋砌块砌体剪力墙 连梁的正截面受弯承载力，可依据《混规》6.2.10 条：

$$M\leqslant f_g bx\left(h_0-\frac{x}{2}\right)+f'_y A'_s(h_0-a'_s)$$

当连梁纵向受力钢筋为上、下对称配筋（$A_s=A'_s$）时，则：

$$M\leqslant f_y A_s(h-a_s-a'_s)$$

第二节 《砌规》和《抗规》的抗震设计

一、侧向刚度的计算

1. 砌体抗震墙的侧向刚度计算

《底部框架-抗震墙砌体房屋抗震技术规程》JGJ 248—2012 附录 A 规定：

> **A. 0. 2** 上部砌体抗震墙、底层框架-抗震墙砌体房屋中的底层约束普通砖砌体抗震墙或约束小砌块砌体抗震墙的层间侧向刚度可采用下列方法进行计算：

1 墙片宜按门窗洞口划分为墙段；

2 墙段的层间侧向刚度可按下列原则进行计算：

1）对于无洞墙段的层间侧向刚度，当墙段高宽比小于1.0时，可仅考虑其剪切变形，按式（A.0.2-1）计算；当墙段高宽比不小于1.0且不大于4.0时，应同时考虑其剪切和弯曲变形，按式（A.0.2-2）计算；当墙段的高宽比大于4.0时，不考虑其侧向刚度；

注：墙段的高宽比指层高与墙段长度之比，对门窗洞边的小墙段指洞净高与洞侧墙段宽之比。

$$K_b = \frac{GA}{1.2h} \tag{A.0.2-1}$$

$$K_b = \frac{1}{\dfrac{1.2h}{GA} + \dfrac{h^3}{12EI}} = \frac{GA}{h(1.2 + 0.4h^2/b^2)} = \frac{EA}{h(3 + h^2/b^2)} \tag{A.0.2-2}$$

式中 K_b——墙段的层间侧向刚度（N/mm）；

E、G——分别为砌体墙的弹性模量（N/mm^2）和剪变模量（N/mm^2）；

h——该层的层高（mm），对门窗洞边的小墙段为洞净高；

b——墙段长度（mm），对门窗洞边的小墙段为洞侧墙段宽；

A——墙段的水平截面面积（mm^2）。

2. 大开洞砌体抗震墙的侧向刚度计算

《底部框架-抗震墙砌体房屋抗震技术规程》附录A规定：

A. 0. 2

3 复杂大开洞墙片的层间侧向刚度可按下列原则进行计算：

1）一般可根据墙体开洞的实际情况，沿高度分段求出各墙段在单位水平力作用下的侧移δ_n，求和得到整个墙片在单位水平力作用下的顶点侧移值 δ，取其倒数得到该墙片的层间侧向刚度；

2）对于图 A.0.2-1 所示的等高大开洞墙片，可采用式（A.0.2-3）计算；

$$K_{bj} = \frac{1}{\delta} = \frac{1}{\Sigma\delta_n}(n = 1,2;或 n = 1,2,3) \qquad (A.0.2\text{-}3)$$

对于图 A.0.2-2 所示的有两个以上高度或位置大开洞的墙片，可采用式（A.0.2-4）～式（A.0.2-7）计算；

$$K_{bj} = \frac{1}{\delta} \qquad (A.0.2\text{-}4)$$

图 A.0.2-2（a）、（b）中：

$$\delta = \delta_1 + \frac{1}{\frac{1}{\delta_2 + \delta_3} + \frac{1}{\delta_4}} \qquad (A.0.2\text{-}5)$$

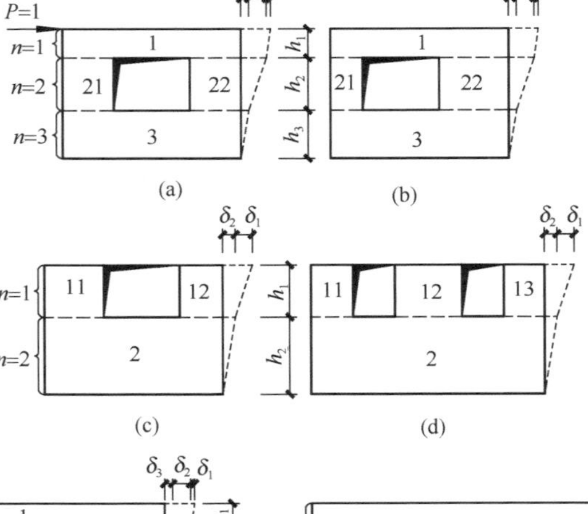

图 A.0.2-1 多个等高大开洞墙片的墙段划分

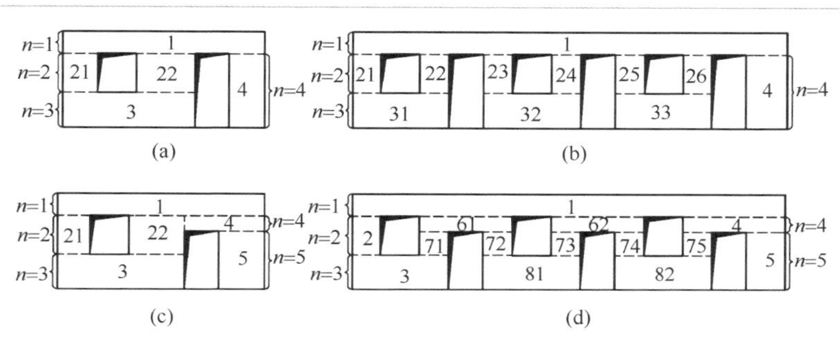

图 A.0.2-2 多个不等高大开洞墙片的墙段划分

图 A.0.2-2（c）中：

$$\delta=\delta_1+\frac{1}{\dfrac{1}{\delta_2+\delta_3}+\dfrac{1}{\delta_4+\delta_5}} \tag{A.0.2-6}$$

图 A.0.2-2（d）中：

$$\delta=\delta_1+\frac{1}{\dfrac{1}{\delta_2+\delta_3}+\dfrac{1}{\delta_4+\delta_5}+\dfrac{1}{\delta_6+\delta_7+\delta_8}} \tag{A.0.2-7}$$

式中 $\delta_{\mathrm{n}}(n=1, 2, 3, \cdots)$——第 n 墙段在单位水平力作用下的侧移（mm）；

$K_{\mathrm{b}j}$——第 j 片墙的层间侧向刚度（N/mm）。

3）在选择开洞墙层间侧向刚度的计算方法时，应对同一种类型墙体（承重墙或自重墙）采用同一种方法。

4 计算砌体抗震墙的层间侧向刚度时，可计入其中部构造柱的作用。

3. 钢筋混凝土抗震墙和配筋小砌块砌体抗震墙的侧向刚度计算

《底部框架-抗震墙砌体房屋抗震技术规程》附录 A 规定：

A. 0. 1 底层框架-抗震墙砌体房屋中，底层钢筋混凝土抗震墙或配筋小砌块砌体抗震墙的层间侧向刚度可采用下列方法进行计算：

1 无洞钢筋混凝土抗震墙的层间侧向刚度可按式（A. 0. 1-1）计算；无洞配筋小砌块砌体抗震墙的层间侧向刚度可按式（A. 0. 1-2）计算：

$$K_{\mathrm{cw}j} = \frac{1}{\dfrac{1.2h}{G_{\mathrm{c}}A} + \dfrac{h^3}{6E_{\mathrm{c}}I}} \tag{A. 0. 1-1}$$

$$K_{\mathrm{gw}j} = \frac{1}{\dfrac{1.2h}{G_{\mathrm{g}}A} + \dfrac{h^3}{6E_{\mathrm{g}}I}} \tag{A. 0. 1-2}$$

式中 $K_{\mathrm{cw}j}$——底层第 j 片钢筋混凝土抗震墙的层间侧向刚度（N/mm）；

$K_{\mathrm{gw}j}$——底层第 j 片配筋小砌块砌体抗震墙的层间侧向刚度（N/mm）；

E_{c}、G_{c}——分别为底层钢筋混凝土抗震墙的混凝土弹性模量（N/mm^2）和剪变模量（N/mm^2）；

E_{g}、G_{g}——分别为底层配筋小砌块砌体抗震墙的弹性模量（N/mm^2）和剪变模量（N/mm^2）；

I、A——分别为底层钢筋混凝土抗震墙（包括边框柱）或配筋小砌块砌体抗震墙的截面惯性矩（mm^4）和截面面积（mm^2）；

h——底层钢筋混凝土抗震墙或配筋小砌块砌体抗震墙的计算高度（mm）。

2 开洞的钢筋混凝土抗震墙或配筋小砌块砌体抗震墙的层间侧向刚度，可按照本附录第 A. 0. 2 条第 3 款的基本原则进行计算。

4. 钢筋混凝土框架柱和框架的侧向刚度计算

单根钢筋混凝土柱的侧向刚度 K_{ci}，按反弯点法时，则：

$$K_{ci}=\frac{12E_c I_c}{H_1^3}$$

式中 H_1——柱的计算高度；

I_c、E_c——柱的惯性矩、混凝土弹性模量。

第 j 榀框架的侧向刚度 K_{cfj}，所有框架的侧向刚度总和为 ΣK_{cfj} 为：

$$\Sigma K_{cfj}=\Sigma\frac{12E_c I_c}{H_1^3}$$

5. 楼层侧向刚度计算

《底部框架-抗震墙砌体房屋抗震技术规程》附录 A 规定：

A. 0. 3 底层框架-抗震墙砌体房屋的底层层间侧向刚度，为底层横向或纵向各抗侧力构件层间侧向刚度的总和，可按下列公式计算：

$$K(1)=\Sigma K_{cfj}+\Sigma K_{bj} \quad (A.0.3\text{-}1)$$

$$K(1)=\Sigma K_{cfj}+\Sigma K_{cwj}+\Sigma K_{gwj} \quad (A.0.3\text{-}2)$$

式中 $K(1)$——底层框架-抗震墙砌体房屋的底层横向或纵向层间侧向刚度（N/mm）；底层采用约束砌体抗震墙时按式（A. 0. 3-1）计算，底层采用混凝土抗震墙或配筋小砌块砌体抗震墙时按式（A. 0. 3-2）计算；

ΣK_{cfj}——底层钢筋混凝土框架的层间侧向刚度总和（N/mm），可采用 D 值法计算；

ΣK_{bj}——底层约束砌体抗震墙的层间侧向刚度总和（N/mm）；

ΣK_{cwj}——底层钢筋混凝土抗震墙的层间侧向刚度总和（N/mm）；

ΣK_{gwj}——底层配筋小砌块砌体抗震墙的层间侧向刚度总和（N/mm）。

A.0.4 上部砌体房屋的层间侧向刚度为该层横向或纵向所有墙片侧向刚度的总和，可按下式计算：

$$K(i)=\Sigma K_{bj} \qquad (A.0.4)$$

式中 $K(i)$——上部砌体房屋第 i 层横向或纵向层间侧向刚度（N/mm）；

ΣK_{bj}——上部砌体房屋某层横向或纵向砌体抗震墙的层间侧向刚度总和（N/mm）。

二、底部框架-抗震墙砌体房屋

1. 楼层侧向刚度比要求查《抗规》7.1.8 条

2. 楼层侧向刚度比的计算

楼层侧向刚度比，如图 7.2.2-1 所示。

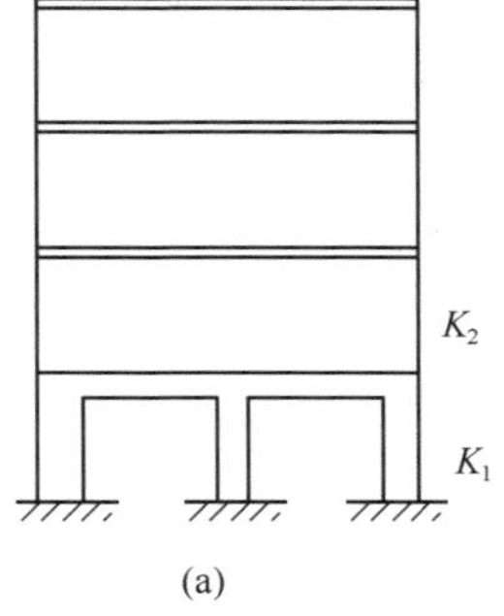

(a)

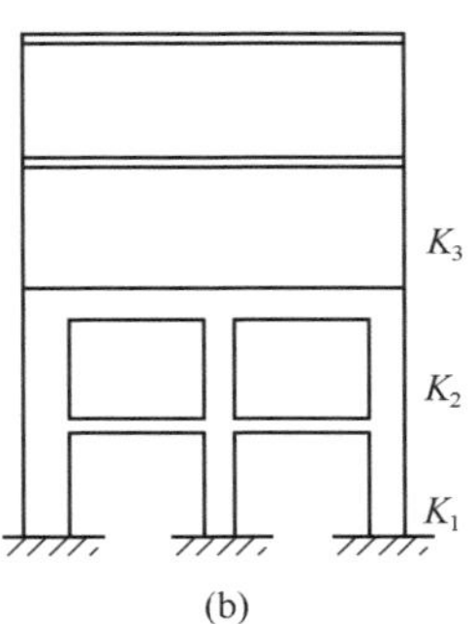

(b)

图 7.2.2-1

对于图 7.2.2-1（a）：

6、7 度：$1.0 \leqslant K_2/K_1 \leqslant 2.5$

8 度：$1.0 \leqslant K_2/K_1 \leqslant 2.0$

$K_1=\sum K_{cfj}+\sum K_{cwj}+\sum K_{gwj}$（或 $K_1=\sum K_{cfj}+\sum K_{bj}$）

$K_2=\sum K_{b2}$

式中 K_{cfj}——底层第 j 榀框架的侧向刚度；

K_{cwj}——底层一片混凝土抗震墙的侧向刚度；

K_{gwj}——底层一片配筋砌块砌体抗震墙的侧向刚度；

K_{bj}——底层一片约束砌体抗震墙的侧向刚度；

K_{b2}——第二层的一片砌体抗震墙的侧向刚度。

对于图 7.2.2-1（b）：

6、7 度：$1.0 \leqslant K_3/K_2 \leqslant 2.0$

8 度：$1.0 \leqslant K_3/K_2 \leqslant 1.5$

$K_2 = \sum K_{cfj2} + \sum K_{cwj2} + \sum K_{gwj2}$

$K_3 = \sum K_{b3}$

3. 水平地震作用效应调整

《抗规》7.2.1 条的条文说明指出，底部框架-抗震墙房屋属于竖向不规则结构。

采用底部剪力法时，由《抗规》5.2.1 条，取 $\alpha_1 = \alpha_{max}$。

对于底层框架-抗震墙砌体房屋，由底部剪力法计算出首层的水平地震剪力标准值为 V_1，根据《抗规》7.2.4 条第 1 款，应考虑地震作用效应增大系数 ξ，即：V_1（ξ）$=\xi V_1$

增大系数 ξ 的确定，《抗规》7.2.4 条的条文说明：

> **7.2.4**（条文说明）
>
> 通常，增大系数可依据刚度比用线性插值法近似确定。

底层框架-抗震墙砌体房屋：

6 度、7 度：$\xi = 1.2 + \dfrac{\dfrac{K_2}{K_1} - 1.0}{2.5 - 1.0} \times (1.5 - 1.2)$

8 度：$\xi = 1.2 + \dfrac{\dfrac{K_2}{K_1} - 1.0}{2.0 - 1.0} \times (1.5 - 1.2)$

底部两层框架-抗震墙砌体房屋

6 度、7 度：$\xi = 1.2 + \dfrac{\dfrac{K_3}{K_2} - 1.0}{2.0 - 1.0} \times (1.5 - 1.2)$

8 度：$\xi = 1.2 + \dfrac{\dfrac{K_3}{K_2} - 1.0}{1.5 - 1.0} \times (1.5 - 1.2)$

由《抗规》5.2.5 条，首层为薄弱层，故剪力系数 λ 应考虑 1.15，取 V_1（ξ）与 $1.15\lambda\sum_{j=i}^{n}G_j$ 进行楼层最小地震剪力复核，则：

（1）当 $V_1(\xi)=\xi V_1\geqslant 1.15\lambda\sum_{j=i}^{n}G_j$ 时，取地震作用效应增大系数为 ξ，调整后的地震剪力标准值：$V_1(\xi)=\xi V_1$

（2）当 $V_1(\xi)=\xi V_1<1.15\lambda\sum_{j=i}^{n}G_j$ 时，取地震作用效应增大系数为：$1.15\lambda\sum_{j=i}^{n}G_j/V_1$，调整后的地震剪力标准值为：$V_1(\xi)=1.15\lambda\sum_{j=i}^{n}G_j$

4. 底层水平地震剪力分配

在底层框架-抗震墙砌体房屋中，抗震墙作为抗震的第一道防线，框架作为第二道防线。

《抗规》7.2.4 条第 3 款规定：底层或底部两层的纵向或横向水平地震剪力值应全部由该方向的抗震墙承担，并按各抗震墙侧向刚度比例分配，即：

$$V_{\mathrm{cw}j}=\frac{K_{\mathrm{cw}j}}{\sum K_{\mathrm{cw}j}+\sum K_{\mathrm{gw}j}}\cdot V_1(\zeta)$$

$$V_{\mathrm{gw}j}=\frac{K_{\mathrm{gw}j}}{\sum K_{\mathrm{cw}j}+\sum K_{\mathrm{gw}j}}\cdot V_1(\zeta)$$

对于底部框架及框架柱承担的水平地震剪力值，《抗规》7.2.5 条第 1 款规定如下：

$$V_{\mathrm{c}i}=\frac{K_{\mathrm{c}i}}{\sum K_{\mathrm{cf}j}+0.2\sum K_{\mathrm{b}j}}\cdot V_1(\xi)$$

$$V_{\mathrm{c}i}=\frac{K_{\mathrm{c}i}}{\sum K_{ci}+0.3\sum K_{\mathrm{cw}j}+0.3\sum K_{\mathrm{gw}j}}\cdot V_1(\zeta)$$

式中 $V_{\mathrm{c}i}$——底层第 i 根框架柱承担的地震剪力值。

5. 底部水平地震倾覆力矩和框架柱的附加轴力计算

底层框架-抗震墙房屋的水平地震倾覆力矩 M_1，见图 7.2.2-2

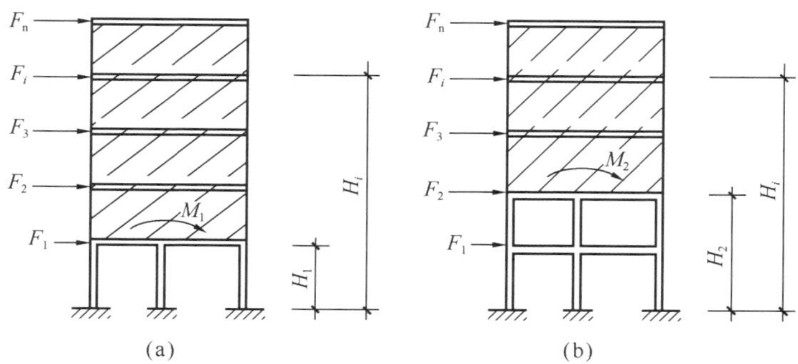

图 7.2.2-2 上部楼层地震剪力引起的倾覆力矩 M

(a) 底层框架-抗震墙房屋；(b) 底部两层框架-抗震墙房屋

(a)，由《抗震通规》4.3.2 条，$\gamma_{Eh}=1.4$，则：

$$M_1 = 1.4\sum_{i=2}^{n} F_i(H_i - H_1)$$

底部两层框架-抗震墙房屋的地震倾覆力矩 M_2，见图 7.2.2-2(b)：

$$M_2 = 1.4\sum_{i=3}^{n} F_i(H_i - H_2)$$

式中 F_i——i 质点的水平地震作用标准值；

H_i——i 质点的计算高度。

底层框架-抗震墙的地震倾覆力矩 M_1，按《抗规》7.2.5 条规定，分配给框架柱、抗震墙（混凝土墙、约束砌体抗震墙），即：

一榀框架承担的倾覆力矩 M_{fj}：

$$M_{fj} = \frac{K_{cfj}}{\Sigma K_{cfj} + 0.30\Sigma K_{cwj} + 0.30\Sigma K_{gwj}} M_1$$

一片混凝土抗震墙（或配筋混凝土小砌块砌体抗震墙）承担的倾覆力矩 M_{cw}：

$$M_{cw} = \frac{0.30K_{cwj}}{\Sigma K_{cfj} + 0.30\Sigma K_{cwj} + 0.30\Sigma K_{gwj}} M_1$$

一片约束砌体（砖墙或小砌块墙）抗震墙承担的倾覆力

矩 M_{wm}：

$$M_b = \frac{0.20K_{bj}}{\sum K_{cfj} + 0.20\sum K_{bj}} M_1$$

底部框架柱的附加轴力，在 M_f 作用下，假定墙梁刚度为无限大，则（图 7.2.2-3）：

$$N_{ci} = \pm \frac{A_i x_i}{\sum A_i x_i^2} M_{fj}$$

当框架柱为等截面时，$N_{ci} = \pm \frac{x_i}{\sum x_i^2} M_{fj}$

式中 N_{ci}——由倾覆力矩 M_{fj} 产生的框架柱附加轴力；

x_i——第 i 根框架柱到所在框架中和轴的距离；

A_i——第 i 根框架柱的截面面积。

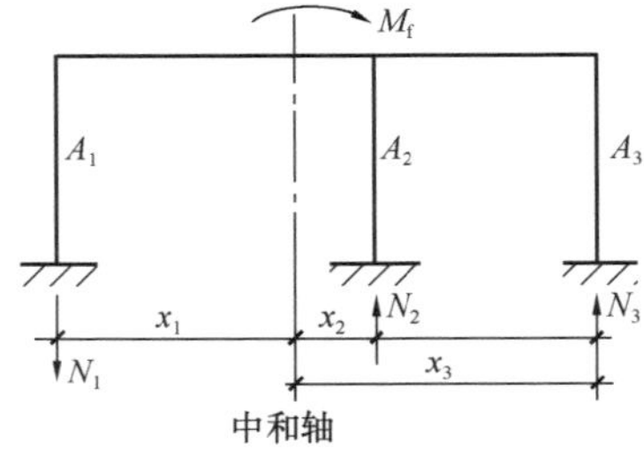

图 7.2.2-3 框架柱附加轴力计算简图

N_{ci}的计算，例如：某底层框架-抗震墙砌体房屋，底层结构平面布置如图 7.2.2-4 所示，柱高度 H＝4.2m，框架柱截面尺寸均为 500mm×500mm。底层顶的横向水平地震倾覆力矩标准值在②轴框架上产生的 M_{f2}＝386.27kN·m，确定柱 KZ_1 的附加轴力标准值。

首先，确定中性轴位置，如图 7.2.2-5 所示，以Ⓐ轴为参考线：

$$x = \frac{\sum A_i x_i}{\sum A_i} = \frac{0.5\times0.5\times[5.7+(5.7+5.1)]}{0.5\times0.5\times3}$$
$$=5.5\text{m}$$

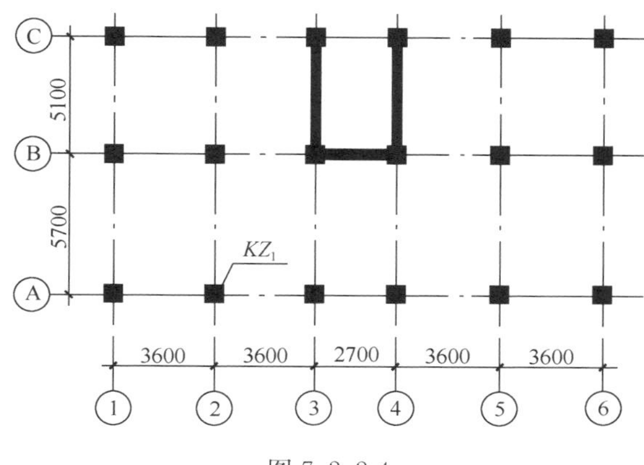

图 7.2.2-4

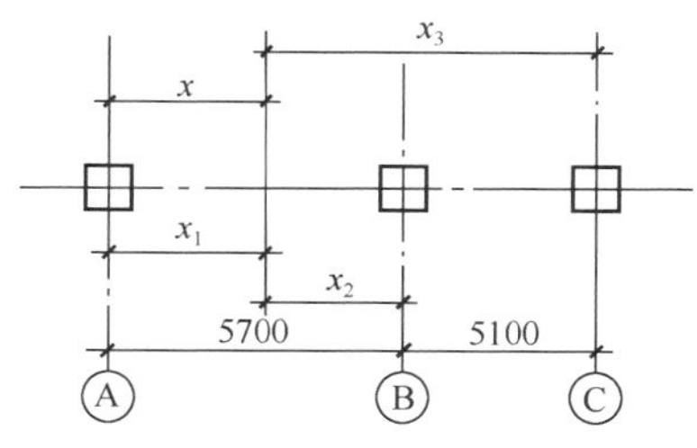

图 7.2.2-5

则：$x_1=5.5\text{m}$，$x_2=0.2\text{m}$，$x_3=5.3\text{m}$

框架柱 KZ_1 的附加轴力 N_1：

$$N_1=\pm\frac{M_{f2}x_i}{\sum x_i^2}$$

$$=\pm\frac{386.27\times5.5}{5.5^2+0.2^2+5.3^2}=\pm36.4\text{kN}$$

6. 《砌规》与《抗规》的抗震构造措施对比

(1) 底部

1) 框架柱

① 抗震等级——《抗规》7.1.9 条；《砌规》10.1.9 条，一致。

② 地震组合弯矩值的调整——《抗规》7.5.6 条，《砌规》10.4.3 条，一致。

③ 柱轴压比、配筋——《抗规》7.5.6 条，《砌规》无。

④ 材料强度等级——《抗规》7.5.9 条，《砌规》10.1.12 条，一致。

2）托墙梁

① 截面和构造——《抗规》7.5.8 条，《砌规》10.4.9 条。

② 材料强度等级——《抗规》7.5.9 条，《砌规》10.1.12 条，一致。

3）底部抗震墙

① 钢筋混凝土抗震墙

A. 抗震等级——《抗规》7.1.9 条，《砌规》10.1.9 条，一致。

B. 截面和构造——《抗规》7.5.3 条，《砌规》10.4.6 条，一致。

C. 材料强度等级——《抗规》7.5.9 条，《砌规》10.1.12 条，一致。

② 约束砖砌体抗震墙

构造——《抗规》7.5.4 条，《砌规》10.4.6 条、10.4.8 条。

③ 配筋砌块砌体抗震墙

厚度、截面和构造——《抗规》无，《砌规》10.4.6 条、10.4.7 条。

④ 约束小砌块砌体抗震墙

构造——《抗规》7.5.5 条，《砌规》无。

（2）过渡层

① 过渡层墙体的构造——《抗规》7.5.2 条，《砌规》10.4.11 条。

② 过渡层墙体的材料强度等级——《抗规》7.5.9 条，《砌规》10.4.11 条，一致。

③ 过渡层的底板——《抗规》7.5.7 条，《砌规》10.4.12 条，一致。

（3）上部

① 上部墙体的构造柱或芯柱——《抗规》7.5.1 条，《砌规》10.4.10 条，一致。

② 上部的楼盖——《抗规》7.5.7 条，《砌规》10.4.12 条，一致。

第三节 《木标》

一、基本规定

1. 结构重要性系数 γ_0

《木标》规定：

> **4.1.7** 对于承载能力极限状态，结构构件应按荷载效应的基本组合，采用下列极限状态设计表达式：
>
> $$\gamma_0 S_d \leqslant R_d \tag{4.1.7}$$
>
> 式中：γ_0——结构重要性系数，应按现行国家标准《建筑结构可靠性设计统一标准》GB 50068 的相关规定选用。

2. 原木直径与计算截面的确定

> **4.3.18** 标注原木直径时，应以小头为准。原木构件沿其长度的直径变化率，可按每米 9mm 或当地经验数值采用。验算挠度和稳定时，可取构件的中央截面；验算抗弯强度时，可取弯矩最大处截面。

二、构件计算

1. 轴心受压构件的回转半径和长细比的计算

（1）矩形截面

如图 7.3.2-1 所示，矩形截面尺寸为$b \times h$：

$$i_x = \frac{h}{\sqrt{12}}, i_y = \frac{b}{\sqrt{12}}$$

$$\lambda_x = \frac{l_{ox}}{i_x}, \lambda_y = \frac{l_{oy}}{i_y}$$

$$\lambda = \max(\lambda_x, \lambda_y)$$

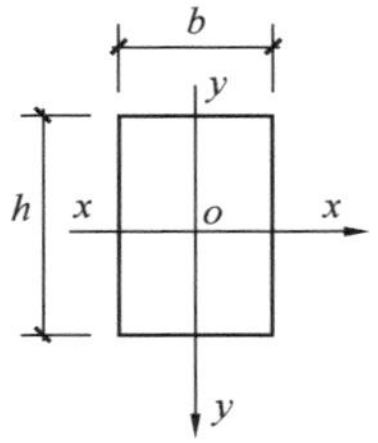

图 7.3.2-1

（2）圆形截面（直径 d）

$$i_x = i_y = \frac{d}{4}$$

$$\lambda = \frac{l_0}{i_x}$$

2. 方木原木轴心受压构件的稳定系数 φ 速查表

方木原木轴心受压构件的稳定系数 φ 速查表，见表 7.3.2-1。

方木原木轴心受压构件的稳定系数 φ 速查表　　表 7.3.2-1

强度等级	TC15、TC17、TB20	TC11、TC13、TB11 TB13、TB15、TB17
λ_c	$4.13\times\sqrt{1\times330}=75.0$	$5.28\times\sqrt{1\times300}=91.5$
φ	$\lambda>\lambda_c$ 时： $\varphi=\frac{0.92\pi^2\times330}{\lambda^2}=\frac{2993.4}{\lambda^2}$ $\lambda\leqslant\lambda_c$ 时： $\varphi=\frac{1}{1+\frac{\lambda^2}{1.96\pi^2\times1\times330}}=\frac{1}{1+\frac{\lambda^2}{6377.2}}$	$\lambda>\lambda_c$ 时： $\varphi=\frac{0.95\pi^2\times1\times300}{\lambda^2}=\frac{2810}{\lambda^2}$ $\lambda\leqslant\lambda_c$ 时： $\varphi=\frac{1}{1+\frac{\lambda^2}{1.43\pi^2\times1\times300}}=\frac{1}{1+\frac{\lambda^2}{4230}}$

3. 矩形截面和圆形截面受弯构件的截面特性

（1）矩形截面（图 7.3.2-2a）

$$I_x = \frac{1}{12}bh^3，W_x = \frac{1}{6}bh^2$$

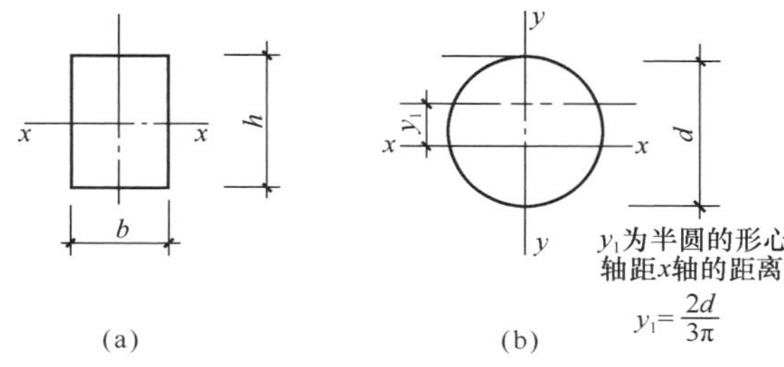

图 7.3.2-2　图形截面的几何特性

（a）矩形截面；（b）圆形截面

$$\tau_{\max}=\frac{VS}{Ib}=\frac{V\,\frac{1}{2}bh\cdot\frac{h}{4}}{\frac{1}{12}bh^3b}=\frac{3V}{2bh}=\frac{3V}{2A}$$

（2）圆形截面（图 7.3.2-2b）

$$I_x=\frac{1}{64}\pi d^4，W_x=\frac{1}{32}\pi d^3$$

$$\tau_{\max}=\frac{VS}{Ib}=\frac{V\cdot\frac{1}{8}\pi d^2\cdot\frac{2d}{3\pi}}{\frac{1}{64}\pi d^4\cdot d}=\frac{16V}{3\pi d^2}$$

$$=\frac{4V}{3A}$$

4. 方木原木受弯构件的侧向稳定系数 φ_l 速查表

方木原木受弯构件的侧向稳定系数 φ_l 速查表，见表 7.3.2-2。

方木原木受弯构件的侧向稳定系数 φ_l 速查表　　　　表 7.3.2-2

强度等级	TC15、TC17、TB20、TC11、TC13、TB11、TB13、TB15、TB17
λ_B	$\lambda_B=\sqrt{\frac{l_e h}{b^2}}$
λ_m	$\lambda_M=0.9\times\sqrt{1\times220}=13.3$

续表

强度等级	TC15、TC17、TB20、TC11、TC13、TB11、TB13、TB15、TB17
φ_l	$\lambda_B > \lambda_m$ 时： $\varphi_l = \frac{0.7 \times 1 \times 220}{\lambda_B^2} = \frac{154}{\lambda_B^2}$ $\lambda \leqslant \lambda_m$ 时： $\varphi_l = \frac{1}{1 + \frac{\lambda_B^2}{4.9 \times 1 \times 220}} = \frac{1}{1 + \frac{\lambda_B^2}{1078}}$

5. 受弯构件的挠度计算公式见第五章第四节

三、连接设计

1. 齿连接齿的承压面面积 A_c 的计算

（1）方木齿连接

$$A_c = \frac{bh_c}{\cos\alpha}$$

（2）原木齿连接

其承压面为椭圆弓形，可简化按圆弓形计算（图 7.3.3-1）：

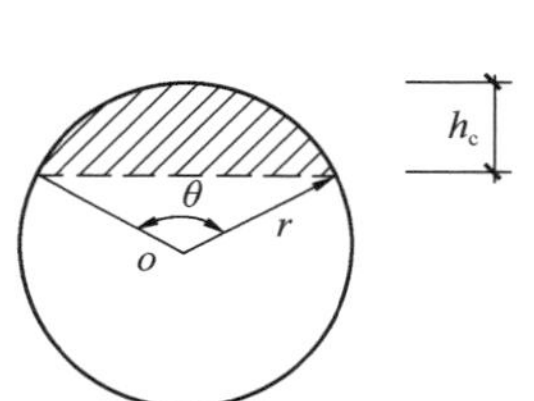

图 7.3.3-1

$$A_c = \int_0^\alpha \frac{r}{2} r d\alpha - \frac{1}{2} \cdot 2 \cdot r\sin\frac{\theta}{2} \cdot r\cos\frac{\theta}{2}$$

$$= \frac{r^2}{2} \cdot \alpha - r^2 \sin\frac{\theta}{2} \cos\frac{\theta}{2}$$

其中，θ 为度，α 为弧度，$\alpha = \frac{\pi\theta}{180°}$

2. 销连接的屈服模式

根据《木标》6.2.5 条条文说明图 11，可知：

单剪连接有：I_m（或 I_s）、Ⅱ、$Ⅲ_m$（或$Ⅲ_s$）、Ⅳ。

双剪连接有：I_m（或 I_s）、$Ⅲ_s$、Ⅳ。

第八章

《地规》《桩规》《地处规》和《抗规》

第一节 基本参数和系数

一、土的三相比例指标换算公式速查表

土粒的相对密度 d_s、土的天然密度 ρ、土的含水量 w 三个基本指标是通过试验测定的，当这三个基本指标确定后，可导出其余各个指标，一般常采用三相草图，如图 8.1.1-1 所示。

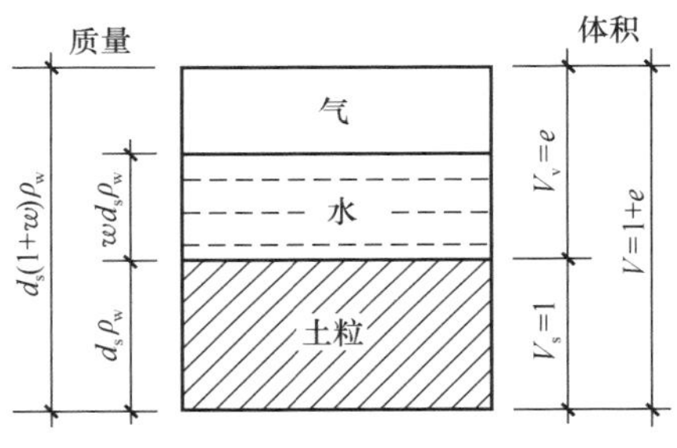

图 8.1.1-1 三相草图

土的三相比例指标换算公式速查表，见表 8.1.1-1。

土的三相比例指标换算公式速查表 **表 8.1.1-1**

名称	符号	三相比例表达式	常用换算公式	常见的取值范围
干密度	ρ_d	$\rho_d=\frac{m_s}{V}$	$\rho_d=\frac{\rho}{1+w}$ $\rho_d=\frac{d_s\rho_w}{1+e}$	1.3～1.8g/cm^3
干重度	γ_d	$\gamma_d=\frac{m_s}{V}g=\rho_d g$	$\gamma_d=\frac{\gamma}{1+w}$ $\gamma_d=\frac{d_s\gamma_w}{1+e}$	13～18kN/m^3
饱和重度	γ_{sat}	$\gamma_{sat}=\rho_{sat}g$	$\gamma_{sat}=\frac{\gamma_w(d_s+e)}{1+e}$ $\gamma_{sat}=\frac{\rho_w(d_s+e)g}{1+e}$	18～23kN/m^3

续表

名称	符号	三相比例表达式	常用换算公式	常见的取值范围
浮重度（有效重度）	γ'	$\gamma'=\frac{m_s-V_s\rho_w}{V}g$	$\gamma'=\gamma_{sat}-\gamma_w$ $\gamma'=\frac{(d_s-1)\ \gamma_w}{1+e}$	8～13kN/m³
孔隙比	e	$e=\frac{V_v}{V_s}$	$e=\frac{d_s\rho_w}{\rho_d}-1$ $e=\frac{d_s\gamma_w}{\gamma_d}-1$ $e=\frac{d_s\ (1+w)\ \rho_w}{\rho}-1$ $e=\frac{d_s\ (1+w)\ \gamma_w}{\gamma}-1$	黏性土和粉土： 0.40～1.20 砂土： 0.30～0.90
孔隙率	n	$n=\frac{V_v}{V}\times100\%$	$n=\frac{e}{1+e}$	黏性土和粉土： 30%～60% 砂土：25%～45%
饱和度	S_r	$S_r=\frac{V_w}{V_v}\times100\%$	$S_r=\frac{wd_s}{e}$ $S_r=\frac{w\rho_d}{n\rho_w}$ $S_r=\frac{w\gamma_s}{e\gamma_w}$	0～100%

二、土的塑性指数 I_p 和液性指数 I_L

塑性指数 I_p： $I_p=w_L-w_p$

液性指数 I_L： $I_L=\frac{w-w_p}{w_L-w_p}=\frac{w-w_p}{I_p}$

式中 w_L——指液限，即黏性土由可塑状态转到流动状态的界限含水率；

w_p——指塑限，即黏性土由半固态转到可塑状态的界限含水率；

w——黏性土的天然含水率。

三、砂土的相对密实度 D_r

$$D_r = \frac{e_{max} - e}{e_{max} - e_{min}}$$

式中 e_{max}——砂土的最疏松状态孔隙比；

e_{min}——砂土的最密实状态孔隙比；

e——砂土的天然孔隙比。

四、土的压缩系数 a 和压缩模量 E_s 的计算

土的压缩系数 a 的计算（图 8.1.4-1）：

$$a = \frac{e_1 - e_2}{p_2 - p_1} \quad (\mathrm{MPa^{-1}})$$

式中，p_1、p_2 分别为固结压力；e_1、e_2 分别为相应于 p_1、p_2 时的孔隙比。

当 p_1＝100kPa、p_2＝200kPa 时：

$a_{1\text{-}2}=\frac{e_1-e_2}{p_2-p_1}$，$a_{1\text{-}2}$ 用于地基土的压缩性分类，见《地规》4.2.6 条。

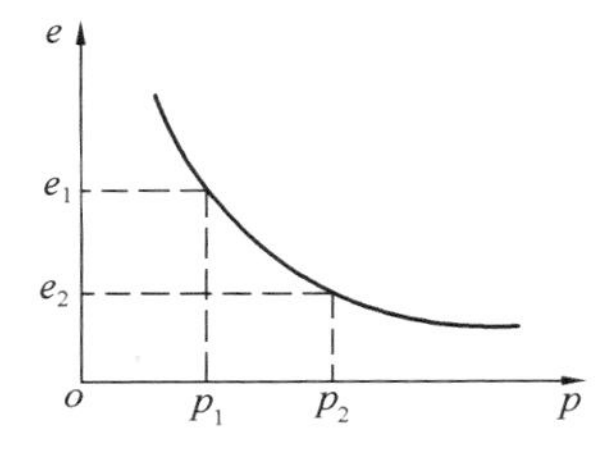

图 8.1.4-1 e-p 压缩曲线图

土的压缩模量 E_s，指在完全侧限条件下，土的竖向应力变化量，Δp 与其相应的竖向应变变化量 $\Delta\varepsilon$ 的比值，即：

$$E_s = \frac{\Delta p}{\Delta \varepsilon}(\mathrm{MPa})$$

E_s 与 a 的换算关系为：

$$E_s = \frac{1 + e_0}{a}$$

或
$$a=\frac{1+e_0}{E_s}$$

式中 e_0——地基土自重应力作用下的孔隙比；

a——从土自重应力至土自重应力加附加应力段的压缩系数。

五、受冲切承载力截面高度影响系数 β_{hp} 速查表

根据《地规》8.2.8 条（或《桩规》5.9.7 条）：

$$\beta_{hp}=1-\frac{h-800}{2000-800}\cdot(1-0.9)\qquad(800\leqslant h\leqslant 2000)$$

系数 β_{hp} 的速查表，见表 8.1.5-1。

受冲切承载力截面高度影响系数 β_h 速查表　　表 8.1.5-1

截面高度 h（mm）	800	850	900	950	1000	1050	1100	1150	1200	1250
β_{hp}	1.0	0.996	0.992	0.988	0.983	0.979	0.975	0.971	0.967	0.963
截面高度 h（mm）	1300	1350	1400	1450	1500	1550	1600	1650	1700	1750
β_{hp}	0.958	0.954	0.95	0.946	0.942	0.938	0.933	0.929	0.925	0.921
截面高度 h（mm）	1800		1850		1900		1950		2000	
β_{hp}	0.917		0.913		0.908		0.904		0.90	

六、受剪切承载力截面高度影响系数 β_{hs}

根据《地规》8.2.9 条（或《桩规》5.9.10 条），系数 β_{hs}，见表 8.1.6-1。

受剪切承载力截面高度影响系数 β_{hs}　　表 8.1.6-1

截面有效高度 h_0（mm）	$h_0\leqslant 800$	$800<h_0<2000$	$2000\leqslant h_0$
β_{hs}	1.0	$\left(\frac{800}{h_0}\right)^{\frac{1}{4}}$	0.795

七、圆桩（d）等效为方桩（$b=0.886d$）【《地规》8.5.17 条】

八、圆柱（d_c）等效为方柱（$b=0.886d_c$）【《地规》8.5.18 条】

九、圆桩（d）等效为方桩（$b=0.8d$）【《桩规》5.9.7 条】

十、圆柱（d_c）等效为方柱（$b=0.8d_c$）【《桩规》5.9.7 条】

十一、扩展基础的混凝土强度等级不应低于 C25【《地基通规》6.2.4 条】

第二节 《地规》

一、《地规》承载力修正系数

$$I_L=\frac{w-w_p}{w_L-w_p},\ e=\frac{d_s\gamma_w\ (1+w)}{\gamma}-1$$

表 5.2.4 承载力修正系数

土的类别		η_b	η_d
淤泥和淤泥质土		0	1.0
人工填土 e 或 I_L 大于等于 0.85 的黏性土		0	1.0
红黏土	含水比 $\alpha_w>0.8$	0	1.2
	含水比 $\alpha_w\leqslant0.8$	0.15	1.4
大面积压实填土	压实系数大于 0.95、黏粒含量 $\rho_c\geqslant10\%$ 的粉土	0	1.5
	最大干密度大于 2100kg/m^3 的级配砂石	0	2.0
粉土	黏粒含量 $\rho_c\geqslant10\%$ 的粉土	0.3	1.5
	黏粒含量 $\rho_c<10\%$ 的粉土	0.5	2.0
e 及 I_L 均小于 0.85 的黏性土		0.3	1.6
粉砂、细砂(不包括很湿与饱和时的稍密状态)		2.0	3.0
中砂、粗砂、砾砂和碎石土		3.0	4.4

注：1. 强风化和全风化的岩石，可参照所风化成的相应土类取值，其他状态下的岩石不修正。
2. 地基承载力特征值按本规范附录 D 深层平板载荷试验确定时 η_d 取 0。
3. 含水比是指土的天然含水量 w 与液限 w_L 的比值。
4. 大面积压实填土是指填土范围大于两倍基础宽度的填土。

二、《地规》表 5.2.5 承载力系数的完整表

5.2.5 当偏心距 e 小于或等于 0.033 倍基础底面宽度时，根据土的抗剪强度指标确定地基承载力特征值可按下式计算，并应满足变形要求：

$$f_a = M_b \gamma b + M_d \gamma_m d + M_c c_k \quad (5.2.5)$$

式中 f_a——由土的抗剪强度指标确定的地基承载力特征值（kPa）；

M_b、M_d、M_c——承载力系数，按表 5.2.5 确定；

b——基础底面宽度（m），大于 6m 时按 6m 取值，对于砂土小于 3m 时按 3m 取值；

c_k——基底下一倍短边宽度的深度范围内土的黏聚力标准值（kPa）。

《地规》表 5.2.5 中 φ_k 为 0°～40°的偶数度，现补充完善，见表 8.2.2-1。

承载力系数 M_b、M_d、M_c **表 8.2.2-1**

土的内摩擦角标准值 φ_k(°)	M_b	M_d	M_c
0	0	1.00	3.14
1	0.02	1.06	3.23
2	0.03	1.12	3.32
3	0.05	1.19	3.42
4	0.06	1.25	3.51
5	0.08	1.32	3.61
6	0.10	1.39	3.71
7	0.12	1.47	3.82
8	0.14	1.55	3.93
9	0.16	1.64	4.05
10	0.18	1.73	4.17
11	0.21	1.84	4.30

续表

土的内摩擦角标准值 φ_k（°）	M_b	M_d	M_c
12	0.23	1.94	4.42
13	0.26	2.06	4.56
14	0.29	2.17	4.69
15	0.33	2.30	4.85
16	0.36	2.43	5.00
17	0.40	2.58	5.16
18	0.43	2.72	5.31
19	0.47	2.89	5.49
20	0.51	3.06	5.66
21	0.56	3.25	5.85
22	0.61	3.44	6.04
23	0.71	3.66	6.25
24	0.80	3.87	6.45
25	0.95	4.12	6.68
26	1.10	4.37	6.90
27	1.25	4.65	7.15
28	1.40	4.93	7.40
29	1.65	5.26	7.68
30	1.90	5.59	7.95
31	2.25	5.97	8.25
32	2.60	6.35	8.55
33	3.00	6.78	8.89
34	3.40	7.21	9.22
35	3.80	7.73	9.60
36	4.20	8.25	9.97
37	4.60	8.85	10.39
38	5.00	9.44	10.80

续表

土的内摩擦角标准值 φ_k(°)	M_b	M_d	M_c
39	5.40	10.14	11.27
40	5.80	10.84	11.73

注：φ_k——基底下一倍短边宽度的深度范围内土的内摩擦角标准值（°）。

三、非抗震设计时基础底面与地基土之间零应力区面积的要求

根据《高规》12.1.7 条规定：

（1）高宽比 $H/B>4$ 的高层建筑，基础底面不宜出现零应力区；

对矩形平面的基础，即为：$e_{非}\leqslant b/6$

（2）高宽比 $H/B\leqslant4$ 的高层建筑，基础底面与地基土之间零应力区面积不应超过基础底面积的 15%；

对矩形平面的基础，即为：$e_{非}\leqslant1.3b/6$

式中 b——力矩作用方向基础的底面边长（m）；

$e_{非}$——相应于荷载的标准组合时的偏心距（m），按下式计算：

$$e_{非}=\frac{M_k}{F_k+G_k}$$

式中 F_k——在重力荷载与水平荷载的标准组合下，上部结构传至基础顶面的竖向力值（kN）；

M_k——在重力荷载与水平荷载的标准组合下，作用于基础底面的力矩值（kN·m）；

G_k——基础及其上覆土的自重（kN）。

注意：

（1）上述规定不适用于单层、多层建筑。

（2）抗震设计时，见《抗规》4.2.4 条。

四、《地规》5.2.5 条 $e_k\leqslant0.033b$ 的内涵

根据《地规》5.2.1 条：

$$p_k\leqslant f_a \qquad (5.2.1\text{-}1)$$

$$p_{kmax} \leqslant 1.2 f_a \quad (5.2.1\text{-}2)$$

经证明，当 $e_k \leqslant 0.033b$ 时（e_k 是指在荷载的标准组合下的偏心距；b 的定义，见前面），地基承载力仅需要满足公式（5.2.1-1），其自然就满足公式（5.2.1-2），即公式（5.2.1-2）不起控制作用。

当 $e_k > 0.033b$ 时，地基承载力应同时满足《地规》公式（5.2.1-1）、公式（5.2.1-2）。

五、单向压缩分层总和法计算地基变形

1. 可压缩土层为一层

如图 8.2.5-1 所示覆盖面很大的单一压缩土层，荷载的分布面积也很大。设在压应力 p_1 作用下土样的高度为 H，孔隙比为 e_1；当压应力增大到 p_2 时，产生相应的压缩量 Δs 并达稳定后，孔隙比从 e_1 减少到 e_2。

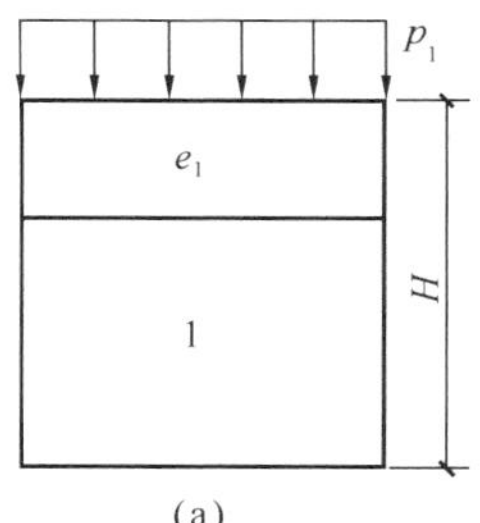

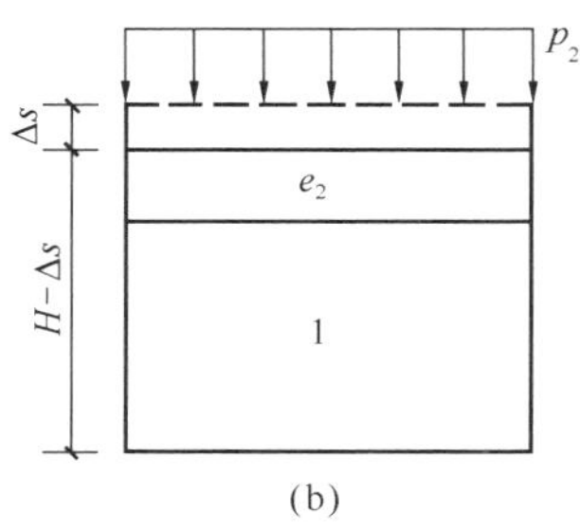

图 8.2.5-1

（a）压缩前；（b）压缩后

因为受压前后土粒体积和横截面面积均不改变，则有：

$$\frac{H}{1+e_1} = \frac{H-\Delta s}{1+e_2}$$

整理得：$\Delta s = \dfrac{e_1 - e_2}{1+e_1} H$

另根据土的应力应变关系，$\varepsilon = \dfrac{p_2 - p_1}{E_s} = \dfrac{\Delta p}{E_s}$，$\Delta s = \varepsilon H$，则：

$$\Delta s=\frac{\Delta p}{E_s}H$$

2. 可压缩土层为多层

当可压缩土层为多层时，计算第 i 层土的压缩变形是 Δs_i，仍采用前述可压缩土层为一层的相应计算公式。此时，取 $\Delta s=\Delta s_i$，$H=h_i$，即：

$$\Delta s_i=\frac{e_{1i}-e_{2i}}{1+e_{1i}}h_i$$

$$\text{或 } \Delta s_i=\frac{\bar{\sigma}_{zi}}{E_{si}}h_i$$

式中 e_{1i}——第 i 层土的自重应力平均值所对应的压缩曲线上的孔隙比；

e_{2i}——第 i 层土的自重应力平均值与附加应力平均值之和对应的压缩曲线上的孔隙比；

$\bar{\sigma}_{zi}$——第 i 层土的平均附加应力值，$\bar{\sigma}_{zi}=\frac{\sigma_{zi}+\sigma_{z(i-1)}}{2}$，其中，$\sigma_{zi}$，$\sigma_{z(i-1)}$ 分别为第 i 层土底面、顶面处的附加应力。

六、《地规》5.3.5 条计算地基变形的直接法

5.3.5 计算地基变形时，地基内的应力分布，可采用各向同性均质线性变形体理论。其最终变形量可按下式进行计算：

$$s=\psi_s s'=\psi_s\sum_{i=1}^{n}\frac{p_0}{E_{si}}(z_i\bar{\alpha}_i-z_{i-1}\bar{\alpha}_{i-1}) \qquad (5.3.5)$$

（1）单一土层时：

$$s=\psi_s s'=\psi_s\frac{p_0}{E_{s1}}(z_1\bar{\alpha}_1-0)$$

（2）双层土时：

$$s=\psi_s s'=\psi_s\left[\frac{p_0}{E_{s1}}(z_1\bar{\alpha}_1-0)+\frac{p_0}{E_{s2}}(z_2\bar{\alpha}_2-z_1\bar{\alpha}_1)\right]$$

（3）任意一土层时：

$$s_i=\psi_s s'_i=\psi_s\frac{p_0}{E_{si}}(z_i\bar{\alpha}_i-z_{i-1}\bar{\alpha}_{i-1})$$

七、土压力的计算

1. 静止土压力

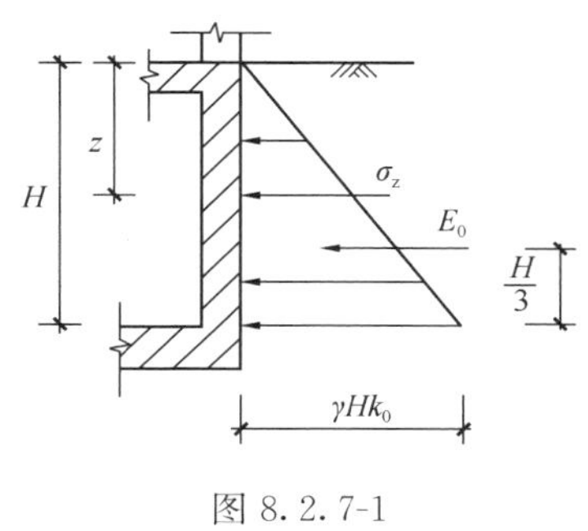

图 8.2.7-1

如图 8.2.7-1 所示，任意深度 z 处的静止土压力强度 σ_z 为：

$$\sigma_z = \gamma z k_0$$

式中 k_0——静止土压力系数。

作用在地下室外墙上的总静止土压力（E_0）为三角形分布图的面积，即：

$$E_0 = \frac{1}{2}\gamma H^2 k_0$$

k_0 的取值，《地规》9.3.2 条及其条文说明：

9.3.2 当对支护结构水平位移有严格限制时，应采用静止土压力计算。

9.3.2（条文说明）

静止土压力系数（k_0）宜通过试验测定。当无试验条件时，对正常固结土也可按表 24 估算。

表 24 静止土压力系数 k_0

土类	坚硬土	硬—可塑 黏性土、粉质黏土、砂土	可—软塑 黏性土	软塑 黏性土	流塑 黏性土
k_0	0.2～0.4	0.4～0.5	0.5～0.6	0.6～0.75	0.75～0.8

2. 朗肯土压力理论

朗肯土压力理论假设：①挡土墙墙背竖直、光滑，填土面水平；②墙背与填土之间无摩擦力存在。朗肯土压力理论是根据半空间的应力状态和土的极限平衡条件而建立的土压力计算方法。朗肯土压力理论仅局限于填土面水平、墙背垂直光滑的情况，工程中多用于挡土桩、板桩、锚桩，以及沉井和刚性桩的土压力计算。此外，由于忽略了墙背与填土之间的影响，朗肯土压力理论使计算的主动土压力偏大，使计算的被动土压力偏小。

（1）主动土压力

1）无黏性土的主动土压力计算

任意深度 z 处的主动土压力强度 σ_a，如图 8.2.7-2 所示：

$$\sigma_a = \gamma z k_a$$

式中 k_a——主动土压力系数，$k_a=\tan^2\left(45°-\dfrac{\varphi}{2}\right)$；

φ——填土的内摩擦角。

如图 8.2.7-2 所示，作用在挡土墙上的总主动土压力大小（E_a）为三角形分布图的面积，即：

$$E_a = \frac{1}{2}\gamma H^2 k_a$$

其中，E_a 的作用点位于墙底面以上$\dfrac{H}{3}$处。

2）黏性土（$c\neq0$）的主动土压力计算

任意深度 z 处的主动土压力强度 σ_a，如图 8.2.7-3 所示：

$$\sigma_a = \gamma z k_a - 2c\sqrt{k_a}$$

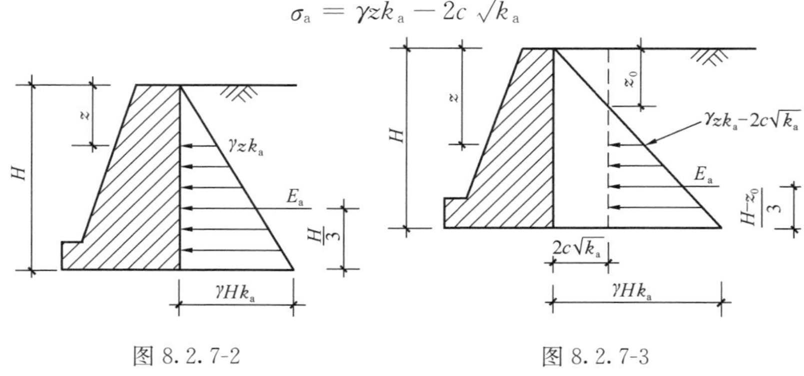

图 8.2.7-2　　　图 8.2.7-3

临界深度 z_0，即图 8.2.7-3 中 $\sigma_a=0$ 处，则：

$$z_0 = \frac{2c}{\gamma\sqrt{k_a}}$$

式中 k_a——主动土压力系数，$k_a=\tan^2\left(45°-\dfrac{\varphi}{2}\right)$。

总的主动土压力大小（E_a）为：

$$E_a = \frac{1}{2}\gamma(H - z_0)^2 k_a$$

其中，E_a 的作用点位于墙底面以上（$H-z_0$）/3 处。

（2）被动土压力

如图 8.2.7-4 所示，填土面水平。

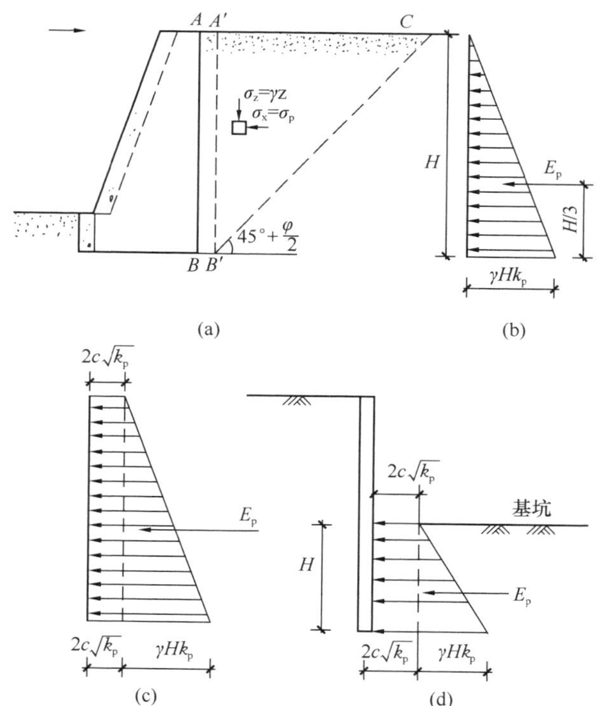

图 8.2.7-4 朗肯被动土压力计算

（a）挡土墙向填土移动；（b）无黏性土；（c）黏性土；（d）基坑支护结构内侧黏性土

1）无黏性土，任意深度 z 处的被动土压力强度 σ_p 为：

$$\sigma_p = \gamma z k_p$$

式中 k_p——被动土压力系数，$k_p=\tan^2\left(45°+\frac{\varphi}{2}\right)$。

总的被动土压力大小（E_p）为：

$$E_p=\frac{1}{2}\gamma H^2 k_p$$

2）黏性土，任意深度 z 处的被动土压力强度 σ_p 为：

$$\sigma_p=\gamma z k_p+2c\sqrt{k_p}$$

总的被动土压力大小 E_p 为：

$$E_p=\frac{1}{2}\gamma H^2 k_p+2cH\sqrt{k_p}$$

3. 几种常见情况的朗肯主动土压力的计算

（1）填土表面有均布荷载情况

当挡土墙墙后填土表面有连续均布荷载 q 作用时，一般可将均布荷载 q 换算成位于地表以上的当量土重，即用假想的土重代替均布荷载。当填土面水平时，当量的土层厚度（或换算高度）h 为：

$$h=q/\gamma$$

如图 8.2.7-5 所示，就把原高为 H 的挡土墙假想成高为（$H+h$）。

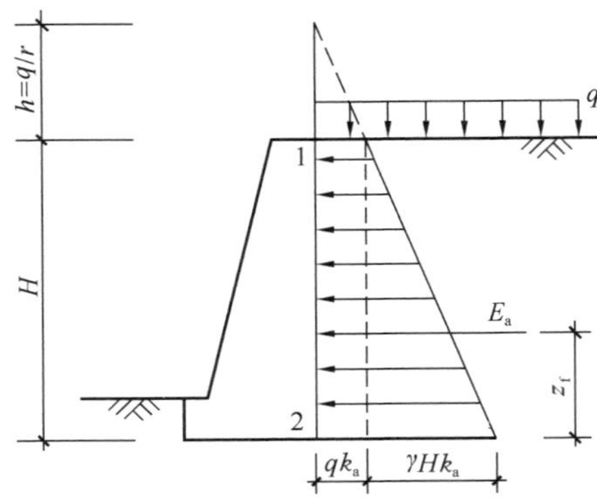

图 8.2.7-5 无黏性土表面有均布荷载

① 当墙后填土为无黏性土，如图 8.2.7-5 所示，根据朗肯土压力计算公式，可得墙顶 1 处主动土压力强度为：

$$\sigma_{a1}=\gamma hk_a=qk_a$$

墙底 2 处主动土压力强度为：

$$\sigma_{a2}=\gamma(H+h)k_a=\gamma Hk_a+qk_a$$

墙背上的总主动土压力 E_a 为图中梯形图形面积，即：

$$E_a=\frac{1}{2}\gamma H^2k_a+qHk_a$$

主动土压力 E_a 作用点位于梯形面积的形心处 z_f，即：

$$z_f=\frac{(2\sigma_{a1}+\sigma_{a2})H}{3(\sigma_{a1}+\sigma_{a2})}$$

式中，σ_{a1}、σ_{a2}分别为墙顶 1、墙底 2 处的主动土压力强度。

② 当墙后填土为黏性土，因为土的黏聚力引起的土压力为负值，由均布荷载及土重所引起的土压力为正值，故可能会出现如图 8.2.7-6 所示三种土压力分布情况。

第一种情况，如图 8.2.7-6（a），由超载 q 引起的主动土压力小于由黏聚力引起的土压力，即 $qk_a<2c\sqrt{k_a}$，墙背上的土压力仍有负值出现，有临界高度 z'_0。

第二种情况，如图 8.2.7-6（b），由超载 q 引起的主动土压力刚好等于黏聚力引起的土压力，即 $qk_a=2c\sqrt{k_a}$，墙背上的土压力呈三角形分布。

第三种情况，如图 8.2.7-6（c），由超载 q 引起的主动土压力大于由黏聚力引起的土压力，即 $qk_a>2c\sqrt{k_a}$，墙背上的土压力呈梯形分布，其中，墙顶 1 处的土压力强度为：$\sigma_{a1}=qk_a-2c\sqrt{k_a}$；墙底 2 处土压力强度为，$\sigma_{a2}=\gamma Hk_a+qk_a-2c\sqrt{k_a}$。墙背上总的土压力作用点距墙底距离 z_f 为：

$$z_f=\frac{(2\sigma_{a1}+\sigma_{a2})H}{3(\sigma_{a1}+\sigma_{a2})}$$

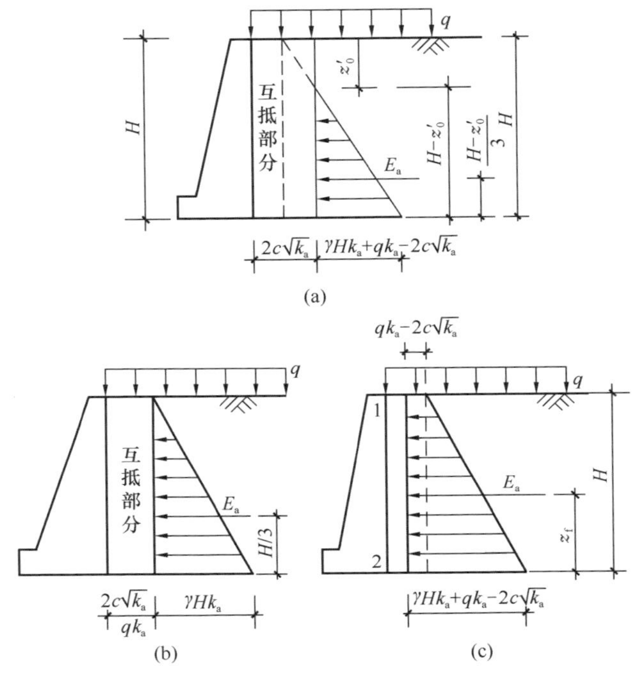

图 8.2.7-6 黏性土表面有均匀荷载

（2）分层填土的土压力计算

当挡土墙墙后的填土分几种不同性质的土料回填时，由于各层土的重度、抗剪强度指标 φ 和 c 均不同，故土压力分布图形不再呈直线变形，可能由几段不同坡度的直线或不连续的直线组成土压力图形。在土层分界面处可能出现两个 σ_a 值（因为上、下层的主动压力系数 k_a 可能不相同）。在计算各层土压力强度时，首先应确定计算深度处的土的竖向自重应力 $\sum \gamma_i h_i$，然后根据各层土的抗剪强度指标计算出主动土压力系数 k_a，再根据主动土压力强度计算公式求解 σ_a。

（3）填土层有地下水时土压力计算

① 对地下水位以下的黏性土（或黏质粉土），可采用土压

力、水压力合算方法。对正常固结土，土的抗剪强度指标应采用三轴固结不排水抗剪强度指标（或直剪固结快剪强度指标），用 c、φ 表示。

如图 8.2.7-7 所示，当土为黏性土时，按“水土合算”，h 处的土压力强度和水压力强度的合应力为：

$$\sigma_{ah}=[\gamma_1 h_1+\gamma_2(h-h_1)]k_{a2}-2c_2\sqrt{k_{a2}}$$

$$k_{a2}=\tan^2\left(45^\circ-\frac{\varphi_2}{2}\right)$$

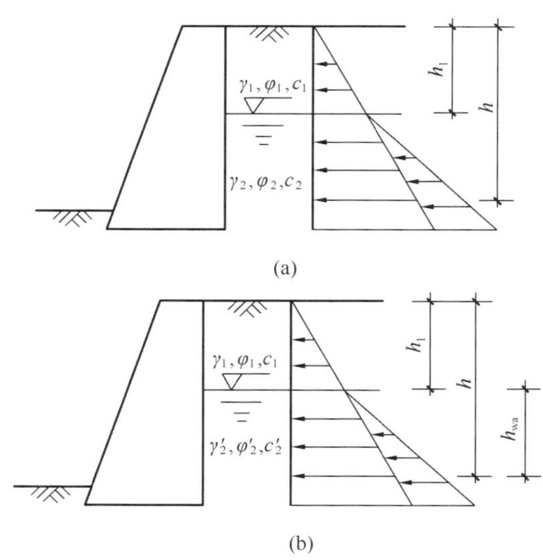

图 8.2.7-7 有地下水时土压力计算

（a）黏性土；（b）砂质粉土

② 对地下水位以下的砂质粉土（或砂土或碎石土），应采用土压力、水压力分算方法。土的抗剪强度指标应采用有效应力强度指标，用 c'、φ' 表示。

如图 8.2.7-7（b）所示，当土为砂质粉土，按“水土分算”，h 处的土压力强度 σ_{ah}、水压力强度 σ_{aw} 分别为：

$$\sigma_{ah}=[\gamma_1 h_1+\gamma'_2(h-h_1)]k_{a2}-2c'_2\sqrt{k_{a2}}$$

$$k_{a2}=\tan^2\left(45^\circ-\frac{\varphi'_2}{2}\right),\gamma'_2=\gamma_2-\gamma_w$$

$$\sigma_{aw}=\gamma_w h_{wa}=\gamma_w(h-h_1)$$

4. 库仑土压力理论

库仑土压力理论假设：①墙后填土为理想的散粒体；②滑动破坏面是通过墙踵的平面。库仑土压力理论是根据滑动土楔的静力平衡条件而建立的土压力计算方法。运用库仑土压力理论应注意的是：墙背填土只能是无黏性土。它可用于填土平面形状任意、墙背倾斜情况，并可考虑墙背实际摩擦角。

库仑土压力计算公式为：

$$E_a=\frac{1}{2}\gamma H^2 k_a$$

式中 k_a——主动土压力系数。

$$k_a=\frac{\cos^2(\varphi-\alpha)}{\cos^2\alpha\cdot\cos(\alpha+\beta)\left[1+\sqrt{\dfrac{\sin(\varphi+\delta)\cdot\sin(\varphi-\beta)}{\cos(\alpha+\delta)\cdot\cos(\alpha-\beta)}}\right]^2}$$

式中 α——墙背与竖直线的夹角，俯斜时取正号，仰斜时取负号；

β——墙后填土面的倾角；

δ——土与墙背材料间的摩擦角；

φ——填土的内摩擦角。

假设填土面水平，墙背竖直光滑，即 $\beta=0$、$\alpha=0$、$\delta=0$，则由公式可求得 $k_a=\tan^2$（$45^\circ-\varphi/2$），这与无黏性土朗肯土压力计算公式完全相同，故朗肯土压力理论是库仑土压力理论的一个特例。

八、《地规》8.2.8 条柱下独立基础受冲切承载力验算时阴影面积 A_l 的计算式

图 8.2.8-1（a）中，阴影面积 $ABCDEF$，即 A_l 的计算为：

$$A_l=S_{矩形AB'E'F}-S_{三角形BB'C}-S_{三角形DE'E}$$

$$=S_{矩形AB'E'F}-2S_{三角形BB'C}$$

$$=l\cdot\left(\frac{b}{2}-\frac{b_t}{2}-h_0\right)-2\times\frac{1}{2}\times\left(\frac{l}{2}-\frac{a_t}{2}-h_0\right)^2$$

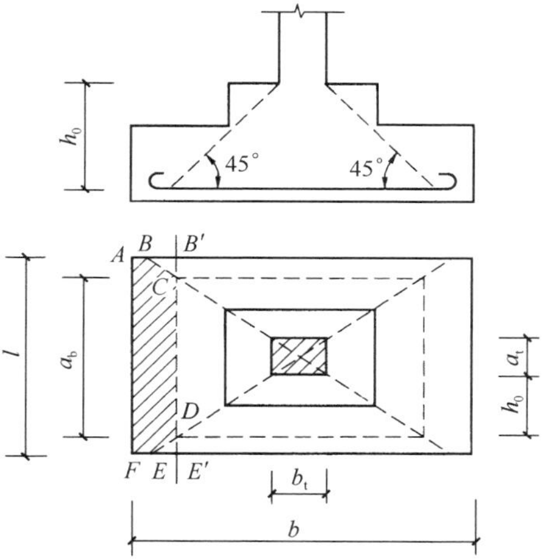

(a)

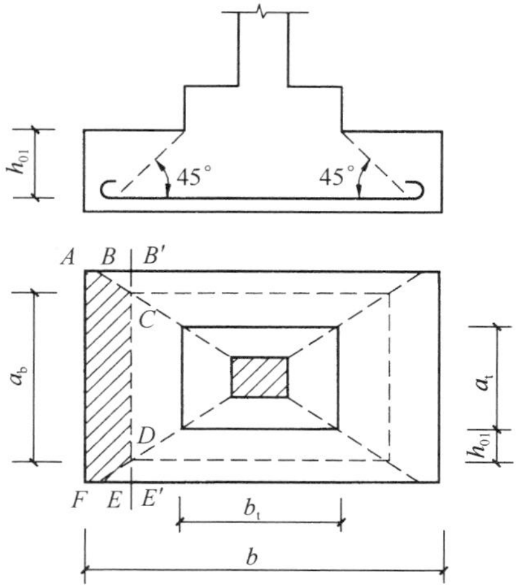

(b)

图 8.2.8-1 柱下独立基础

图 8. 2. 8-1（b）中，阴影面积 $ABCDEF$，即 A_l 的计算为：

$$A_l = l \cdot \left(\frac{b}{2} - \frac{b_t}{2} - h_{01}\right) - 2 \times \frac{1}{2} \times \left(\frac{l}{2} - \frac{a_t}{2} - h_{01}\right)^2$$

九、柱下独立基础基础高度受冲切承载力控制时其 h_0 的直接计算式

根据《地规》公式（8. 2. 8-1）、公式（8. 2. 8-3），可得：

$$h_0 \geqslant -\frac{a_t}{2} + \frac{1}{2}\sqrt{a_t^2 + C}$$

式中，$C = \dfrac{2l(b - b_t) - (l - a_t)^2}{1 + \dfrac{0.7\beta_{hp} f_t}{p_j}}$

其他符号的定义见《地规》8. 2. 8 条。

特别地，方柱（$a_t = b_t$），且为方形基础（$b = t$）时，则 C 变为 $C_{方形}$：

$$C_{方形} = \frac{(b - b_t)(b + b_t)}{1 + 0.7\dfrac{\beta_{hp} f_t}{p_j}} = \frac{b^2 - b_t^2}{1 + 0.7\dfrac{\beta_{hp} f_t}{p_j}}$$

十、《地规》8. 2. 11 条弯矩计算时 p 的计算式

《地规》公式（8. 2. 11-1）、公式（8. 2. 11-2）中 p 的计算公式为：

$$p = p_{min} + \frac{b - a_1}{b}(p_{max} - p_{min})$$

十一、《地规》8. 2. 12 条柱下独立基础的最小配筋面积计算

$$A_s \geqslant A_{s,min} = 0.15\% A_{阴}$$

式中，$A_{阴}$ 可按图 8. 2. 11-1 所示的阴影面积采用。

十二、《地规》8. 4. 2 条筏形基础偏心距 e_q 的要求

根据《地规》8. 4. 2 条，当筏形基础为矩形平面（$b \times h$），偏心方向沿 b 边长方向，则：

$$e_q = e \leqslant 0.1\frac{W}{A} = 0.1\frac{\frac{1}{6}hb^2}{bh} = \frac{b}{60}$$

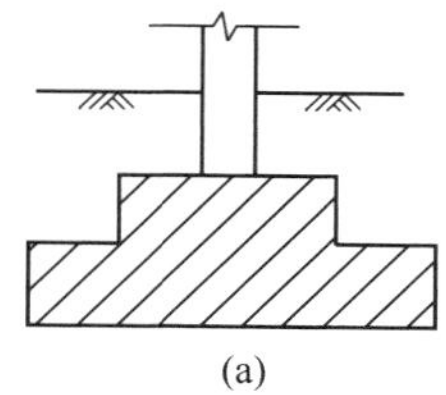
(a)

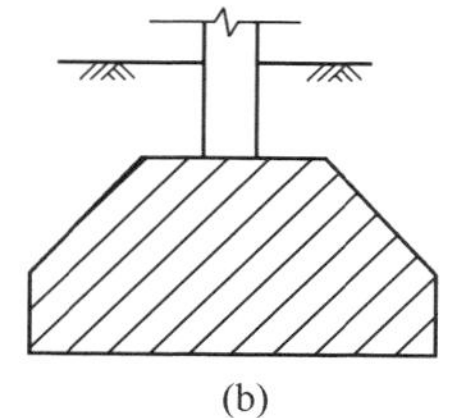
(b)

图 8.2.11-1

十三、《地规》8.4.12 条承载力计算时阴影部分面积的计算

（1）《地规》8.4.12 条图 8.4.12-1 中 u_m 的计算为：

$$u_m = 2(l_{n1} - h_0 + l_{n2} - h_0)$$

阴影面积 $A_l = (l_{n1} - 2h_0) \cdot (l_{n2} - 2h_0)$

（2）《地规》8.4.12 条图 8.4.12-2 中阴影面积 A_l 的计算为：

梯形底边长度　　$a = l_{n2} - 2h_0$

梯形顶边长度　　$b = l_{n2} - l_{n1}$

梯形高度　　$h = \dfrac{l_{n1}}{2} - h_0$

$$A_l = \frac{1}{2}(a + b)h = \frac{1}{2} \times (2l_{n2} - l_{n1} - 2h_0) \times \left(\frac{l_{n1}}{2} - h_0\right)$$

十四、桩群形心位置的计算

如图 8.2.14-1 所示，各根桩截面面积均相同，桩群形心位置的计算为：

$$x_0 = \frac{2A_0x_1 + 2A_0x_2 + 2A_0x_3}{6A_0} = \frac{2(x_1 + x_2 + x_3)}{6}$$

$$y_0 = 0$$

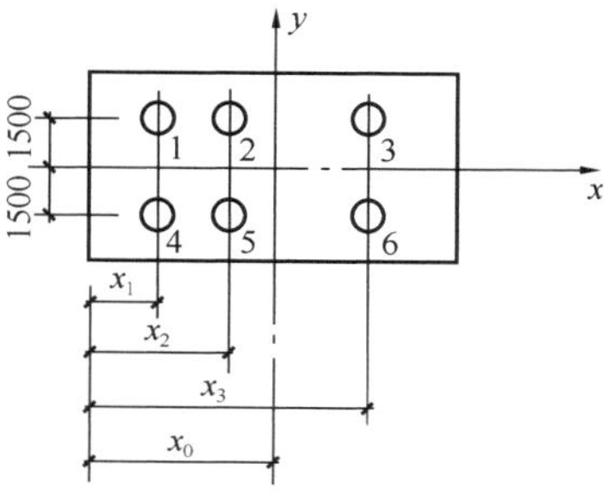

图 8.2.14-1

式中　A_0——单根桩截面面积。

十五、环形布桩时单桩的竖向力计算

如图 8.2.15-1 所示，环形刚性承台下桩基平面图，对称布

桩，在偏心竖向力作用下，单桩的竖向力计算公式如下：

$$N_{ik}=\frac{F_k+G_k}{n}\pm\frac{2M_{xk}y_i}{\sum n_j r_j^2}\pm\frac{2M_{yk}x_i}{\sum n_j r_j^2}$$

式中 n_j——半径为 r_j 的同心圆圆周上的桩数。

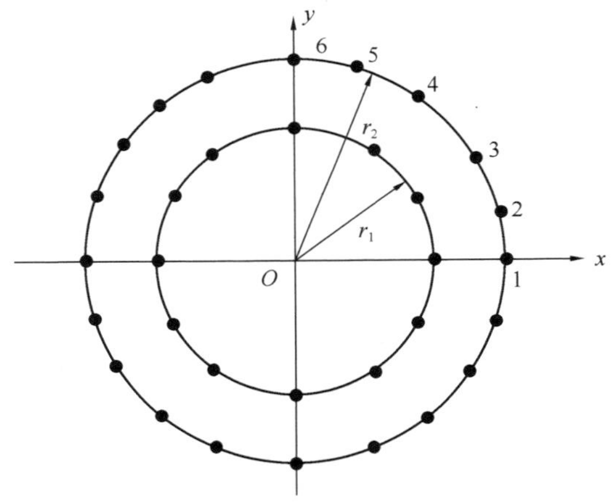

图 8.2.15-1 环形布桩

第三节 《桩规》

一、承台受冲切承载力截面高度影响系数 β_{hp} 见本章第一节

二、承台受剪切承载力截面高度影响系数 β_{hs} 见本章第一节

第四节 《地处规》

一、有粘结强度增强体复合地基的相关系数取值速查表

有粘结强度增强体复合地基的相关系数 λ、β、α_p，以及 f_{sk} 的取值，见表 8.4.1-1。

有粘结强度增强体复合地基相关系数取值速查表　　表 8.4.1-1

复合地基	λ	β	α_{p}	f_{sk}	条文
水泥土搅拌桩	1.0	淤泥：0.1～0.4 其他：0.4～0.8	0.4～0.6	取天然值	7.3.3 条
旋喷桩	—	—	1.0	—	7.4.3 条
夯实水泥土桩	1.0	0.9～1.0	1.0	—	7.6.2 条
水泥粉煤灰碎石桩（CFG 桩）	0.8～0.9	0.9～1.0	1.0	非挤土：取天然值 挤土：一般黏性土，取天然值 挤土：松散、粉土，取 1.2～1.5 倍天然值	7.7.2 条

二、复合地基的面积置换率的直接计算

7.1.5

m——面积置换率，$m=d^2/d_{\mathrm{e}}^2$；d 为桩身平均直径（m），d_{e} 为一根桩分担的处理地基面积的等效圆直径（m）；等边三角形布桩 $d_{\mathrm{e}}=1.05s$，正方形布桩 $d_{\mathrm{e}}=1.13s$，矩形布桩 $d_{\mathrm{e}}=1.13\sqrt{s_1 s_2}$，$s$、$s_1$、$s_2$ 分别为桩间距、纵向桩间距和横向桩间距。

根据《地处规》7.1.5 条，则：

（1）散体材料增强体复合地基：

$$m=\frac{\dfrac{f_{\mathrm{spk}}}{f_{\mathrm{sk}}}-1}{n-1}$$

（2）粘结强度增强体复合地基：

$$m=\frac{f_{\mathrm{spk}}-\beta f_{\mathrm{sk}}}{\dfrac{\lambda R_{\mathrm{a}}}{A_{\mathrm{p}}}-\beta f_{\mathrm{sk}}}$$

第五节　《抗规》

一、局部突出地形对地震动参数的放大作用计算查《抗规》4.1.8条条文说明

二、基础底面与地基土之间零应力区面积的要求

根据《抗规》4.2.4条：

（1）高宽比 $H/B>4$ 的高层建筑，在地震作用下基础底面不宜出现零应力区；对矩形平面的基础，则：

$$e_E \leqslant b/6$$

（2）其他建筑（包括单层建筑和多层建筑；$H/B\leqslant 4$ 的高层建筑），基础底面与地基土之间零应力区面积不应超过基础底面积的15%；

对矩形平面的基础，则：$e_E\leqslant 1.3b/6$

式中　b——力矩作用方向基础的底面边长（m）；

e_E——相应于地震作用效应标准组合时的偏心距（m），按下式计算：

$$e_E = \frac{M_{kE}}{F_{kE}+G_k}$$

式中　F_{kE}——相应于地震作用效应标准组合时，上部结构传至基础顶面的竖向力值（kN）；

M_{kE}——相应于地震作用效应标准组合时，作用于基础底面的力矩值（kN·m）；

G_k——基础自重和基础上的土重（kN）。

注意：

（1）地震作用效应标准组合 S_k，根据《抗规》4.2.4条条文说明："各作用分项系数均取1.0的组合"，即：

1）高度 $H\leqslant 60$m，仅计算水平地震作用

$$S_k = S_{GE} + S_{Ehk}$$

2）高度 $H\leqslant 60$m，同时计算水平与竖向地震作用（水平地

震为主）

$$S_k = S_{GE} + S_{Ehk} + 0.4S_{Evk}$$

3）高度 $H>60m$，同时计算水平与竖向地震作用（水平地震为主）

$$S_k = S_{GE} + S_{Ehk} + 0.4S_{Evk} + 0.2S_{wk}$$

4）高度 $H>60m$，同时计算水平与竖向地震作用（竖向地震为主）

$$S_k = S_{GE} + 0.4S_{Ehk} + S_{Evk} + 0.2S_{wk}$$

式中，S_{wk} 为风荷载的效应，其他符号同前。

（2）高层建筑抗震设计时，基础底面与地基土之间零应力区面积应同时满足《抗规》4.2.4 条规定，《高规》12.1.7 条非抗震设计规定。

第九章

《高规》

第一节 常用参数和系数

一、γ_{RE}

《高规》规定：

3.8.2 抗震设计时，钢筋混凝土构件的承载力抗震调整系数应按表3.8.2采用；型钢混凝土构件和钢构件的承载力抗震调整系数应按本规程第11.1.7条的规定采用。当仅考虑竖向地震作用组合时，各类结构构件的承载力抗震调整系数均应取为1.0。

表3.8.2 承载力抗震调整系数

构件类别	梁	轴压比小于0.15的柱	轴压比不小于0.15的柱	剪力墙		各类构件	节点
受力状态	受弯	偏压	偏压	偏压	局部承压	受剪、偏拉	受剪
γ_{RE}	0.75	0.75	0.80	0.85	1.0	0.85	0.85

11.1.7 地震设计状况下，型钢（钢管）混凝土构件和钢构件的承载力抗震调整系数γ_{RE}可分别按表11.1.7-1和表11.1.7-2采用。

表11.1.7-1 型钢（钢管）混凝土构件承载力抗震调整系数γ_{RE}

正截面承载力计算				斜截面承载力计算
型钢混凝土梁	型钢混凝土柱及钢管混凝土柱	剪力墙	支撑	各类构件及节点
0.75	0.80	0.85	0.80	0.85

表11.1.7-2 钢构件承载力抗震调整系数γ_{RE}

强度破坏（梁，柱，支撑，节点板件，螺栓，焊缝）	屈曲稳定（柱，支撑）
0.75	0.80

当仅考虑竖向地震作用组合时，各类结构构件的 $\gamma_{RE}=1.0$，即：

$$\gamma_G S_{GE}+\gamma_{Ev}S_{Evk}\leqslant\frac{R_d}{\gamma_{RE}}=\frac{R_d}{1.0}$$

《抗震通规》表 4.3.1，竖向地震为主的地震组合，取 $\gamma_{RE}=1.0$，即：

$$\gamma_G S_{GE}+0.5S_{Ehk}+1.4S_{Evk}\leqslant\frac{R_d}{1.0}$$

$$\gamma_G S_{GE}+0.5S_{Ehk}+1.4S_{Evk}+1.5\times0.2S_{wk}\leqslant\frac{R_d}{1.0}$$

二、结构重要性系数 γ_0

3.8.1 高层建筑结构构件的承载力应按下列公式验算：

持久设计状况、短暂设计状况

$$\gamma_0 S_d\leqslant R_d \quad (3.8.1\text{-}1)$$

式中 γ_0——结构重要性系数，对安全等级为一级的结构构件不应小于 1.1，对安全等级为二级的结构构件不应小于 1.0。

三、混凝土强度影响系数 β_c

根据《高规》6.2.6 条，系数 β_c，见表 9.1.3-1。

系数 β_c 表 9.1.3-1

混凝土强度等级	≤C50	C55	C60	C65	C70	C75	C80
β_c	1.0	0.97	0.93	0.90	0.87	0.83	0.80

四、纵向受力钢筋的抗震锚固长度和搭接长度

6.5.2 非抗震设计时，受拉钢筋的最小锚固长度应取 l_a。受拉钢筋绑扎搭接的搭接长度，应根据位于同一连接区段内搭接钢筋截面面积的百分率按下式计算，且不应小于 300mm。

$$l_l=\zeta l_a \quad (6.5.2)$$

式中 l_l——受拉钢筋的搭接长度（mm）；

l_a——受拉钢筋的锚固长度（mm），应按《混凝土结构设计规范》采用；

ζ——受拉钢筋搭接长度修正系数，应按表 6.5.2 采用。

表 6.5.2　纵向受拉钢筋搭接长度修正系数 ξ

同一连接区段内搭接钢筋面积百分率（%）	≤25	50	100
受拉搭接长度修正系数 ζ	1.2	1.4	1.6

注：同一连接区段内搭接钢筋面积百分率取在同一连接区段内有搭接接头的受力钢筋与全部受力钢筋面积之比。

6.5.3　抗震设计时，钢筋混凝土结构构件纵向受力钢筋的锚固和连接，应符合下列要求：

1　纵向受拉钢筋的最小锚固长度 l_{aE} 应按下列规定采用：

一、二级抗震等级　$l_{aE}=1.15l_a$　(6.5.3-1)

三级抗震等级　$l_{aE}=1.05l_a$　(6.5.3-2)

四级抗震等级　$l_{aE}=1.00l_a$　(6.5.3-3)

2　当采用绑扎搭接接头时，其搭接长度不应小于下式的计算值：

$$l_{lE}=\zeta l_{aE} \qquad (6.5.3\text{-}4)$$

式中　l_{lE}——抗震设计时受拉钢筋的搭接长度。

3　受拉钢筋直径大于 25mm、受压钢筋直径大于 28mm 时，不宜采用绑扎搭接接头；

6.5.5

1　顶层中节点柱纵向钢筋和边节点柱内侧纵向钢筋应伸至柱顶。……此处，l_{abE} 为抗震时钢筋的基本锚固长度，一、二级取 $1.15l_{ab}$，三、四级分别取 $1.05l_{ab}$ 和 $1.00l_{ab}$。

第二节　基本规定

一、抗震设防烈度和设计基本地震加速度值的对应关系

《高规》规定：

3.1.1 高层建筑的抗震设防烈度必须按照国家规定的权限审批、颁发的文件（图件）确定。一般情况下，抗震设防烈度应采用根据中国地震动参数区划图确定的地震基本烈度。

3.1.1（条文说明）

表1 抗震设防烈度和设计基本地震加速度值的对应关系

抗震设防烈度	6	7	8	9
设计基本地震加速度值	0.05g	0.10g(0.15g)	0.20g(0.30g)	0.40g

注：g 为重力加速度。

二、房屋的最大适用高度降低程度

3.3.1 钢筋混凝土高层建筑结构的最大适用高度应区分为A级和B级。A级高度钢筋混凝土乙类和丙类高层建筑的最大适用高度应符合表3.3.1-1的规定，B级高度钢筋混凝土乙类和丙类高层建筑的最大适用高度应符合表3.3.1-2的规定。

平面和竖向均不规则的高层建筑结构，其最大适用高度宜适当降低（笔者注：根据《抗规》6.1.1条条文说明，一般减少10%左右）。

（1）具有较多短肢剪力墙的剪力墙结构，其适用高度按《高规》7.1.8条。

（2）错层高层建筑，其适用高度，按《高规》10.1.3条。

三、最大高宽比及高宽比计算

3.3.2 钢筋混凝土高层建筑结构的高宽比不宜超过表3.3.2的规定。

表 3.3.2　钢筋混凝土高层建筑结构适用的最大高宽比

结构体系	非抗震设计	抗震设防烈度		
		6 度、7 度	8 度	9 度
框架	5	4	3	—
板柱-剪力墙	6	5	4	—
框架-剪力墙、剪力墙	7	6	5	4
框架-核心筒	8	7	6	4
筒中筒	8	8	7	5

3.3.2（条文说明）

一般情况下，可按所考虑方向的最小宽度计算高宽比，但对突出建筑物平面很小的局部结构（如楼梯间、电梯间等），一般不应包含在计算宽度内；对于不宜采用最小宽度计算高宽比的情况，应由设计人员根据实际情况确定合理的计算方法；对带有裙房的高层建筑，当裙房的面积和刚度相对于其上部塔楼的面积和刚度较大时，计算高宽比的房屋高度和宽度可按裙房以上塔楼结构考虑。

对带悬挑的结构，计算高宽比时，宽度应按扣除悬挑宽度后的结构宽度计算。

四、结构平面布置

3.4.5　结构平面布置应减少扭转的影响。在考虑偶然偏心影响的规定水平地震力作用下，楼层竖向构件最大的水平位移和层间位移，A 级高度高层建筑不宜大于该楼层平均值的 1.2 倍，不应大于该楼层平均值的 1.5 倍；B 级高度高层建筑、超过 A 级高度的混合结构及本规程第 10 章所指的复杂高层建筑不宜大于该楼层平均值的 1.2 倍，不应大于该楼层平均值的 1.4 倍。结构扭转为主的第一自振周期 T_t 与平动为主的第一自振周期 T_1 之比，A 级高度高层建筑不应大于 0.9，B 级高度高层建筑、超过 A 级高度的混合结构及本规程第 10 章所指的复杂高层建筑不应大于 0.85。

注：当楼层的最大层间位移角不大于本规程第 3.7.3 条规定的限值的 40%时，该楼层竖向构件的最大水平位移和层间位移与该楼层平均值的比值可适当放松，但不应大于 1.6。

1. 扭转不规则及规定水平力的计算

《高规》3.4.5 条、《抗规》3.4.3 条均规定：在考虑偶然偏心影响的规定水平力（亦称规定水平地震力）作用下，楼层两端抗侧力构件弹性水平位移（或层间位移）的最大值（δ_2），平均值 $\left(\dfrac{\delta_1+\delta_2}{2}\right)$，其比值称为扭转位移比（$\mu_{扭}$）。

当 $\mu_{扭}=\dfrac{\delta_2}{(\delta_1+\delta_2)\ /2}>1.2$，属于扭转不规则。

扭转不规则判别时，楼层弹性水平位移（或层间位移）及扭转位移比的计算假定是：

1）采用单向水平地震作用下的规定水平地震力；

2）采用刚性楼板假定；

3）考虑偶然偏心的影响，以及扭转耦联地震效应。

（1）规定水平力的计算

《高规》3.4.5 条条文说明：

3.4.5（条文说明）

“规定水平地震力”一般可采用振型组合后的楼层地震剪力换算的水平作用力，并考虑偶然偏心。水平作用力的换算原则：每一楼面处的水平作用力取该楼面上、下两个楼层的地震剪力差的绝对值；连体下一层各塔楼的水平作用力，可由总水平作用力按该层各塔楼的地震剪力大小进行分配计算。

如图 9.2.4-1 所示，规定水平地震力 $F_i=|V_i-V_{i+1}|$，可见，规定水平地震力实质是：第 i 层楼面处的规定水平地震力 F_i 取第 i 层与其相邻上一楼层（即：第 $i+1$ 楼层）的地震剪力差

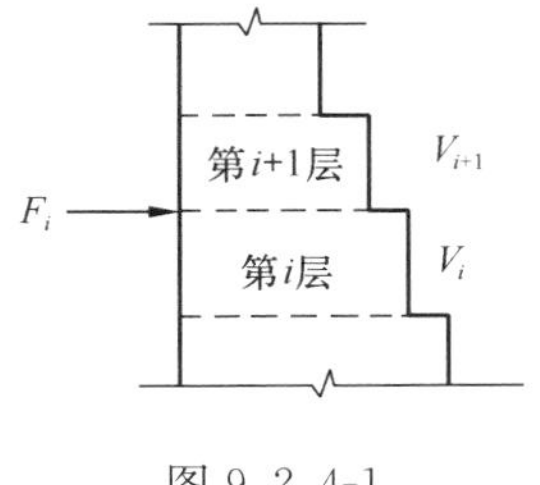

图 9.2.4-1

的绝对值。

振型组合可采用 SRSS 法，或者 CQC 法（高层建筑通常按 CQC 法计算）。同理，《抗规》3.4.3 条条文说明也作了相同解释。

注意，《高规》3.4.5 条条文说明："结构楼层位移和层间位移控制值验算时，仍采用 CQC 的效应组合"。《高规》3.4.5 条注的规定中，楼层的最大层间位移角（即对应于《高规》表 3.7.3）验算时，按单向水平地震作用，并且不考虑偶然偏心的影响，但应考虑扭转耦联，采用刚性楼板假定，并采用 CQC 组合。

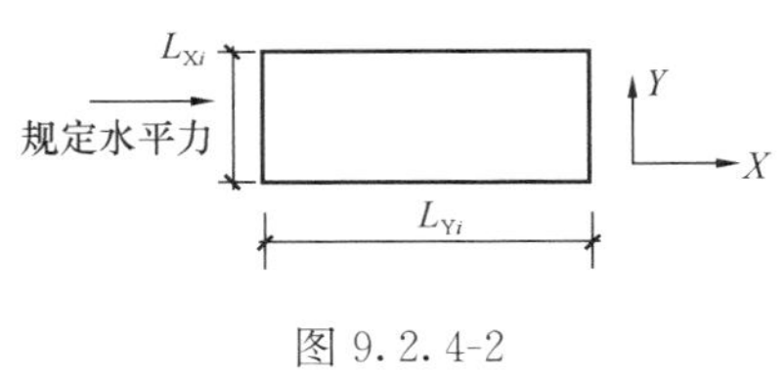

图 9.2.4-2

（2）扭转位移比的计算

扭转位移比 $\mu_{扭}$，如图 9.2.4-2 所示，在 X 方向，考虑正负偶然偏心影响，采用考虑扭转耦联的振型分解反应谱法，其扭转位移比 $\mu_{扭,X}$有 3 个计算结果：

1）$+0.05L_{Xi}$偶然偏心的 $\mu_{扭1,X}$

2）$-0.05L_{Xi}$偶然偏心的 $\mu_{扭2,X}$

3）不考虑偶然偏心的 $\mu_{扭3,X}$

最终取 $\mu_{扭,X}=\max(\mu_{扭1,X}, \mu_{扭2,X}, \mu_{扭3,X})$

同理，Y 方向，考虑$\pm0.05L_{Yi}$偶然偏心和不考虑偶然偏心，扭转位移比 $\mu_{扭,Y}$为：

$$\mu_{扭,Y}=\max(\mu_{扭1,Y}, \mu_{扭2,Y}, \mu_{扭3,Y})$$

（3）扭转位移比的控制

《高规》3.4.5 条，对 A 级、B 级高度建筑规定：

A 级：$\mu_{扭}$ 不宜大于 1.2，不应大于 1.5。

B 级：$\mu_{扭}$ 不宜大于 1.2，不应大于 1.4

注意，对于多层建筑，上述规定中 $\mu_{扭}$ 不应大于 1.5（或 1.4）不适用，此时，可按《抗规》3.4.4 条规定。

（4）扭转位移比的放松情况

《高规》3.4.5 条注的规定，此时，$\mu_{扭}$ 可放松，满足 $\mu_{扭} \leqslant 1.6$ 即可。

注意，《高规》3.4.5 条注的规定，楼层的最大层间位移角的计算方法，与扭转位移比的计算方法，两者是有本质区别的，前者是单向水平地震作用下，可不考虑偶然偏心进行计算；后者是规定水平力作用下，考虑偶然偏心进行计算。

2. 结构的抗扭刚度

> **3.4.5**（条文说明）
>
> 扭转耦联振动的主振型，可通过计算振型方向因子来判断。在两个平动和一个扭转方向因子中，当扭转方向因子大于 0.5 时，则该振型可认为是扭转为主的振型。高层结构沿两个正交方向各有一个平动为主的第一振型周期，本条规定的 T_1 是指刚度较弱方向的平动为主的第一振型周期，对刚度较强方向的平动为主的第一振型周期与扭转为主的第一振型周期 T_t 的比值，本条未规定限值，主要考虑对抗扭刚度的控制不致过于严格。有的工程如两个方向的第一振型周期与 T_t 的比值均能满足限值要求，其抗扭刚度更为理想。
>
> 周期比计算时，可直接计算结构的固有自振特征，不必附加偶然偏心。

注意：

（1）T_t/T_1，其中，T_1 是指平动为主的第一自振周期，由于高层建筑沿两个正交方向（如：X、Y 方向）各有一个平动为主的第一振型周期，即：T_{1X}，T_{1Y}，故取 $T_1=\max(T_{1X},T_{1Y})$。T_t是指扭转方向因子大于 0.5 且周期较长的扭转主振型周期。

（2）T_t/T_1 计算时，不必附加偶然偏心。

（3）T_t/T_1 计算时，应采用刚性楼板假定。

一般地，对结构整体进行规则性判别、结构体系判别等其他整体指标判别时，应采用刚性楼板假定。例如：弹性层间位移角计算、$\mu_{扭}$、周期比 T_t/T_1、结构的剪重比、刚重比、结构底部规定水平力倾覆力矩比等。

3. 结构平面布置不规则主要类型

《高规》、《抗规》分别作了相应的规定，见表 9.2.4-1。

平面不规则的主要类型　　　　表 9.2.4-1

序号	不规则类型	定义和参考指标	《高规》	《抗规》
1	扭转不规则	考虑偶然偏心的扭转位移比大于 1.2	3.4.5 条	表 3.4.3-1
2a	凹凸不规则	平面凹凸尺寸大于相应边长 30%等	3.4.3 条	表 3.4.3-1
2b	组合平面	细腰形式或角部重叠形	3.4.3 条	—
3	楼板局部不连续	有效宽度小于 50%，开洞面积大于 30%	3.4.6 条	表 3.4.3-1
		较大的楼层错层	—	表 3.4.3-1

注：序号 a、b 不重复计算不规则项。

此外，《高规》3.4.8 条中，A 级高度的周期比大于 0.9，B 级高度、超过 A 级高度的混合结构的周期比大于 0.85，属于“抗扭刚度弱”。

五、结构竖向布置

1. 楼层侧向刚度比

3.5.2 抗震设计时，高层建筑相邻楼层的侧向刚度变化应符合下列规定：

1 对框架结构，楼层与其相邻上层的侧向刚度比 γ_1 可按式（3.5.2-1）计算，且本层与相邻上层的比值不宜小于 0.7，与相邻上部三层刚度平均值的比值不宜小于 0.8。

$$\gamma_1 = \frac{V_i \Delta_{i+1}}{V_{i+1} \Delta_i} \qquad (3.5.2\text{-}1)$$

2 对框架-剪力墙、板柱-剪力墙结构、剪力墙结构、框架-核心筒结构、筒中筒结构，楼层与其相邻上层的侧向刚度

比 γ_2 可按式（3.5.2-2）计算，且本层与相邻上层的比值不宜小于 0.9；当本层层高大于相邻上层层高的 1.5 倍时，该比值不宜小于 1.1；对结构底部嵌固层，该比值不宜小于 1.5。

$$\gamma_2 = \frac{V_i \Delta_{i+1}}{V_{i+1} \Delta_i} \frac{h_i}{h_{i+1}} \quad (3.5.2\text{-}2)$$

2. 各类侧向刚度比的计算方法速查表

楼层侧向刚度比的计算方法，《高规》3.5.2 条、5.3.7 条和附录 E 作了规定，其速查表，见表 9.2.5-1。

各类侧向刚度比的计算方法速查表　　表 9.2.5-1

项目		计算方法	计算公式	来源
上部结构的一般楼层	框架结构	楼层剪力与层间位移的比值法	$\gamma_1 = \frac{V_i \Delta_{i+1}}{V_{i+1} \Delta_i}$	《高规》3.5.2 条
	其他结构	考虑层高修正的楼层侧向刚度比值法	$\gamma_2 = \frac{V_i \Delta_{i+1}}{V_{i+1} \Delta_i} \frac{h_i}{h_{i+1}}$	《高规》3.5.2 条
转换层上、下（转换层所在楼层 n）	$n=1$，或 2	等效剪切刚度比值法	$\gamma_{e1} = \frac{G_1 A_1}{G_2 A_2} \times \frac{h_2}{h_1}$	《高规》E.0.1 条
	$n \geqslant 3$	楼层剪力与层间位移的比值法	$\gamma_1 = \frac{V_i \Delta_{i+1}}{V_{i+1} \Delta i}$	《高规》E.0.2 条
		等效侧向刚度比值法	$\gamma_{e2} = \frac{\Delta_2 H_1}{\Delta_1 H_2}$	《高规》E.0.3 条
上部结构的嵌固部位		等效剪切刚度比值法	$\gamma_{e1} = \frac{G_1 A_1}{G_2 A_2} \times \frac{h_2}{h_1}$	《高规》5.3.7 条

3. 结构竖向不规则主要类型

《高规》、《抗规》分别作了相应的规定，见表 9.2.5-2。

竖向不规则的主要类型　　表 9.2.5-2

序号	不规则类型	定义和参考指标	《高规》	《抗规》
4a	刚度突变	相邻层刚度变化大于 70%，或连续三层变化大于 80%	3.5.2 条	表 3.4.3-2

续表

序号	不规则类型	定义和参考指标	《高规》	《抗规》
4b	尺寸突变	竖向构件收进位置高于结构高度20%且收进大于25%，或外挑大于10%和4m	3.5.5条	表3.4.3-2
5	竖向构件间断	上下墙、柱、支撑不连续	3.5.4条	表3.4.3-2
6	承载力突变	相邻层受剪承载力之比小于80%	3.5.3条	表3.4.3-2

注：序号a、b不重复计算不规则项。

六、防震缝及其抗撞墙

《高规》3.4.9条、3.4.10条、3.4.11条作了规定。《高规》与《抗规》规定是相同的。此外，《抗规》6.1.4条条文说明中对抗撞墙作了细化、补充，即：

6.1.4（条文说明）震害表明，本条规定的防震缝宽度的最小值，在强烈地震下相邻结构仍可能局部碰撞而损坏，但宽度过大会给立面处理造成困难。因此，是否设置防震缝应按本规范第3.4.5条的要求判断。

防震缝可以结合沉降缝要求贯通到地基，当无沉降问题时也可以从基础或地下室以上贯通。当有多层地下室，上部结构为带裙房的单塔或多塔结构时，可将裙房用防震缝自地下室以上分隔，地下室顶板应有良好的整体性和刚度，能将地震剪力分布到整个地下室结构。

8、9度框架结构房屋防震缝两侧层高相差较大时，可在防震缝两侧房屋的尽端沿全高设置垂直于防震缝的抗撞墙，通过抗撞墙的损坏减少防震缝两侧碰撞时框架的破坏。本次修订，抗撞墙的长度由2001规范的可不大于一个柱距，修改为“可不大于层高的1/2”。结构单元较长时，抗撞墙可能引起较大温度内力，也可能有较大扭转效应，故设置时应综合分析（图12）。

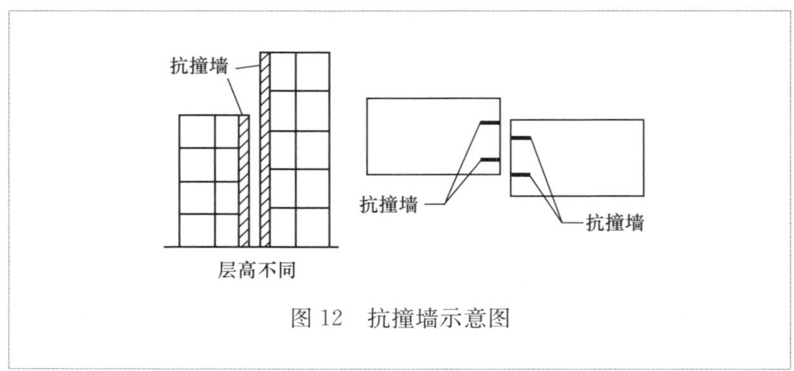

图 12 抗撞墙示意图

七、弹性层间位移角及其内插法计算公式

3.7.3 按弹性方法计算的风荷载或多遇地震标准值作用下的楼层层间最大水平位移与层高之比 $\Delta u/h$ 宜符合下列规定：

1 高度不大于 150m 的高层建筑，其楼层层间最大位移与层高之比 $\Delta u/h$ 不宜大于表 3.7.3 的限值。

表 3.7.3 楼层层间最大位移与层高之比的限值

结构体系	$\Delta u/h$ 限值
框架	1/550
框架-剪力墙、框架-核心筒、板柱-剪力墙	1/800
筒中筒、剪力墙	1/1000
除框架结构外的转换层	1/1000

2 高度不小于 250m 的高层建筑，其楼层层间最大位移与层高之比 $\Delta u/h$ 不宜大于 1/500。

3 高度在 150～250m 之间的高层建筑，其楼层层间最大位移与层高之比 $\Delta u/h$ 的限值可按本条第 1 款和第 2 款的限值线性插入取用。

注：楼层层间最大位移 Δu 以楼层竖向构件最大的水平位移差计算，不扣除整体弯曲变形。抗震设计时，本条规定的楼层位移计算可不考虑偶然偏心的影响。

（1）《高规》3.7.1 条的条文说明，在正常使用条件下，限制高层建筑结构层间位移的主要目的；层间位移控制是一个宏观的侧向刚度指标，反映了构件截面大小、刚度大小。

（2）《高规》3.7.2 条，针对小震标准值作用下计算水平位移，采用弹性阶段的刚度；《抗规》6.2.13 条条文说明中指出：计算位移时，剪力墙的连梁刚度可不折减。可见，两本规范是统一的。

（3）《高规》3.7.3 条表 3.7.3 中“除框架结构外的转换层”的内涵，见本条条文说明。

（4）Δu 的最大值一般在结构单元的尽端处。

（5）《高规》3.7.3 条注的规定。

当 $150\text{m}<H<250\text{m}$ 时，内插法确定 $\Delta u/h$：

1）框架-剪力墙、框架-核心筒、板柱-剪力墙：

$$\Delta u/h=\frac{1}{800}+\frac{H-150}{250-150}\cdot\left(\frac{1}{500}-\frac{1}{800}\right)$$

2）筒中筒、剪力墙、除框架结构外的转换层：

$$\Delta u/h=\frac{1}{1000}+\frac{H-150}{250-150}\cdot\left(\frac{1}{500}-\frac{1}{1000}\right)$$

八、抗震等级

1.《高规》确定抗震措施和抗震构造措施时的抗震设防标准速查表

根据《抗震通规》2.3.2 条、《高规》3.9.1 条、3.9.2 条，甲类、乙类和丙类高层建筑，确定其抗震措施和抗震构造措施的抗震设防标准速查表，见表 9.2.8-1。

《高规》确定抗震措施和抗震构造措施时的抗震设防标准速查表 **表 9.2.8-1**

抗震设防类别	本地区抗震设防烈度		确定抗震措施和抗震构造措施时的设防标准					
			Ⅰ类场地		Ⅱ类场地		Ⅲ、Ⅳ类场地	
			抗震措施	构造措施	抗震措施	构造措施	抗震措施	构造措施
甲类 乙类	6度	0.05g	7	6	7	7	7	7
	7度	0.10g	8	7	8	8	8	8
		0.15g	8	7	8	8	8	8^{+}
	8度	0.20g	9	8	9	9	9	9
		0.30g	9	8	9	9	9	9^{+}
	9度	0.40g	9^{+}	9	9^{+}	9^{+}	9^{+}	9^{+}
丙类	6度	0.05g	6	6	6	6	6	6
	7度	0.10g	7	6	7	7	7	7
		0.15g	7	6	7	7	7	8
	8度	0.20g	8	7	8	8	8	8
		0.30g	8	7	8	8	8	9
	9度	0.40g	9	8	9	9	9	9

注：8^{+}、9^{+}表示适当提高而不是提高一度的要求。

2. 丙类建筑的抗震等级查《高规》表 3.9.3 和表 3.9.4

3. 部分框支剪力墙结构中一般框架的抗震等级

部分框支剪力墙结构中一般框架（即非框支框架）的抗震等级，《高规》表 3.9.3、表 3.9.4 均未明确，此时，将其视为由“剪力墙”和“框架”构成的普通框架-剪力墙结构，且取 H 为部分框支剪力墙结构的高度。可知，一般框架的抗震等级比框支框架的抗震等级更低。

4. 裙房的抗震等级

《高规》3.9.6 规定：

3.9.6　抗震设计时，与主楼连为整体的裙房的抗震等级，除应按裙房本身确定外，相关范围不应低于主楼的抗震等级；主楼结构在裙房顶板上、下各一层应适当加强抗震构造措施。裙房与主楼分离时，应按裙房本身确定抗震等级。

注意，上述规定是针对地面以上的主楼与裙房，并且主楼的抗震等级高于裙房的抗震等级的情况。

当裙房的抗震等级高于主楼的抗震等级时“相关范围”应视为：裙房向主楼外延范围，即抗震等级由高向低的延伸范围。

5. 地下室的抗震等级

《高规》3.9.5 条作了规定。

当地上主楼、地上裙房通过设置共有的地下室时，地下室相关范围的确定，也应按“抗震等级由高向低的延伸范围”原则进行，见图 9.2.8-1。

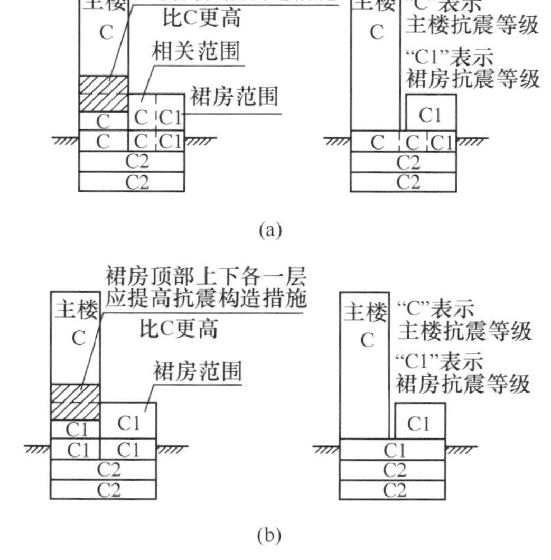

图 9.2.8-1　地下室抗震等级

（a）主楼抗震等级高于裙房时；（b）裙房抗震等级高于主楼时

当主楼的抗震等级低于裙房的抗震等级，裙房外延的相关范围，当主楼边长不大于 40m 时，可取整个主楼范围，如图 9.2.8-1(b) 所示。

注意，《抗规》6.1.3 条条文说明中图 11 中“裙房顶部上下各一层应提高抗震措施”应是：裙房顶部上下各一层应提高抗震构造措施。

6. A 级高度甲、乙类建筑的抗震等级

(1) 本地区设防烈度为 9 度

3.9.3 当本地区的设防烈度为 9 度时，A 级高度乙类建筑的抗震等级应按特一级采用，甲类建筑应采取更有效的抗震措施。

上述特一级是指：①内力调整措施的抗震等级为特一级；②抗震构造措施的抗震等级为特一级。

(2) 本地区设防烈度为 6～8 度，房屋高度未超过提高一度后对应的房屋最大适用高度

此时，提高一度后按《高规》3.9.3 条表 3.9.3 确定抗震等级。

(3) 本地区设防烈度为 6～8 度，房屋高度超过提高一度后对应的房屋最大适用高度

3.9.7 甲、乙类建筑按本规程第 3.9.1 条提高一度确定抗震措施时，如果房屋高度超过提高一度后对应的房屋最大适用高度，则应采取比对应抗震等级更有效的抗震构造措施。

上述情况，又可细分为如下两种情况：

1) 建筑场地不是Ⅲ、Ⅳ类 (0.15g)，或不是Ⅲ、Ⅳ类 (0.30g)。

此时，直接按《高规》3.9.7 条确定抗震等级。

2) 建筑场地是Ⅲ、Ⅳ类 (0.15g)，或者是Ⅲ、Ⅳ类 (0.30g)。

此时，应考虑不利场地影响，即《高规》3.9.2 条，再按

《高规》3.9.7条确定抗震构造措施的抗震等级。

《高规》3.9.7条中“应采取比对应抗震等级更有效的抗震构造措施”，可按如下理解：

例如：某乙类建筑，按《高规》3.9.1条提高一度后确定的抗震措施（内力调整和抗震构造措施）为抗震一级，当其高度 H 超过提高一度后对应的房屋最大适用高度（简称“高度限值”）较多时，其抗震构造措施的抗震等级可直接提高一级即特一级；当高度 H 超过“高度限值”不多时，也可根据其高度超过“高度限值”的幅度采用一级与特一级的中间插入值或直接采用一级与特一级的中间值确定相应的抗震构造措施。

例：某钢筋混凝土剪力墙结构，抗震设防烈度为8度（0.30g）、Ⅱ类场地，乙类建筑，房屋高度$H=75$m。确定其抗震等级。

乙类、8度（0.30g）、Ⅱ类场地，A级高度，应按9度查《高规》表3.9.3，剪力墙的抗震措施（内力调整和抗震构造措施）的抗震等级为一级。

但，$H=75$m，超过9度60m的限值，应按《高规》3.9.7条规定，由于 H 超过限值不多，故采用比一级更有效的抗震构造措施，可取特一级与一级的中间值确定其相应的抗震构造措施。

7. 确定高层建筑主楼的抗震等级的步骤

高层建筑主楼的抗震等级的确定，其步骤如下：

（1）确定该高层建筑结构属于A级高度，或B级高度（《高规》3.3.1条）。

（2）确定抗震措施（内力调整措施、抗震构造措施）所采用的设防标准（或设防烈度）（《高规》3.9.1条、3.9.2条），见本章表9.2.8-1。

（3）确定抗震措施的抗震等级（《高规》3.9.3条、3.9.4条）。

在确定抗震等级时，存在下列需调整主体结构抗震措施（内力调整措施、抗震构造措施）的抗震等级的特殊情况：

① 底部带转换层的筒体结构（《高规》表3.9.3注2、表3.9.4注）；

② $H\leqslant60$m的框架-核心筒结构（《高规》表3.9.3注3）；

③ 框架-剪力墙结构，其中框架承受地震倾覆力矩>50%结构总地震倾覆力矩（《高程》8.1.3 条第 3、第 4 款）；

④ 转换层在 3 层及 3 层以上的部分框支剪力墙结构（《高规》10.2.6 条及条文说明）；

⑤ 带托柱转换层的筒体结构（《高规》10.2.6 条及条文说明）；

⑥ 带加强层的高层建筑结构（《高规》10.3.3 条）；

⑦ 带错层的高层建筑结构（《高规》10.4.4 条、10.4.6 条）；

⑧ 连体结构的高层建筑结构（《高规》10.5.6 条）；

⑨ 悬挑结构的高层建筑结构（《高规》10.6.4 条第 5 款）；

⑩ 体型收进的高层建筑结构（《高规》10.6.4 条第 6 款）。

第三节 风 荷 载

一、顺风向计算主要受力结构风荷载标准值

1. 风荷载标准值计算公式

《高规》4.2.1 条规定：

$$w_k = \beta_z \mu_s \mu_z w_0 \tag{4.2.1}$$

2. 基本风压

4.2.2 基本风压应按照现行国家标准《建筑结构荷载规范》GB 50009 的规定采用。对风荷载比较敏感的高层建筑，承载力设计时应按基本风压的 1.1 倍采用。

(1)《高规》4.2.2 条的条文说明，设计使用年限 50 年，取 50 年重现期的基本风压 w_0，当 $H>60$m，承载力设计时，取 $1.1w_0$。

(2)《高规》5.6.1 条～5.6.4 条的条文说明，设计使用年限 100 年，取 100 年重现期的基本风压 w_0，当 $H>60$m，承载力设

计时，取 $1.1w_0$。

3. 风压高度变化系数 μ_z

μ_z 的取值，见《荷规》8.2.1 条。

4. 风荷载体型系数 μ_s

4.2.3 计算主体结构的风荷载效应时，风荷载体型系数 μ_s 可按下列规定采用：

1 圆形平面建筑取 0.8；

2 正多边形及截角三角形平面建筑，由下式计算：

$$\mu_s = 0.8 + 1.2/\sqrt{n} \tag{4.2.3}$$

式中　n——多边形的边数。

3 高宽比 H/B 不大于 4 的矩形、方形、十字形平面建筑取 1.3；

4 下列建筑取 1.4：

1）V 形、Y 形、弧形、双十字形、井字形平面建筑；

2）L 形、槽形和高宽比 H/B 大于 4 的十字形平面建筑；

3）高宽比 H/B 大于 4，长宽比 L/B 不大于 1.5 的矩形、鼓形平面建筑。

5 在需要更细致进行风荷载计算的场合，风荷载体型系数可按本规程附录 B 采用，或由风洞试验确定。

4.2.4 当多栋或群集的高层建筑相互间距较近时，宜考虑风力相互干扰的群体效应。一般可将单栋建筑的体型系数 μ_s 乘以相互干扰增大系数。

μ_s 的取值，《荷规》8.3.1 条也有相应的规定。

注意，《高规》4.2.3 条中，μ_s 为综合体型系数（即：结构整体的风荷载体型系数），而《荷规》中 μ_s 为各个表面的风荷载体型系数。

5. 顺风向风振系数 β_z

《结通规》4.6.5 条：

$$\beta_z \geqslant 1.2$$

《荷规》8.4 节作了规定。

(1)《荷规》8.4.4 条公式(8.4.4-2)中，当 $H>60\text{m}$，承载力设计时，取 $1.1w_0$ 进行计算。此时，$f_1=\dfrac{1}{T_1}$，房屋建筑为空间结构，分别计算正交方向 X、Y 方向的风荷载时，T_1 分别按 X、Y 方向的结构基本自振周期 T_{1X}、T_{1Y} 计算。

(2) 风荷载效应包括内力、变形等。

二、顺风向计算围护结构风荷载标准值的计算要点

(1) 围护结构风荷载标准值计算公式

《荷规》8.1.1 条规定：

$$w_k=\beta_{gz}\mu_{sl}\mu_z w_0 \qquad (8.1.1\text{-}2)$$

(2) 围护结构的基本风压

依据《荷规》8.1.2 条的条文说明，设计使用年限 50 年或者设计使用年限 100 年，均按重现期为 50 年的基本风压 w_0 计算。承载力计算时，基本风压 w_0 均不考虑增大系数 1.1。

(3) 局部体型系数 μ_{sl}

《高规》规定：

4.2.8 檐口、雨篷、遮阳板、阳台等水平构件，计算局部上浮风荷载时，风荷载体型系数 μ_s 不宜小于 2.0。

《荷规》8.3.3 条～8.3.5 条作了细化规定。

(4) 阵风系数

《结通规》4.6.5 条：

$$\beta_{gz}\geqslant 1+\frac{0.7}{\sqrt{\mu_z}}$$

第四节 地震作用

一、高层建筑结构的地震作用的抗震设防标准速查表

《高规》规定：

4.3.1　各抗震设防类别高层建筑的地震作用，应符合下列规定：

1　甲类建筑：应按批准的地震安全性评价结果且高于本地区抗震设防烈度的要求确定；

2　乙、丙类建筑：应按本地区抗震设防烈度计算。

可知，不同抗震设防类别高层建筑的地震作用的抗震设防标准速查表，见表 9.4.1-1。

地震作用的抗震设防标准速查表　　表 9.4.1-1

抗震设防类别	6 度	7 度	8 度	9 度
甲类	高于本地区设防烈度的要求，其值应按批准的地震安全性评价结果确定			
乙类	6	7	8	9
丙类	6	7	8	9

二、悬挑结构的界定

《高规》3.5.5 条条文说明："悬挑结构，一般指悬挑结构中有竖向结构构件的情况"。

三、大跨度和长悬臂结构的界定

《高规》4.3.2 条条文说明：

4.3.2（条文说明）

大跨度指跨度大于 24m 的楼盖结构、跨度大于 8m 的转换结构、悬挑长度大于 2m 的悬挑结构（笔者注：应为"悬臂结构"）。大跨度、长悬臂结构应验算其自身及其支承部位结构的竖向地震效应。

《抗震通规》4.1.2 条条文说明：

竖向地震作用计算时，应注意大跨度和长悬臂结构的界定，如表 5 所示。

表 5 大跨度和长悬臂结构

设防烈度	大跨度（m）	长悬臂（m）
8 度	≥24	≥2.0
9 度	≥18	≥1.5

四、较高的高层建筑的界定

《高规》6.4.2 条条文说明：

6.4.2（条文说明）

“较高的高层建筑”是指：高于 40m 的框架结构或高于 60m 的其他结构体系的混凝土房屋建筑。

五、楼层最小地震剪力

《高规》规定：

4.3.12 多遇地震水平地震作用计算时，结构各楼层对应于地震作用标准值的剪力应符合下式要求：

$$V_{Eki} \geqslant \lambda \sum_{j=i}^{n} G_j \tag{4.3.12}$$

式中 V_{Eki}——第 i 层对应于水平地震作用标准值的剪力；

λ——水平地震剪力系数，不应小于表 4.3.12 规定的值；对于竖向不规则结构的薄弱层，尚应乘以 1.15 的增大系数；

G_j——第 j 层的重力荷载代表值；

n——结构计算总层数。

表 4.3.12 楼层最小地震剪力系数值

类 别	6 度	7 度	8 度	9 度
扭转效应明显或基本周期小于 3.5s 的结构	0.008	0.016（0.024）	0.032（0.048）	0.064
基本周期大于 5.0s 的结构	0.006	0.012（0.018）	0.024（0.036）	0.048

注：1. 基本周期介于 3.5s 和 5.0s 之间的结构，应允许线性插入取值；

2. 7、8 度时括号内数值分别用于设计基本地震加速度为 0.15g 和 0.30g 的地区。

《抗震通规》4.2.3 条规定：

3 多遇地震下，建筑与市政工程结构的最小地震剪力系数取值应符合下列规定：

1）对扭转不规则或基本周期小于 3.5s 的结构，最小地震剪力系数不应小于表 4.2.3 的基准值；

2）对基本周期大于 5.0s 的结构，最小地震剪力系数不应小于表 4.2.3 的基准值的 0.75 倍；

3）对基本周期介于 3.5s 和 5s 之间的结构，最小地震剪力系数不应小于表 4.2.3 的基准值的（$9.5-T_1$）/6 倍（T_1为结构计算方向的基本周期）。

表 4.2.3 最小地震剪力系数基准值 λ_0

设防烈度	6 度	7 度	7 度(0.15g)	8 度	8 度(0.30g)	9 度
λ_0	0.008	0.016	0.024	0.032	0.048	0.064

最小地震剪力系数，《抗震通规》和《高规》是一致的。

(1)《高规》表 4.3.12 中，“扭转效应明显”的判别为：本条条文说明中指出，它是指 $\mu_{扭转}>1.2$。而《抗规》5.2.5 条的条文说明：前三个振型中，二个水平方向的振型参与系数为同一个量级，即存在明显的扭转效应。

(2)《高规》表 4.3.12 注 1，基本周期是考虑折减后的基本同期；同时，沿 X、Y 方向，结构基本周期分别为 T_{1x}、T_{1y}。

(3) 存在薄弱层时，水平地震剪力系数取为 1.15λ。

《高规》式（4.3.12）变为：

$$1.25V_{Eki}\geqslant 1.15\lambda\sum_{j=i}^{n}G_j$$

薄弱层增大系数 1.25 的规定，见《高规》3.5.8 条。

应先增大 $V_{E_{ki}}$ 即 $1.25V_{Eki}$，再与 $1.15\lambda\sum_{j=i}^{n}G_j$ 比较。

(4) 楼层最小地震剪力不满足时应调整，具体按《抗规》5.2.5 条的条文说明。注意，当地震剪力调整时，其相应的地震倾覆力矩、地震内力和位移也应调整。

（5）《抗规》5.2.6条的条文说明中需要注意的五项事项。

六、水平地震作用的反应谱法

水平地震作用用于分析计算结构及构件的变形（层间位移等）和内力。

1. 计算变形和内力采用的反应谱法速查表

当计算《高规》3.7.3条的弹性层间位移时，由本条注，可知，可不考虑偶然偏心的影响，见表9.4.6-1。

当计算地震产生的内力（剪力、弯矩、轴力等）时，依据《高规》4.3.3条的条文说明，单向水平地震作用应考虑偶然偏心的影响，双向水平地震作用可不考虑偶然偏心，见表9.4.6-1。

《高规》4.3.3条的条文说明，质量与刚度分布明显不对称的结构，取双向地震作用可不考虑偶然偏心、单向水平地震作用考虑偶然偏心的计算结果进行比较，取不利情况进行设计。

计算变形和内力采用的反应谱法速查表　　表9.4.6-1

项目	计算方法		偶然偏心
弹性层间位移、层间位移角	单向水平地震作用	1. 底部剪力法； 2. 不考虑扭转耦联的振型分解反应谱法； 3. 考虑扭转耦联的振型分解反应谱法	可不考虑
内力	单向水平地震作用	1. 底部剪力法； 2. 不考虑扭转耦联的振型分解反应谱法； 3. 考虑扭转耦联的振型分解反应谱法	应考虑
	双向水平地震作用	考虑扭转耦联的振型分解反应谱法	可不考虑

2. 底部剪力法

《高规》4.3.11条、附录C作了规定。

（1）《高规》附录表C.0.1，与《抗规》规定是相同的。

《高规》附录表C.0.1注2，T_1为考虑折减系数后的结构基本自振周期。

T_1是指两个正交方向，X向结构平动的第一阶自振周期；

Y 向结构平动的第一阶自振周期。

（2）《高规》C.0.3 条中增大系数 β_n 的取值，增大后的地震作用仅用于突出屋面的屋顶间、女儿墙等，以及与该突出部分相连的构件的设计。而《抗规》5.2.4 条，增大系数取 3。

3. 不考虑扭转耦联的振型分解反应谱法

《高规》规定：

4.3.9

2　水平地震作用效应，当相邻振型的周期比小于 0.85 时，可按下式计算：

$$S=\sqrt{\sum_{j=1}^{m} S_j^2} \qquad (4.3.9\text{-}3)$$

式中　S——水平地震作用标准值的效应；

（1）《高规》公式（4.3.9-1）中 F_{ji} 是指水平地震作用，而公式（4.3.9-3）中 S、S_j 是指地震作用效应，包括楼层剪力、弯矩和位移，也包括构件内力（弯矩、剪力、轴力、扭矩等）和变形。一般地，地震作用产生的内力简称为地震内力。此外，地震组合内力是指荷载产生的内力与地震产生的内力按地震组合得到的组合内力值，故地震内力、地震组合内力是不同的概念。

（2）公式 $S=\sqrt{\sum_{j=1}^{m} S_j^2}$ 称为 SRSS 组合法。

特别注意，当相邻振型的周期比小于 0.85 时，才能采用 SRSS 法。

4. 考虑扭转耦联的振型分解反应谱法

《高规》规定：

4.3.10

2　单向水平地震作用下，考虑扭转耦联的地震作用效应，应按下列公式确定：

$$S=\sqrt{\sum_{j=1}^{m}\sum_{k=1}^{m} \rho_{jk} S_j S_k} \qquad (4.3.10\text{-}5)$$

3 考虑双向水平地震作用下的扭转地震作用效应，应按下列公式中的较大值确定：

$$S=\sqrt{S_x^2+(0.85S_y)^2} \tag{4.3.10-7}$$

或

$$S=\sqrt{S_y^2+(0.85S_x)^2} \tag{4.3.10-8}$$

式中 S_x——仅考虑 x 向水平地震作用时的地震作用效应，按式（4.3.10-5）计算；

S_y——仅考虑 y 向水平地震作用时的地震作用效应，按式（4.3.10-5）计算。

（1）单向水平地震作用，考虑扭转耦联的振型分解反应谱法

1）《高规》4.3.10 条式（4.3.10-1）中 F_{xji}、F_{yji}、F_{tji} 均是指水平地震作用；而公式（4.3.10-5）中 S、S_j、S_k 是指地震内力或地震产生的变形。

2）结构计算振型个数 m，《高规》4.3.10 条的条文说明指出，一般情况下可取 9～15，它是针对质量和刚度分布比较均匀的结构。

3）《高规》公式（4.3.10-5）称为 CQC 组合法。

（2）双向水平地震作用，考虑扭转耦联的振型分解反应谱法

此时，双向水平地震作用，可不考虑偶然偏心，它主要用于地震内力的计算。其计算方法按《高规》4.3.10 条第 3 款，即公式（4.3.10-7）、公式（4.3.10-8）。

如图 9.4.6-1 所示，在 X 方向不考虑偶然偏心单向水平地震作用下，KL1 左端的地震弯矩为：$M_{xx}=200\text{kN}\cdot\text{m}$，$M_{yx}=$

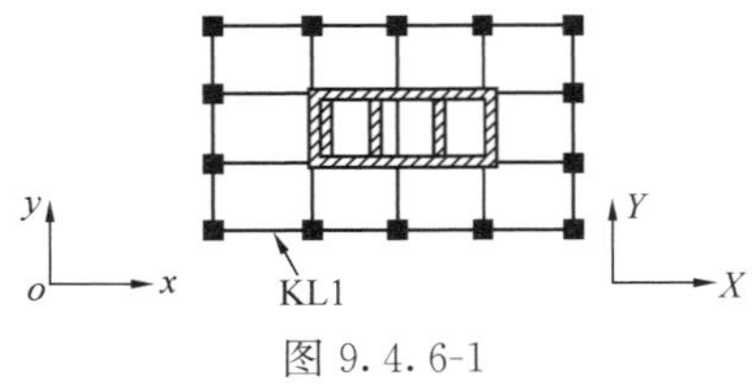

图 9.4.6-1

80kN·m；在 Y 方向不考虑偶然偏心单向水平地震作用下，KL1 左端的地震弯矩为：$M_{xy}=60\text{kN}\cdot\text{m}$，$M_{yy}=260\text{kN}\cdot\text{m}$，则：

局部坐标 x 方向，双向地震作用下 KL1 左端地震弯矩 M 为：

$$M_{双}=\sqrt{M_{xx}^2+(0.85M_{xy})^2}=\sqrt{200^2+(0.85\times 60)^2}$$
$$=206.4\text{kN}\cdot\text{m}$$

$$M_{双}=\sqrt{(0.85M_{xx})^2+M_{xy}^2}=\sqrt{(0.85\times 200)^2+60^2}$$
$$=180\text{kN}\cdot\text{m}$$

取较大值，故 $M_{双}=206.4\text{kN}\cdot\text{m}$。

（3）质量与刚度分布明显不对称的结构

《高规》4.3.3 条的条文说明指出，按包络设计原则，即：双向水平地震作用的计算结果，与单向水平地震作用考虑偶然偏心的计算结果进行比较，取不利的情况进行设计。

如图 9.4.6-1 所示，假定，x 方向单向水平地震作用并考虑偶然偏心时，KL1 沿局部坐标 x 方向的最大地震弯矩 $M_{单}=270\text{kN}\cdot\text{m}$，则：

$$M_{max}=\max(M_{双}、M_{单})=\max(206.4,270)$$
$$=270\text{kN}\cdot\text{m}$$

七、弹性时程分析法

《高规》4.3.4 条、4.3.5 条作了规定，与《抗规》规定是相同的。《高规》规定：

> **4.3.5** 进行结构时程分析时，应符合下列要求：
>
> **1** 应按建筑场地类别和设计地震分组选取实际地震记录和人工模拟的加速度时程曲线，其中实际地震记录的数量不应少于总数量的 2/3，多组时程曲线的平均地震影响系数曲线应与振型分解反应谱法所采用的地震影响系数曲线在统计意义上相符；弹性时程分析时，每条时程曲线计算所得结构底部剪力

不应小于振型分解反应谱法计算结果的65%，多条时程曲线计算所得结构底部剪力的平均值不应小于振型分解反应谱法计算结果的80%。

2 地震波的持续时间不宜小于建筑结构基本自振周期的5倍和15s，地震波的时间间距可取0.01s或0.02s。

3 输入地震加速度的最大值可按表4.3.5采用。

表4.3.5 时程分析时输入地震加速度的最大值（cm/s^2）

设防烈度	6度	7度	8度	9度
多遇地震	18	35（55）	70（110）	140
设防地震	50	100（150）	200（300）	400
罕遇地震	125	220（310）	400（510）	620

注：7、8度时括号内数值分别用于设计基本地震加速度为0.15g和0.30g的地区，此处g为重力加速度。

4 当取三组时程曲线进行计算时，结构地震作用效应宜取时程法计算结果的包络值与振型分解反应谱法计算结果的较大值；当取七组及七组以上时程曲线进行计算时，结构地震作用效应可取时程法计算结果的平均值与振型分解反应谱法计算结果的较大值。

注意：

（1）输入地震波的“选波”原则。

选波要求“靠谱”，应满足《高规》4.3.5条正文规定；否则选波不合理。

当选波合理后，选波的计算结果还应满足《高规》4.3.5条条文说明：基本安全性和经济性，计算结果要满足最低安全要求，也不必过大（即：每条地震波输入的计算结果不大于135%，多条输入的计算结果平均值不大于120%），即：计算结果不得超过最大限值。

（2）弹性时程分析法计算结果的分析

弹性时程分析法的主要计算结果有：楼层水平地震剪力、弹性层间位移角、层间位移、楼层地震弯矩等。采用弹性时程分析法的计算结果时，根据《抗规》5.2.5条条文说明，其计算的水平地震剪力也应符合最小地震剪力的要求。

1）从楼层水平地震剪力及其剪力图中，可发现楼层剪力的突变位置及其大小，由此可判定是否存在高振型响应。高层、超高层建筑结构由于高振型响应，其弹性时程分析法得到的顶部区域的水平地震剪力常大于振型分解反应谱的地震剪力，此时，应对结构上部相关楼层地震剪力加以调整放大。需注意，地震剪力放大，其实质是地震产生的内力（剪力、弯矩、轴力等）均放大。

2）从弹性层间位移角及其位移角图中，可发现结果侧向刚度突变的楼层位置及突变程度，由此可判定出结构的软弱层。当存在软弱层，应采用相应的抗震措施。

（3）时程分析法的计算结果的取值，《高规》4.3.5条第4款规定，具体细化为：

1）当取三组时程曲线计算时，取时程法计算结果的包络值（是指：三条时程曲线同一层间的剪力和变形在不同时刻的最大值）与振型分解反应谱法计算结果的较大值。

2）当取七组及七组以上的时程曲线计算时，取时程法计算结果的平均值（是指：各条时程曲线同一层间的剪力和变形在不同时刻的最大值的平均值）与振型分解反应谱法计算结果的较大值。

目前，多数设计软件中弹性时程分析法的计算结果不具备后续配筋设计功能，故当按时程分析法计算的结构底部剪力 $V_{0,时程法}$（三组时程曲线时，$V_{0,时程法}$ 取其计算结果的包络值；七组及七组以上时程曲线时，$V_{0,时程法}$ 取其计算结果的平均值）大于振型分解反应谱法计算的结构底部剪力 $V_{0,反应谱法}$（并且满足每条地震波输入的计算结果不大于135%，多条地震波输入的计算结果平均值不大于120%）时，则取放大系数 $K=V_{0,时程法}/V_{0,反应谱法}$，将振型反应谱法计算结果乘以该放大系数 K，再将已考虑了放大系数 K 的振型反应谱法最终计算结果进行配筋设计，即包络设计。

当 $V_{0,时程法}$ 小于 $V_{0,反应谱法}$ 时，直接取振型分解反应谱法的计算结果进行配筋设计。

八、竖向地震作用的计算

高层建筑竖向地震作用的特点，《抗规》5.3.1条的条文说明指出："高层建筑由竖向地震引起的轴向力在结构的上部明显大于底部，是不可忽视的。"

隔震设计的建筑结构（多层、高层），《抗规》5.3.1条条文说明指出，隔震垫不仅不隔离竖向地震作用反而有所放大，故竖向地震作用往往不可忽视。为此，《抗规》5.1.1条注的规定："8、9度时采用隔震设计的建筑结构，应按有关规定计算竖向地震作用。"

1. 简化计算方法

《高规》规定：

4.3.13 结构竖向地震作用标准值可采用时程分析方法或振型分解反应谱方法计算，也可按下列规定计算（图4.3.13）：

1 结构总竖向地震作用标准值可按下列公式计算：

$$F_{\mathrm{Evk}}=\alpha_{\mathrm{vmax}}G_{\mathrm{eq}} \tag{4.3.13-1}$$

$$G_{\mathrm{eq}}=0.75G_{\mathrm{E}} \tag{4.3.13-2}$$

$$\alpha_{\mathrm{vmax}}=0.65\alpha_{\max} \tag{4.3.13-3}$$

2 结构质点 i 的竖向地震作用标准值可按下式计算：

$$F_{\mathrm{v}i}=\frac{G_iH_i}{\sum\limits_{j=1}^{n}G_jH_j}F_{\mathrm{Evk}} \tag{4.3.13-4}$$

3 楼层各构件的竖向地震作用效应可按各构件承受的重力荷载代表值比例分配，并宜乘以增大系数1.5。

《高规》4.3.15条条文说明：大跨度、悬挑、转换、连体结构采用《高规》4.3.13条计算时，其计算结果不宜小于4.3.15条（最小值）规定。

2. 振型分解反应谱法或时程分析法

《高规》4.3.14 条作了规定。

(1)《高规》4.3.14 条中悬挑结构，根据《高规》3.5.5 条条文说明，一般指悬挑结构中有竖向结构构件的情况。

(2)《高规》4.3.15 条条文说明：按《高规》4.3.14 条计算的结果不宜小于《高规》4.3.15 条（最小值）规定。

3. 竖向地震作用系数（最小值）

《高规》规定：

4.3.15　高层建筑中，大跨度结构、悬挑结构、转换结构、连体结构的连接体的竖向地震作用标准值，不宜小于结构或构件承受的重力荷载代表值与表 4.3.15 所规定的竖向地震作用系数的乘积。

表 4.3.15　竖向地震作用系数

设防烈度	7 度	8 度		9 度
设计基本地震加速度	0.15g	0.20g	0.30g	0.40g
竖向地震作用系数	0.08	0.10	0.15	0.20

注：g 为重力加速度。

第五节　结构计算分析

一、一般规定

1.《高规》5.1.8 条楼面活荷载大于 4kN/m^2 的计算

《高规》5.1.8 条的条文说明：活荷载较大（大于 4kN/m^2）时，考虑其不利影响，可采用：①详细计算分析方法；②近似放大系数方法，即：梁正、负弯矩应同时放大。

2.《高规》5.1.14 条多塔楼结构的界定与计算

《高规》5.1.14 条，与《高规》10.6.3 条挂勾。

在地下室连为整体的多塔楼结构的计算与设计，《高规》2. 术语和符号的条文说明：

2（条文说明）

“多塔楼结构”是在裙楼或大底盘上有两个或两个以上塔楼的结构，是体型收进结构的一种常见例子。一般情况下，在地下室连为整体的多塔楼结构可不作为本规程第 10.6 节规定的复杂结构，但地下室顶板设计宜符合本规程 10.6 节多塔楼结构设计的有关规定。

二、计算参数

1.《高规》5.2.1 条连梁刚度折减的要点

《高规》5.2.1 条及条文说明：有地震作用效应组合工况时，均可考虑连梁刚度折减。连梁刚度折减系数不宜小于 0.5，这是针对小震情况。

当连梁（跨高比大于 5）、一端与柱另一端与墙连接的梁（跨高比大于 5），必要时可不进行梁刚度折减。

2.《高规》5.2.3 条负弯矩调幅对应的作用组合

《高规》5.2.3 条，框架梁梁端、跨中弯矩设计值与荷载组合（或地震组合）挂钩。一般地，高烈度区，梁端弯矩设计值是由地震组合控制，其跨中弯矩设计值是由基本组合控制。低烈度区，梁端弯矩设计值由地震组合控制或者基本组合控制，而其跨中弯矩设计值仍由基本组合控制。

三、计算简图处理

1.《高规》5.3.4 条刚域的要点

如图 9.5.3-1 所示，当未考虑刚域，梁柱交点视为一个节点，其梁计算长度为 l_0；当考虑刚域后，计算模型的梁计算长度减小，即：$l_0-(l_{b2}+l_{b1})$，则：1-1 截面处梁弯矩值考虑刚域后变小。

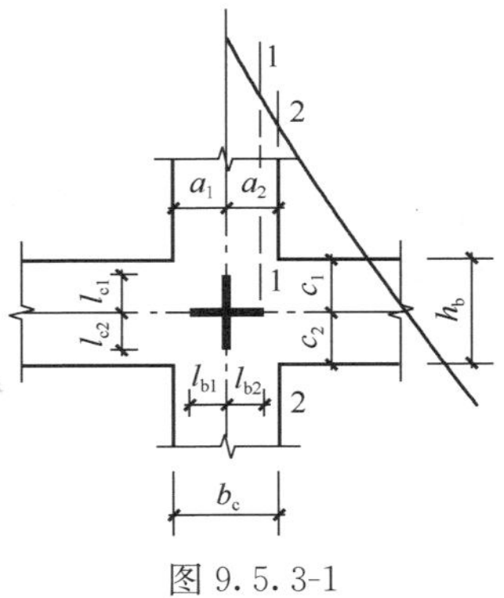

图 9.5.3-1

《高规》5.3.4 条规定，梁端截面弯矩可取刚域端（即：1-1

处）的弯矩计算值。抗震设计时，按“强柱弱梁”原则，1-1 处弯矩值减小，有利于“强柱弱梁”原则的实现。

注意，当采用考虑刚域后的 1-1 处弯矩值用于梁配筋计算是不合理的，这是因为：梁端控制截面应是 2-2 截面处，所以应采用考虑刚域后的 2-2 处弯矩值用于梁配筋。

同样，在验算梁端裂缝时，应采用考虑刚域后的 2-2 处弯矩值才合理，不能采用 1-1 处弯矩值，这是因为：梁端裂缝验算，其位置是梁端 2-2 截面处。

2.《高规》5.3.7 条作为上部结构嵌固部位时侧向刚度比的要点

(1) 地上结构仅有主楼（或塔楼）无裙房

此时，按《高规》5.3.7 条及条文说明的规定进行刚度比（按等效剪切刚度比即《高规》附录 E.0.1 条）的计算、判别。

(2) 地上结构有主楼和裙房，且裙房面积很小（即主楼外裙房的跨数不大于 3 跨或 20m）

观点 1：《抗规》6.1.14 条及条文说明指出：“相关范围”一般可从地上结构（主楼、有裙房时含裙房）周边外延不大于 20m。

观点 2：依据朱炳寅编著的《高层建筑混凝土结构技术规程应用与分析》，上述情况，地下一层取主楼及相关范围（即主楼及其周边不大于 3 跨或 20m）的区域进行等效剪切刚度比的计算。

(3) 地上结构有主楼和裙房，且裙房面积很大

可参见朱炳寅编著的《高层建筑混凝土结构技术规程应用与分析》，进行包络设计；也可参见魏琏大师主编的《深圳超限高层建筑工程设计及实例》。

(4) 地下室顶板作为嵌固部位（图 9.5.3-2），此时应满足如下两个条件：

①《高规》5.3.7 条等效剪切刚度 K_1、K_{-1}，$K_{-1}/K_1 \geq 2$

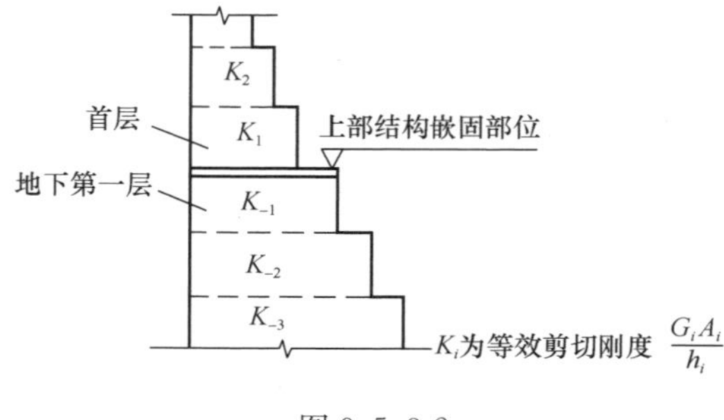

图 9.5.3-2

② 非框架结构，还应满足《高规》3.5.2 条底部嵌固层侧向刚度比

$$\gamma_2=\frac{V_i\Delta_{i+1}}{V_{i+1}\Delta_i}\cdot\frac{h_i}{h_{i+1}}=\frac{K_{1,侧}}{K_{2,侧}}\geqslant 1.5$$

（5）嵌固部位下移，地下一层地面作为上部结构嵌固部位，如图 9.5.3-3 所示，此时，应满足的条件是：$\frac{K_{-2}}{K_1}\geqslant 2$

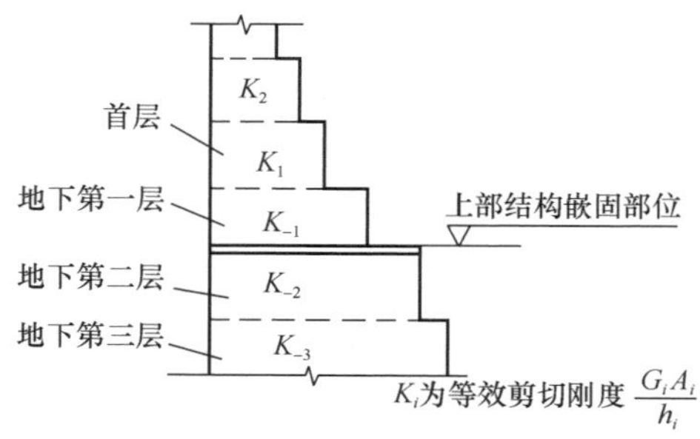

图 9.5.3-3

四、重力二阶效应与结构稳定的 EJ_d 计算

《高规》5.4.1 条文说明：

> 假定倒三角形分布荷载的最大值为 q，在该荷载作用下结构顶点质心的弹性水平位移为 u，房屋高度为 H，则结构的弹

性等效侧向刚度 EJ_d 可按下式计算：

$$EJ_d=\frac{11qH^4}{120u} \tag{5}$$

同一个建筑结构，由于 EJ_d 是等效侧向刚度，当用水平风荷载计算出的 EJ_d，与用水平地震作用计算出的 EJ_d，两者一般是不相同的。

EJ_d 代表结构一个主轴方向，故沿两个正交方向的 X、Y 方向的 EJ_d 值应分别计算。

五、荷载组合和地震组合的效应

1. 基本组合

荷载的基本组合按《结通规》或《可靠性标准》。

2. 地震组合前的地震内力调整

（1）高层建筑结构的水平地震作用标准值在地震组合前的地震内力调整：

① 楼层最小地震剪力系数；（《高规》4.3.12 条）

② 薄弱层剪力增大；（《高规》3.5.8 条）

③ 考虑非承重墙的刚度影响，结构自振周期的折减；（《高规》4.3.16 条）

④ 框架-剪力墙结构中框架剪力调整；（《高规》8.1.4 条）

⑤ 板柱-剪力墙结构的水平地震剪力调整；（《高规》8.1.10 条）

⑥ 筒体结构中的框架柱的剪力；（《高规》9.1.11 条）

⑦ 转换层构件地震内力调整；（《高规》10.2.4 条）

⑧ 框支剪力墙结构中框支柱剪力调整；（《高规》10.2.17 条）

⑨ 转换柱地震轴力调整；（《高规》10.2.11 条第 2 款）

⑩ 混合结构中钢框架柱剪力调整；（《高规》11.1.6 条）

⑪ 发震断裂附近的地震动参数的增大；（《抗规》3.10.3 条）

⑫ 不利地段的水平地震影响系数最大值的放大；（《抗规》4.1.8 条）

⑬ 刚性地基假定时，高层建筑各楼层水平地震剪力的折减；

（《抗规》5.2.7 条）

⑭ 隔震设计时各楼层的水平地震剪力应满足楼层最小地震剪力系数。（《抗规》12.2.5 条第 3 款）

（2）高层建筑结构的竖向地震作用效应标准值在地震组合前的内力调整系数：

① 各楼层构件的竖向地震作用标准值乘以 1.5 增大系数；（《高规》4.3.13 条第 3 款）

② 大跨度结构、悬挑结构、转换结构、连体结构的连接体的竖向地震作用标准值不宜小于其重力荷载代表值与相应的竖向地震作用系数的乘积。（《高规》4.3.15 条）

六、《抗震通规》地震组合及地震作用分项系数

《抗震通规》规定：

4.3.2 结构构件抗震验算的组合内力设计值应采用地震作用效应和其他作用效应的基本组合值，并应符合下式规定：

$$S=\gamma_{G}S_{GE}+\gamma_{Eh}S_{Ehk}+\gamma_{Ev}S_{Evk}+\sum\gamma_{Di}S_{Dik}+\sum\psi_{i}\gamma_{i}S_{ik} \tag{4.3.2}$$

表 4.3.2-1 各荷载分项系数及组合系数

荷载类别、分项系数、组合系数			对承载力不利	对承载力有利	适用对象
永久荷载	重力荷载	γ_G	≥1.3	≤1.0	所有工程
	预应力	γ_{Dy}			
	土压力	γ_{Ds}	≥1.3	≤1.0	市政工程、地下结构
	水压力	γ_{Dw}			
可变荷载	风荷载	ψ_w	0.0		一般的建筑结构
			0.2		风荷载起控制作用的建筑结构
	温度作用	ψ_t	0.65		市政工程

表 4.3.2-2 地震作用分项系数

地震作用	γ_{Eh}	γ_{Ev}
仅计算水平地震作用	1.4	0.0
仅计算竖向地震作用	0.0	1.4
同时计算水平与竖向地震作用（水平地震为主）	1.4	0.5
同时计算水平与竖向地震作用（竖向地震为主）	0.5	1.4

第六节 框架结构

一、一般规定

1. 高层单跨框架结构的界定

《高规》6.1.2 条，针对抗震设计时高层框架结构。

《高规》6.1.2 条的条文说明对“单跨框架结构”进行了定义及简单判别，其判别也可按《抗规》6.1.5 条条文说明。

2. 楼梯的抗震设计

《高规》6.1.4 条及条文说明指出，楼梯构件（包括楼梯梁、楼梯柱、楼梯板）应进行抗震设计，其中，楼梯梁、楼梯柱的抗震等级与框架结构本身相同。

《抗规》3.6.6 条、6.1.15 条及条文说明也规定了楼梯构件对主体结构的计算要求。

3. 不与框架柱相连的次梁及“特殊框架梁”

上述次梁，《高规》6.1.8 条及其条文说明作了规定。

对于梁的一端与框架柱相连，另一端与框架梁相连的“特殊框架梁”，其抗震等级的确定，《高规》6.1.8 条条文说明未明确，可按与之相连的框架柱的抗震等级采用。

同样，梁的一端为剪力墙（梁长度方向与墙长度方向连接），另一端为主梁（框架梁、主要次梁或与剪力墙厚度方向铰接连接）的梁，也可按《高规》6.1.8 条条文说明中对上述“特殊框架梁”的设计要求，梁抗震等级采用剪力墙抗震等级。

二、框架结构的内力调整系数速查表

框架结构的内力调整系数速查表，见表 9.6.2-1。

框架结构的内力调整系数速查表　　表 9.6.2-1

<table>
<tr><th rowspan="2">构件类型</th><th rowspan="2">部位（规范条文）</th><th rowspan="2">抗震等级</th><th colspan="3">地震作用组合的内力调整系数</th><th rowspan="2">备注</th></tr>
<tr><th>M</th><th>V</th><th>V 的最终调整系数</th></tr>
<tr><td rowspan="5">框架梁</td><td rowspan="5">全部部位（3.10.3 条、6.2.5 条）</td><td>特一级</td><td>1.0</td><td>1.2
【一级 V_b】</td><td>1.2
【一级 V_b】</td><td></td></tr>
<tr><td>一级</td><td>1.0</td><td>按实配计算 V_b，式（6.2.5-1）</td><td>按实配计算 V_b，式（6.2.5-1）</td><td>公式为《高规》中的公式，下同</td></tr>
<tr><td>二级</td><td>1.0</td><td>1.2</td><td>1.2×1.0</td><td></td></tr>
<tr><td>三级</td><td>1.0</td><td>1.1</td><td>1.1×1.0</td><td></td></tr>
<tr><td>四级</td><td>1.0</td><td>1.0</td><td>1.0×1.0</td><td>【注 1】</td></tr>
<tr><td rowspan="6">框架柱</td><td rowspan="5">底层柱柱底截面（3.10.2 条、6.2.2 条、6.2.3 条）</td><td>特一级</td><td>1.2×1.7</td><td>1.2
【一级 V_c】</td><td>1.2
【一级 V_c】</td><td></td></tr>
<tr><td>一级</td><td>1.7</td><td>按实配计算 V_c，式（6.2.3-1）</td><td>按实配计算 V_c，式（6.2.3-1）</td><td>【注 2】</td></tr>
<tr><td>二级</td><td>1.5</td><td>1.3</td><td>1.3×1.5</td><td></td></tr>
<tr><td>三级</td><td>1.3</td><td>1.2</td><td>1.2×1.3</td><td></td></tr>
<tr><td>四级</td><td>1.2</td><td>1.1</td><td>1.1×1.2</td><td>【注 1】</td></tr>
<tr><td>其他层框架柱柱端截面（3.10.2 条、6.2.1 条、6.2.3 条）</td><td>特一级</td><td>1.2
【一级 M_c】</td><td>1.2
【一级 V_c】</td><td>1.2
【一级 V_c】</td><td></td></tr>
</table>

续表

<table>
<tr><th rowspan="2">构件类型</th><th rowspan="2">部位（规范条文）</th><th rowspan="2">抗震等级</th><th colspan="3">地震作用组合的内力调整系数</th><th rowspan="2">备注</th></tr>
<tr><th>M</th><th>V</th><th>V 的最终调整系数</th></tr>
<tr><td rowspan="4">框架柱</td><td rowspan="4">其他层框架柱柱端截面（3.10.2 条、6.2.1 条、6.2.3 条）</td><td>一级</td><td>按实配计算 M_c，式（6.2.1-1）</td><td>按实配计算 V_c，式（6.2.3-1）</td><td>按实配计算 V_c，式（6.2.3-1）</td><td>【注 2】</td></tr>
<tr><td>二级</td><td>1.5</td><td>1.3</td><td>1.3×1.5</td><td></td></tr>
<tr><td>三级</td><td>1.3</td><td>1.2</td><td>1.2×1.3</td><td></td></tr>
<tr><td>四级</td><td>1.2</td><td>1.1</td><td>1.1×1.2</td><td>【注 1】</td></tr>
</table>

注：1. 抗震四级的框架梁，见《混规》11.3.2 条；抗震四级的框架柱，见《抗规》6.2.2 条、6.2.3 条、6.2.5 条。
2. 抗震一级的框架柱，当采用按增大系数时，见《抗规》6.2.2 条、6.2.5 条。
3. 框架角柱，根据《高规》6.2.4 条，M 乘以 1.1，V 乘以 1.1 并且仅考虑一次。
4. 高层框架结构中无“9 度一级框架”。

三、其他结构的框架内力调整系数速查表

其他结构（是指框架-剪力墙、框架-核心筒、筒中筒结构）的框架内力调整系数速查表，见表 9.6.3-1。

其他结构的框架内力调整系数速查表　　表 9.6.3-1

<table>
<tr><th rowspan="2">构件类型</th><th rowspan="2">部位（规范条文）</th><th rowspan="2">抗震等级</th><th colspan="3">地震作用组合的内力调整系数</th><th rowspan="2">备注</th></tr>
<tr><th>M</th><th>V</th><th>V 的最终调整系数</th></tr>
<tr><td rowspan="2">框架梁</td><td rowspan="2">全部部位（3.10.3 条、6.2.5 条）</td><td>特一级</td><td>1.0</td><td>1.2【一级 V_b】</td><td>1.2【一级 V_b】</td><td></td></tr>
<tr><td>9 度的一级</td><td>1.0</td><td>按实配计算 V_b，式（6.2.5-1）</td><td>按实配计算 V_b，式（6.2.5-1）</td><td></td></tr>
</table>

续表

构件类型	部位（规范条文）	抗震等级	地震作用组合的内力调整系数			备注
			M	V	V 的最终调整系数	
框架梁	全部部位（3.10.3 条、6.2.5 条）	一级	1.0	1.3	1.3×1.0	
		二级	1.0	1.2	1.2×1.0	
		三级	1.0	1.1	1.1×1.0	
		四级	1.0	1.0	1.0×1.0	
框架柱	底层柱柱底截面（3.10.2 条、6.2.1 条、6.2.3 条、6.2.2 条条文说明）	特一级	1.2【一级 M_c】	1.2【一级 V_c】	1.2【一级 V_c】	
		9 度的一级	1.0	按实配计算 V_c，式（6.2.3-1）	按实配计算 V_c，式（6.2.3-1）	
		一级	1.0	1.4	1.4×1.0	
		二级	1.0	1.2	1.2×1.0	
		三、四级	1.0	1.1	1.1×1.0	
	其他层框架柱 z 柱端截面（3.10.2 条、6.2.1 条、6.2.3 条）	特一级	1.2【一级 M_c】	1.2【一级 V_c】	1.2【一级 V_c】	
		9 度的一级	按实配计算 M_c，式（6.2.1-1）	按实配计算 V_c，式（6.2.3-1）	按实配计算 V_c，式（6.2.3-1）	
		一级	1.4	1.4	1.4×1.4	
		二级	1.2	1.2	1.2×1.2	
		三、四级	1.1	1.1	1.1×1.1	

注：框架角柱，根据《高规》6.2.4 条，M 乘以 1.1，V 乘以 1.1 并且仅考虑一次。

四、框架梁

1. 框架梁截面尺寸查《高规》6.3.1 条

《高规》6.3.1 条的条文说明指出，在计算挠度时，可考虑梁受压区有效翼缘的有利作用，6.3.1 条规定是针对现浇梁板结构。

2. 框架梁抗震受弯承载力计算见第四章第三节

3. 框架梁抗震受剪承载力计算

框架梁梁端剪力设计值 V 与抗震受剪承载力计算，见表 9.6.4-1。

梁端剪力设计值与抗震受剪承载力计算　　表 9.6.4-1

规范	梁端剪力设计值	抗震受剪承载力计算
《高规》	6.2.5 条	6.2.6 条（截面限制条件）
	3.10.5 条（特一级）	6.2.10 条（即按《混规》11.3.4 条、6.3.4 条）

（1）箍筋计算（已知 V，求 A_{sv}/s）

首先复核梁截面限制条件，按《高规》6.2.6 条，计算出 $V_{截}$，取 $\min(V, V_{截})$ 按《混规》公式（11.3.4）或者公式（6.3.4-2）计算箍筋量 A_{sv}/s，然后复核最小配箍率。

（2）受剪承载力复核（已知 A_{sv}/s，求 V_u）

由 A_{sv}/s 按《混规》公式（11.3.4）或者公式（6.3.4-2）计算，取计算公式右端项作为 V_{cs}；由截面限制条件即《高规》6.2.6 条，计算出 $V_{截}$；然后取 $V_u = \min(V_{cs}, V_{截})$。

4. 抗震设计时框架梁纵向受力钢筋和箍筋的抗震构造措施表

抗震设计时，框架梁纵向受力钢筋和箍筋的抗震构造措施表，见表 9.6.4-2、表 9.6.4-3。

抗震设计时框架梁纵向受力钢筋的抗震构造措施表　　表 9.6.4-2

项目	规定		
	《高规》	《混规》	《抗规》
最小配筋率	6.3.2 条： 表 6.3.2-1	11.3.6 条： 同《高规》	—
最大配筋率	6.3.3 条： $\rho_{纵}$不宜大于 2.5%； $\rho_{纵}$不应大于 2.75%	11.3.7 条： $\rho_{纵}$不宜大于 2.5%	6.3.4 条： $\rho_{纵}$不宜大于 2.5%
梁端梁底、顶纵筋面积比 A'_s/A_s	6.3.2 条： 一级：$A'_s/A_s \geqslant 0.5$ 二、三级：$A'_s/A_s \geqslant 0.3$； 6.3.3 第 1 款： $\rho_{纵} > 2.5\%$，$\rho_{受压} \geqslant 0.5\rho_{受拉}$	11.3.6 条： 一级：$A'_s/A_s \geqslant 0.5$ 二、三级：$A'_s/A_s \geqslant 0.3$	6.3.3 条： 一级：$A'_s/A_s \geqslant 0.5$ 二、三级：$A'_s/A_s \geqslant 0.3$
相对受压区高度 $\xi = x/h_0$	6.3.2 条： 一级：$x/h_0 \leqslant 0.25$ 二、三级：$x/h_0 \leqslant 0.35$	11.3.1 条： 同《高规》	6.3.3 条： 同《高规》
沿梁全长的通长纵筋	6.3.3 条	11.3.7 条： 同《高规》	6.3.4 条： 同《高规》
贯通中柱的纵筋直径 $d_{纵}$	6.3.3 条： 一、二、三级框架：$d_{纵}$不宜大于 $B/20$	11.6.7 条： 1）9 度各类框架和一级框架结构：$d_{纵}$不宜大于 $B/25$ 2）一、二、三级框架：$d_{纵}$不宜大于 $B/20$	6.3.4 条： 1）一、二、三级框架结构：$d_{纵}$不应大于 $B/20$ 2）一、二、三级框架：$d_{纵}$不宜大于 $B/20$

注：1. B 是指矩形截面柱，柱在该方向截面尺寸；若为圆截面柱，纵筋所在位置柱截面弦长。$d_{纵}$是指纵向受力钢筋的直径。

2. 梁的最小配筋率，取 bh 计算；其最大配筋率，取 bh_0 计算。

抗震设计时框架梁箍筋的抗震构造措施表　　表 9.6.4-3

项目		规定		
		《高规》	《混规》	《抗规》
箍筋加密区	加密区长度	6.3.2 条： 表 6.3.2-2	11.3.6 条： 同《高规》	6.3.3 条： 同《高规》
	箍筋最大间距(s)	6.3.2 条： 表 6.3.2-2	11.3.6 条： 同《高规》	6.3.3 条： 同《高规》
	箍筋最小直径(ϕ)	6.3.2 条：表 6.3.2-2 $\rho_{纵}$大于 2%时，箍筋最小直径+2	11.3.6 条： 同《高规》	6.3.3 条： 同《高规》
	箍筋最大肢距(a)	6.3.5 条： 一级：$a \leqslant \max(200, 20\phi)$； 二、三级：$a \leqslant \max(250, 20\phi)$； 四级：$a \leqslant 300$	11.3.8 条： 一、二、三级：同《高规》； 一级～四级：$a \leqslant 300$	6.3.4 条： 一、二、三级：同《高规》
箍筋非加密区	箍筋间距($s_{非}$)	6.3.5 条： $s_{非} \leqslant 2s$	11.3.9 条： 同《高规》	—
沿梁全长箍筋的最小面积配筋率ρ_{sv}		6.3.5 条： 一级：$\rho_{sv} \geqslant 0.30 f_t / f_{yv}$ 二级：$\rho_{sv} \geqslant 0.28 f_t / f_{yv}$ 三、四级：$\rho_{sv} \geqslant 0.26 f_t / f_{yv}$	11.3.9 条： 同《高规》	—

注：1. 特一级，《高规》3.10.3 条，梁端加密区箍筋最小面积配筋率增大 10%。
2. $\rho_{sv} = A_{sv} / (bs)$。

5. 非抗震设计时框架梁纵向受力钢筋和箍筋的构造措施表

非抗震设计时，框架梁纵向钢筋和箍筋的构造措施表，见表 9.6.4-4、表 9.6.4-5。

非抗震设计时框架梁纵向受力钢筋的构造措施表　　表 9.6.4-4

项目	规定	
	《高规》	《混规》
最大配筋率	—	—
最小配筋率	6.3.2 条：$\rho_{min}=\max(0.20, 45f_t/f_y)\%$	8.5.1 条：$\rho_{min}=\max(0.20, 45f_t/f_y)\%$
纵筋直径(d)	—	9.2.1 条第 2 款：$h\geqslant300$，$d\geqslant10$；$h<300$，$d\geqslant8$
纵筋水平净间距(h)	—	顶筋 $h\geqslant\max(30, 1.5d_{最大})$； 底筋 $h\geqslant\max(25, d_{最大})$； 底筋>2 层，其 2 层以上纵筋中距比下面 2 层纵筋中距增大 1 倍
纵筋竖向净间距（v）	—	各层纵筋 $v\geqslant\max(25, d_{最大})$
框架顶层端节点梁顶纵筋面积	—	9.3.8 条：满足式(9.3.8)

注：1. 梁纵向受力钢筋的最小配筋率，取 bh 计算；其最大配筋率，取 bh_0 计算。
2. $d_{最大}$是指纵向受力钢筋的最大直径。

非抗震设计时框架梁箍筋的构造措施表　　表 9.6.4-5

项目	规定	
	《高规》	《混规》
箍筋最小直径（ϕ）	6.3.4 条第 2、6 款： $h>800$，$\phi\geqslant8$；$h\leqslant800$，$\phi\geqslant6$； 配置计算需要的纵向受压钢筋时，$\phi\geqslant d_{最大}/4$； 受力钢筋搭接长度范围内，$\phi\geqslant d_{最大}/4$	9.2.9 条： 同《高规》； 8.4.6 条：受力钢筋搭接长度范围内，$\phi\geqslant d_{最大}/4$

续表

项目	规　　定	
	《高规》	《混规》
箍筋最大间距（s）	6.3.4 条：表 6.3.4 配置计算需要的纵向受压钢筋时： 1）$s \leqslant \max(15d_{最小}, 400)$； 2）一层内纵向受压钢筋＞5 根且直径＞18 时，$s \leqslant 10d_{最小}$	9.2.9 条： 同《高规》； 8.4.6 条：受力钢筋搭接长度范围内，$s \leqslant 5d_{最小}$
箍筋肢距	配置计算需要的纵向受压钢筋时，按 6.3.4 条第 6 款	9.2.9 条： 同《高规》
箍筋的面积配筋率	6.3.4 条：当 $V > 0.7f_tbh_0$ 时，$\rho_{sv} = A_{sv}/(bs) \geqslant 0.24f_t/f_{yv}$	9.2.9 条： 同《高规》

注：$d_{最大}$ 和 $d_{最小}$ 分别是指纵向受力钢筋的最大直径、最小直径。

五、框架柱

1. 框架柱截面尺寸查《高规》6.4.1 条

2. 柱轴压比的计算及限值查《高规》6.4.2 条

柱轴压比限值属于抗震构造措施，应按抗震构造措施所对应的抗震等级确定。特一级的框架柱的轴压比可采用《高规》表 6.4.2中“一级”轴压比限值。

3. 框架柱抗震正截面承载力计算见第四章第三节

4. 框架柱抗震受剪承载力计算

框架柱柱端剪力设计值与抗震受剪承载力计算，见表 9.6.5-1。

柱端剪力设计值与抗震受剪承载力计算　　表 9.6.5-1

规范	柱端剪力设计值	抗震受剪承载力计算
《高规》	6.2.3 条、6.2.4 条、3.10.3 条（特一级）	6.2.6 条（截面限制条件）、6.2.8 条、6.2.9 条（计算公式）

注意，《高规》6.2.8条、6.2.9条是单向受剪承载力计算公式，故运用时，V 与 b、h_0 的方向性挂钩，即：V 与 h_0 是相同方向。

5. 框架柱柱端箍筋加密区的 ρ_v 计算

《高规》6.4.7条，$\rho_v \geqslant \lambda_v f_c / f_{yv}$

当框架柱中设置有芯柱时，芯柱的箍筋不计入 ρ_v。

本条第3款：当 $\lambda \leqslant 2$，且设防烈度为9度时，$\rho_v \geqslant 1.5\%$。

6. 框架柱柱端箍筋加密区 λ_v 值速查表见第四章第三节

7. 抗震设计时框架柱的纵向受力钢筋和箍筋的抗震构造措施表

抗震设计，框架柱的纵向受力钢筋和箍筋的抗震构造措施表，见表9.6.5-2和表9.6.5-3。

抗震设计时框架柱纵向受力钢筋的抗震构造措施表　　表9.6.5-2

项目	规定		
	《高规》	《混规》	《抗规》
最大配筋率	6.4.4条： $\rho_{全}$不应大于5%； 一级且 $\lambda \leqslant 2$ 柱，其 $\rho_{一侧}$ 不宜大于1.2%	11.4.13条： 同《高规》	6.3.8条： 同《高规》
最小配筋率	6.4.3条第1款： $\rho_{全}$，查表6.4.3-1（Ⅳ类场地较高高层，表中值加0.1）； $\rho_{一侧}$，不应小于0.2%； 特一级：中、边柱 $\rho_{全} \geqslant 1.4\%$，角柱 $\rho_{全} \geqslant 1.6\%$（3.10.2条）	11.4.12条： 无特一级，其他同《高规》	6.3.7条： 无特一级，其他同《高规》
纵筋直径	—	—	—

续表

项目	规定		
	《高规》	《混规》	《抗规》
纵筋间距	6.4.4 条第 2 款：当 $B>400$ 时：一、二、三级：纵筋间距≤200； 四级：纵筋间距≤300 纵筋净距≥50	11.4.13 条： $B>400$，纵筋间距≤200	6.3.8 条： 同《混规》

注：1. Ⅳ类场地较高高层，是指大于 40m 的框架结构，或大于 60m 的其他结构，见《高规》6.4.2 条条文说明。

2. B 是指柱截面尺寸。

抗震设计时框架柱箍筋的抗震构造措施表　　表 9.6.5-3

项目		规定		
		《高规》	《混规》	《抗规》
箍筋加密区	体积配箍率（ρ_v）	6.4.7 条： 一级：$\rho_v \geqslant \max(\lambda_v f_c/f_{yv}, 0.8\%)$； 二级：$\rho_v \geqslant \max(\lambda_v f_c/f_{yv}, 0.6\%)$； 三、四级：$\rho_v \geqslant \max(\lambda_v f_c/f_{yv}, 0.4\%)$； $\lambda \leqslant 2$ 柱：$\rho_v \geqslant \max(\lambda_v f_c/f_{yv}, 1.2\%)$； $\lambda \leqslant 2$ 且 9 度一级：$\rho_v \geqslant \max(\lambda_v f_c/f_{yv}, 1.5\%)$； 特一级：取 $\lambda_v+0.02$（3.10.2 条）	11.4.17 条： 无特一级；其他同《高规》	6.3.9 条： 无特一级；其他同《高规》
	加密区范围	6.4.6 条： 柱两端：$\max(H_n/6, h_c, 500)$； 底层柱：刚性地面上下各 500； 底层柱：柱根以上 $H_n/3$； $\lambda \leqslant 2$ 柱、$H_n/h_c \leqslant 4$ 柱，全高加密； 一、二级框架角柱，全高加密	11.4.14 条、11.4.12 条： 未涉及“$H_n/h_c \leqslant 4$ 柱”；其他同《高规》	6.3.9 条： 同《高规》

续表

<table>
<tr><th colspan="2" rowspan="2">项目</th><th colspan="3">规　　定</th></tr>
<tr><th>《高规》</th><th>《混规》</th><th>《抗规》</th></tr>
<tr><td rowspan="3">箍筋加密区</td><td>箍筋最大间距(s)</td><td>6.4.3 条：表 6.4.3-2
1）一级柱 $\phi>12$ 且 $a\leqslant150$，除柱根外，可取 $s=150$；
2）二级柱 $\phi\geqslant10$ 且 $a\leqslant200$，除柱根外，可取 $s=150$；
3）$\lambda\leqslant2$ 柱，$s\leqslant100$</td><td>11.4.12 条：
$\lambda\leqslant2$ 柱，$s\leqslant\min(6d_{纵}, 100)$；其他同《高规》</td><td>6.3.7 条：
$\lambda\leqslant2$ 柱，$s\leqslant100$；其他同《高规》</td></tr>
<tr><td>箍筋最小直径(ϕ)</td><td>6.4.3 条：表 6.4.3-2
1）三级 $b_c\leqslant400$，ϕ 可取 6；
2）四级 $\lambda\leqslant2$，或 $\rho_{全}>3\%$，$\phi\geqslant8$</td><td>11.4.12 条：
未涉及“三级 $b_c\leqslant400$”，“$\rho_{全}>3\%$”；其他同《高规》</td><td>6.3.7 条：未涉及“$\rho_{全}>3\%$”；其他同《高规》</td></tr>
<tr><td>箍筋最大肢距(a)</td><td>6.4.8 条：一级：$a\leqslant200$
二、三级：$a\leqslant\max(250, 20\phi)$
四级：$a\leqslant400$；
每隔 1 根纵筋双向约束</td><td>11.4.15 条：
同《高规》</td><td>6.3.9 条：
二、三级：$a\leqslant250$；其他同《高规》</td></tr>
<tr><td rowspan="2">箍筋非加密区</td><td>体积配筋率</td><td>6.4.8 条：
$\rho_{v非加密}\geqslant0.5\rho_v$</td><td>11.4.18 条：
同《高规》</td><td>6.3.9 条：
同《高规》</td></tr>
<tr><td>箍筋间距($s_{非}$)</td><td>6.4.8 条：
一、二级 $s_{非}\leqslant10d_{纵}$，$s_{非}\leqslant2s$
三、四级 $s_{非}\leqslant15d_{纵}$，$s_{非}\leqslant2s$</td><td>11.4.18 条：
一、二级 $s_{非}\leqslant10d_{纵}$
三、四级 $s_{非}\leqslant15d_{纵}$</td><td>6.3.9 条：
同《混规》</td></tr>
</table>

注：1. 表中柱是指框架柱，不包括转换柱（框支柱和托柱转化柱）。
2. h_c是指柱截面高度（或圆柱直径），b_c是指柱截面宽度；H_n是指柱净高度；$d_{纵}$是指纵向受力钢筋的直径。

8. 非抗震设计时框架柱的纵向受力钢筋和箍筋的构造措施表

非抗震设计时，框架柱的纵向受力钢筋和箍筋的构造措施表，见表 9.6.5-4 和表 9.6.5-5。

非抗震设计时框架柱纵向受力钢筋的构造措施表　　表 9.6.5-4

项目	规　定	
	《高规》	《混规》
最大配筋率	6.4.4 条： $\rho_{全}$不宜大于 5%；$\rho_{全}$不应大于 6%	9.3.1 条： $\rho_{全}$不宜大于 5%
最小配筋率	6.4.3 条：表 6.4.3 $\rho_{一侧}$，不应小于 0.2%	8.5.1 条： 同《高规》
纵筋直径	—	9.3.1 条：$d_{纵}\geqslant 12$
纵筋间距	6.4.4 条：纵筋间距≤300；纵筋净间距≥50	9.3.1 条：同《高规》

非抗震设计时框架柱箍筋的构造措施表　　表 9.6.5-5

项目	规　定	
	《高规》	《混规》
箍筋最大间距（s）	6.4.9 条： $s\leqslant \max(400，b_c，15d_{最小})$； $\rho_{全}>3\%$时，$s\leqslant \max(200，10d_{最小})$	9.3.2 条： 同《高规》
箍筋最小直径（ϕ）	6.4.9 条： $\phi\geqslant \max(6，d_{最大}/4)$； $\rho_{全}>3\%$时，$\phi\geqslant 8$	9.3.2 条： 同《高规》
箍筋肢距	6.4.9 条： 柱各边纵筋多于 3 根，应设置复合箍筋	9.3.2 条： $b_c>400$ 且各边纵筋多余 3 根，应设置复合箍筋

注：b_c是指柱截面的短边尺寸；$d_{最大}$和 $d_{最小}$分别是指柱纵向受力钢筋的最大直径、最小直径。

第七节 剪力墙结构

一、一般规定

1. 连梁计算模型的判别

《高规》规定：

> **7.1.3** 跨高比小于5的连梁应按本章的有关规定设计，跨高比不小于5的连梁宜按框架梁设计。

《高规》7.1.3条的条文说明，连梁的受力和变形特性，即连续对剪切变形十分敏感；对比，框架梁是以弯曲变形为主。跨高比≥5的连梁呈现出框架梁的特性，故按框架梁设计。

2. （有裙房）普通剪力墙结构底部加强部位高度的快速计算

《高规》规定：

> **7.1.4** 抗震设计时，剪力墙底部加强部位的范围，应符合下列规定：
>
> **1** 底部加强部位的高度，应从地下室顶板算起；
>
> **2** 底部加强部位的高度可取底部两层和墙体总高度的1/10二者的较大值。
>
> **3** 当结构计算嵌固端位于地下一层底板或以下时，底部加强部位宜延伸到计算嵌固端。

“底部加强部位的高度”，与“底部加强部位的范围”，两者是不同的内涵。

《高规》7.1.4条条文说明，计算嵌固部位下移时，底部加强部位的设计要求宜延伸至计算嵌固部位。

有裙房时，《抗规》6.1.10条条文说明指出：“此时，加强部位的高度也可以延伸至裙房以上一层”。普通剪力墙结构有裙房时，其底部加强部位的高度 $H_{底}$ 为：

$$H_{底} = \max\left(\frac{1}{10}H_{总}, h_{裙房} + h_{裙房以上一层}\right)$$

这是因为：裙房加上裙房以上一层的高度一定是大于或等于主楼底部两层的高度（错层结构除外）。

3. 剪力墙的分类和短肢剪力墙的判别

（1）剪力墙的分类，一般可分为：①一般剪力墙；②短肢剪力墙；③柱形墙肢。一般剪力墙是指墙肢截面高度与其厚度之比大于 8 的剪力墙，即：$h_w/b_w>8$。短肢剪力墙，《高规》7.1.8 条中注 1 进行了定义，即：$b_w\leqslant300$mm，$h_w/b_w\ \begin{matrix}\leqslant8\\>4\end{matrix}$。

柱形墙肢，《高规》规定：

7.1.7 当墙肢的截面高度与厚度之比不大于 4 时，宜按框架柱进行截面设计。

柱形墙肢，《抗规》规定：

6.4.6 抗震墙的墙肢长度不大于墙厚的 3 倍时，应按柱的有关要求进行设计；矩形墙肢的厚度不大于 300mm 时，尚宜全高加密箍筋。

柱形墙肢，《混规》9.4.1 条条文说明：

9.4.1（条文说明）

根据工程经验并参考国外有关的规范，长短边比例大于 4 的竖向构件定义为墙，比例不大于 4 的则应按柱进行设计。

（2）短肢剪力墙的受力特点，见《高规》7.1.8 条条文说明。

短肢剪力墙的判别，按《高规》7.1.8 条注 1 规定。同时，对 L 形、T 形、十字形还需判别各肢的情况，所有肢均满足 $b_w\leqslant300$mm，$h_w/b_w\ \begin{matrix}\leqslant8\\>4\end{matrix}$，才划分为短肢剪力墙。

《高规》7.1.8 条条文说明，对采用刚度较大的连梁与墙肢形成的开洞剪力墙，不宜按单独墙肢判断是否属于短肢剪力墙，其中，“刚度较大的连梁”的判别标准，规程未明确。

二、剪力墙墙肢截面设计

1. 墙肢的截面厚度

（1）《高规》7.2.1 条的条文说明，剪力墙截面厚度应满足的条件即：稳定要求、受剪截面限制条件、正截面受压承载力、轴压比限制要求。而 7.2.1 条的规定，其目的是保证剪力墙平面外的刚度和稳定性能，也是高层剪力墙截面厚度的最低要求。

《高规》7.2.1 条条文说明指出，初选时，采用 min(层高，无支长度)计算剪力墙截面厚度。其中，无支长度是指墙肢沿水平方向上无支撑约束的长度，见本条条文说明图 7。

（2）根据《高规》表 7.2.15 注 2，无翼墙、无端柱的剪力墙，是指剪力墙的翼缘长度小于翼墙厚度的 3 倍，或端柱截面边长小于 2 倍墙厚的剪力墙；也是指墙的两端（不包括洞口两侧）为一字形的矩形截面的剪力墙。

2. 墙肢轴压比的计算及其限值

7.2.13 重力荷载代表值作用下，一、二、三级剪力墙墙肢的轴压比不宜超过表 7.2.13 的限值。

表 7.2.13 剪力墙墙肢轴压比限值

抗震等级	一级（9 度）	一级（6、7、8 度）	二、三级
轴压比限值	0.4	0.5	0.6

注：墙肢轴压比是指重力荷载代表值作用下墙肢承受的轴压力设计值与墙肢的全截面面积和混凝土轴心抗压强度设计值乘积之比值。

（1）《高规》表 7.2.13 适用于结构全高。

（2）墙肢轴压比的计算，由《抗震通规》4.3.2 条，即：

$$\mu_{w}=\frac{\gamma_{G}(N_{Gk}+0.5N_{Qk})}{f_{c}b_{w}h_{w}}=\frac{1.3(N_{Gk}+0.5N_{Qk})}{f_{c}b_{w}h_{w}}$$

（3）《高规》7.2.13 条的条文说明指出，轴压比与墙肢延性挂钩；轴压比大于一定值后，即使设置约束边缘构件，强震下，剪力墙仍可能因混凝土压溃而丧失承受重力荷载的能力。

（4）短肢剪力墙的轴压比限值控制更严，见《高规》7.2.2条。

3. 普通高层结构的剪力墙的内力调整系数速查表

普通高层结构（是指剪力墙结构、框架-剪力墙、框架-核心筒、筒中筒结构）的剪力墙的内力调整系数速查表，见表9.7.2-1。

普通高层结构的剪力墙的内力调整系数速查表　　　表9.7.2-1

构件类型	部位（规范条文）	抗震等级	地震作用组合的内力调整系数		备注
			M	V	
一般剪力墙	底部加强部位（3.10.5条、7.2.6条）	特一级	1.1	1.9	【注1】
		9度的一级	1.0	按实配计算 V，式（7.2.6-2）	
		一级	1.0	1.6	
		二级	1.0	1.4	
		三级	1.0	1.2	
		四级	1.0	1.0	
	其他部位（3.10.5条、7.2.5条、7.2.6条）	特一级	1.3	1.4	
		一级	1.2	1.3	【注2】
		二、三、四级	1.0	1.0	
短肢剪力墙	底部加强部位	同一般剪力墙的底部加强部位			
	其他部位（3.10.5条、7.2.2条）	特一级	1.3	1.2×1.4	【注3】
		一级	1.2	1.4	
		二级	1.0	1.2	
		三级	1.0	1.1	
		四级	1.0	1.0	【注4】

注：1. 无“9度的特一级”，见《高规》3.9.3条、3.9.4条。

2. 此处的“一级”包括“9度的一级”。

3. 为实现“强剪弱弯”可取调整系数 ≥1.4，此时取1.2×1.4，这与朱炳寅总工编著的《高层建筑混凝土结构技术规程应用与分析》一致。

4. 此处的四级的调整系数，笔者依据《高规》7.2.6条。

4. 《高规》7.2.8条剪力墙正截面承载力计算要点

（1）《高规》7.2.8条第2款，抗震设计时，$\gamma_{RE}=0.85$。

（2）《高规》7.2.8条中的 a'_s，可根据《高规》7.2.15条或7.2.16条中的边缘构件构造要求进行确定。对于暗柱，当为约束边缘构件时，暗柱长度 $h_c = \max(b_w, l_c/2, 400)$。

(3)《高规》公式(7.2.8-10)、公式(7.2.8-13)中 β_c 应为：β_1。

5. 剪力墙斜截面受剪承载力计算查《高规》7.2.10 条

6.《高规》7.2.12 条剪力墙水平施工缝的抗滑移验算中 N 和 A_s 的计算要点

由《抗震通规》4.3.2 条：

$$N = \gamma_G (N_{Gk} + 0.5 N_{Qk}) + \gamma_{Eh} N_{Ehk}$$

当 N 为压力时，取 $\gamma_G = 1.0$，$\gamma_{Eh} = 1.4$

当 N 为拉力时，取 $\gamma_G = 1.3$，$\gamma_{Eh} = 1.4$

A_s 的取值，《高规》7.2.12 条："A_s 不包括两侧翼墙"；在《抗规》3.9.7 条条文说明中指出"不包括边缘构件以外的两侧翼墙"，也就是包括边缘构件的阴影区、非阴影区的全部竖向钢筋。

7. 普通剪力墙结构的钢筋构造措施表

普通剪力墙结构的钢筋构造措施表，见表 9.7.2-2。

普通剪力墙结构的钢筋构造措施表　　表 9.7.2-2

项目	规定		
	《高规》	《抗规》	《混规》
竖向和水平分布筋的排数	7.2.3 条：不应单排； $b_w \leqslant 400$，双排； $400 < b_w \leqslant 700$，三排； $b_w \leqslant 700$，四排	6.4.4 条： $140 < b_w$，双排	11.7.13 条： $140 < b_w$，双排
各排分布筋间的拉筋	7.2.3 条： 拉筋直径≥6，间距≤600	6.4.4 条： 同《高规》	—
分布筋的配筋率	7.2.17 条： 一、二、三级：$\rho_{sh} \geqslant 0.25\%$；$\rho_{sv} \geqslant 0.25\%$； 四级：$\rho_{sh} \geqslant 0.20\%$；$\rho_{sv} \geqslant 0.20\%$	6.4.3 条： 同《高规》	11.7.14 条： 同《高规》

续表

项目	规定		
	《高规》	《抗规》	《混规》
分布筋的间距、直径 ϕ	7.2.18 条： $s_v \leqslant 300$，$s_h \leqslant 300$； $\phi \geqslant 8$，$\phi \leqslant b_w/10$	6.4.4 条： 同《高规》； 竖向钢筋直径 $\geqslant 10$	11.7.15 条： 同《高规》； 竖向分布钢筋直径 $\geqslant 10$
短肢剪力墙	7.2.2 条： 底部加强部位：$\rho_全 \geqslant 1.2\%$（一、二级）；$\rho_全 \geqslant 1\%$（三、四级） 其他部位：$\rho_全 \geqslant 1\%$（一、二级）；$\rho_全 \geqslant 0.8\%$（三、四级）	—	—
温度应力可能较大位置	7.2.19 条： $\rho_{sh} \geqslant 0.25\%$；$\rho_{sv} \geqslant 0.25\%$； $s_v \leqslant 200$，$s_h \leqslant 200$	—	—
特一级剪力墙	3.10.5 条： 底部加强部位：$\rho_{sh} \geqslant 0.40\%$；$\rho_{sv} \geqslant 0.40\%$ 其他部位：$\rho_{sh} \geqslant 0.35\%$；$\rho_{sv} \geqslant 0.35\%$	—	—
$H<24$m 且剪压比很小的四级	—	6.4.3 条： $\rho_{sh} \geqslant 0.20\%$； $\rho_{sv} \geqslant 0.15\%$	11.7.14 条： 同《抗规》

注：1. b_w是指剪力墙的截面厚度。
2. ρ_{sh}和ρ_{sv}分别是墙体的水平分布钢筋的配筋率、竖向分布钢筋的配筋率。
3. s_v和s_h分别是水平分布钢筋的竖向间距、竖向分布钢筋的水平间距。
4. $\rho_全$指全部竖向钢筋。

三、剪力墙的边缘构件

1.《高规》7.2.14 条和 7.2.15 条约束边缘构件的要点

（1）《高规》表 7.2.15 中注 1、2、3 的规定。

l_c 的计算：无翼缘或无端柱时，l_c＝max(《高规》表 7.2.15 数值，b_w，400)

有翼墙时，l_c＝max(《高规》表 7.2.15 数值，b_f+b_w，b_f+300)

有端柱时，l_c＝max(《高规》表 7.2.15 数值，b_c+300)，且 $b_c\geqslant 2b_w$

（2）特一级按《高规》表 7.2.15 中“一级”采用。

（3）约束边缘构件内箍筋或拉筋沿竖向的间距要求，适用于约束边缘中阴影部分、非阴影部分。

2. 底部加强部位相邻的上一层的约束边缘构件要求

当满足《高规》7.2.14 条第 1 款规定，底部加强部相邻的上一层应设置约束边缘构件；对于一般剪力墙结构，当轴压比变化不大时，该约束边缘构件为下部（即剪力墙的底部加强部位）约束边缘构件向上的延伸，即：纵向钢筋、箍筋均应与下层相同。

3.《高规》7.2.16 条构造边缘构件的要点

（1）《高规》表 7.2.16 注 1～3 的规定。

（2）《高规》7.2.16 条第 1 款及其条文说明，构造边缘构件中的竖向纵向钢筋按承载力计算和构造要求两者中的较大值设置。

（3）《高规》7.2.16 条第 2 款，此时，端柱的轴压比实施“双控”，分别按剪力墙、框架柱的轴压比进行控制，前者的轴压比计算时，不考虑地震作用参与组合。

当剪力墙端柱出现小偏拉时，配筋增大，比计算值增加 25％，依据见《高规》6.4.4 条第 5 款。

4.《高规》7.2.14 条 B 级高度过渡层的边缘构件

过渡层边缘构件的钢筋配置要求可低于约束边缘构件的要

求，但应高于构造边缘构件的要求。《高规》只对过渡层边缘构件的箍筋配置作出提高要求，对竖向钢筋配置未作规定，可不提高，但不应低于构造边缘构件的要求。

B级高度剪力墙构造边缘构件的要求，见《高规》7.2.16条第4款。

5.《高规》7.2.2条短肢剪力墙的边缘构件

6.剪力墙的约束边缘构件和构造边缘构件的抗震构造措施表

剪力墙的约束边缘构件和构造边缘构件的抗震构造措施表，见表9.7.3-1、表9.7.3-2。

约束边缘构件的抗震构造措施表　　表9.7.3-1

项目	规定		
	《高规》7.2.15条	《混规》11.7.18条	《抗规》6.4.5条
沿墙肢的长度 l_c	表7.2.15及注1、2、3	同《高规》	同《高规》
阴影部分面积的竖向纵筋面积	一级：≥max(1.2% A_c，8ϕ16) 二级：≥max(1.0% A_c，6ϕ16) 三级：≥max(1.0% A_c，6ϕ14) 特一级：≥1.4% A_c (3.10.5条)	一级：≥1.2% A_c 二级：≥1.0% A_c 三级：≥1.0% A_c	无"特一级"；其他同《高规》
阴影部分面面积的配箍特征值 λ_v	表7.2.15确定 λ_v 特一级：1.2λ_v (3.10.5条)	无"特一级"；其他同《高规》	无"特一级"；其他同《高规》
阴影部分面面积的箍筋体积配筋率 ρ_v	$\rho_v \geqslant \lambda_v f_c / f_{yv}$	同《高规》	同《高规》
非阴影部分面面积的配箍特征值 λ'_v	图7.2.15，$\lambda'_v=\lambda_v/2$ 特一级：$\lambda'_v=1.2\lambda_v/2$	无"特一级"；其他同《高规》	无"特一级"；其他同《高规》

续表

项目	规定		
	《高规》7.2.15 条	《混规》11.7.18 条	《抗规》6.4.5 条
非阴影部分面面积的箍筋体积配筋率 ρ'_v	$\rho'_v \geqslant 0.5\lambda_v f_c / f_{yv}$	同《高规》	同《高规》
箍筋、拉筋沿竖向间距 s	一级：$s \leqslant 100$ 二、三级：$s \leqslant 150$	同《高规》	同《高规》
箍筋、拉筋的水平向肢距 a	$a \leqslant 300$，$a \leqslant$竖向钢筋间距的 2 倍	—	—
端柱有集中荷载	—	—	其配筋构造满足框架柱的要求

注：A_c是指约束边缘构件的阴影部分面积。

构造边缘构件的抗震构造措施　　表 9.7.3-2

项目	规　定		
	《高规》7.2.16 条	《混规》11.7.19 条	《抗规》6.4.5 条
构造边缘构件的范围	图 7.2.16	图 11.7.19，与《高规》不同	图 6.4.5-1，与《高规》不同
竖向钢筋面积	表 7.2.16； 特一级：$\geqslant 1.2\% A_c$ (3.10.5 条)	无“特一级”，其他与《高规》相同	无“特一级”，其他与《高规》相同
箍筋、拉筋最小直径	表 7.2.16	同《高规》	同《高规》
箍筋、拉筋沿竖向间距	表 7.2.16	同《高规》	同《高规》
箍筋、拉筋的水平方向肢距 a	$a \leqslant 300$，$a \leqslant$竖向钢筋间距的 2 倍	拉筋 $a \leqslant$竖向钢筋间距的 2 倍	同《混规》

续表

项目	规 定		
	《高规》7.2.16 条	《混规》11.7.19 条	《抗规》6.4.5 条
端柱有集中荷载	其竖向钢筋、箍筋直径和间距应满足框架柱要求	同《高规》	同《高规》
B 级高度、连体、错层结构的构造边缘构件的竖筋面积、箍筋范围、配箍特征值 λ_v	按表 7.2.16 值 $+0.001A_c$ 图 7.2.16 中阴影部分 $\lambda_v \geqslant 0.1$	—	—

注：1. A_c是指构造边缘构件的截面面积。
2. 非抗震设计时，依据《高规》7.2.16 条，墙肢端部竖向纵筋≥4ϕ12，箍筋直径≥6mm，其间距≥250mm。

四、连梁

跨高比小于 5 的连梁应按《高规》第 7 章剪力墙连梁设计。

1.《高规》7.2.24 条和《混规》11.7.7 条连梁抗震受弯承载力与纵筋

连梁的受弯承载力按《混规》11.7.7 条。

(1)《高规》7.2.24 条，跨高比大于 1.5 的连梁，其纵向钢筋的最小配筋率可按框架梁的要求采用，即：抗震设计时，采用《高规》表 6.3.2-1 中“支座”列；非抗震设计时，按《高规》6.3.2 条第 2 款。

(2)《混规》11.7.11 条第 1 款规定，连梁沿上、下边缘单侧纵向钢筋的最小配筋率不应小于 0.15%，不宜少于 2ϕ12。所以，《混规》与《高规》存在不一致。

(3)《高规》7.2.24 条、7.2.25 条的条文说明：“跨高比超过 2.5 的连梁，其最大配筋率限值可按一般框架梁采用，即不宜大于 2.5%”。

注意： 跨高比大于或等于 5 的连梁，其箍筋要求同框架梁，但其腰筋、纵筋锚固范围的箍筋也应满足《高规》7.2.27 条要求。

2.《高规》7.2.21 条和 7.2.23 条连梁梁端剪力设计值与抗震受剪承载力

(1) 连梁应与剪力墙取相同的抗震等级，依据见《高规》7.1.3 条、7.2.21 条的条文说明。

(2) 配置斜向交叉钢筋的连梁，由《混规》11.7.10 条，连梁剪力增大系数 $\eta_{vb}=1.0$。

(3) V_{Gb}值，《抗规》6.2.4 条规定，9 度时高层建筑还应包括竖向地震作用标准值产生的剪力设计值。

(4) 抗震四级连梁，《高规》未给出公式，可按《混规》11.7.8 条，即：

$$V=\eta_{vb}\frac{M_b^l+M_b^r}{l_n}+V_{Gb}=1.0\times\frac{M_b^l+M_b^r}{l_n}+V_{Gb}$$

(5)《混规》11.7.8 条规定，对于 M_b^l、M_b^r，当为一级抗震等级，当两端弯矩均为负弯矩时，绝对值较小的弯矩值应取零。同时，《抗规》6.2.4 条也作了相同规定。

3. 普通连梁的钢筋的构造措施表

普通连梁是指仅配置箍筋未配斜向交叉钢筋的剪力墙洞口连梁，其钢筋的构造措施表，见表 9.7.4-1 和表 9.7.4-2。

抗震设计时普通连梁的钢筋的抗震构造措施表　　表 9.7.4-1

项目	规定	
	《高规》	《混规》
纵筋最小配筋率	7.2.24 条：表 7.2.24 $l/h_b\leqslant0.5$，$\rho_{纵}\geqslant\max(0.20, 45f_t/f_{yv})\%$ $0.5<l/h_b\leqslant1.5$，$\rho_{纵}\geqslant\max(0.25, 55f_t/f_{yv})\%$ $l/h_b>1.5$，按框架梁表 6.3.2-1 的支座列	11.7.11 条： $\rho_{纵}\geqslant0.15\%$， $A_s\geqslant2\phi12$

续表

项目	规定	
	《高规》	《混规》
纵筋最大配筋率	7.2.25 条：表 7.2.25 $l/h_b \leqslant 1.0$，$\rho_{纵} \leqslant 0.6\%$ $1.0 < l/h_b \leqslant 2.0$，$\rho_{纵} \leqslant 1.2\%$ $2.0 < l/h_b \leqslant 2.5$，$\rho_{纵} \leqslant 1.5\%$ $2.5 < l/h_b$，$\rho_{纵} \leqslant 2.5\%$(见本条条文说明)	—
纵筋的锚固长度	7.2.27 条： $\geqslant 600$，$\geqslant l_{aE}$	同《高规》
沿连梁全长箍筋的直径、间距	符合 6.3.2 条框架梁梁端箍筋加密区的箍筋最小直径、最大间距	同《高规》
箍筋肢距	—	符合 11.3.8 条
顶层连梁纵筋伸入墙肢长度内的箍筋	7.2.27 条： 箍筋间距≤150，箍筋直径与该连梁的箍筋直径相同	同《高规》
腰筋	7.2.27 条： $h_b > 700$，腰筋直径≥8，间距≤200； $l/h_b \leqslant 2.5$，两侧腰筋总面积$\geqslant 0.3\% b h_w$	11.7.11 条： $h_b > 450$，腰筋直径≥8，间距≤200； 其他与《高规》相同

注：1. 普通连梁是指仅配普通箍筋未配斜向交叉钢筋的剪力墙洞口连梁。

2. h_w是指连梁腹板高度，按《混规》6.3.1 条采用。

非抗震设计时普通连梁的钢筋的构造措施表　　表 9.7.4-2

项目	规定	
	《高规》	《混规》
纵筋最小配筋率	7.2.24 条：表 7.2.24 $l/h_b \leqslant 1.5$，$\rho_{纵} \geqslant 0.20\%$ $l/h_b > 1.5$，按框架梁，6.3.2 条： $\rho_{纵} \geqslant \max(0.2, 45 f_t / f_{yv})\%$	9.4.7 条： $A_s \geqslant 2\phi 12$

续表

项目	规定	
	《高规》	《混规》
纵筋最大配筋率	7.2.25 条：$\rho_{纵}\leqslant2.5\%$	—
纵筋的锚固长度	7.2.27 条：≥600，$\geqslant l_a$	9.4.7 条：$\geqslant l_a$
沿连梁全长箍筋的直径、间距	箍筋直径≥6，箍筋间距≤150	同《高规》
顶层连梁纵筋伸入墙肢长度内的箍筋	7.2.27 条： 箍筋间距≤150，箍筋直径与该连梁的箍筋直径相同	同《高规》
腰筋	7.2.27 条： $h_b>700$，腰筋直径≥8，间距≤200； $l/h_b\leqslant2.5$，两侧腰筋总面积≥$0.3\%bh_w$	11.7.11 条： $h_b>450$，腰筋直径≥8，间距≤200； 其他与《高规》相同

注：h_w是指连梁腹板高度，按《混规》6.3.1 条采用。

第八节 框架-剪力墙结构与板柱-剪力墙结构

一、框架-剪力墙结构的分类与抗震措施速查表

根据《高规》8.1.3 条及其条文说明，框架-剪力墙结构的分类、最大适用高度及抗震措施速查表，见表 9.8.1-1。

框架-剪力墙结构的分类与最大适用高度及抗震措施速查表 **表 9.8.1-1**

分类		判别	最大适用高度	抗震构造措施	层间位移控制
Ⅰ	少框的框-剪结构	$\frac{M_f}{M}\leqslant10\%$	按框-剪结构	·剪力墙的抗震等级和轴压比按剪力墙结构； ·框架的抗震等级和轴压比按框-剪结构； ·框架的剪力调整按框-剪结构	按剪力墙结构

续表

分类		判别	最大适用高度	抗震构造措施	层间位移控制
Ⅱ	典型的框-剪结构	$10\% < \frac{M_f}{M} \leqslant 50\%$	按框-剪结构	·剪力墙的抗震等级和轴压比按框-剪结构； ·框架的抗震等级和轴压比按框-剪结构； ·框架的剪力调整按框-剪结构	按框-剪结构
Ⅲ	少墙的框-剪结构	$50\% < \frac{M_f}{M} \leqslant 80\%$	比框架结构适当提高	·剪力墙的抗震等级和轴压比按框-剪结构； ·框架的抗震等级和轴压比按框架结构	按框-剪结构
Ⅳ	极少墙的框-剪结构	$80\% < \frac{M_f}{M}$	按框架结构	·剪力墙的抗震等级和轴压比按框-剪结构 ·框架的抗震等级和轴压比按框架结构	按框-剪结构

注：1. M—结构底层总地震倾覆力矩；M_f—框架部分承受的地震倾覆力矩。
2. 框-剪结构是框架-剪力墙结构的简称。

二、《高规》8.1.4 条框架-剪力墙结构的框架部分地震剪力调整的要点

（1）《高规》8.1.4 条第 3 款规定，框架剪力的调整应在楼层满足楼层最小地震剪力系数的前提下进行。当存在薄弱层时，首先按《高规》3.5.8 条规定，对弹性计算结果 V_f、$V_{f,max}$乘以增大系数 1.25，与楼层最小地震剪力即 $1.15\lambda\sum_{j=i}^{n}G_j$ 比较，即先满足楼层最小地震剪力的要求，其次，按 8.1.4 条规定进行框架剪力的调整。

（2）《高规》8.1.4 条的条文说明："对有加强层的结构，框架承担的最大剪力不包含加强层及相邻上下层的剪力"。

（3）有小塔楼时，小塔楼直接取 $V_{f,后}=1.5V_{fmax}$，不用考虑 $0.2V_0$。

（4）框架柱的调整系数 λ_{ci} 为：

$$\lambda_{ci}=\frac{\min(1.5V_{fmax},0.2V_0)}{V_{ci,前}}$$

三、《高规》8.2.3 条和 8.2.4 条板柱-剪力墙结构计算要点

(1)《高规》8.1.10 条及条文说明指出，高层建筑结构，各层板柱承担的地震剪力为：

$$V_{fi}\geqslant\max(V_{fi计算},0.2V_{i总})$$

此外，《抗规》6.6.3 条第 1 款也作了规定，两本规范有区别，即：多层建筑结构，按《抗规》规定。

(2)《高规》8.2.3 条第 3 款及其条文说明，本款是针对无柱托板情况。《高规》公式（8.2.3）中 A_s 的计算，《混规》完善了边柱、角柱时 A_s 的取值。

《高规》8.2.3 条条文说明指出，当地震作用导致柱上板带的支座弯矩反号时，应验算规范图 11 所示虚线界面的冲切承载力，即反向冲切承载力。

(3)《高规》8.2.4 条第 2 款："计算柱上板带的支座钢筋，可考虑托板厚度的有利影响"，也即：暗梁支座弯矩配筋，可考虑托板厚度有利影响。

(4) 抗震设计板柱节点的计算，见《混规》11.9 节。

四、框架-剪力墙结构和板柱-剪力墙结构的构造措施表

框架-剪力墙结构和板柱-剪力墙结构的钢筋的构造措施表，见表 9.8.4-1。

框架-剪力墙结构和板柱-剪力墙结构的钢筋的构造措施表　　表 9.8.4-1

项目		规定	
		《高规》	《抗规》
框架-剪力墙结构、板柱-剪力墙结构	竖向和水平分布筋的排数	8.2.1 条：至少双排布置	6.5.2 条：应双排布置
	各排分布筋间的拉筋	8.2.1 条：拉筋直径≥6，间距≤600	6.5.2 条：应设置拉筋

续表

项目		规定	
		《高规》	《抗规》
框架-剪力墙结构、板柱-剪力墙结构	分布筋的配筋率	8.2.1 条： 抗震，$\rho_{sh} \geqslant 0.25\%$；$\rho_{sv} \geqslant 0.25\%$； 非抗震，$\rho_{sh} \geqslant 0.20\%$；$\rho_{sv} \geqslant 0.20\%$	6.5.2 条： 抗震，$\rho_{sh} \geqslant 0.25\%$；$\rho_{sv} \geqslant 0.25\%$
框架-剪力墙结构	少量抗震墙的框架结构	—	6.5.4 条注：其抗震墙的抗震构造措施，可按 6.4 抗震墙的规定
	特一级	底部加强部位： $\rho_{sh} \geqslant 0.40\%$；$\rho_{sv} \geqslant 0.40\%$ 其他部位： $\rho_{sh} \geqslant 0.35\%$；$\rho_{sv} \geqslant 0.35\%$	—

注：ρ_{sh}和ρ_{sv}分别是墙体的水平分布钢筋的配筋率、竖向分布钢筋的配筋率。

第九节　筒体结构

一、一般规定

1. 筒体墙的厚度与配筋

《高规》9.1.7 条第 3 款，筒体墙的厚度的最低要求。

同时，《抗规》6.7.2 条第 1 款规定："筒体底部加强部位及相邻上一层，当侧向刚度无突变时不宜改变墙体厚度"。

筒体墙的分布筋的要求，《抗规》6.7.2 条规定比《高规》9.1.7 条更严，前者按框架-剪力墙结构要求，后者按剪力墙结构要求。

2. 筒体墙的底部加强部位的高度查《高规》9.1.7 条

3. 筒体墙的柱形墙肢

《高规》9.1.8 条，当 $h_w/b_w<4$ 时，柱形墙肢按框架柱设计，此时，小墙肢的轴压比实施“双控”，即：按剪力墙轴压比、框架柱轴压比分别控制。

二、《高规》9.1.11 条筒体结构的框架部分地震剪力调整的要点

(1)《高规》9.1.11 条的地震剪力调整之前，首先，各层总水平地震剪力应满足楼层最小地震剪力要求。

(2)《高规》9.1.11 条第 2 款，墙体抗震等级提高是指其抗震构造措施的抗震等级提高。

(3) 与《高规》8.1.4 条类似，框架柱的轴力标准值不予调整。

三、框架-核心筒结构

1. 核心筒墙体

《高规》9.2.2 条第 2、3 款均针对：核心筒角部墙体的边缘构件。此时，《抗规》《混规》也作了基本相同的规定。

特一级时，底部加强部位、一般部位的分布筋的最小配筋率均提高，分别为 0.40%、0.30%，见《高规》3.10.5 条。

2. 内筒偏置

《高规》9.2.5 条规定：$\mu_{扭}\leqslant 1.4$，$T_t/T_1\leqslant 0.85$，且 T_1 的扭转成分不宜大于 30%。本条的条文说明指出：“尚需控制 T_1 的扭转成分不宜大于平动成分之半”，可理解为：T_1 的扭转成分不宜大于 30%，则平动成分不小于 70%（因为：T_1 的 X 方向平动成分 $+T_1$ 的 Y 方向平动成分 $+T_1$ 的扭转成分 $=1.0$），所以，T_1 的扭转成分不大于平动成分之半即 $70\%\times\frac{1}{2}=35\%$。实际控制，应按本条正文执行，即：$T_1$ 的扭转成分不宜大于 30%。

此外，T_i 的平动成分、扭转成分可按《高规》3.4.5 条条文说明，通过计算主振型的振型方向因子获得。

判别内筒是否偏置，可按《高钢规》表 3.3.2-1：偏心率大于 0.15，或者相邻层质心相差大于相应边长 1.5%，属于内筒偏置。

四、外框筒梁和内筒连梁

（1）《高规》9.3.8 条的条文说明，交叉暗撑的箍筋不再设加密区。《高规》9.3.8 条对暗撑的箍筋要求，与《混规》11.7.11 条第 2 款规定不一致。

（2）抗震设计时，连梁跨高比≤2.5，配置对角斜向钢筋、交叉暗撑时，受剪截面限制条件，《高规》按式（9.3.6-3）：$V_b \leqslant (0.15\beta_c f_c b_b h_{b0})/\gamma_{RE}$，但《混规》式（11.7.10-1）为：$V_{wb} \leqslant (0.25\beta_c f_c bh_0)/\gamma_{RE}$，可见，两本规范不一致。

五、筒体结构的核心筒和内筒的构造措施表

筒体结构的核心筒和内筒的构造措施表，见表 9.9.5-1。

筒体结构的核心筒和内筒的构造措施表　　表 9.9.5-1

项目	规定	
	《高规》	《抗规》
底部加强部位及其上一层的墙体厚度	—	6.7.2 条：侧向刚度无突变时，不宜改变墙体厚度
墙体厚度	9.1.7 条：外墙厚度≥200；内墙厚度≥160	—
分布筋的排数	9.1.7 条：不应少于 2 排	—
底部加强部位的分布筋配筋率	9.2.2 条： $\rho_{sh} \geqslant 0.30\%$；$\rho_{sv} \geqslant 0.30\%$ 特一级：$\rho_{sh} \geqslant 0.40\%$；$\rho_{sv} \geqslant 0.40\%$（3.10.5 条）	6.7.2 条： $\rho_{sh} \geqslant 0.25\%$；$\rho_{sv} \geqslant 0.25\%$

续表

项目	规定	
	《高规》	《抗规》
一般部位的分布筋配筋率	9.1.7条：一、二、三级：$\rho_{sh}\geqslant0.25\%$；$\rho_{sv}\geqslant0.25\%$ 四级：$\rho_{sh}\geqslant0.20\%$；$\rho_{sv}\geqslant0.20\%$ 特一级：$\rho_{sh}\geqslant0.35\%$；$\rho_{sv}\geqslant0.35\%$（3.10.5条）	6.7.2条： $\rho_{sh}\geqslant0.25\%$；$\rho_{sv}\geqslant0.25\%$
底部加强部位的筒体角部设置约束边缘构件	9.2.2条： 约束边缘构件沿墙肢的长度宜取墙肢截面高度的1/4； 约束边缘构件范围内应主要采用箍筋	6.7.2条： 同《高规》； 约束边缘构件范围内宜全部采用箍筋
一般部位的筒体角部设置约束边缘构件	9.2.2条： 按7.2.15条普通剪力墙结构	6.7.2条： 宜按转角墙设置

注：ρ_{sh}和ρ_{sv}分别是墙体的水平分布钢筋的配筋率、竖向分布钢筋的配筋率。

第十节 带转换层高层建筑结构

一、底部加强部位的高度查《高规》10.2.2条

二、转换层的抗震等级

《高规》规定：

10.2.6 带转换层的高层建筑结构，其抗震等级应符合本规程第3.9节的有关规定，带托柱转换层的筒体结构，其转换柱和转换梁的抗震等级按部分框支剪力墙结构中的框支框架采纳。对部分框支剪力墙结构，当转换层的位置设置在3层及3层以上时，其框支柱、剪力墙底部加强部位的抗震等级宜按本规程

表 3.9.3 和表 3.9.4 的规定提高一级采用，已为特一级时可不提高。

10.2.6（条文说明）

对部分框支剪力墙结构，高位转换对结构抗震不利，因此规定部分框支剪力墙结构转换层的位置设置在 3 层及 3 层以上时，其框支柱、落地剪力墙的底部加强部位的抗震等级宜按本规程表 3.9.3、表 3.9.4 的规定提高一级采用（已经为特一级时可不再提高），提高其抗震构造措施。而对于托柱转换结构，因其受力情况和抗震性能比部分框支剪力墙结构有利，故未要求根据转换层设置高度采取更严格的措施。

注意：框支梁、框支柱的不同规定。

三、部分框支剪力墙结构的转换梁和转换柱的内力调整系数速查表

部分框支剪力墙结构的转换梁（框架梁）、转换柱（框架柱）的内力调整系数速查表，分别见表 9.10.3-1、表 9.10.3-2。

部分框支剪力墙结构的转换梁与框架梁的内力调整系数速查表　　表 9.10.3-1

构件类型	部位（规范条文）	抗震等级	水平地震作用的内力调整系数			备注
			M	V	N	
转换梁（框支梁）	全部部位（10.2.4 条）	特一级	1.9	1.9	1.9	
		一级	1.6	1.6	1.6	
		二级	1.3	1.3	1.3	
框架梁	全部（6.2.5）条	同“其他结构”的框架梁				

部分框支剪力墙结构的转换柱与框架柱的内力调整系数速查表　　表 9.10.3-2

构件类型	部位（规范条文）	抗震等级	地震作用组合的内力调整系数			备注
			M	V	V 最终调整系数	
转换柱（框支柱）	转换柱上端截面和底层柱柱底截面（3.10.4 条、10.2.11 条）	特一级	1.8	1.2×1.4	1.2×1.4×1.5	【注 1】
		一级	1.5	1.4	1.4×1.5	
		二级	1.3	1.2	1.2×1.3	
	转换柱的其余层柱端截面（3.10.4 条、10.2.11 条）	特一级	1.2×1.4	1.2×1.4	1.2×1.4×1.4	【注 2】
		一级	1.4	1.4	1.4×1.4	
		二级	1.2	1.2	1.2×1.2	
框架柱	全部部位	同“其他结构”的框架柱				

注：1. 假定，取 1.2×1.4×1.8＝1.2×1.4×（1.2×1.5），则 1.2 考虑了两次，但 1.2 应仅考虑一次，所以 V 的最终调整系数为 1.2×1.4×1.5，这与朱炳寅总工编著的《高层建筑混凝土结构技术规程应用与分析》一致。
2. 同上述注 1，系数 1.2 应仅考虑一次，所以 V 的最终调整系数为 1.2×1.4×1.4。
3. 转换角柱、框架角柱，根据《高规》10.2.11 条、6.2.4 条，M 乘以 1.1，V 乘以 1.1 并且仅考虑一次。

四、部分框支剪力墙结构的转换梁和转换柱的构造措施表

部分框支剪力墙结构的转换梁、转换柱的构造措施表，分别见表 9.10.4-1、表 9.10.4-2。

转换梁（框支梁和托柱转换梁）的构造措施表　　表 9.10.4-1

项目	《高规》		
	抗震设计		非抗震设计
	框支梁	托柱转换梁	转换梁
梁顶、梁底纵筋最小配筋率	10.2.7 条： 特一：$\rho_{纵}\geqslant 0.60\%$ 一级：$\rho_{纵}\geqslant 0.50\%$ 二级：$\rho_{纵}\geqslant 0.40\%$	同左	10.2.7 条： $\rho_{纵}\geqslant 0.30\%$

续表

项目	《高规》		
	抗震设计		非抗震设计
	框支梁	托柱转换梁	转换梁
箍筋加密区范围	10.2.7 条：离柱边 1.5 倍梁高； 10.2.8 条：托墙边两侧 1.5 倍梁高	同左； 10.2.8 条：托柱边两侧 1.5 倍梁高	与左边框支梁、托柱转换梁对应取值
加密区箍筋直径（ϕ）	102.7 条：$\phi \geqslant 10$	同左	同左
加密区箍筋间距（s）	10.2.7 条：$s \leqslant 100$	同左	同左
加密区箍筋的最小面积配筋率	10.2.7 条： 特一：$\rho_{sv} \geqslant 1.3 f_t / f_{yv}$ 一级：$\rho_{sv} \geqslant 1.2 f_t / f_{yv}$ 二级：$\rho_{sv} \geqslant 1.1 f_t / f_{yv}$	同左	10.2.7 条： $\rho_{sv} \geqslant 0.9 f_t / f_{yv}$
腰筋	其直径$\geqslant 16$，间距$\leqslant 200$	其直径$\geqslant 12$，间距$\leqslant 200$	与左边框支梁、托柱转换梁对应取值

转换柱（框支柱和托柱转换柱）的构造措施表　　表 9.10.4-2

项目	《高规》		
	抗震设计		非抗震设计
	框支柱	托柱转换柱	转换柱
纵筋最大配筋率	10.2.11 条： $\rho_{全}$不宜大于 4%； 《混规》11.4.13 条， $\rho_{全}$不应大于 5%	10.2.11 条： $\rho_{全}$不宜大于 4%	10.2.11 条： $\rho_{全}$不宜大于 4%

续表

项目	《高规》		
	抗震设计		非抗震设计
	框支柱	托柱转换柱	转换柱
纵筋最小配筋率	10.2.10条： 一级：$\rho_{全} \geqslant 1.1\%$； 二级：$\rho_{全} \geqslant 0.9\%$； 特一：$\rho_{全} \geqslant 1.6\%$（3.10.4条）	10.2.10条： 一级：$\rho_{全} \geqslant 1.1\%$； 二级：$\rho_{全} \geqslant 0.9\%$	10.2.10条： $\rho_{全} \geqslant 0.7\%$
柱纵筋间距	10.2.11条：间距≥80，间距≤200	同左	10.2.11条：间距≥80，间距≤250
箍筋加密区范围	10.2.10条：全高	同左	—
箍筋加密区直径(ϕ)	10.2.10条：$\phi \geqslant 10$	同左	10.2.11条：$\phi \geqslant 10$
箍筋加密区间距(s)	10.2.10条：$s \leqslant \max(100, 6d_{最小})$	同左	10.2.11条：$s \leqslant 150$
箍筋体积配箍率(ρ_v)	10.2.10条： 一、二级：取$\lambda_v+0.02$，$\rho_v \geqslant 1.5\%$； 特一级：取$\lambda_v+0.03$，$\rho_v \geqslant 1.6\%$(3.10.4条)	10.2.10条： 一、二级：取$\lambda_v+0.02$，$\rho_v \geqslant 1.5\%$	10.2.11条： $\rho_v \geqslant 0.8\%$

注：特一级的托柱转换柱，其纵筋最小配筋率、箍筋体积配箍率，笔者认为，可按特一级框支柱采用。

五、部分框支剪力墙结构的剪力墙内力调整系数速查表

部分框支剪力墙结构的剪力墙内力调整系数速查表，见表9.10.5-1。

部分框支剪力墙结构的剪力墙内力调整系数速查表　　表 9.10.5-1

构件类型	部位（规范条文）	抗震等级	地震作用组合的内力调整系数		备注
			M	V	
落地剪力墙	底部加强部位（3.10.5 条、7.2.6 条、10.2.18 条）	特一级	1.8	1.9	
		一级	1.5	1.6	
		二级	1.3	1.4	
		三级	1.1	1.2	
	其他部位	同“普通高层结构”的一般剪力墙的“其他部位”			【注】
不落地剪力墙	全部部位	同“普通高层结构”的一般剪力墙			【注】
短肢剪力墙	全部部位	同“普通高层结构”的短肢剪力墙			【注】

注：“普通高层结构”的一般剪力墙、短肢剪力墙的内力调整系数，见前面表 9.7.2-1。

六、部分框支剪力墙结构的剪力墙的构造措施表

部分框支剪力墙结构的剪力墙的构造措施表，见表 9.10.6-1。

部分框支剪力墙结构的剪力墙的构造措施表　　表 9.10.6-1

项目	规定		
	《高规》	《抗规》	《混规》
底部加强部位的分布筋配筋率	10.2.19 条： 抗震，$\rho_{sh}\geqslant 0.30\%$；$\rho_{sv}\geqslant 0.30\%$ 非抗震，$\rho_{sh}\geqslant 0.25\%$；$\rho_{sv}\geqslant 0.25\%$ 特一级：$\rho_{sh}\geqslant 0.40\%$；$\rho_{sv}\geqslant 0.40\%$(3.10.5 条)	6.4.3 条： 落地墙底部加强部位，抗震，$\rho_{sh}\geqslant 0.30\%$；$\rho_{sv}\geqslant 0.30\%$； 无“特一级”	11.7.14 条： 抗震，$\rho_{sh}\geqslant 0.30\%$；$\rho_{sv}\geqslant 0.30\%$； 无“特一级”

续表

项目	规定		
	《高规》	《抗规》	《混规》
底部加强部位分布筋的间距、直径	10.2.19条： 间距≤200，直径≥8	—	11.7.15条： 间距≤200
底部加强部位墙体	10.2.20条： 墙体两端宜设置翼墙或端柱，抗震设计应设置约束边缘构件按7.2.15条	—	11.7.17条： 一～三级落地剪力墙的底部加强部位及其上一层，墙肢两端宜设置翼墙或端柱，应设置约束边缘构件
一级落地抗震墙底部加强部位的拉结筋和交叉防滑斜筋	—	6.2.11条： 1）拉结筋直径≥8，间距≤200时，可计入混凝土的抗剪； 2）防滑斜筋承担30%墙肢剪力设计值	—
框支梁上部一层墙体	10.2.22条： 抗震，应力设计值乘以γ_{RE}	—	—

注：ρ_{sh}和ρ_{sv}分别是墙体的水平分布钢筋的配筋率、竖向分布钢筋的配筋率。

第十一节 其他复杂高层建筑结构

一、带加强层高层建筑结构

(1)《高规》10.3.1条～10.3.3条的条文说明。

(2)《高规》10.3.3条第2款，“其他楼层”是指：加强层及其相邻层以外的楼层。

加强层及其相邻层的框架柱的抗震等级与“其他楼层框架柱”的抗震等级是不相同的。所以，加强层及其相邻层的框架柱的轴压比限值不是根据自身的抗震等级确定，而是根据“其他楼层框架柱”的抗震等级进行确定，并且减小 0.05。查《高规》表 6.4.2 时应取“框架-核心筒、筒中筒结构”栏。

二、错层结构

错层结构的定义，《高规》10.4.1 条的条文说明：“相邻楼盖结构高差超过梁高范围的，宜按错层结构考虑。结构中仅局部存在错层构件的不属于错层结构，但这些错层构件宜参考本节的规定进行设计。”

（1）《高规》10.4.1 条～10.4.4 条的条文说明。

（2）《高规》10.4.5 条规定，错层处框架柱的正截面抗弯承载力和斜截面抗剪承载力满足中震不屈服。

（3）《高规》10.4.6 条条文说明及图 13。

三、连体结构

（1）《高规》10.5.1 条～10.5.6 条的条文说明。

（2）《高规》10.5.7 条的条文说明指出：“刚性连接的连体部分结构在地震作用下需要协调两侧塔楼的变形，因此需要进行连体部分楼板的验算，楼板的受剪截面和受剪承载力按转换层楼板的计算方法进行验算，计算剪力可取连体楼板承担的两侧塔楼楼层地震作用力之和的较小值。”

《高规》10.5.7 条的条文说明指出：“当连体部分楼板较弱时，在强烈地震作用下可能发生破坏，因此建议补充两侧分塔楼的计算分析，确保连体部分失效后两侧塔楼可以独立承担地震作用不致发生严重破坏或倒塌。”

四、多塔结构

（1）《高规》10.6.3 条的条文说明：“大底盘单塔楼结构的设计，也应符合本条关于塔楼与底盘的规定”。

（2）《高规》10.6.3 条第 1 款规定，“上部塔楼结构的综合质心”是指：①多个塔楼时，为多个塔楼的综合质心，可取大底盘结构的相邻上一层计算；②单个塔楼时，为该单个塔楼的质心，同样，可取大底盘结构的相邻上一层计算。

"底盘结构质心"是指：大底盘平面范围内的塔楼和裙房的综合质心，可取大底盘结构地面以上的首层计算。

(3)《高规》10.6.3 条第 4 款规定，可知：

整体结构（整体计算模型）：$T_t/T_1 \leqslant [T_t/T_1]$

各塔楼结构（分塔楼计算模型）：$T_{ti}/T_{1i} \leqslant [T_{ti}/T_{1i}]$

分塔原则，按《高规》5.1.14 条规定。

(4) 构造上加强措施，《高规》10.6.3 条第 3 款规定，主要如下：

① 裙房屋面板、裙房屋面上、下层结构的楼板；

② 多塔楼之间裙房连接体的屋面梁；

③ 塔楼中与裙房相连的外围柱、墙。

具体结构 10.6.3 条条文说明中图 15。

第十二节 混合结构

一、计算地震作用与风荷载的阻尼比查《高规》11.3.5 条

二、混合结构中框架部分地震剪力调整查《高规》11.1.6 条

三、混合结构的钢筋混凝土核心筒与内筒的设计

《高规》规定：

11.4.18 钢筋混凝土核心筒、内筒的设计，除应符合本规程第 9.1.7 条的规定外，尚应符合下列规定：

1 抗震设计时，钢框架-钢筋混凝土核心筒结构的筒体底部加强部位分布钢筋的最小配筋率不宜小于 0.35%，筒体其他部位的分布筋不宜小于 0.30%；

2 抗震设计时，框架-钢筋混凝土核心筒混合结构的筒体底部加强部位约束边缘构件沿墙肢的长度宜取墙肢截面高度的 1/4，筒体底部加强部位以上墙体宜按本规程第 7.2.15 条的规定设置约束边缘构件；

3 当连梁抗剪截面不足时，可采取在连梁中设置型钢或钢板等措施。

对比钢筋混凝土框架-核心筒结构墙体设计，《高规》规定：

> **9.2.2**　抗震设计时，核心筒墙体设计尚应符合下列规定：
>
> **1**　底部加强部位主要墙体的水平和竖向分布钢筋的配筋率均不宜小于0.30%；

《高规》11.4.18条中，钢框架是指钢框架柱、钢框架梁组成的框架。

型钢混凝土框架是指两类情况：①类，型钢混凝土柱和型钢混凝土梁组成的框架；②类，型钢混凝土柱和钢框架梁组成的框架。

第十三节　地下室和基础设计

一、《高规》12.1.7条基础底面与地基土之间零应力区面积的要求

> **12.1.7**　在重力荷载与水平荷载标准值或重力荷载代表值与多遇水平地震标准值共同作用下，高宽比大于4的高层建筑，基础底面不宜出现零应力区；高宽比不大于4的高层建筑，基础底面与地基之间零应力区面积不应超过基础底面面积的15%。质量偏心较大的裙楼与主楼可分别计算基底应力。

（1）《高规》12.1.7条规定，零应力区的验算应考虑两种情况：①重力荷载与水平荷载的标准组合下；②重力荷载代表值与多遇水平地震作用的标准组合下。

（2）《高规》12.1.7条，与《抗规》4.2.4条存在一定区别，即：《高规》中，$H/B\leqslant4$的高层建筑，零应力区面积不应超过基底面积的15%；《抗规》中，$H/B\leqslant4$的其他建筑，零应力区面积不应超过基底面积的15%。此处，“其他建筑”是指高层建筑、多层建筑。

二、地下室顶板作为上部结构的嵌固部位的要求查《高规》12.2.1条

第十四节 结构抗震性能设计

一、 基本规定查《高规》3.11节

二、性能目标A、B、C、D的性能设计指标计算公式速查表

结构性能目标A、B、C、D的性能设计指标计算公式速查表，分别见表9.14.2-1～表9.14.2-4。

性能目标A的性能设计指标计算公式速查表　　表9.14.2-1

地震水准	小震	中震	大震
性能水准	1	1	2
关键构件	正截面：弹性，式（5.6.3）	正截面：弹性，式（3.11.3-1）	正截面：弹性，式（3.11.3-1）
	斜截面：弹性，式（5.6.3）	斜截面：弹性，式（3.11.3-1）	斜截面：弹性，式（3.11.3-1）
普通竖向构件	正截面：弹性，式（5.6.3）	正截面：弹性，式（3.11.3-1）	正截面：弹性，式（3.11.3-1）
	斜截面：弹性，式（5.6.3）	斜截面：弹性，式（3.11.3-1）	斜截面：弹性，式（3.11.3-1）
耗能构件	正截面：弹性，式（5.6.3）	正截面：弹性，式（3.11.3-1）	正截面：不屈服，式（3.11.3-2）
	斜截面：弹性，式（5.6.3）	斜截面：弹性，式（3.11.3-1）	斜截面：弹性，式（3.11.3-1）
水平长悬臂结构和大跨度结构中的关键构件	正截面：弹性，式（5.6.3）	正截面：弹性，式（3.11.3-1）	正截面：弹性，式（3.11.3-1）
	斜截面：弹性，式（5.6.3）	斜截面：弹性，式（3.11.3-1）	斜截面：弹性，式（3.11.3-1）

性能目标 B 的性能设计指标计算公式速查表　　　表 9.14.2-2

地震水准		小震	中震	大震
性能水准		1	2	3
关键构件		正截面：弹性，式（5.6.3）	正截面：弹性，式（3.11.3-1）	正截面：不屈服，式（3.11.3-2）
		斜截面：弹性，式（5.6.3）	斜截面：弹性，式（3.11.3-1）	斜截面：弹性，式（3.11.3-1）
普通竖向构件		正截面：弹性，式（5.6.3）	正截面：弹性，式（3.11.3-1）	正截面：不屈服，式（3.11.3-2）
		斜截面：弹性，式（5.6.3）	斜截面：弹性，式（3.11.3-1）	斜截面：弹性，式（3.11.3-1）
耗能构件		正截面：弹性，式（5.6.3）	正截面：不屈服，式（3.11.3-2）	正截面：部分耗能构件屈服
		斜截面：弹性，式（5.6.3）	斜截面：弹性，式（3.11.3-1）	斜截面：不屈服，式（3.11.3-2）
水平长悬臂结构和大跨度结构中的关键构件		正截面：弹性，式（5.6.3）	正截面：弹性，式（3.11.3-1）	正截面：不屈服，式（3.11.3-2），式（3.11.3-3）
		斜截面：弹性，式（5.6.3）	斜截面：弹性，式（3.11.3-1）	斜截面：弹性，式（3.11.3-1）

性能目标C的性能设计指标计算公式速查表　　　表9.14.2-3

<table>
<tr><th>地震水准</th><th>小震</th><th>中震</th><th>大震</th></tr>
<tr><td>性能水准</td><td>1</td><td>3</td><td>4</td></tr>
<tr><td rowspan="2">关键构件</td><td>正截面：弹性，式（5.6.3）</td><td>正截面：不屈服，式（3.11.3-2）</td><td>正截面：不屈服，式（3.11.3-2）</td></tr>
<tr><td>斜截面：弹性，式（5.6.3）</td><td>斜截面：弹性，式（3.11.3-1）</td><td>斜截面：不屈服，式（3.11.3-2）</td></tr>
<tr><td rowspan="2">普通竖向构件</td><td>正截面：弹性，式（5.6.3）</td><td>正截面：不屈服，式（3.11.3-2）</td><td>正截面：部分构件屈服</td></tr>
<tr><td>斜截面：弹性，式（5.6.3）</td><td>斜截面：弹性，式（3.11.3-1）</td><td>斜截面：满足受剪截面条件，式（3.11.3-4），式（3.11.3-5）</td></tr>
<tr><td rowspan="2">耗能构件</td><td>正截面：弹性，式（5.6.3）</td><td>正截面：部分屈服</td><td rowspan="2">大部分耗能构件屈服</td></tr>
<tr><td>斜截面：弹性，式（5.6.3）</td><td>斜截面：不屈服，式（3.11.3-2）</td></tr>
<tr><td rowspan="2">水平长悬臂结构和大跨度结构中的关键构件</td><td>正截面：弹性，式（5.6.3）</td><td>正截面：不屈服，式（3.11.3-2），式（3.11.3-3）</td><td>正截面：不屈服，式（3.11.3-2），式（3.11.3-3）</td></tr>
<tr><td>斜截面：弹性，式（5.6.3）</td><td>斜截面：弹性，式（3.11.3-1）</td><td>斜截面：不屈服，式（3.11.3-2），式（3.11.3-3）</td></tr>
</table>

性能目标D的性能设计指标计算公式速查表 表9.14.2-4

地震水准	小震	中震	大震
性能水准	1	4	5
关键构件	正截面：弹性，式（5.6.3）	正截面：不屈服，式（3.11.3-2）	正截面：不屈服，式（3.11.3-2）
	斜截面：弹性，式（5.6.3）	斜截面：不屈服，式（3.11.3-2）	斜截面：不屈服，式（3.11.3-2）
普通竖向构件	正截面：弹性，式（5.6.3）	正截面：部分构件屈服	正截面：较多构件屈服
	斜截面：弹性，式（5.6.3）	斜截面：满足受剪截面条件，式（3.11.3-4），式（3.11.3-5）	斜截面：满足受剪截面条件，式（3.11.3-4），式（3.11.3-5）
耗能构件	正截面：弹性，式（5.6.3）	大部分耗能构件屈服	部分耗能构件发生严重破坏
	斜截面：弹性，式（5.6.3）		
水平长悬臂结构和大跨度结构中的关键构件	正截面：弹性，式（5.6.3）	正截面：不屈服，式（3.11.3-2），式（3.11.3-3）	正截面：不屈服，式（3.11.3-2），式（3.11.3-3）
	斜截面：弹性，式（5.6.3）	斜截面：不屈服，式（3.11.3-2），式（3.11.3-3）	斜截面：不屈服，式（3.11.3-2），式（3.11.3-3）

第十章

《组合规范》《异形柱规》《混加规》和《抗加规》

第一节 《组合规范》的基本参数和系数

一、等级矩形应力图形系数 α_1 和 β_1 及混凝土强度影响系数 β_c 见第一章第一节

二、组合结构受压边缘混凝土极限压应变 ε_{cu} 值速查表

组合结构受压边缘混凝土极限压应变 ε_{cu} 值速查表，见表 10.1.2-1。

ε_{cu} 值速查表　　表 10.1.2-1

组合结构类型	型钢混凝土框架梁和转换梁、型钢混凝土框架柱和转换柱、矩形钢管混凝土框架柱和转换柱	组合楼板
ε_{cu}	0.003	0.0033

三、型钢混凝土框架梁和框架柱及型钢（或钢板）混凝土剪力墙的 ξ_b 值

根据《组合规范》5.2.1 条、6.2.2 条、9.1.1 条和 10.1.1 条，ξ_b 值，见表 10.1.3-1 和表 10.1.3-2。

钢筋 HRB400 时 ξ_b 值　　表 10.1.3-1

钢号	f_a (N/mm²)	≤C50	C55	C60	C65	C70	C75	C80
Q235	215	0.541	0.534	0.527	0.521	0.514	0.507	0.500
	205	0.544	0.537	0.530	0.524	0.517	0.510	0.503
Q345	310	0.513	0.507	0.501	0.494	0.488	0.481	0.475
	295	0.518	0.511	0.505	0.498	0.492	0.485	0.479
Q390	350	0.503	0.496	0.490	0.484	0.477	0.471	0.465
	335	0.507	0.500	0.494	0.488	0.481	0.475	0.469

钢筋 HRB500 时 ξ_b 值　　表 10.1.3-2

钢号	f_a (N/mm²)	≤C50	C55	C60	C65	C70	C75	C80
Q235	215	0.519	0.512	0.506	0.499	0.493	0.486	0.480
	205	0.522	0.515	0.509	0.502	0.496	0.489	0.483
Q345	310	0.494	0.487	0.481	0.475	0.469	0.463	0.457
	295	0.497	0.491	0.485	0.479	0.473	0.466	0.460
Q390	350	0.484	0.478	0.472	0.465	0.459	0.453	0.447
	335	0.487	0.481	0.475	0.469	0.463	0.457	0.451

四、型钢混凝土框架柱的非埋入式柱脚计算时 ξ_b 值

根据《组合规范》6.5.13 条，非埋入式柱脚计算，ξ_b 值，见表 10.1.4-1 和表 10.1.4-2。

钢筋 HRB400 时 ξ_b 值　　表 10.1.4-1

锚栓 f_t^a (N/mm²)	≤C50	C55	C60	C65	C70	C75	C80
140	0.565	0.558	0.551	0.544	0.536	0.529	0.522
180	0.552	0.545	0.538	0.531	0.524	0.517	0.510

钢筋 HRB500 时 ξ_b 值　　表 10.1.4-2

锚栓 f_t^a (N/mm²)	≤C50	C55	C60	C65	C70	C75	C80
140	0.541	0.534	0.527	0.521	0.514	0.507	0.500
180	0.529	0.522	0.516	0.509	0.502	0.496	0.489

五、矩形钢管混凝土框架柱（转换柱）的 ξ_b 值

根据《组合规范》7.2.3 条，ξ_b 值，见表 10.1.5-1。

ξ_b 值　　表 10.1.5-1

钢号	Q235		Q345		Q390		冷弯成型	
f_a (N/mm²)	215	305	310	295	350	335	205	300
ξ_b	0.594	0.601	0.533	0.542	0.511	0.519	0.601	0.539

六、矩形钢管混凝土框架柱的非埋入式柱脚计算时 ξ_b 值

根据《组合规范》7.4.13 条，非埋入式柱脚计算，ξ_b 值，见表 10.1.6-1。

ξ_b 值　　表 10.1.6-1

锚栓 f_t^a (N/mm²)	≤C50	C55	C60	C65	C70	C75	C80
140	0.652	0.644	0.636	0.628	0.620	0.611	0.603
180	0.620	0.612	0.604	0.596	0.589	0.581	0.573

七、组合楼板的 ξ_b 值

根据《组合规范》13.2.1 条，组合楼板的 ξ_b 值，见表 10.1.7-1。

ξ_b 值　　表 10.1.7-1

牌号	f_a (N/mm²)	≤C50	C55	C60	C65	C70	C75	C80
S250	205	0.615	0.607	0.599	0.592	0.584	0.576	0.569
S350	290	0.561	0.554	0.547	0.540	0.533	0.526	0.519
S550	395	0.506	0.500	0.493	0.493	0.481	0.474	0.468

八、计算地震作用与风荷载的阻尼比查《组合规范》**4.3.6** 条

第二节 《组合规范》的内容

一、型钢混凝土框架梁的型钢钢板宽厚比限值查《组合规范》**5.1.2** 条

二、型钢混凝土框架柱的型钢钢板宽厚比限值查《组合规范》**6.1.5** 条

三、剪跨比 $\lambda>2$ 偏心受压柱斜截面受剪承载力计算要点

《组合规范》6.2.16 条，$N>0.3f_{c}A_{c}$，取 $N=0.3f_{c}A_{c}$，其中 A_{c} 仅指混凝土的截面面积。

十字形型钢，还应考虑 6.2.15 条。

四、剪跨比 $\lambda\leqslant2$ 偏心受压柱斜截面受剪承载力计算要点

(1) 抗震设计，同时满足《组合规范》6.2.16 条、6.2.18 条。

(2) 十字形型钢，还应考虑 6.2.15 条。

五、型钢混凝土框架柱轴压比计算

根据《组合规范》公式（6.2.19）计算轴压比 η 时，A_{c} 为扣除型钢后的混凝土截面面积，N 为地震组合下的柱轴向压力设计值。

六、型钢（钢板、带钢斜撑）混凝土剪力墙的轴压比计算

根据《组合规范》9.1.16 条、10.1.7 条和 11.1.6 条，计算剪力墙的轴压比时，N 为重力荷载代表值作用下轴向压力设计值，取 $\gamma_{G}=1.3$。

第三节 《异形柱规》

一、基本规定

1.8 度时房屋适用的最大高度与抗震等级

根据《异形柱规》3.1.2 条及条文说明：

8 度（$0.30g$）：不适用框架结构，无抗震等级。

8 度（0.30g）、Ⅲ类或Ⅳ类场地，不适用框架-剪力墙结构，无抗震等级。

2. 不规则的异形柱结构的要求查《异形柱规》3.2.5 条

3. 扭转不规则的结构的判别与地震作用计算

根据《异形柱规》4.2.5 条及其条文说明：

$\mu_{扭}>1.2$ 时，为扭转不规则的结构，其水平地震作用应计入双向水平地震作用下的扭转影响，且可不考虑偶然偏心的影响。

4. 框架-剪力墙结构中框架部分地震剪力调整查《异形柱规》4.3.6 条

二、正交肢影响系数的取值

1. 等肢异形柱的定义

如图 10.3.2-1（a）～（c）所示，T 形、L 形和十字形等肢异形柱的定义是：$h_c=b_f$，$b_c=h_f$。

如图 10.3.2-1（d），Z 形等肢异柱的定义是：$b_1=b_2$，$h=b_1+b_2-b$。

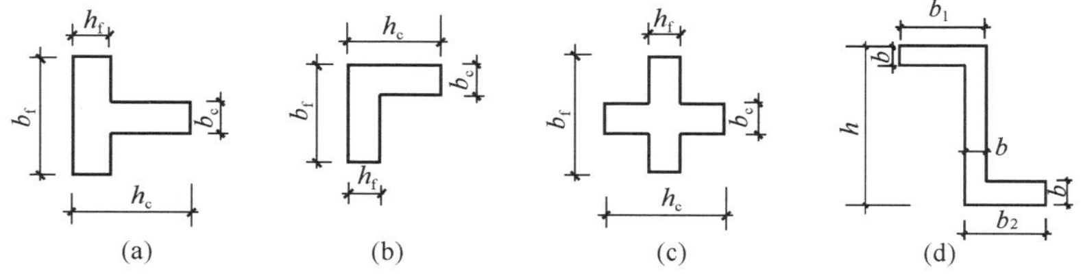

图 10.3.2-1 等肢异形柱

2. 等肢异形柱节点的 ζ_v 值查《异形柱规》表 5.3.4-1

3. Z 形柱节点 5.3.4 条第 2 款的图示与 ζ_v 值

如图 10.3.2-2 所示 Z 形异形柱，其 ζ_v 值按表 10.3.2-1。

ζ_v 值 **表 10.3.2-1**

$0.5b_f-b_c$		0	300	400	500	600	700
ζ_v	Z 形	1.00	1.05	1.10	1.10	1.10	1.10

4. 不等肢异形柱节点（L 形、T 形和十字形）的图示与 $\zeta_{v,ef}$ 值

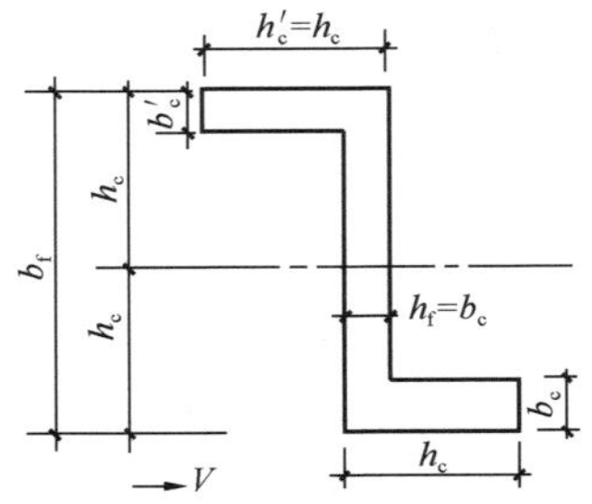

图 10.3.2-2 Z形异形柱

A类：如图 10.3.2-3 所示，其 $\zeta_{v,ef}$值，见表 10.3.2-2。

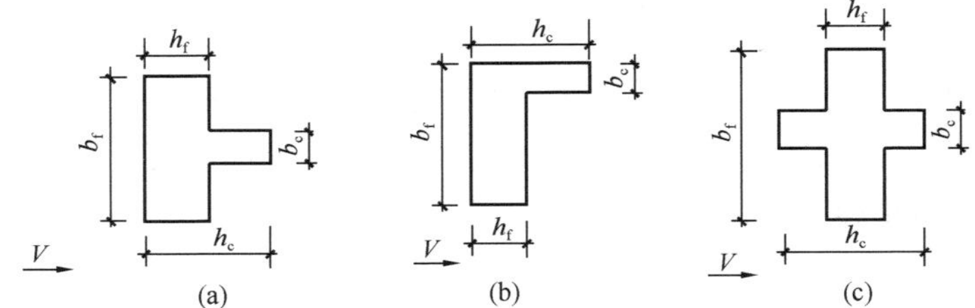

图 10.3.2-3 A类示意图

A类的 $\zeta_{v,ef}$值　　　　表 10.3.2-2

h_c-b_c		0	300	400	500	600	700
$\zeta_{v,ef}=\zeta_v$	L形	1.00	1.05	1.10	1.10	1.10	1.10
	T形	1.00	1.25	1.30	1.35	1.40	1.40
	十字形	1.00	1.40	1.45	1.50	1.55	1.55

B类：如图 10.3.2-4 所示，其 $\zeta_{v,ef}$值，见表 10.3.2-3。

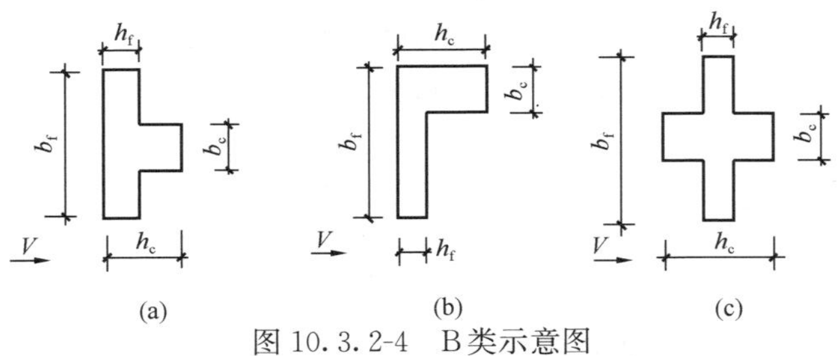

图 10.3.2-4 B类示意图

B 类的 $\zeta_{v,ef}$ 值　　　　表 10.3.2-3

h_c-h_f		0	300	400	500	600	700
ζ_v	L 形	1.00	1.05	1.10	1.10	1.10	1.10
	T 形	1.00	1.25	1.30	1.35	1.40	1.40
	十字形	1.00	1.40	1.45	1.50	1.55	1.55
$\zeta_{v,ef}$		$1+\frac{(\zeta_v-1)\ h_f}{b_c}$					

C 类：如图 10.3.2-5 所示，其 $\zeta_{v,ef}$ 值，见表 10.3.2-4。

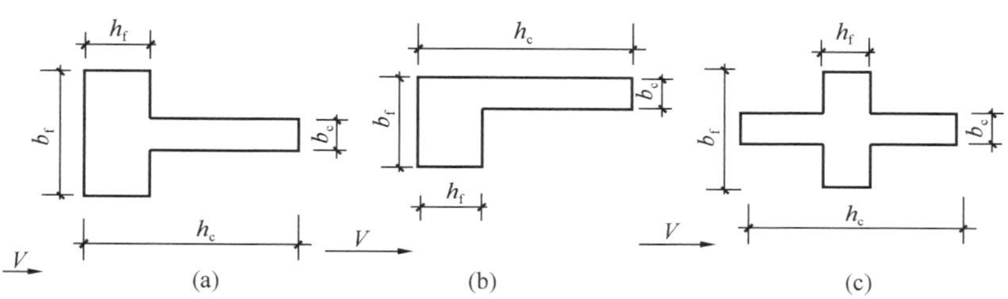

图 10.3.2-5　C 类示意图

C 类的 $\zeta_{v,ef}$ 值　　　　表 10.3.2-4

b_f-b_c		0	300	400	500	600	700
ζ_v	L 形	1.00	1.05	1.10	1.10	1.10	1.10
	T 形	1.00	1.25	1.30	1.35	1.40	1.40
	十字形	1.00	1.40	1.45	1.50	1.55	1.55
$\zeta_{v,ef}$		$1+\frac{(\zeta_v-1)\ h_f}{h_c}$					

D 类：如图 10.3.2-6 所示，其 $\zeta_{v,ef}$ 值，见表 10.3.2-5。

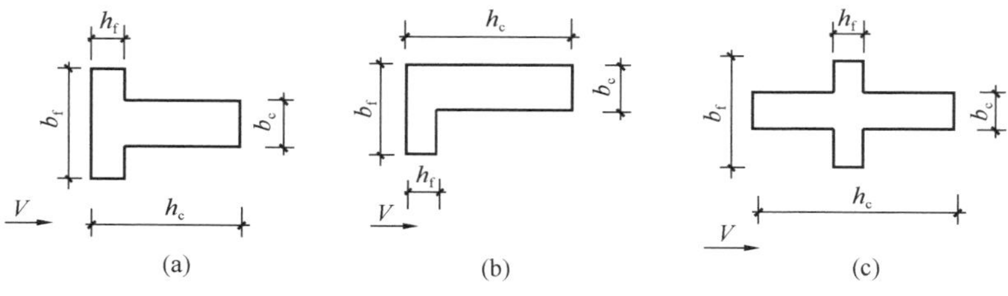

图 10.3.2-6　D 类示意图

D 类的 $\zeta_{v,ef}$ 值 **表 10.3.2-5**

b_f-h_f		0	300	400	500	600	700
ζ_v	L 形	1.00	1.05	1.10	1.10	1.10	1.10
	T 形	1.00	1.25	1.30	1.35	1.40	1.40
	十字形	1.00	1.40	1.45	1.50	1.55	1.55
$\zeta_{v,ef}$		$1+\frac{(\zeta_v-1)\ b_f h_f}{b_c h_c}$					

三、异形框架柱柱端箍筋加密区 $\lambda_{v,min}$ 值速查表

异形柱框架结构、框架-剪力墙结构的框架柱柱端箍筋加密区 $\lambda_{v,min}$ 值，分别查表 10.3.3-1、表 10.3.3-2。

异形柱框架结构框架柱柱端箍筋加密区
最小配箍特征值 $\lambda_{v,min}$ **表 10.3.3-1**

抗震等级	截面形式	柱轴压比											
		≤0.30	0.35	0.40	0.45	0.50	0.55	0.60	0.65	0.70	0.75	0.80	0.85
二级	L 形、Z 形	0.12	0.14	0.16	0.18	0.21	0.21	—	—	—	—	—	—
三级		0.10	0.12	0.13	0.15	0.17	0.19	0.21	0.21	—	—	—	—
四级		0.09	0.10	0.11	0.12	0.13	0.15	0.17	0.19	0.21	0.21	—	—
二级	T 形	0.11	0.13	0.15	0.17	0.20	0.22	0.22	0.22	—	—	—	—
三级		0.09	0.11	0.12	0.14	0.16	0.18	0.20	0.22	0.22	—	—	—
四级		0.08	0.09	0.10	0.11	0.13	0.14	0.16	0.18	0.20	0.22	0.22	—
二级	十字形	0.10	0.12	0.14	0.16	0.18	0.20	0.23	0.23	0.23	—	—	—
三级		0.08	0.10	0.11	0.13	0.15	0.17	0.19	0.21	0.23	0.23	—	—
四级		0.07	0.08	0.09	0.10	0.12	0.13	0.15	0.17	0.19	0.21	0.23	0.23

注：肢端设暗柱时，当轴压比增大到《异形柱规》表 6.2.2 注的限值时，按规程表 6.2.9 注，确定 $\lambda_{v,min}$ 取方框内的数值。

异形柱框架-剪力墙结构框架柱柱端箍筋加密区最小配箍特征值 λ_v 表 10.3.3-2

抗震等级	截面形式	柱轴压比												
		≤0.30	0.35	0.40	0.45	0.50	0.55	0.60	0.65	0.70	0.75	0.80	0.85	0.90
一级	L形、Z形	0.17	0.19	0.21	[0.21]	—	—	—	—	—	—	—	—	—
二级		0.12	0.14	0.16	0.18	0.21	0.23	[0.23]	—	—	—	—	—	—
三级		0.10	0.12	0.13	0.15	0.17	0.19	0.21	0.23	[0.23]	—	—	—	—
四级		0.09	0.10	0.11	0.12	0.13	0.15	0.17	0.19	0.21	0.23	[0.23]	—	—
一级	T形	0.16	0.18	0.20	0.22	[0.22]	[0.22]	—	—	—	—	—	—	—
二级		0.11	0.13	0.15	0.17	0.20	0.22	0.24	[0.24]	[0.24]	—	—	—	—
三级		0.09	0.11	0.12	0.14	0.16	0.18	0.20	0.22	0.24	[0.24]	—	—	—
四级		0.08	0.09	0.10	0.11	0.13	0.14	0.16	0.18	0.30	0.22	0.24	[0.24]	—
一级	十字形	0.15	0.17	0.18	0.20	0.23	[0.23]	[0.23]	—	—	—	—	—	—
二级		0.10	0.12	0.14	0.16	0.18	0.20	0.23	0.25	[0.25]	[0.25]	—	—	—
三级		0.08	0.10	0.11	0.13	0.15	0.17	0.19	0.21	0.23	0.25	[0.25]	—	—
四级		0.07	0.08	0.09	0.10	0.12	0.13	0.15	0.17	0.19	0.21	0.23	0.25	[0.25]

注：肢端设暗柱时，当轴压比增大到《异形柱规》表 6.2.2 注的限值时，按规程表 6.2.9 注，确定 $\lambda_{v,min}$取方框内的数值。

第四节 《混加规》

一、轴心受压构件的稳定系数

《混规》规定：

表 6.2.15 钢筋混凝土轴心受压构件的稳定系数

l_0/b	≤8	10	12	14	16	18	20	22	24	26	28
l_0/d	≤7	8.5	10.5	12	14	15.5	17	19	21	22.5	24
l_0/i	≤28	35	42	48	55	62	69	76	83	90	97
φ	1.00	0.98	0.95	0.92	0.87	0.81	0.75	0.70	0.65	0.60	0.56
l_0/b	30	32	34	36	38	40	42	44	46	48	50
l_0/d	26	28	29.5	31	33	34.5	36.5	38	40	41.5	43
l_0/i	104	111	118	125	132	139	146	153	160	167	174
φ	0.52	0.48	0.44	0.40	0.36	0.32	0.29	0.26	0.23	0.21	0.19

注：1. l_0 为构件的计算长度，对钢筋混凝土柱可按本规范第 6.2.20 条的规定取用。

2. b 为矩形截面的短边尺寸，d 为圆形截面的直径，i 为截面的最小回转半径。

6.2.20 轴心受压柱的计算长度 l_0 可按下列规定确定：

2 一般多层房屋中梁柱为刚接的框架结构，各层柱的计算长度 l_0 可按表 6.2.20-2 取用。

表 6.2.20-2 框架结构各层柱的计算长度

楼盖类型	柱的类别	l_0
现浇楼盖	底层柱	$1.0H$
	其余各层柱	$1.25H$
装配式楼盖	底层柱	$1.25H$
	其余各层柱	$1.5H$

注：表中 H 对底层柱从基础顶面到一层楼盖顶面的高度；对其余各层柱为上下两层楼盖顶面之间的高度。

二、《混加规》14.3.1 条绕丝的周长计算

绕丝的周长 l_{ss} 的计算，如图 10.4.2-1 所示：

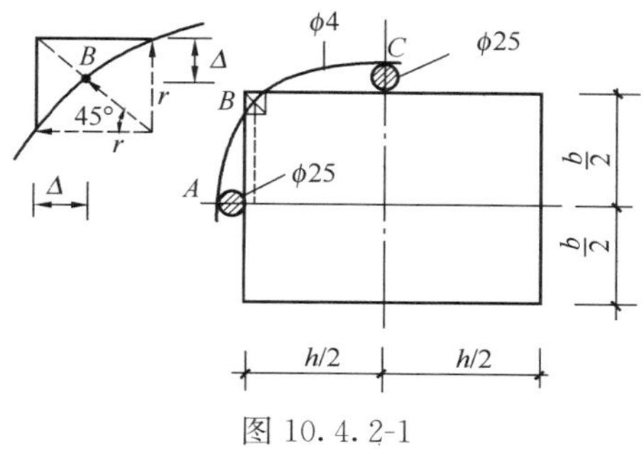

图 10.4.2-1

$$\Delta = r - r\cos 45^\circ = 0.293r \approx 0.3r$$

$$弧长\widehat{AB} \approx \sqrt{\left(25+\frac{4}{2}+0.3r\right)^2+(0.5b-0.3r)^2}$$

$$弧长\widehat{BC} \approx \sqrt{\left(25+\frac{4}{2}+0.3r\right)^2+(0.5h-0.3r)^2}$$

$$l_{ss} = (弧长\widehat{AB} + 弧长\widehat{BC}) \times 4$$

第五节 《抗加规》

一、γ_{Rs} 取值

A 类建筑：$\gamma_{Rs} = \gamma_{Ra} = 0.85\gamma_{RE}$

B 类建筑：$\gamma_{Rs} = \gamma_{Ra} = \gamma_{RE}$

C 类建筑：$\gamma_{Rs} = \gamma_{Ra} = \gamma_{RE}$

二、组合砖柱（墙垛）的侧向刚度计算

如图 10.5.2-1 所示，砖的弹性模量为 E_m，混凝土的弹性模量为 E_c，砖墙厚度为 h_1，其他截面尺寸见图示。组合砖柱（墙垛）的弹性模量为 $E_{组}$。

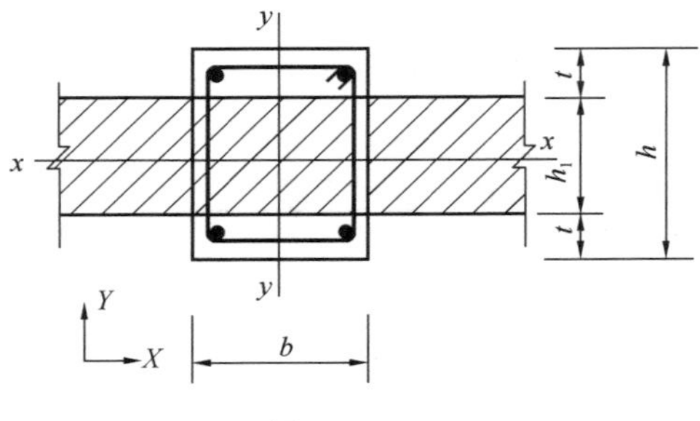

图 10.5.2-1

对 x-x 轴：

$$E_{组}I_{组x} = E_c I_{cx} + E_m I_{mx}$$

$$I_{cx} = \frac{1}{12}bh^3 - \frac{1}{12}bh_1^3$$

或
$$I_{cx} = 2 \times \left[\frac{1}{12}bt^3 + bt\ \frac{(h_1 + t)}{2}\right]$$

$$I_{mx} = \frac{1}{12}bh_1^3$$

对 Y 方向，组合砖柱（墙垛）的侧向刚度 $K_{组}$ 为：

反弯点法：$K_{组} = \dfrac{12E_{组}I_{组x}}{H_1^3}$

D 值法：$K_{组} = \alpha_c = \dfrac{12E_{组}I_{组x}}{H_1^3}$

式中 H_1——组合砖柱（墙垛）的计算高度。

α_c——侧向刚度降低系数，计算见作者编著的《建筑结构静力计算应试指南》（第二版）。

第十一章

《高钢规》《钢通规》和《抗规》

第一节 基本规定

一、竖向不规则结构薄弱层的水平地震剪力应乘以不小于1.15的增大系数【《高钢规》3.3.3条】

二、弹性层间位移角不宜大于1/250【《高钢规》3.5.2条】

三、弹塑性层间位移角不应大于1/50【《高钢规》3.5.4条】

四、抗震等级

1.《抗规》规定

8.1.3 钢结构房屋应根据设防分类、烈度和房屋高度采用不同的抗震等级，并应符合相应的计算和构造措施要求。丙类建筑的抗震等级应按表8.1.3确定。

表8.1.3 钢结构房屋的抗震等级

房屋高度	烈度			
	6	7	8	9
≤50m	—	四	三	二
>50m	四	三	二	一

注：1. 高度接近或等于高度分界时，应允许结合房屋不规则程度和场地、地基条件确定抗震等级。

2. 一般情况，构件的抗震等级应与结构相同；当某个部位各构件的承载力均满足2倍地震作用组合下的内力要求时，7～9度的构件抗震等级应允许按降低一度确定。

8.4.3 框架-中心支撑结构的框架部分，当房屋高度不高于100m且框架部分按计算分配的地震剪力不大于结构底部总地震剪力的25%时，一、二、三级的抗震构造措施可按框架结构降低一级的相应要求采用。其他抗震构造措施，应符合本规范第8.3节对框架结构抗震构造措施的规定。

8.5.7 框架-偏心支撑结构的框架部分，当房屋高度不高于100m且框架部分按计算分配的地震作用不大于结构底部总地震剪力的25%时，一、二、三级的抗震构造措施可按框架结构降低一级的相应要求采用。其他抗震构造措施，应符合本规范第8.3节对框架结构抗震构造措施的规定。

2.《高钢规》规定

（1）《高钢规》3.7.1条条文说明：Ⅰ类场地时，抗震构造措施可放松，按《抗规》3.3.2条。

（2）《高钢规》3.7.2条和3.7.3条。

五、风荷载的计算要点

（1）基本风压，按《高钢规》5.2.4条。

（2）阻尼比，按《荷规》8.4.4条：钢结构可取0.01；有填充墙的钢结构房屋可取0.02。

六、地震作用的计算要点

（1）扭转特别不规则的结构

《高钢规》5.3.1条，扭转特别不规则的结构应计入双向水平地震作用下的扭转影响，同时，根据《高钢规》5.3.7条，可不考虑偶然偏心的影响。

（2）阻尼比，按《高钢规》5.4.6条。

（3）高层钢结构房屋地震影响系数的参数速查表

根据《高钢规》5.4.6条、5.3.6条，高层钢结构房屋的地震影响系数的参数速查表，见表11.1.6-1。

高层钢结构房屋地震影响系数的参数速查表　　表11.1.6-1

房屋高度 H（m）	ξ	γ	η_1	η_2
$H\leqslant50$	0.04	0.919	0.022	1.069
$50<H<200$	0.03	0.942	0.024	1.156
$H\geqslant200$	0.02	0.971	0.026	1.268

（4）偶然偏心的计算，按《高钢规》5.3.7 条。

（5）楼层最小地震剪力

《高钢规》规定：

5.4.5（条文说明）

当不满足时，结构水平地震总剪力和各楼层的水平地震剪力均需要进行相应的调整，或改变结构的刚度使之达到规定的要求。但当基本周期为 3.5s～5.0s 的结构，计算的底部剪力系数比规定值低 15%以内、基本周期为 5.0s～6.0s 的结构，计算的底部剪力系数比规定值低 18%以内、基本周期大于 6.0s 的结构，计算的底部剪力系数比规定值低 20%以内，不必采取提高结构刚度的办法来满足计算剪力系数最小值的要求，而是可采用本条关于剪力系数最小值的规定进行调整设计，满足承载力要求即可。

对于竖向不规则结构的薄弱层的水平地震剪力，本规程第 3.3.3 条规定应乘以不小于 1.15 的增大系数，该层剪力放大后，仍需要满足本条规定，即该层的地震剪力系数不应小于规定数值的 1.15 倍。

即：
$$1.15V_{Eki} \geqslant 1.15\lambda\sum_{j=i}^{n}G_j$$

七、构件和连接强度计算 γ_{RE} 取 0.75，柱和支撑稳定计算 γ_{RE} 取 0.8【《高钢规》3.6.1 条】

八、仅计算竖向地震作用时 γ_{RE} 取 1.0【《高钢规》3.6.1 条】

九、竖向地震为主的地震组合 γ_{RE} 取 1.0【《抗震通规》表 4.3.1】

第二节　结构分析与构件及连接设计

一、《钢通规》结构稳定性验算

《钢通规》规定：

5.2.3 结构稳定性验算应符合下列规定：

1 二阶效应计算中，重力荷载应取设计值；

2 高层钢结构的二阶效应系数不应大于 0.2，多层钢结构不应大于 0.25；

3 一阶分析时，框架结构应根据抗侧刚度按照有侧移屈曲或无侧移屈曲的模式确定框架柱的计算长度系数；

4 二阶分析时应考虑假想水平荷载，框架柱的计算长度系数应取 1.0；

5 假想水平荷载的方向与风荷载或地震作用的方向应一致，假想水平荷载的荷载分项系数应取 1.0，风荷载参与组合的工况，组合系数应取 1.0，地震作用参与组合的工况，组合系数应取 0.5。

二、高层钢结构的整体稳定性查《高钢规》**6.1.7** 条

三、弹性分析时应计入重力二阶效应【《高钢规》**6.2.2** 条】

四、钢框架-支撑结构的框架部分地震剪力调整查《高钢规》**6.2.6** 条

五、地震内力调整

（1）《高钢规》7.1.6 条，托柱梁地震内力应乘以不小于 1.5 的增大系数

（2）《高钢规》7.3.10 条，转换构件下的框架柱地震内力应乘以不小于 1.5 的增大系数

（3）偏心支撑框架中除消能梁段外的构件内力调整按《高钢规》7.6.5 条

六、框架-中心支撑的支撑采用支托式连接的计算长度查《高钢规》**8.7.2** 条

七、框架-偏心支撑中消能梁段的净长查《高钢规》**8.8.3** 条

八、梁与柱刚性连接的极限受弯受剪承载力计算

1. 当梁端翼缘采用完全焊透的坡口对接焊缝连接，其腹板采用双面角焊缝连接

（1）梁端极限受弯承载力 M_u^j

$$M_u^j = M_{uf}^j + M_{uw}^j$$

$$M_{uf}^j = A_f(h_b - t_{fb})f_{ub}$$

$$M_{uw}^j = 2 \times \frac{1}{4} \times 0.7h_f l_w^2 \times 0.58 f_{uw}$$

$$= 2 \times \frac{1}{4} \times 0.7h_f l_w^2 \times \frac{f_{uw}}{\sqrt{3}}$$

（2）梁端极限受剪承载力 V_u^j

$$V_u^j = 2 \times 0.7h_f l_w \times 0.58 f_{uw}$$

$$= 2 \times 0.7h_f l_w \times \frac{f_{uw}}{\sqrt{3}}$$

式中　f_{ub}、f_{uw}——分别为梁翼缘和腹板钢材的抗拉强度最小值；

A_f——梁一侧翼缘截面面积；

h_b——梁截面的高度；

t_{fb}——梁翼缘的厚度；

h_f、l_w——角焊缝的焊脚尺寸、焊缝的计算长度。

2. 当梁端翼缘采用完全焊透的坡口对接焊缝连接，其腹板采用高强度螺栓连接

梁端极限受弯承载力、极限受剪承载力的计算，按《高层民用建筑钢结构技术规程》JGJ 99—2015 中的 8.2.4 条、8.2.5 条计算。

第十二章

桥梁结构

第一节 《公桥通规》

一、公路桥梁的分类

1.0.5 特大、大、中、小桥及涵洞按单孔跨径或多孔跨径总长分类规定见表 1.0.5。

表 1.0.5 桥梁涵洞分类

桥涵分类	多孔跨径总长 L（m）	单孔跨径 L_K（m）
特大桥	$L>1000$	$L_K>150$
大桥	$100\leqslant L\leqslant 1000$	$40\leqslant L_K\leqslant 150$
中桥	$30<L<100$	$20\leqslant L_K<40$
小桥	$8\leqslant L\leqslant 30$	$5\leqslant L_K<20$
涵洞	—	$L_K<5$

注：1. 单孔跨径系指标准跨径。
2. 梁式桥、板式桥的多孔跨径总长为多孔标准跨径的总长；拱式桥为两岸桥台内起拱线间的距离；其他形式桥梁为桥面系行车道长度。
3. 管涵及箱涵不论管径或跨径大小、孔数多少，均称为涵洞。
4. 标准跨径：梁式桥、板式桥以两桥墩中线间距离或桥墩中线与台背前缘间距为准；拱式桥和涵洞以净跨径为准。

二、公路桥梁的安全等级和结构重要性系数 γ_0

4.1.5

γ_0——结构重要性系数，按表 4.1.5-1 规定的结构设计安全等级采用，按持久状况和短暂状况承载能力极限状态设计时，公路桥涵结构设计安全等级应不低于表 4.1.5-1 的规定，对应于设计安全等级一级、二级和三级分别取 1.1、1.0 和 0.9。

表 4.1.5-1　公路桥涵结构设计安全等级

设计安全等级	破坏后果	适用对象
一级	很严重	（1）各等级公路上的特大桥、大桥、中桥； （2）高速公路、一级公路、二级公路、国防公路及城市附近交通繁忙公路上的小桥
二级	严重	（1）三、四级公路上的小桥； （2）高速公路、一级公路、二级公路、国防公路及城市附近交通繁忙公路上的涵洞
三级	不严重	三、四级公路上的涵洞

注：本表所列特大、大、中桥等系按本规范表 1.0.5 中的单孔跨径确定，对多跨不等跨桥梁，以其中最大跨径为准。

三、基本组合

4.1.5

1　基本组合：永久作用设计值与可变作用设计值相组合。

1）作用基本组合的效应设计值可按下式计算：

$$S_{ud}=\gamma_0 S(\sum_{i=1}^{m}\gamma_{Gi}G_{ik},\gamma_{L1}\gamma_{Q1}Q_{1k},\psi_c\sum_{j=2}^{n}\gamma_{Lj}\gamma_{Q_j}Q_{j_k})\tag{4.1.5-1}$$

或

$$S_{ud}=\gamma_0 S(\sum_{i=1}^{m}G_{id},Q_{1d},\sum_{j=2}^{n}Q_{jd})\tag{4.1.5-2}$$

式中：S_{ud}——承载能力极限状态下作用基本组合的效应设计值；

$S(\ )$——作用组合的效应函数；

γ_0——结构重要性系数，按表 4.1.5-1 规定的结构设计安全等级采用，按持久状况和短暂状况承载能力极限状态设计时，公路桥涵结构设计安全等级应不低于表 4.1.5-1 的规定，对应于设计安全等级一级、二级和三级分别取 1.1、1.0 和 0.9；

γ_{Gi}——第 i 个永久作用的分项系数，应按表 4.1.5-2 的规定采用；

G_{ik}、G_{id}——第 i 个永久作用的标准值和设计值；

γ_{Q1}——汽车荷载（含汽车冲击力、离心力）的分项系数。采用车道荷载计算时取 $\gamma_{Q1}=1.4$。采用车辆荷载计算时，其分项系数取 $\gamma_{Q1}=1.8$。当某个可变作用在组合中其效应值超过汽车荷载效应时，则该作用取代汽车荷载，其分项系数取 $\gamma_{Q1}=1.4$；对专为承受某作用而设置的结构或装置，设计时该作用的分项系数取 $\gamma_{Q1}=1.4$；计算人行道板和人行道栏杆的局部荷载，其分项系数也取 $\gamma_{Q1}=1.4$；

Q_{1k}、Q_{1d}——汽车荷载（含汽车冲击力、离心力）的标准值和设计值；

γ_{Qj}——在作用组合中除汽车荷载（含汽车冲击力、离心力）、风荷载外的其他第 j 个可变作用的分项系数，取 $\gamma_{Qj}=1.4$，但风荷载的分项系数取 $\gamma_{Qj}=1.1$；

Q_{jk}、Q_{jd}——在作用组合中除汽车荷载（含汽车冲击力、离心力）外的其他第 j 个可变作用的标准值和设计值；

ψ_c——在作用组合中除汽车荷载（含汽车冲击力、离心力）外的其他可变作用的组合值系数，取 $\psi_c=0.75$；

$\psi_c Q_{jk}$——在作用组合中除汽车荷载（含汽车冲击力、离心力）外的第 j 个可变作用的组合值；

γ_{Lj}——第 j 个可变作用的结构设计使用年限荷载调整系数。公路桥涵结构的设计使用年限按现行《公路工程技术标准》（JTG B01）取值时，可变作用的设计使用年限荷载调整系数取 $\gamma_{Lj}=1.0$；否则，γ_{Lj} 取值应按专题研究确定。

2）当作用与作用效应可按线性关系考虑时，作用基本组合的效应设计值 S_{ud} 可通过作用效应代数相加计算。

3）设计弯桥时，当离心力与制动力同时参与组合时，制动力标准值或设计值按70%取用。

表 4.1.5-2 永久作用的分项系数

<table>
<tr><th rowspan="2">序号</th><th rowspan="2" colspan="2">作用类别</th><th colspan="2">永久作用分项系数</th></tr>
<tr><th>对结构的承载能力不利时</th><th>对结构的承载能力有利时</th></tr>
<tr><td rowspan="2">1</td><td colspan="2">混凝土和圬工结构重力（包括结构附加重力）</td><td>1.2</td><td rowspan="2">1.0</td></tr>
<tr><td colspan="2">钢结构重力（包括结构附加重力）</td><td>1.1 或 1.2</td></tr>
<tr><td>2</td><td colspan="2">预加力</td><td>1.2</td><td>1.0</td></tr>
<tr><td>3</td><td colspan="2">土的重力</td><td>1.2</td><td>1.0</td></tr>
<tr><td>4</td><td colspan="2">混凝土的收缩及徐变作用</td><td>1.0</td><td>1.0</td></tr>
<tr><td>5</td><td colspan="2">土侧压力</td><td>1.4</td><td>1.0</td></tr>
<tr><td>6</td><td colspan="2">水的浮力</td><td>1.0</td><td>1.0</td></tr>
<tr><td rowspan="2">7</td><td rowspan="2">基础变位作用</td><td>混凝土和圬工结构</td><td>0.5</td><td>0.5</td></tr>
<tr><td>钢结构</td><td>1.0</td><td>1.0</td></tr>
</table>

注：本表序号1中，当钢桥采用钢桥面板时，永久作用分项系数取1.1；当采用混凝土桥面板时，取1.2。

四、频遇组合和准永久组合

4.1.6 公路桥涵结构按正常使用极限状态设计时，应根据不同的设计要求，采用作用的频遇组合或准永久组合，并应符合下列规定：

1 频遇组合：永久作用标准值与汽车荷载频遇值、其他可变作用准永久值相组合。

1）作用频遇组合的效应设计值可按下式计算：

$$S_{fd}=S(\sum_{i=1}^{m}G_{ik},\psi_{f1}Q_{1k},\sum_{j=2}^{n}\psi_{qj}Q_{jk}) \quad (4.1.6\text{-}1)$$

式中 S_{fd}——作用频遇组合的效应设计值；

ψ_{f1}——汽车荷载（不计汽车冲击力）频遇值系数，取 $\psi_{f1}=0.7$；当某个可变作用在组合中其效应值超过汽车荷载效应时，则该作用取代汽车荷载，人群荷载 $\psi_f=1.0$，风荷载 $\psi_f=0.75$，温度梯度作用 $\psi_f=0.8$，其他作用 $\psi_f=1.0$。

2）当作用与作用效应可按线性关系考虑时，作用频遇组合的效应设计值 S_{fd} 可通过作用效应代数相加计算。

2 准永久组合：永久作用标准值与可变作用准永久值相组合。

1）作用准永久组合的效应设计值可按下式计算：

$$S_{qd}=S(\sum_{i=1}^{m}G_{ik},\sum_{j=1}^{n}\psi_{qj}Q_{jk}) \quad (4.1.6\text{-}2)$$

式中 S_{qd}——作用准永久组合的效应设计值；

ψ_{qj}——第 j 个可变作用的准永久值系数，汽车荷载（不计汽车冲击力）$\psi_q=0.4$，人群荷载 $\psi_q=0.4$，风荷载 $\psi_q=0.75$，温度梯度作用 $\psi_q=0.8$，其他作用 $\psi_q=1.0$。

2）当作用与作用效应可按线性关系考虑时，作用准永久组合的效应设计值 S_{qd} 可通过作用效应代数相加计算。

五、桥梁设计车道数

《公桥通规》规定：

4.3.1

7 桥涵设计车道数应符合表 4.3.1-4 的规定。

表 4.3.1-4　桥涵设计车道数

桥面宽度 W（m）		桥涵设计车道数
车辆单向行驶时	车辆双向行驶时	
$W<7.0$		1
$7.0\leq W<10.5$	$6.0\leq W<14.0$	2
$10.5\leq W<14.0$		3
$14.0\leq W<17.5$	$14.0\leq W<21.0$	4
$17.5\leq W<21.0$		5
$21.0\leq W<24.5$	$21.0\leq W<28.0$	6
$24.5\leq W<28.0$		7
$28.0\leq W<31.5$	$28.0\leq W<35.0$	8

六、横向车道布载系数和纵向折减系数

4.3.1

7　横桥向布置多车道汽车荷载时，应考虑汽车荷载的折减；布置一条车道汽车荷载时，应考虑汽车荷载的提高。横向车道布载系数应符合表 4.3.1-5 的规定。多车道布载的荷载效应不得小于两条车道布载的荷载效应。

表 4.3.1-5　横向车道布载系数

横向布载车道数（条）	1	2	3	4	5	6	7	8
横向车道布载系数	1.20	1.00	0.78	0.67	0.60	0.55	0.52	0.50

8　大跨径桥梁上的汽车荷载应考虑纵向折减。当桥梁计算跨径大于 150m 时，应按表 4.3.1-6 规定的纵向折减系数进行折减。当为多跨连续结构时，整个结构应按最大的计算跨径考虑汽车荷载效应的纵向折减。

表 4.3.1-6 纵向折减系数

计算跨径 L_0（m）	纵向折减系数	计算跨径 L_0（m）	纵向折减系数
$150<L_0<400$	0.97	$800\leqslant L_0<1000$	0.94
$400\leqslant L_0<600$	0.96	$L_0\geqslant 1000$	0.93
$600\leqslant L_0<800$	0.95	—	—

七、汽车制动力计算

根据《公桥通规》4.3.1 条、4.3.5 条：

公路-Ⅰ级，汽车荷载的车道荷载为 q_k 和 P_k，加载长度为 l，则：

同向一个车道，汽车制动力 $F_{制k}$ 为：

$$F_{制k}=\max\{1.2(q_k l+P_k)\times 10\%，165\}$$

同向两个及两个以上车道，总的汽车制动力 $F_{制k}$ 为：

$$F_{制k}=\psi\cdot\max\{(q_k l+P_k)\times 10\%，165\}$$

2 车道：$\psi=2$；

3 车道：$\psi=3\times 0.78=2.34$

4 车道：$\psi=4\times 0.67=2.68$

第二节 《城市桥规》

一、城市桥梁的分类查《城市桥规》3.0.2 条

二、城市桥梁设计安全等级查《城市桥规》3.0.14 条

三、城市桥梁结构重要性系数 γ_0

设计安全等级一级、二级和三级，γ_0 分别取 1.1、1.0 和 0.9。

四、城市桥梁的汽车荷载

（1）城-A 级的车道荷载和车辆荷载

车道荷载：$5\text{m}<L_0<50\text{m}$ 时，$P_k=2(L_0+130)(\text{kN})$

$$q_k=10.5(\text{kN/m})$$

车辆荷载：按《城市桥规》表 10.0.2

(2) 城-B 级的车道荷载和车辆荷载

车道荷载：5m<L_0<50m 时，$P_k = 75\% \times 2(L_0 + 130)(\text{kN})$

$$q_k = 75\% \times 10.5(\text{kN/m})$$

车辆荷载：按《公桥通规》表 4.3.1-3。

附录一

型钢截面特性

一、热轧工字钢的规格与截面特性

热轧工字钢的规格与截面特性（按 GB/T 706—2016） **附表 1.1**

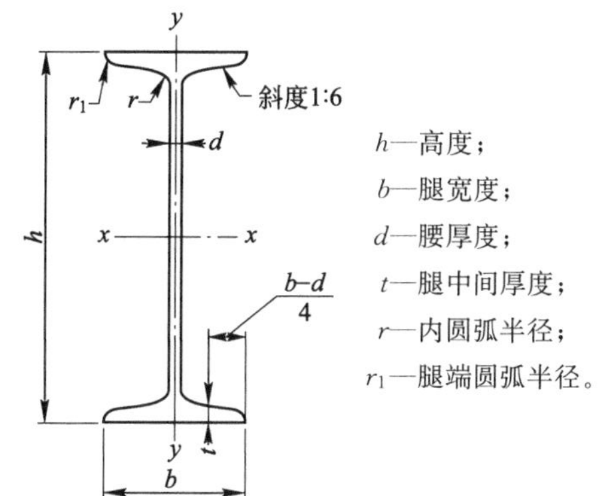

型号	截面尺寸（mm）						截面面积（cm^2）	理论重量（kg/m）	外表面积（m^2/m）	惯性矩（cm^4）		惯性半径（cm）		截面模数（cm^3）	
	h	b	d	t	r	r_1				I_x	I_y	i_x	i_y	W_x	W_y
10	100	68	4.5	7.6	6.5	3.3	14. 33	11.3	0.432	245	33.0	4.14	1.52	49.0	9.72
12	120	74	5.0	8.4	7.0	3.5	17.80	14.0	0.493	436	46.9	4.95	1.62	72.7	12.7
12.6	126	74	5.0	8.4	7.0	3.5	18.10	14.2	0.505	488	46.9	5.20	1.61	77.5	12.7
14	140	80	5.5	9.1	7.5	3.8	21.50	16.9.	0.553	712	64.4	5.76	1.73	102	16.1

续表

型号	截面尺寸（mm）						截面面积（cm^2）	理论重量（kg/m）	外表面积（m^2/m）	惯性矩（cm^4）		惯性半径（cm）		截面模数（cm^3）	
	h	b	d	t	r	r_1				I_x	I_y	i_x	i_y	W_x	W_y
16	160	88	6.0	9.9	8.0	4.0	26.11	20.5	0.621	1130	93.1	6.58	1.89	141	21.2
18	180	94	6.5	10.7	8.5	4.3	30.74	24.1	0.681	1660	122	7.36	2.00	185	26.0
20a	200	100	7.0	11.4	9.0	4.5	35.55	27.9	0.742	2370	158	8.15	2.12	237	31.5
20b		102	9.0				39.55	31.1	0.746	2500	169	7.96	2.06	250	33.1
22a	220	110	7.5	12.3	9.5	4.8	42.10	33.1	0.817	3400	225	8.99	2.31	309	40.9
22b		112	9.5				46.50	36.5	0.821	3570	239	8.78	2.27	325	42.7
24a	240	116	8.0	13.0	10.0	5.0	47.71	37.5	0.878	4570	280	9.77	2.42	381	48.4
24b		116	10.0				52.51	41.2	0.882	4800	297	9.57	2.38	400	50.4
25a	250	116	8.0				48.51	38.1	0.898	5020	280	10.2	2.40	402	48.3
25b		118	10.0				53.51	42.0	0.902	5280	309	9.94	2.40	423	52.4
27a	270	122	8.5	13.7	10.5	5.3	54.52	42.8	0.958	6550	345	10.9	2.51	485	56.6
27b		124	10.5				59.92	47.0	0.962	6870	366	10.7	2.47	509	58.9
28a	280	122	8.5				55.37	43.5	0.978	7110	345	11.3	2.50	508	56.6
28b		124	10.5				60.97	47.9	0.982	7480	379	11.1	2.49	534	61.2

续表

型号	截面尺寸（mm）						截面面积（cm^2）	理论重量（kg/m）	外表面积（m^2/m）	惯性矩（cm^4）		惯性半径（cm）		截面模数（cm^3）	
	h	b	d	t	r	r_1				I_x	I_y	i_x	i_y	W_x	W_y
30a	300	126	9.0	14.4	11.0	5.5	61.22	48.1	1.031	8950	400	12.1	2.55	597	63.5
30b		128	11.0				67.22	52.8	1.035	9400	422	11.8	2.50	627	65.9
30c		130	13.0				73.22	57.5	1.039	9850	445	11.6	2.46	657	68.5
32a	320	130	9.5	15.0	11.5	5.8	67.12	52.7	1.084	11100	460	12.8	2.62	692	70.8
32b		132	11.5				73.52	57.7	1.088	11600	502	12.6	2.61	726	76.0
32c		134	13.5				79.92	62.7	1.092	12200	544	12.3	2.61	760	81.2
36a	360	136	10.0	15.8	12.0	6.0	76.44	60.0	1.185	15800	552	14.4	2.69	875	81.2
36b		138	12.0				83.64	65.7	1.189	16500	582	14.1	2.64	919	84.3
36c		140	14.0				90.84	71.3	1.193	17300	612	13.8	2.60	962	87.4
40a	400	142	10.5	1.65	12.5	6.3	86.07	67.6	1.285	21700	660	15.9	2.77	1090	93.2
40b		144	12.5				94.07	73.8	1.289	22800	692	15.6	2.71	1140	96.2
40c		146	14.5				102.1	80.1	1.293	23900	727	15.2	2.65	1190	99.6

续表

型号	截面尺寸（mm）						截面面积 (cm²)	理论重量 (kg/m)	外表面积 (m²/m)	惯性矩 (cm⁴)		惯性半径 (cm)		截面模数 (cm³)	
	h	b	d	t	r	r_1				I_x	I_y	i_x	i_y	W_x	W_y
45a		150	11.5				102.4	80.4	1.411	32200	855	17.7	2.89	1430	114
45b	450	152	13.5	18.0	13.5	6.8	111.4	87.4	1.415	33800	894	17.4	2.84	1500	118
45c		154	15.5				120.4	94.5	1.419	35300	938	17.1	2.79	1570	122
50a		158	12.0				119.2	93.6	1.539	46500	1120	19.7	3.07	1860	142
50b	500	160	14.0	20.0	14.0	7.0	129.2	101	1.543	48600	1170	19.4	3.01	1940	146
50c		162	16.0				139.2	109	1.547	50600	1220	19.0	2.96	2080	151
55a		166	12.5				134.1	105	1.667	62900	1370	21.6	3.19	2290	164
55b	550	168	14.5				145.1	114	1.671	65600	1420	21.2	3.14	2390	170
55c		170	16.5	21.0	14.5	7.3	156.1	123	1.675	68400	1480	20.9	3.08	2490	175
56a		166	12.5				135.4	106	1.687	65600	1370	22.0	3.18	2340	165
56b	560	168	14.5				146.6	115	1.691	68500	1490	21.6	3.16	2450	174
56c		170	16.5				157.8	124	1.695	71400	1560	21.3	3.16	2550	183
63a		176	13.0				154.6	121	1.862	93900	1700	24.5	3.31	2980	193
63b	630	178	15.0	22.0	15.0	7.5	167.2	131	1.866	98100	1810	24.2	3.29	3160	204
63c		180	17.0				179.8	141	1.870	102000	1920	23.8	3.27	3300	214

二、热轧槽钢的规格与截面特性

热轧槽钢的规格与截面特性（按 GB/T 706—2016） **附表 1.2**

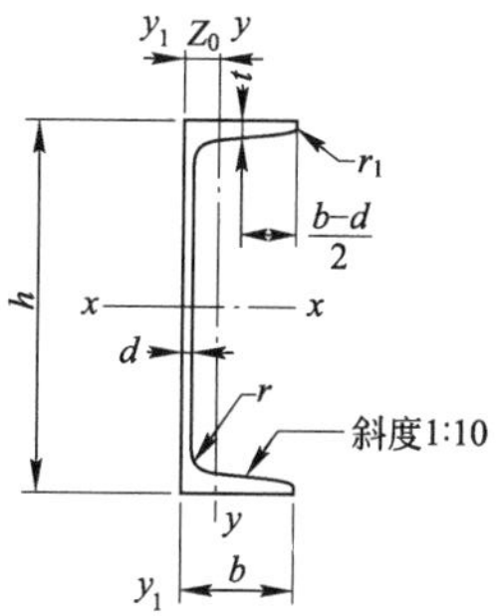

h—高度；
b—腿宽度；
d—腰厚度；
t—腿中间厚度；
r—内圆弧半径；
r_1—腿端圆弧半径；
Z_0—重心距离。

斜度1:10

型号	截面尺寸（mm）						截面面积（cm^2）	理论重量（kg/m）	外表面积（m^2/m）	惯性矩（cm^4）			惯性半径（cm）		截面模数（cm^3）		重心距离（cm）
	h	b	d	t	r	r_1				I_x	I_y	I_{y1}	i_x	i_y	W_x	W_y	Z_0
5	50	37	4.5	7.0	7.0	3.5	6.925	5.44	0.226	26.0	8.30	20.9	1.94	1.10	10.4	3.55	1.35
6.3	63	40	4.8	7.5	7.5	3.8	8.446	6.63	0.262	50.8	11.9	28.4	2.45	1.19	16.1	4.50	1.36
6.5	65	40	4.3	7.5	7.5	3.8	8.292	6.51	0.267	55.2	12.0	28.3	2.54	1.19	17.0	4.59	1.38
8	80	43	5.0	8.0	8.0	4.0	10.24	8.04	0.307	101	16.6	37.4	3.15	1.27	25.3	5.79	1.43

续表

型号	截面尺寸（mm）						截面面积（cm^2）	理论重量（kg/m）	外表面积（m^2/m）	惯性矩（cm^4）			惯性半径（cm）		截面模数（cm^3）		重心距离（cm）
	h	b	d	t	r	r_1				I_x	I_y	I_{y1}	i_x	i_y	W_x	W_y	Z_0
10	100	48	5.3	8.5	8.5	4.2	12.74	10.0	0.365	198	25.6	54.9	3.95	1.41	39.7	7.80	1.52
12	120	53	5.5	9.0	9.0	4.5	15.36	12.1	0.423	346	37.4	77.7	4.75	1.56	57.7	10.2	1.62
12.6	126	53	5.5	9.0	9.0	4.5	15.69	12.3	0.435	391	38.0	77.1	4.95	1.57	62.1	10.2	1.59
14a	140	58	6.0	9.5	9.5	4.8	18.51	14.5	0.480	564	53.2	107	5.52	1.70	80.5	13.0	1.71
14b		60	8.0				21.31	16.7	0.484	609	61.1	121	5.35	1.69	87.1	14.1	1.67
16a	160	63	6.5	10.0	10.0	5.0	21.95	17.2	0.538	866	73.3	144	6.28	1.83	108	16.3	1.80
16b		65	8.5				25.15	19.8	0.542	935	83.4	161	6.10	1.82	117	17.6	1.75
18a	180	68	7.0	10.5	10.5	5.2	25.69	20.2	0.596	1270	98.6	190	7.04	1.96	141	20.0	1.88
18b		70	9.0				29.29	23.0	0.600	1370	111	210	6.84	1.95	152	21.5	1.84
20a	200	73	7.0	11.0	11.0	5.5	28.83	22.6	0.654	1780	128	244	7.86	2.11	178	24.2	2.01
20b		75	9.0				32.83	25.8	0.658	1910	144	268	7.64	2.09	191	25.9	1.95
22a	220	77	7.0	11.5	11.5	5.8	31.83	25.0	0.709	2390	158	298	8.67	2.23	218	28.2	2.10
22b		79	9.0				36.23	28.5	0.713	2570	176	326	8.42	2.21	234	30.1	2.03

续表

型号	截面尺寸（mm）						截面面积（cm^2）	理论重量（kg/m）	外表面积（m^2/m）	惯性矩（cm^4）			惯性半径（cm）		截面模数（cm^3）		重心距离（cm）
	h	b	d	t	r	r_1				I_x	I_y	I_{y1}	i_x	i_y	W_x	W_y	Z_0
24a	240	78	7.0	12.0	12.0	6.0	34.21	26.9	0.752	3050	174	325	9.45	2.25	254	30.5	2.10
24b		80	9.0				39.01	30.6	0.756	3280	194	355	9.17	2.23	274	32.5	2.03
24c		82	11.0				43.81	34.4	0.760	3510	213	388	8.96	2.21	293	34.4	2.00
25a	250	78	7.0				34.91	27.4	0.722	3370	176	322	9.82	2.24	270	30.6	2.07
25b		80	9.0				39.91	31.3	0.776	3530	196	353	9.41	2.22	282	32.7	1.98
25c		82	11.0				44.91	35.3	0.780	3690	218	384	9.07	2.21	295	35.9	1.92
27a	270	82	7.5	12.5	12.5	6.2	39.27	30.8	0.826	4360	216	393	10.5	2.34	323	35.5	2.13
27b		84	9.5				44.67	35.1	0.830	4690	239	428	10.3	2.31	347	37.7	2.06
27c		86	11.5				50.07	39.3	0.834	5020	261	467	10.1	2.28	372	39.8	2.03
28a	280	82	7.5				40.02	31.4	0.846	4760	218	388	10.9	2.33	340	35.7	2.10
28b		84	9.5				45.62	35.8	0.850	5130	242	428	10.6	2.30	366	37.9	2.02
28c		86	11.5				51.22	40.2	0.854	5500	268	463	10.4	2.29	393	40.3	1.95

续表

型号	截面尺寸（mm）						截面面积（cm^2）	理论重量（kg/m）	外表面积（m^2/m）	惯性矩（cm^4）			惯性半径（cm）		截面模数（cm^3）		重心距离（cm）
	h	b	d	t	r	r_1				I_x	I_y	I_{y1}	i_x	i_y	W_x	W_y	Z_0
30a		85	7.5				43.89	34.5	0.897	6050	260	467	11.7	2.43	403	41.1	2.17
30b	300	87	9.5	13.5	13.5	6.8	49.89	39.2	0.901	6500	289	515	11.4	2.41	433	44.0	2.13
30c		89	11.5				55.89	43.9	0.905	6950	316	560	11.2	2.38	463	46.4	2.09
32a		88	8.0				48.50	38.1	0.947	7600	305	552	12.5	2.50	475	46.5	2.24
32b	320	90	10.0	14.0	14.0	7.0	54.90	43.1	0.951	8140	336	593	12.2	2.47	509	49.2	2.16
32c		92	12.0				61.30	48.1	0.955	8690	374	643	11.9	2.47	543	52.6	2.09
36a		96	9.0				60.89	47.8	1.053	11900	455	818	14.0	2.73	660	63.5	2.44
36b	360	98	11.0	16.0	16.0	8.0	68.09	53.5	1.057	12700	497	880	13.6	2.70	703	66.9	2.37
36c		100	13.0				75.29	59.1	1.061	13400	536	948	13.4	2.67	746	70.0	2.34
40a		100	10.5				75.04	58.9	1.144	17600	592	1070	15.3	2.81	879	78.8	2.49
40b	400	102	12.5	18.0	18.0	9.0	83.04	65.2	1.148	18600	640	1140	15.0	2.78	932	82.5	2.44
40c		104	14.5				91.04	71.5	1.152	19700	688	1220	14.7	2.75	986	86.2	2.42

三、热轧等边角钢的规格与截面特性

热轧等边角钢的规格与截面特性（按 GB/T 706—2016）　　**附表 1.3**

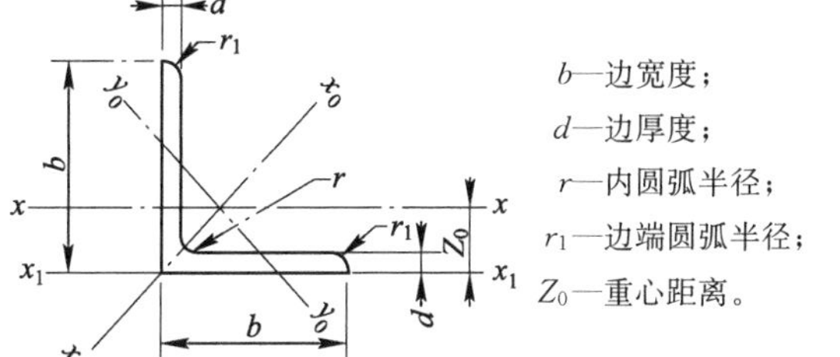

b—边宽度；
d—边厚度；
r—内圆弧半径；
r_1—边端圆弧半径；
Z_0—重心距离。

型号	截面尺寸 (mm)			截面面积 (cm²)	理论重量 (kg/m)	外表面积 (m²/m)	惯性矩 (cm⁴)				惯性半径 (cm)			截面模数 (cm³)			重心距离 (cm)
	b	d	r				I_x	I_{x1}	I_{x0}	I_{y0}	i_x	i_{x0}	i_{y0}	W_x	W_{x0}	W_{y0}	Z_0
2	20	3	3.5	1.132	0.89	0.078	0.40	0.81	0.63	0.17	0.59	0.75	0.39	0.29	0.45	0.20	0.60
		4		1.459	1.15	0.077	0.50	1.09	0.78	0.22	0.58	0.73	0.38	0.36	0.55	0.24	0.64
2.5	25	3		1.432	1.12	0.098	0.82	1.57	1.29	0.34	0.76	0.95	0.49	0.46	0.73	0.33	0.73
		4		1.859	1.46	0.097	1.03	2.11	1.62	0.43	0.74	0.93	0.48	0.59	0.92	0.40	0.76
3.0	30	3	4.5	1.749	1.37	0.117	1.46	2.71	2.31	0.61	0.91	1.15	0.59	0.68	1.09	0.51	0.85
		4		2.276	1.79	0.117	1.84	3.63	2.92	0.77	0.90	1.13	0.58	0.87	1.37	0.62	0.89
3.6	36	3		2.109	1.66	0.141	2.58	4.68	4.09	1.07	1.11	1.39	0.71	0.99	1.61	0.76	1.00
		4		2.756	2.16	0.141	3.29	6.25	5.22	1.37	1.09	1.38	0.70	1.28	2.05	0.93	1.04
		5		3.382	2.65	0.141	3.95	7.84	6.24	1.65	1.08	1.36	0.7	1.56	2.45	1.00	1.07

续表

型号	截面尺寸 (mm)			截面面积 (cm²)	理论重量 (kg/m)	外表面积 (m²/m)	惯性矩 (cm⁴)				惯性半径 (cm)			截面模数 (cm³)			重心距离 (cm)
	b	d	r				I_x	I_{x1}	I_{x0}	I_{y0}	i_x	i_{x0}	i_{y0}	W_x	W_{x0}	W_{y0}	Z_0
4	40	3	5	2.359	1.85	0.157	3.59	6.41	5.69	1.49	1.23	1.55	0.79	1.23	2.01	0.96	1.09
		4		3.086	2.42	0.157	4.60	8.56	7.29	1.91	1.22	1.54	0.79	1.60	2.58	1.19	1.13
		5		3.792	2.98	0.156	5.53	10.7	8.76	2.30	1.21	1.52	0.78	1.96	3.10	1.39	1.17
4.5	45	3		2.659	2.09	0.177	5.17	9.12	8.20	2.14	1.40	1.76	0.89	1.58	2.58	1.24	1.22
		4		3.486	2.74	0.177	6.65	12.2	10.6	2.75	1.38	1.74	0.89	2.05	3.32	1.54	1.26
		5		4.292	3.37	0.176	8.04	15.2	12.7	3.33	1.37	1.72	0.88	2.51	4.00	1.81	1.30
		6		5.077	3.99	0.176	9.33	18.4	14.8	3.89	1.36	1.70	0.80	2.95	4.64	2.06	1.33
5	50	3	5.5	2.971	2.33	0.197	7.18	12.5	11.4	2.98	1.55	1.96	1.00	1.96	3.22	1.57	1.34
		4		3.897	3.06	0.197	9.26	16.7	14.7	3.82	1.54	1.94	0.99	2.56	4.16	1.96	1.38
		5		4.803	3.77	0.196	11.2	20.9	17.8	4.64	1.53	1.92	0.98	3.13	5.03	2.31	1.42
		6		5.688	4.46	0.196	13.1	25.1	20.7	5.42	1.52	1.91	0.98	3.68	5.85	2.63	1.46
5.6	56	3	6	3.343	2.62	0.221	10.2	17.6	16.1	4.24	1.75	2.20	1.13	2.48	4.08	2.02	1.48
		4		4.39	3.45	0.220	13.2	23.4	20.9	5.46	1.73	2.18	1.11	3.24	5.28	2.52	1.53
		5		5.415	4.25	0.220	16.0	29.3	25.4	6.61	1.72	2.17	1.10	3.97	6.42	2.98	1.57
		6		6.42	5.04	0.220	18.7	35.3	29.7	7.73	1.71	2.15	1.10	4.68	7.49	3.40	1.61
		7		7.404	5.81	0.219	21.2	41.2	33.6	8.82	1.69	2.13	1.09	5.36	8.49	3.80	1.64
		8		8.367	6.57	0.219	23.6	47.2	37.4	9.89	1.68	2.11	1.09	6.03	9.44	4.16	1.68

续表

型号	截面尺寸 (mm)			截面面积 (cm^2)	理论重量 (kg/m)	外表面积 (m^2/m)	惯性矩 (cm^4)				惯性半径 (cm)			截面模数 (cm^3)			重心距离 (cm)
	b	d	r				I_x	I_{x1}	I_{x0}	I_{y0}	i_x	i_{x0}	i_{y0}	W_x	W_{x0}	W_{y0}	Z_0
6	60	5	6.5	5.829	4.58	0.236	19.9	36.1	31.6	8.21	1.85	2.33	1.19	4.59	7.44	3.48	1.67
		6		6.914	5.43	0.235	23.4	43.3	36.9	9.60	1.83	2.31	1.18	5.41	8.70	3.98	1.70
		7		7.977	6.26	0.235	26.4	50.7	41.9	11.0	1.82	2.29	1.17	6.21	9.88	4.45	1.74
		8		9.02	7.08	0.235	29.5	58.0	46.7	12.3	1.81	2.27	1.17	6.98	11.0	4.88	1.78
6.3	63	4	7	4.978	3.91	0.248	19.0	33.4	30.2	7.89	1.96	2.46	1.26	4.13	6.78	3.29	1.70
		5		6.143	4.82	0.248	23.2	41.7	36.8	9.57	1.94	2.45	1.25	5.08	8.25	3.90	1.74
		6		7.288	5.72	0.247	27.1	50.1	43.0	11.2	1.93	2.43	1.24	6.00	9.66	4.46	1.78
		7		8.412	6.60	0.247	30.9	58.6	49.0	12.8	1.92	2.41	1.23	6.88	11.0	4.98	1.82
		8		9.515	7.47	0.247	34.5	67.1	54.6	14.3	1.90	2.40	1.23	7.75	12.3	5.47	1.85
		10		11.66	9.15	0.246	41.1	84.3	64.9	17.3	1.88	2.36	1.22	9.39	14.6	6.36	1.93
7	70	4	8	5.570	4.37	0.275	26.4	45.7	41.8	11.0	2.18	2.74	1.40	5.14	8.44	4.17	1.86
		5		6.876	5.40	0.275	32.2	57.2	51.1	13.3	2.16	2.73	1.39	6.32	10.3	4.95	1.91
		6		8.160	6.41	0.275	37.8	68.7	59.9	15.6	2.15	2.71	1.38	7.48	12.1	5.67	1.95
		7		9.424	7.40	0.275	43.1	80.3	68.4	17.8	2.14	2.69	1.38	8.59	13.8	6.34	1.99
		8		10.67	8.37	0.274	48.2	91.9	76.4	20.0	2.12	2.68	1.37	9.68	15.4	6.98	2.03

续表

型号	截面尺寸 (mm)			截面面积 (cm²)	理论重量 (kg/m)	外表面积 (m²/m)	惯性矩 (cm⁴)				惯性半径 (cm)			截面模数 (cm³)			重心距离 (cm)
	b	d	r				I_x	I_{x1}	I_{x0}	I_{y0}	i_x	i_{x0}	i_{y0}	W_x	W_{x0}	W_{y0}	Z_0
7.5	75	5	9	7.412	5.82	0.295	40.0	70.6	63.3	16.6	2.33	2.92	1.50	7.32	11.9	5.77	2.04
		6		8.797	6.91	0.294	47.0	84.6	74.4	19.5	2.31	2.90	1.49	8.64	14.0	6.67	2.07
		7		10.16	7.98	0.294	53.6	98.7	85.0	22.2	2.30	2.89	1.48	9.93	16.0	7.44	2.11
		8		11.50	9.03	0.294	60.0	113	95.1	24.9	2.28	2.88	1.47	11.2	17.9	8.19	2.15
		9		12.83	10.1	0.294	66.1	127	105	27.5	2.27	2.86	1.46	12.4	19.8	8.89	2.18
		10		14.13	11.1	0.293	72.0	142	114	30.1	2.26	2.84	1.46	13.6	21.5	9.56	2.22
8	80	5		7.912	6.21	0.315	48.8	85.4	77.3	20.3	2.48	3.13	1.60	8.34	13.7	6.66	2.15
		6		9.397	7.38	0.314	57.4	103	91.0	23.7	2.47	3.11	1.59	9.87	16.1	7.65	2.19
		7		10.86	8.53	0.314	65.6	120	104	27.1	2.46	3.10	1.58	11.4	18.4	8.58	2.23
		8		12.30	9.66	0.314	73.5	137	117	30.4	2.44	3.08	1.57	12.8	20.6	9.46	2.27
		9		13.73	10.8	0.314	81.1	154	129	33.6	2.43	3.06	1.56	14.3	22.7	10.3	2.31
		10		15.13	11.9	0.313	88.4	172	140	36.8	2.42	3.04	1.56	15.6	24.8	11.1	2.35
9	90	6	10	10.64	8.35	0.354	82.8	146	131	34.3	2.79	3.51	1.80	12.6	20.6	9.95	2.44
		7		12.30	9.66	0.354	94.8	170	150	39.2	2.78	3.50	1.78	14.5	23.6	11.2	2.48
		8		13.94	10.9	0.353	106	195	169	44.0	2.76	3.48	1.78	16.4	26.6	12.4	2.52
		9		15.57	12.2	0.353	118	219	187	48.7	2.75	3.46	1.77	18.3	29.4	13.5	2.56
		10		17.17	13.5	0.353	129	244	204	53.3	2.74	3.45	1.76	20.1	32.0	14.5	2.59
		12		20.31	15.9	0.352	149	294	236	62.2	2.71	3.41	1.75	23.6	37.1	16.5	2.67

续表

型号	截面尺寸(mm)			截面面积(cm^2)	理论重量(kg/m)	外表面积(m^2/m)	惯性矩(cm^4)				惯性半径(cm)			截面模数(cm^3)			重心距离(cm)
	b	d	r				I_x	I_{x1}	I_{x0}	I_{y0}	i_x	i_{x0}	i_{y0}	W_x	W_{x0}	W_{y0}	Z_0
10	100	6	12	11.93	9.37	0.393	115	200	182	47.9	3.10	3.90	2.00	15.7	25.7	12.7	2.67
		7		13.80	10.8	0.393	132	234	209	54.7	3.09	3.89	1.99	18.1	29.6	14.3	2.71
		8		15.64	12.3	0.393	148	267	235	61.4	3.08	3.88	1.98	20.5	33.2	15.8	2.76
		9		17.46	13.7	0.392	164	300	260	68.0	3.07	3.86	1.97	22.8	36.8	17.2	2.80
		10		19.26	15.1	0.392	180	334	285	74.4	3.05	3.84	1.96	25.1	40.3	18.5	2.84
		12		22.80	17.9	0.391	209	402	331	86.8	3.03	3.81	1.95	29.5	46.8	21.1	2.91
		14		26.26	20.6	0.391	237	471	374	99.0	3.00	3.77	1.94	33.7	52.9	23.4	2.99
		16		29.63	23.3	0.390	263	540	414	111	2.98	3.74	1.94	37.8	58.6	25.6	3.06
11	110	7	12	15.20	11.9	0.433	177	311	281	73.4	3.41	4.30	2.20	22.1	36.1	17.5	2.96
		8		17.24	13.5	0.433	199	355	316	82.4	3.40	4.28	2.19	25.0	40.7	19.4	3.01
		10		21.26	16.7	0.432	242	445	384	100	3.38	4.25	2.17	30.6	49.4	22.9	3.09
		12		25.20	19.8	0.431	283	535	448	117	3.35	4.22	2.15	36.1	57.6	26.2	3.16
		14		29.06	22.8	0.431	321	625	508	133	3.32	4.18	2.14	41.3	65.3	29.1	3.24
12.5	125	8	14	19.75	15.5	0.492	297	521	471	123	3.88	4.88	2.50	32.5	53.3	25.9	3.37
		10		24.37	19.1	0.491	362	652	574	149	3.85	4.85	2.48	40.0	64.9	30.6	3.45
		12		28.91	22.7	0.491	423	783	671	175	3.83	4.82	2.46	41.2	76.0	35.0	3.53

续表

型号	截面尺寸 (mm)			截面面积 (cm^2)	理论重量 (kg/m)	外表面积 (m^2/m)	惯性矩 (cm^4)				惯性半径 (cm)			截面模数 (cm^3)			重心距离 (cm)
	b	d	r				I_x	I_{x1}	I_{x0}	I_{y0}	i_x	i_{x0}	i_{y0}	W_x	W_{x0}	W_{y0}	Z_0
12.5	125	14	14	33.37	26.2	0.490	482	916	764	200	3.80	4.78	2.45	54.2	86.4	39.1	3.61
		16		37.74	29.6	0.489	537	1050	851	224	3.77	4.75	2.43	60.9	96.3	43.0	3.68
14	140	10		27.37	21.5	0.551	515	915	817	212	4.34	5.46	2.78	50.6	82.6	39.2	3.82
		12		32.51	25.5	0.551	604	1100	959	249	4.31	5.43	2.76	59.8	96.9	45.0	3.90
		14		37.57	29.5	0.550	689	1280	1090	284	4.28	5.40	2.75	68.8	110	50.5	3.98
		16		42.54	33.4	0.549	770	1470	1220	319	4.26	5.36	2.74	77.5	123	55.6	4.06
15	150	8		23.75	18.6	0.592	521	900	827	215	4.69	5.90	3.01	47.4	78.0	38.1	3.99
		10		29.37	23.1	0.591	638	1130	1010	262	4.66	5.87	2.99	58.4	95.5	45.5	4.08
		12		34.91	27.4	0.591	749	1350	1190	308	4.63	5.84	2.97	69.0	112	52.4	4.15
		14		40.37	31.7	0.590	856	1580	1360	352	4.60	5.80	2.95	79.5	128	58.8	4.23
		15		43.06	33.8	0.590	907	1690	1440	374	4.59	5.78	2.95	84.6	136	61.9	4.27
		16		45.74	35.9	0.589	958	1810	1520	395	4.58	5.77	2.94	89.6	143	64.9	4.31
16	160	10	16	31.50	24.7	0.630	780	1370	1240	322	4.98	6.27	3.20	66.7	109	52.8	4.31
		12		37.44	29.4	0.630	917	1640	1460	377	4.95	6.24	3.18	79.0	129	60.7	4.39
		14		43.30	34.0	0.629	1050	1910	1670	432	4.92	6.20	3.16	91.0	147	68.2	4.47
		16		49.07	38.5	0.629	1180	2190	1870	485	4.89	6.17	3.14	103	165	75.3	4.55

续表

型号	截面尺寸 (mm)			截面面积 (cm^2)	理论重量 (kg/m)	外表面积 (m^2/m)	惯性矩 (cm^4)				惯性半径 (cm)			截面模数 (cm^3)			重心距离 (cm)
	b	d	r				I_x	I_{x1}	I_{x0}	I_{y0}	i_x	i_{x0}	i_{y0}	W_x	W_{x0}	W_{y0}	Z_0
18	180	12	16	42.24	33.2	0.710	1320	2330	2100	543	5.59	7.05	3.58	101	165	78.4	4.89
		14		48.90	38.4	0.709	1510	2720	2410	622	5.56	7.02	3.56	116	189	88.4	4.97
		16		55.47	43.5	0.709	1700	3120	2700	699	5.54	6.98	3.55	131	212	97.8	5.05
		18		61.96	48.6	0.708	1880	3500	2990	762	5.50	6.94	3.51	146	235	105	5.13
20	200	14	18	54.64	42.9	0.788	2100	3730	3340	864	6.20	7.82	3.98	145	236	112	5.46
		16		62.01	48.7	0.788	2370	4270	3760	971	6.18	7.79	3.96	164	266	124	5.54
		18		69.30	54.4	0.787	2620	4810	4160	1080	6.15	7.75	3.94	182	294	136	5.62
		20		76.51	60.1	0.787	2870	5350	4550	1180	6.12	7.72	3.93	200	322	147	5.69
		24		90.66	71.2	0.785	3340	6460	5290	1380	6.07	7.64	3.90	236	374	167	5.87
22	220	16	21	68.67	53.9	0.866	3190	5680	5060	1310	6.81	8.59	4.37	200	326	154	6.03
		18		76.75	60.3	0.866	3540	6400	5620	1450	6.79	8.55	4.35	223	361	168	6.11
		20		84.76	66.5	0.865	3870	7110	6150	1590	6.76	8.52	4.34	245	395	182	6.18

续表

型号	截面尺寸 (mm)			截面面积 (cm^2)	理论重量 (kg/m)	外表面积 (m^2/m)	惯性矩 (cm^4)				惯性半径 (cm)			截面模数 (cm^3)			重心距离 (cm)
	b	d	r				I_x	I_{x1}	I_{x0}	I_{y0}	i_x	i_{x0}	i_{y0}	W_x	W_{x0}	W_{y0}	Z_0
22	220	22	21	92.68	72.8	0.865	4200	7830	6670	1730	6.73	8.48	4.32	267	429	195	6.26
		24		100.5	78.9	0.864	4520	8550	7170	1870	6.71	8.45	4.31	289	461	208	6.33
		26		108.3	85.0	0.864	4830	9280	7690	2000	6.68	8.41	4.30	310	492	221	6.41
25	250	18	24	87.84	69.0	0.985	5270	9380	8370	2170	7.75	9.76	4.97	290	473	224	6.84
		20		97.05	76.2	0.984	5780	10400	9180	2380	7.72	9.73	4.95	320	519	243	6.92
		22		106.2	83.3	0.983	6280	11500	9970	2580	7.69	9.69	4.93	349	564	261	7.00
		24		115.2	90.4	0.983	6770	12500	10700	2790	7.67	9.66	4.92	378	608	278	7.07
		26		124.2	97.5	0.982	7240	13600	11500	2980	7.64	9.62	4.90	406	650	295	7.15
		28		133.0	104	0.982	7700	14600	12200	3180	7.61	9.58	4.89	433	691	311	7.22
		30		141.8	111	0.981	8160	15700	12900	3380	7.58	9.55	4.88	461	731	327	7.30
		32		150.5	118	0.981	8600	16800	13600	3570	7.56	9.51	4.87	488	770	342	7.37
		35		163.4	128	0.980	9240	18400	14600	3850	7.52	9.46	4.86	527	827	364	7.48

四、热轧不等边角钢的规格与截面特性

热轧不等边角钢的规格与截面特性（按 GB/T 706—2016） **附表 1.4**

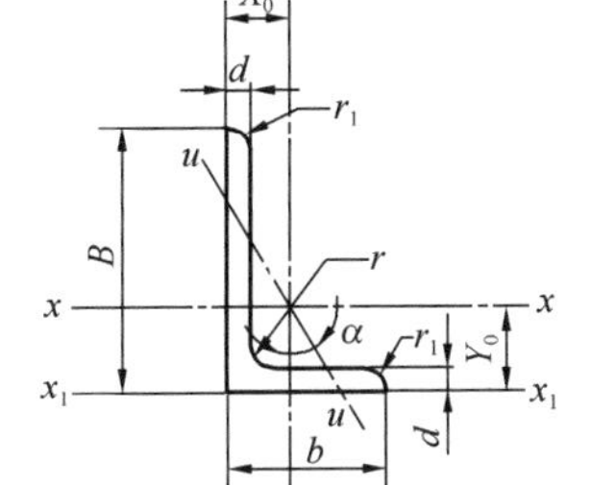

B—长边宽度；
b—短边宽度；
d—边厚度；
r—内圆弧半径；
r_1—边端圆弧半径；
X_0—重心距离；
Y_0—重心距离。

型号	截面尺寸(mm)				截面面积(cm²)	理论重量(kg/m)	外表面积(m²/m)	惯性矩(cm⁴)					惯性半径(cm)			截面模数(cm³)			tanα	重心距离(cm)	
	B	b	d	r				I_x	I_{x1}	I_y	I_{y1}	I_u	i_x	i_y	i_u	W_x	W_y	W_u		X_0	Y_0
2.5/1.6	25	16	3	3.5	1.162	0.91	0.080	0.70	1.56	0.22	0.43	0.14	0.78	0.44	0.34	0.43	0.19	0.16	0.392	0.42	0.86
			4		1.499	1.18	0.079	0.88	2.09	0.27	0.59	0.17	0.77	0.43	0.34	0.55	0.24	0.20	0.381	0.46	0.90
3.2/2	32	20	3		1.492	1.17	0.102	1.53	3.27	0.46	0.82	0.28	1.01	0.55	0.43	0.72	0.30	0.25	0.382	0.49	1.08
			4		1.939	1.52	0.101	1.93	4.37	0.57	1.12	0.35	1.00	0.54	0.42	0.93	0.39	0.32	0.374	0.53	1.12
4/2.5	40	25	3	4	1.890	1.48	0.127	3.08	5.39	0.93	1.59	0.56	1.28	0.70	0.54	1.15	0.49	0.40	0.385	0.59	1.32
			4		2.467	1.94	0.127	3.93	8.53	1.18	2.14	0.71	1.36	0.69	0.54	1.49	0.63	0.52	0.381	0.63	1.37

续表

型号	截面尺寸(mm)				截面面积(cm²)	理论重量(kg/m)	外表面积(m²/m)	惯性矩(cm⁴)					惯性半径(cm)			截面模数(cm³)			tanα	重心距离(cm)	
	B	b	d	r				I_x	I_{x1}	I_y	I_{y1}	I_u	i_x	i_y	i_u	W_x	W_y	W_u		X_0	Y_0
4.5/2.8	45	28	3	5	2.149	1.69	0.143	4.45	9.10	1.34	2.23	0.80	1.44	0.79	0.61	1.47	0.62	0.51	0.383	0.64	1.47
			4		2.806	2.20	0.143	5.69	12.1	1.70	3.00	1.02	1.42	0.78	0.60	1.91	0.80	0.66	0.380	0.68	1.51
5/3.2	50	32	3	5.5	2.431	1.91	0.161	6.24	12.5	2.02	3.31	1.20	1.60	0.91	0.70	1.84	0.82	0.68	0.404	0.73	1.60
			4		3.177	2.49	0.160	8.02	16.7	2.58	4.45	1.53	1.59	0.90	0.69	2.39	1.06	0.87	0.402	0.77	1.65
5.6/3.6	56	36	3	6	2.743	2.15	0.181	8.88	17.5	2.92	4.7	1.73	1.80	1.03	0.79	2.32	1.05	0.87	0.408	0.80	1.78
			4		3.590	2.82	0.180	11.5	23.4	3.76	6.33	2.23	1.79	1.02	0.79	3.03	1.37	1.13	0.408	0.85	1.82
			5		4.415	3.47	0.180	13.9	29.3	4.49	7.94	2.67	1.77	1.01	0.78	3.71	1.65	1.36	0.404	0.88	1.87
6.3/4	63	40	4	7	4.058	3.19	0.202	16.5	33.3	5.23	8.63	3.12	2.02	1.14	0.88	3.87	1.70	1.40	0.398	0.92	2.04
			5		4.993	3.92	0.202	20.0	41.6	6.31	10.9	3.76	2.00	1.12	0.87	4.74	2.07	1.71	0.396	0.95	2.08
			6		5.908	4.64	0.201	23.4	50.0	7.29	13.1	4.34	1.96	1.11	0.86	5.59	2.43	1.99	0.393	0.99	2.12
			7		6.802	5.34	0.201	26.5	58.1	8.24	15.5	4.97	1.98	1.10	0.86	6.40	2.78	2.29	0.389	1.03	2.15
7/4.5	70	45	4	7.5	4.553	3.57	0.226	23.2	45.9	7.55	12.3	4.40	2.26	1.29	0.98	4.86	2.17	1.77	0.410	1.02	2.24
			5		5.609	4.40	0.225	28.0	57.1	9.13	15.4	5.40	2.23	1.28	0.98	5.92	2.65	2.19	0.407	1.06	2.28
			6		6.644	5.22	0.225	32.5	68.4	10.6	18.6	6.35	2.21	1.26	0.98	6.95	3.12	2.59	0.404	1.09	2.32
			7		7.658	6.01	0.225	37.2	80.0	12.0	21.8	7.16	2.20	1.25	0.97	8.03	3.57	2.94	0.402	1.13	2.36

续表

型号	截面尺寸(mm)				截面面积 (cm^2)	理论重量 (kg/m)	外表面积 (m^2/m)	惯性矩(cm^4)					惯性半径(cm)			截面模数(cm^3)			$\tan\alpha$	重心距离 (cm)	
	B	b	d	r				I_x	I_{x1}	I_y	I_{y1}	I_u	i_x	i_y	i_u	W_x	W_y	W_u		X_0	Y_0
7.5/5	75	50	5	8	6.126	4.81	0.245	34.9	70.0	12.6	21.0	7.41	2.39	1.44	1.10	6.83	3.3	2.74	0.435	1.17	2.40
			6		7.260	5.70	0.245	41.1	84.3	14.7	25.4	8.54	2.38	1.42	1.08	8.12	3.88	3.19	0.435	1.21	2.44
			8		9.467	7.43	0.244	52.4	113	18.5	34.2	10.9	2.35	1.40	1.07	10.5	4.99	4.10	0.429	1.29	2.52
			10		11.59	9.10	0.244	62.7	141	22.0	43.4	13.1	2.33	1.38	1.06	12.8	6.04	4.99	0.423	1.36	2.60
8/5	80	50	5		6.376	5.00	0.255	42.0	85.2	12.8	21.1	7.66	2.56	1.42	1.10	7.78	3.32	2.74	0.388	1.14	2.60
			6		7.560	5.93	0.255	49.5	103	15.0	25.4	8.85	2.56	1.41	1.08	9.25	3.91	3.20	0.387	1.18	2.65
			7		8.724	6.85	0.255	56.2	119	17.0	29.8	10.2	2.54	1.39	1.08	10.6	4.48	3.70	0.384	1.21	2.69
			8		9.867	7.75	0.254	62.8	136	18.9	34.3	11.4	2.52	1.38	1.07	11.9	5.03	4.16	0.381	1.25	2.73
9/5.6	90	56	5	9	7.212	5.66	0.287	60.5	121	18.3	29.5	11.0	2.90	1.59	1.23	9.92	4.21	3.49	0.385	1.25	2.91
			6		8.557	6.72	0.286	71.0	146	21.4	35.6	12.9	2.88	1.58	1.23	11.7	4.96	4.13	0.384	1.29	2.95
			7		9.881	7.76	0.286	81.0	170	24.4	41.7	14.7	2.86	1.57	1.22	13.5	5.70	4.72	0.382	1.33	3.00
			8		11.18	8.78	0.286	91.0	194	27.2	47.9	16.3	2.85	1.56	1.21	15.3	6.41	5.29	0.380	1.36	3.04
10/6.3	100	63	6	10	9.618	7.55	0.320	99.1	200	30.9	50.5	18.4	3.21	1.79	1.38	14.6	6.35	5.25	0.394	1.43	3.24
			7		11.11	8.72	0.320	113	233	35.3	59.1	21.0	3.20	1.78	1.38	16.9	7.29	6.02	0.394	1.47	3.28
			8		12.58	9.88	0.319	127	266	39.4	67.9	23.5	3.18	1.77	1.37	19.1	8.21	6.78	0.391	1.50	3.32
			10		15.47	12.1	0.319	154	333	47.1	85.7	28.3	3.15	1.74	1.35	23.3	9.98	8.24	0.387	1.58	3.40
10/8	100	80	6		10.64	8.35	0.354	107	200	61.2	103	31.7	3.17	2.40	1.72	15.2	10.2	8.37	0.627	1.97	2.95
			7		12.30	9.66	0.354	123	233	70.1	120	36.2	3.16	2.39	1.72	17.5	11.7	9.60	0.626	2.01	3.00

续表

型号	截面尺寸(mm)				截面面积 (cm²)	理论重量 (kg/m)	外表面积 (m²/m)	惯性矩(cm⁴)					惯性半径(cm)			截面模数(cm³)			tanα	重心距离 (cm)	
	B	b	d	r				I_x	I_{x1}	I_y	I_{y1}	I_u	i_x	i_y	i_u	W_x	W_y	W_u		X_0	Y_0
10/8	100	80	8	10	13.94	10.9	0.353	138	267	78.6	137	40.6	3.14	2.37	1.71	19.8	13.2	10.8	0.625	2.05	3.04
			10		17.17	13.5	0.353	167	334	94.7	172	49.1	3.12	2.35	1.69	24.2	16.1	13.1	0.622	2.13	3.12
11/7	110	70	6		10.64	8.35	0.354	133	266	42.9	69.1	25.4	3.54	2.01	1.54	17.9	7.90	6.53	0.403	1.57	3.53
			7		12.30	9.66	0.354	153	310	49.0	80.8	29.0	3.53	2.00	1.53	20.6	9.09	7.50	0.402	1.61	3.57
			8		13.94	10.9	0.353	172	354	54.9	92.7	32.5	3.51	1.98	1.53	23.3	10.3	8.45	0.401	1.65	3.62
			10		17.17	13.5	0.353	208	443	65.9	117	39.2	3.48	1.96	1.51	28.5	12.5	10.3	0.397	1.72	3.70
12.5/8	125	80	7	11	14.10	11.1	0.403	228	455	74.4	120	43.8	4.02	2.30	1.76	26.9	12.0	9.92	0.408	1.80	4.01
			8		15.99	12.6	0.403	257	520	83.5	138	49.2	4.01	2.28	1.75	30.4	13.6	11.2	0.407	1.84	4.06
			10		19.71	15.5	0.402	312	650	101	173	59.5	3.98	2.26	1.74	37.3	16.6	13.6	0.404	1.92	4.14
			12		23.35	18.3	0.402	364	780	117	210	69.4	3.95	2.24	1.72	44.0	19.4	16.0	0.400	2.00	4.22
14/9	140	90	8	12	18.04	14.2	0.453	366	731	121	196	70.8	4.50	2.59	1.98	38.5	17.3	14.3	0.411	2.04	4.50
			10		22.26	17.5	0.452	446	913	140	246	85.8	4.47	2.56	1.96	47.3	21.2	17.5	0.409	2.12	4.58
			12		26.40	20.7	0.451	522	1100	170	297	100	4.44	2.54	1.95	55.9	25.0	20.5	0.406	2.19	4.66
			14		30.46	23.9	0.451	594	1280	192	349	114	4.42	2.51	1.94	64.2	28.5	23.5	0.403	2.27	4.74
15/9	150	90	8		18.84	14.8	0.473	442	898	123	196	74.1	4.84	2.55	1.98	43.9	17.5	14.5	0.364	1.97	4.92
			10		23.26	18.3	0.472	539	1120	149	246	89.9	4.81	2.53	1.97	54.0	21.4	17.7	0.362	2.05	5.01
			12		27.60	21.7	0.471	632	1350	173	297	105	4.79	2.50	1.95	63.8	25.1	20.8	0.359	2.12	5.09
			14		31.86	25.0	0.471	721	1570	196	350	120	4.76	2.48	1.94	73.3	28.8	23.8	0.356	2.20	5.17

续表

型号	截面尺寸(mm)				截面面积(cm²)	理论重量(kg/m)	外表面积(m²/m)	惯性矩(cm⁴)					惯性半径(cm)			截面模数(cm³)			tanα	重心距离(cm)	
	B	b	d	r				I_x	I_{x1}	I_y	I_{y1}	I_u	i_x	i_y	i_u	W_x	W_y	W_u		X_0	Y_0
15/9	150	90	15	12	33.95	26.7	0.471	764	1680	207	376	127	4.74	2.47	1.93	78.0	30.5	25.3	0.354	2.24	5.21
			16		36.03	28.3	0.470	806	1800	217	403	134	4.73	2.45	1.93	82.6	32.3	26.8	0.352	2.27	5.25
16/10	160	100	10	13	25.32	19.9	0.512	669	1360	205	337	122	5.14	2.85	2.19	62.1	26.6	21.9	0.390	2.28	5.24
			12		30.05	23.6	0.511	785	1640	239	406	142	5.11	2.82	2.17	73.5	31.3	25.8	0.388	2.36	5.32
			14		34.71	27.2	0.510	896	1910	271	476	162	5.08	2.80	2.16	84.6	35.8	29.6	0.385	2.43	5.40
			16		39.28	30.8	0.510	1000	2180	302	548	183	5.05	2.77	2.16	95.3	40.2	33.4	0.382	2.51	5.48
18/11	180	110	10	14	28.37	22.3	0.571	956	1940	278	447	167	5.80	3.13	2.42	79.0	32.5	26.9	0.376	2.44	5.89
			12		33.71	26.5	0.571	1120	2330	325	539	195	5.78	3.10	2.40	93.5	38.3	31.7	0.374	2.52	5.98
			14		38.97	30.6	0.570	1290	2720	370	632	222	5.75	3.08	2.39	108	44.0	36.3	0.372	2.59	6.06
			16		44.14	34.6	0.569	1440	3110	412	726	249	5.72	3.06	2.38	122	49.4	40.9	0.369	2.67	6.14
20/12.5	200	125	12		37.91	29.8	0.641	1570	3190	483	788	286	6.44	3.57	2.74	117	50.0	41.2	0.392	2.83	6.54
			14		43.87	34.4	0.640	1800	3730	551	922	327	6.41	3.54	2.73	135	57.4	47.3	0.390	2.91	6.62
			16		49.74	39.0	0.639	2020	4260	615	1060	366	6.38	3.52	2.71	152	64.9	53.3	0.388	2.99	6.70
			18		55.53	43.6	0.639	2240	4790	677	1200	405	6.35	3.49	2.70	169	71.7	59.2	0.385	3.06	6.78

五、热轧 H 型钢的规格与截面特性

热轧 H 型钢的规格与截面特性（按 GB/T 11263—2017）　　**附表 1.5**

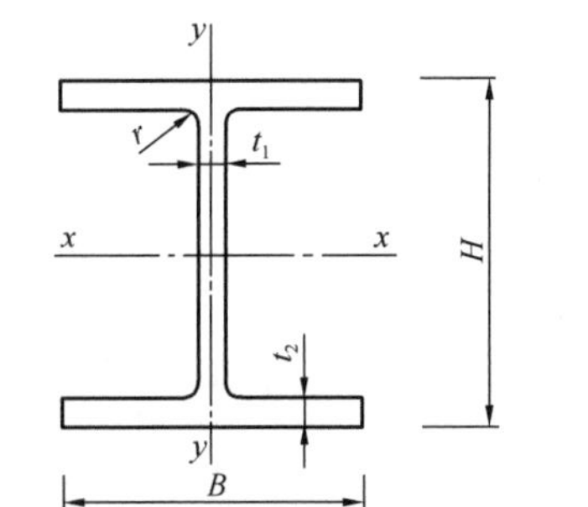

h—高度；B—宽度；t_1—腹板厚度；

t_2—翼缘厚度；r—圆角半径；

HW—宽翼缘 H 型钢；

HM—中翼缘 H 型钢；

HN—窄翼缘 H 型钢；

HT—薄壁 H 型钢。

类别	型号（高度×宽度）	截面尺寸（mm）					截面面积	理论重量	表面积	惯性矩（cm^4）		回转半径（cm）		截面模量（cm^3）	
	（mm×mm）	H	B	t_1	t_2	r	（cm^2）	（kg/m）	（m^2/m）	I_x	I_y	i_x	i_y	W_x	W_y
HW	100×100	100	100	6	8	8	21.58	16.9	0.574	378	134	4.18	2.48	75.6	26.7
	125×125	125	125	6.5	9	8	30.00	23.6	0.723	839	293	5.28	3.12	134	46.9
	150×150	150	150	7	10	8	39.64	31.1	0.872	1620	563	6.39	3.76	216	75.1
	175×175	175	175	7.5	11	13	51.42	40.4	1.01	2900	984	7.50	4.37	331	112

续表

类别	型号（高度×宽度）(mm×mm)	截面尺寸(mm)					截面面积(cm^2)	理论重量(kg/m)	表面积(m^2/m)	惯性矩(cm^4)		回转半径(cm)		截面模量(cm^3)	
		H	B	t_1	t_2	r				I_x	I_y	i_x	i_y	W_x	W_y
HW	200×200	200	200	8	12	13	63.53	49.9	1.16	4720	1600	8.61	5.02	472	160
		* 200	204	12	12	13	71.53	56.2	1.17	4980	1700	8.34	4.87	498	167
	250×250	* 244	252	11	11	13	81.31	63.8	1.45	8700	2940	10.3	6.01	713	233
		250	250	9	14	13	91.43	71.8	1.46	10700	3650	10.8	6.31	860	292
		* 250	255	14	14	13	103.9	81.6	1.47	11400	3880	10.5	6.10	912	304
	300×300	* 294	302	12	12	13	106.3	83.5	1.75	16600	5510	12.5	7.20	1130	365
		300	300	10	15	13	118.5	93.0	1.76	20200	6750	13.1	7.55	1350	450
		* 300	305	15	15	13	133.5	105	1.77	21300	7100	12.6	7.29	1420	466
	350×350	* 338	351	13	13	13	133.3	105	2.03	27700	9380	14.4	8.38	1640	534
		* 344	348	10	16	13	144.0	113	2.04	32.800	11200	15.1	8.83	1910	646
		* 344	354	16	16	13	164.7	129	2.05	34900	11800	14.6	8.48	2030	669
		350	350	12	19	13	171.9	135	2.05	39800	13600	15.2	8.88	2280	776
		* 350	357	19	19	13	196.4	154	2.07	42300	14400	14.7	8.57	2420	808
	400×400	* 388	402	15	15	22	178.5	140	2.32	49000	16300	16.6	9.54	2520	809
		* 394	398	11	18	22	186.8	147	2.32	56100	18900	17.3	10.1	2850	951

续表

类别	型　号 （高度×宽度） （mm×mm）	截面尺寸 （mm）					截面 面积 （cm^2）	理论 重量 （kg/m）	表面 积 （m^2/m）	惯性矩（cm^1）		回转半径 （cm）		截面模量 （cm^3）	
		H	B	t_1	t_2	r				I_x	I_y	i_x	i_y	W_x	W_y
HW	400×400	*394	405	18	18	22	214.4	168	2.33	59700	20000	167.7	9.64	3030	985
		400	400	13	21	22	218.7	172	2.34	66600	22400	17.5	10.1	3330	1120
		*400	408	21	21	22	250.7	197	2.35	70900	23800	16.8	9.74	3540	1170
		*414	405	18	28	22	295.4	232	2.37	92800	31000	17.7	10.2	4480	1530
		*428	407	20	35	22	360.7	283	2.41	119000	39400	18.2	10.4	5570	1930
		*458	417	30	50	22	528.6	415	2.49	187000	60500	18.8	10.7	8170	2900
		*498	432	45	70	22	770.1	604	2.60	298000	94400	19.7	11.1	12000	4370
	500×500	*492	465	15	20	22	258.0	202	2.78	117000	33500	21.3	11.4	4770	1440
		*502	465	15	25	22	304.5	239	2.80	146000	41900	21.9	11.7	5810	1800
		*502	470	20	25	22	329.6	259	2.81	151000	43300	21.4	11.5	6020	1840
HM	150×100	148	100	6	9	8	26.34	20.7	0.670	1000	150	6.16	2.38	135	30.1
	200×150	194	150	6	9	8	38.10	29.9	0.962	2630	507	8.30	3.64	271	67.6
	250×175	244	175	7	11	13	55.49	43.6	1.15	6040	984	10.4	4.21	495	112
	300×200	294	200	8	12	13	71.05	55.8	1.35	11100	1600	12.5	4.74	756	160
		*298	201	9	14	13	82.03	64.4	1.36	13100	1900	12.6	4.80	878	189

续表

类别	型　号（高度×宽度）（mm×mm）	截面尺寸（mm）					截面面积（cm²）	理论重量（kg/m）	表面积（m²/m）	惯性矩（cm⁴）		回转半径（cm）		截面模量（cm³）	
		H	B	t_1	t_2	r				I_x	I_y	i_x	i_y	W_x	W_y
HM	350×250	340	250	9	14	13	99.53	78.1	1.64	21200	3650	14.6	6.05	1250	292
	400×300	390	300	10	16	13	133.3	105	1.94	37900	7200	16.9	7.35	1940	480
	450×300	440	300	11	18	13	153.9	121	2.04	54700	8110	18.9	7.25	2490	540
	500×300	*482	300	11	15	13	141.2	111	2.12	58300	6760	20.3	6.91	2420	450
		488	300	11	18	13	159.2	125	2.13	68900	8110	20.8	7.13	2820	540
	550×300	*544	300	11	15	13	148.0	116	2.24	76400	6760	22.7	6.75	2810	450
		*550	300	11	18	13	166.0	130	2.26	89800	8110	23.3	6.98	3270	540
	600×300	*582	300	12	17	13	169.2	133	2.32	98900	7660	24.2	6.72	3400	511
		588	300	12	20	13	187.2	147	2.33	114000	9010	24.7	6.93	3890	601
		*594	302	14	23	13	217.1	170	2.35	134000	10600	24.8	6.97	4500	700
HN	*100×50	100	50	5	7	8	11.84	9.30	0.376	187	14.8	3.97	1.11	37.5	5.91
	*125×60	125	60	6	8	8	16.68	13.1	0.464	409	29.1	4.95	1.32	65.4	9.71
	150×75	150	75	5	7	8	17.84	14.0	0.576	666	49.5	6.10	1.66	88.8	13.2
	175×90	175	90	5	8	8	22.89	18.0	0.686	1210	97.5	7.25	2.06	138	21.7

续表

类别	型　号（高度×宽度）(mm×mm)	截面尺寸 (mm)					截面面积 (cm^2)	理论重量 (kg/m)	表面积 (m^2/m)	惯性矩 (cm^4)		回转半径 (cm)		截面模量 (cm^3)	
		H	B	t_1	t_2	r				I_x	I_y	i_x	i_y	W_x	W_y
HN	200×100	*198	99	4.5	7	8	22.68	17.8	0.769	1540	113	8.24	2.23	156	22.9
		200	100	5.5	8	8	26.66	20.9	0.775	1810	134	8.22	2.23	181	26.7
	250×125	*248	124	5	8	8	31.98	25.1	0.968	3450	255	10.4	2.82	278	41.1
		250	125	6	9	8	36.96	29.0	0.974	3960	294	10.4	2.81	317	47.0
	300×150	*298	149	5.5	8	13	40.80	32.0	1.16	6320	442	12.4	3.29	424	59.3
		300	150	6.5	9	13	46.78	36.7	1.16	7210	508	12.4	3.29	481	67.7
	350×175	*346	174	6	9	13	52.45	41.2	1.35	11000	791	14.5	3.88	638	91.0
		350	175	7	11	13	62.91	49.4	1.36	13500	984	14.6	3.95	771	112
	400×150	400	150	8	13	13	70.37	55.2	1.36	18600	734	16.3	3.22	929	97.8
	400×200	*396	199	7	11	13	71.41	56.1	1.55	19800	1450	16.6	4.50	999	145
		400	200	8	13	13	83.37	65.4	1.56	23500	1740	16.8	4.56	1170	174
	450×150	*446	150	7	12	13	66.99	52.6	1.46	22000	677	18.1	3.17	985	90.3
		450	151	8	14	13	77.49	60.8	1.47	25700	806	18.2	3.22	1140	107
	450×200	*446	199	8	12	13	82.97	65.1	1.65	28100	1580	18.4	4.36	1260	159
		450	200	9	14	13	95.43	74.9	1.66	32900	1870	18.6	4.42	1460	187

续表

类别	型号（高度×宽度）（mm×mm）	截面尺寸（mm）					截面面积（cm^2）	理论重量（kg/m）	表面积（m^2/m）	惯性矩（cm^4）		回转半径（cm）		截面模量（cm^3）	
		H	B	t_1	t_2	r				I_x	I_y	i_x	i_y	W_x	W_y
HN	475×150	* 470	150	7	13	13	71.53	56.2	1.50	26200	733	19.1	3.20	1110	97.8
		* 475	151.5	8.5	15.5	13	86.15	67.6	1.52	31700	901	19.2	3.23	1330	119
		482	153.5	10.5	19	13	106.4	83.5	1.53	39600	1150	19.3	3.28	1640	150
	500×150	* 492	150	7	12	13	70.21	55.1	1.55	27500	677	19.8	3.10	1120	90.3
		* 500	152	9	16	13	92.21	72.4	1.57	37000	940	20.0	3.19	1480	124
		504	153	10	18	13	103.3	81.1	1.58	41900	1080	20.1	3.23	1660	141
	500×200	* 496	199	9	14	13	99.29	77.9	1.75	40800	1840	20.3	4.30	1650	185
		500	200	10	16	13	112.3	88.1	1.76	46800	2140	20.4	4.36	1870	214
		* 506	201	11	19	13	129.3	102	1.77	55500	2580	20.7	4.46	2190	257
	550×200	* 546	199	9	14	13	103.8	81.5	1.85	50800	1840	22.1	4.21	1860	185
		550	200	10	16	13	117.3	92.0	1.86	58200	2140	22.3	4.27	2120	214
	600×200	* 596	199	10	15	13	117.8	92.4	1.95	66600	1980	23.8	4.09	2240	199
		600	200	11	17	13	131.7	103	1.96	75600	2270	24.0	4.15	2520	227
		* 606	201	12	20	13	149.8	118	1.97	88300	2720	24.3	4.25	2910	270
	625×200	* 625	198.5	13.5	17.5	13	150.6	118	1.99	88500	2300	24.2	3.90	2830	231
		630	200	15	20	13	170.0	133	2.01	101000	2690	24.4	3.97	3220	268
		* 638	202	17	24	13	198.7	156	2.03	122000	3320	24.8	4.09	3820	329

续表

类别	型号（高度×宽度）（mm×mm）	截面尺寸（mm）					截面面积（cm^2）	理论重量（kg/m）	表面积（m^2/m）	惯性矩（cm^4）		回转半径（cm）		截面模量（cm^3）	
		H	B	t_1	t_2	r				I_x	I_y	i_x	i_y	W_x	W_y
HN	650×300	*646	299	12	18	18	183.6	144	2.43	131000	8030	26.7	6.61	4080	537
		*650	300	13	20	18	202.1	159	2.44	146000	9010	26.9	6.67	4500	601
		*654	301	14	22	18	220.6	173	2.45	161000	10000	27.4	6.81	4930	666
	700×300	*692	300	13	20	18	207.5	163	2.53	168000	9020	28.5	6.59	4870	601
		700	300	13	24	18	231.5	182	2.54	197000	10800	29.2	6.83	5640	721
	750×300	*734	299	12	16	18	182.7	143	2.61	161000	7140	29.7	6.25	4390	478
		*742	300	13	20	18	214.0	168	2.63	197000	9020	30.4	6.49	5320	601
		*750	300	13	24	18	238.0	187	2.64	231000	10800	31.1	6.74	6150	721
		*758	303	16	28	18	248.8	224	2.67	276000	13000	31.1	6.75	7270	859
	800×300	*792	300	14	22	18	239.5	188	2.73	248000	9920	32.2	6.43	6270	661
		800	300	14	26	18	263.5	207	2.74	286000	11700	33.0	6.66	7160	781
	850×300	*834	298	14	19	18	227.5	179	2.80	251000	8400	33.2	6.07	6020	564
		*842	299	15	23	18	259.7	204	2.82	298000	10300	33.9	6.28	7080	687
		*850	300	16	27	18	292.1	229	2.84	346000	12200	34.4	6.45	8140	812
		*858	301	17	31	18	324.7	255	2.86	395000	14100	34.9	6.59	9210	939

续表

类别	型号（高度×宽度）（mm×mm）	截面尺寸（mm）					截面面积（cm^2）	理论重量（kg/m）	表面积（m^2/m）	惯性矩（cm^4）		回转半径（cm）		截面模量（cm^3）	
		H	B	t_1	t_2	r				I_x	I_y	i_x	i_y	W_x	W_y
HN	900×300	* 890	299	15	23	18	266.9	210	2.92	339000	10300	35.6	6.20	7610	687
		900	300	16	28	18	305.8	240	2.94	404000	12600	36.4	6.42	8990	842
		* 912	302	18	34	18	360.1	283	2.97	491000	15700	36.9	6.59	10800	1040
	1000×300	* 970	297	16	21	18	276.0	217	3.07	393000	9210	37.8	5.77	8110	620
		* 980	298	17	26	18	315.5	248	3.09	472000	11500	38.7	6.04	9630	772
		* 990	298	17	31	18	345.3	271	3.11	544000	13700	39.7	6.30	11000	921
		* 1000	300	19	36	18	395.1	310	3.13	634000	16300	40.1	6.41	12700	1080
		* 1008	302	21	40	18	439.3	345	3.15	712000	18400	40.3	6.47	14100	1220
HT	100×50	95	48	3.2	4.5	8	7.620	5.98	0.362	115	8.39	3.88	1.04	24.2	3.49
		97	49	4	5.5	8	9.370	7.36	0.368	143	10.9	3.91	1.07	29.6	4.45
	100×100	96	99	4.5	6	8	16.20	12.7	0.565	272	97.2	4.09	2.44	56.7	19.6
	125×60	118	58	3.2	4.5	8	9.250	7.26	0.448	218	14.7	4.85	1.26	37.0	5.08
		120	59	4	5.5	8	11.39	8.94	0.454	271	19.0	4.87	1.29	45.2	6.43

续表

类别	型　号（高度×宽度）(mm×mm)	截面尺寸 (mm)					截面面积 (cm²)	理论重量 (kg/m)	表面积 (m²/m)	惯性矩(cm⁴)		回转半径 (cm)		截面模量 (cm³)	
		H	B	t_1	t_2	r				I_x	I_y	i_x	i_y	W_x	W_y
HT	125×125	119	123	4.5	6	8	20.12	15.8	0.707	532	186	5.14	3.04	89.5	30.3
	150×75	145	73	3.2	4.5	8	11.47	9.00	0.562	416	29.3	6.01	1.59	57.3	8.02
		147	74	4	5.5	8	14.12	11.1	0.568	516	37.3	6.04	1.62	70.2	10.1
	150×100	139	97	3.2	4.5	8	13.43	10.6	0.646	476	68.6	5.94	2.25	68.4	14.1
		142	99	4.5	6	8	18.27	14.3	0.657	654	97.2	5.98	2.30	92.1	19.6
	150×150	144	148	5	7	8	27.76	21.8	0.856	1090	378	6.25	3.69	151	51.1
		147	149	6	8.5	8	33.67	26.4	0.864	1350	469	6.32	3.73	183	63.0
	175×90	168	88	3.2	4.5	8	13.55	10.6	0.668	670	51.2	7.02	1.94	79.7	11.6
		171	89	4	6	8	17.58	13.8	0.676	894	70.7	7.13	2.00	105	15.9
	175×175	167	173	5	7	13	33.32	26.2	0.994	1780	605	7.30	4.26	213	69.9
		172	175	6.5	9.5	13	44.64	35.0	1.01	2470	850	7.43	4.36	287	97.1
	200×100	193	98	3.2	4.5	8	15.25	12.0	0.758	994	70.7	8.07	2.15	103	14.4
		196	99	4	6	8	19.78	15.5	0.766	1320	97.2	8.18	2.21	135	19.6

续表

类别	型号（高度×宽度）（mm×mm）	截面尺寸（mm）					截面面积（cm²）	理论重量（kg/m）	表面积（m²/m）	惯性矩（cm⁴）		回转半径（cm）		截面模量（cm³）	
		H	B	t_1	t_2	r				I_x	I_y	i_x	i_y	W_x	W_y
HT	200×150	188	149	4.5	6	8	26.34	20.7	0.949	1730	331	8.09	3.54	184	44.4
	200×200	192	198	6	8	13	43.69	34.3	1.14	3060	1040	8.37	4.86	319	105
	250×125	244	124	4.5	6	8	25.86	20.3	0.961	2650	191	10.1	2.71	217	30.8
	250×175	238	173	4.5	8	13	39.12	30.7	1.14	4240	691	10.4	4.20	356	79.9
	300×150	294	148	4.5	6	13	31.90	25.0	1.15	4800	325	12.3	3.19	327	43.9
	300×200	286	198	6	8	13	49.33	38.7	1.33	7360	1040	12.2	4.58	515	105
	350×175	340	173	4.5	6	13	36.97	29.0	1.34	7490	518	14.2	3.74	441	59.9
	400×150	390	148	6	8	13	47.57	37.3	1.34	11700	434	15.7	3.01	602	58.6
	400×200	390	198	6	8	13	55.57	43.6	1.54	14700	1040	16.2	4.31	752	105

注　1. 表中同一型号的产品，其内侧尺寸高度一致。

2. 表中截面面积计算公式为：$t_1(H-2t_2)+2Bt_2+0.858r^2$。

3. 表中“＊”表示的规格为市场非常用规格。

六、热轧剖分T型钢的规格与截面特性

剖分T型钢的规格与截面特性（按GB/T 11263—2017）

附表1.6

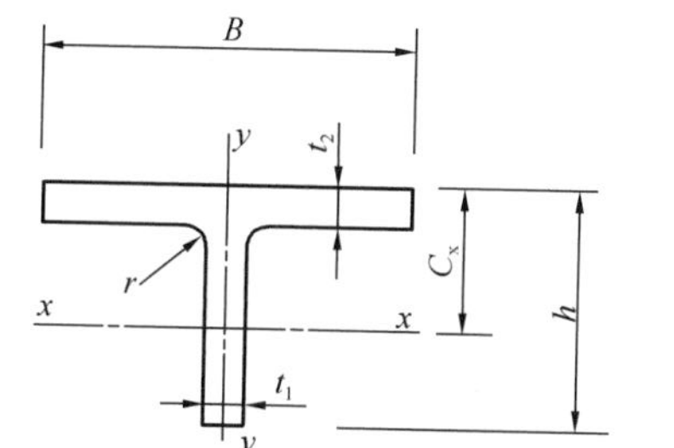

h—高度；B—宽度；t_1—腹板厚度；

t_2—翼缘厚度；r—圆角半径；C_x—重心；

TW—宽翼缘部分T型钢；

TM—中翼缘部分T型钢；

TN—窄翼缘部分T型钢。

类别	型号(高度×宽度)(mm×mm)	截面尺寸(mm)					截面面积(cm^2)	理论重量(kg/m)	表面积(m^2/m)	惯性矩(cm^4)		回转半径(cm)		截面模量(cm^3)		重心C_x(cm)	对应H型钢系列型号
		h	B	t_1	t_2	r				I_x	I_y	i_x	i_y	W_x	W_y		
TW	50×100	50	100	6	8	8	10.79	8.47	0.293	16.1	66.8	1.22	2.48	4.02	13.4	1.00	100×100
	62.5×125	62.5	125	6.5	9	8	15.00	11.8	0.368	35.0	147	1.52	3.12	6.91	23.5	11.9	125×125
	75×150	75	150	7	10	8	19.82	15.6	0.443	66.4	282	1.82	3.76	10.8	37.5	1.37	150×150
	87.5×175	87.5	175	7.5	11	13	25.71	20.2	0.514	115	492	2.11	4.37	15.9	56.2	1.55	175×175
	100×200	100	200	8	12	13	31.76	24.9	0.589	184	801	2.40	5.02	22.3	80.1	1.73	200×200
		100	204	12	12	13	35.76	28.1	0.597	256	851	2.67	4.87	32.4	83.4	2.09	

续表

类别	型号(高度×宽度)(mm×mm)	截面尺寸(mm)					截面面积(cm^2)	理论重量(kg/m)	表面积(m^2/m)	惯性矩(cm^4)		回转半径(cm)		截面模量(cm^3)		重心 C_x(cm)	对应H型钢系列型号
		h	B	t_1	t_2	r				I_x	I_y	i_x	i_y	W_x	W_y		
TW	125×250	125	250	9	14	13	45.71	35.9	0.739	412	1820	3.00	6.31	39.5	146	2.08	250×250
		125	255	14	14	13	51.96	40.8	0.749	589	1940	3.36	6.10	59.4	152	2.58	
	150×300	147	302	12	12	13	53.16	41.7	0.887	857	2760	4.01	7.20	72.3	183	2.85	300×300
		150	300	10	15	13	59.22	46.5	0.889	798	3380	3.67	7.55	63.7	225	2.47	
		150	305	15	15	13	66.72	52.4	0.899	1110	3550	4.07	7.29	92.5	233	3.04	
	175×350	172	348	10	16	13	72.00	56.5	1.03	1230	5620	4.13	8.83	84.7	323	2.67	350×350
		175	350	12	19	13	85.94	67.5	1.04	1520	6790	4.20	8.88	104	388	2.87	
	200×400	194	402	15	15	22	89.22	70.0	1.17	2480	8130	5.27	9.54	158	404	3.70	400×400
		197	398	11	18	22	93.40	73.3	1.17	2050	9460	4.67	10.1	123	475	3.01	
		200	400	13	21	22	109.3	85.8	1.18	2480	11200	4.75	10.1	147	560	3.21	
		200	408	21	21	22	125.3	98.4	1.2	3650	11900	5.39	9.74	229	584	4.07	
		207	405	18	28	22	147.7	116	1.21	3620	15500	4.95	10.2	213	766	3.68	
		214	407	20	35	22	180.3	142	1.22	4380	19700	4.92	10.4	250	967	3.90	

续表

类别	型号(高度×宽度)(mm×mm)	截面尺寸(mm)					截面面积(cm^2)	理论重量(kg/m)	表面积(m^2/m)	惯性矩(cm^4)		回转半径(cm)		截面模量(cm^3)		重心C_x(cm)	对应H型钢系列型号
		h	B	t_1	t_2	r				I_x	I_y	i_x	i_y	W_x	W_y		
TM	75×100	74	100	6	9	8	13.17	10.3	0.341	51.7	75.2	1.98	2.38	8.84	15.0	1.56	150×100
	100×150	97	150	6	9	8	19.05	15.0	0.487	124	253	2.55	3.64	15.8	33.8	1.80	200×150
	125×175	122	175	7	11	13	27.74	21.8	0.583	288	492	3.22	4.21	29.1	56.2	2.28	250×175
	150×200	147	200	8	12	13	35.52	27.9	0.683	571	801	4.00	4.74	48.2	80.1	2.85	300×200
		149	201	9	14	13	41.01	32.2	0.689	661	949	4.01	4.80	55.2	94.4	2.92	
	175×250	170	250	9	14	13	49.76	39.1	0.829	1020	1820	4.51	6.05	73.2	146	3.11	350×250
	200×300	195	300	10	16	13	66.62	52.3	0.979	1730	3600	5.09	7.35	108	240	3.43	400×300
	225×300	220	300	11	18	13	76.94	60.4	1.03	2680	4050	5.89	7.25	150	270	4.09	450×300
	250×300	241	300	11	15	13	70.58	55.4	1.07	3400	3380	6.93	6.91	178	225	5.00	500×300
		244	300	11	18	13	79.58	62.5	1.08	3610	4050	6.73	7.13	184	270	4.72	
	275×300	272	300	11	15	13	73.99	58.1	1.13	4790	3380	8.04	6.75	225	225	5.96	550×300
		275	300	11	18	13	82.99	65.2	1.14	5090	4050	7.82	6.98	232	270	5.59	
	300×300	291	300	12	17	13	84.60	66.4	1.17	6320	3830	8.64	6.72	280	255	6.51	600×300
		294	300	12	20	13	93.60	73.5	1.18	6680	4500	8.44	6.93	288	300	6.17	
		297	302	14	23	13	108.5	85.2	1.19	7890	5290	8.52	6.97	339	350	6.41	

续表

类别	型号（高度×宽度）(mm×mm)	截面尺寸(mm)					截面面积(cm^2)	理论重量(kg/m)	表面积(m^2/m)	惯性矩(cm^4)		回转半径(cm)		截面模量(cm^3)		重心 C_x(cm)	对应H型钢系列型号
		h	B	t_1	t_2	r				I_x	I_y	i_x	i_y	W_x	W_y		
TN	50×50	50	50	5	7	8	5.920	4.65	0.193	11.8	7.39	1.41	1.11	3.18	2.950	1.28	100×50
	62.5×60	62.5	60	6	8	8	8.340	6.55	0.238	27.5	14.6	1.81	1.32	5.96	4.85	1.64	125×60
	75×75	75	75	5	7	8	8.920	7.00	0.293	42.6	24.7	2.18	1.66	7.46	6.59	1.79	150×75
	87.5×90	85.5	89	4	6	8	8.790	6.90	0.342	53.7	35.3	2.47	2.00	8.02	7.94	1.86	175×90
		87.5	90	5	8	8	11.44	8.98	0.348	70.6	48.7	2.48	2.06	10.4	10.8	1.93	
	100×100	99	99	4.5	7	8	11.34	8.90	0.389	93.5	56.7	2.87	2.23	12.1	11.5	2.17	200×100
		100	100	5.5	8	8	13.33	10.5	0.393	114	66.9	2.92	2.23	14.8	13.4	2.31	
	125×125	124	124	5	8	8	15.99	12.6	0.489	207	127	3.59	2.82	21.3	20.5	2.66	250×125
		125	125	6	9	8	18.48	14.5	0.493	248	147	3.66	2.81	25.6	23.5	2.81	
	150×150	149	149	5.5	8	13	20.40	16.0	0.58	393	221	4.39	3.29	33.8	29.7	3.26	300×150
		150	150	6.5	9	13	23.39	18.4	0.589	464	254	4.45	3.29	40.0	33.8	3.41	
	175×175	173	174	6	9	13	26.22	20.6	0.683	679	396	5.08	3.88	50.0	45.5	3.72	350×175
		175	175	7	11	13	31.45	24.7	0.689	814	492	5.08	3.95	59.3	56.2	3.76	
	200×200	198	199	7	11	13	35.70	28.0	0.783	1190	723	5.77	4.50	76.4	72.7	4.20	400×200
		200	200	8	13	13	41.68	32.7	0.789	1390	868	5.78	4.56	88.6	86.8	4.26	

续表

类别	型号(高度×宽度)(mm×mm)	截面尺寸(mm)					截面面积(cm^2)	理论重量(kg/m)	表面积(m^2/m)	惯性矩(cm^4)		回转半径(cm)		截面模量(cm^3)		重心 C_x(cm)	对应H型钢系列型号
		h	B	t_1	t_2	r				I_x	I_y	i_x	i_y	W_x	W_y		
TN	225×150	223	150	7	12	13	33.49	26.3	0.735	1570	338	6.84	3.17	93.7	45.1	5.54	450×150
		225	151	8	14	13	38.74	30.4	0.741	1830	403	6.87	3.22	108	53.4	5.62	
	225×200	223	199	8	12	13	41.48	32.6	0.833	1870	789	6.71	4.36	109	79.3	5.15	450×200
		225	200	9	14	13	47.71	37.5	0.839	2150	935	6.71	4.42	124	93.5	5.19	
	237.5×150	235	150	7	13	13	35.76	28.1	0.759	1850	367	7.18	3.20	104	48.9	7.50	475×150
		237.5	151.5	8.5	15.5	13	43.07	33.8	0.767	2270	451	7.25	3.23	128	59.5	7.57	
		241	153.5	10.5	19	13	53.20	41.8	0.778	2860	575	7.33	3.28	160	75.0	7.67	
	250×150	246	150	7	12	13	35.10	27.6	0.781	2060	339	7.66	3.10	113	45.1	6.36	500×150
		250	152	9	16	13	46.10	36.2	0.793	2750	470	7.71	3.19	149	61.9	6.53	
		252	153	10	18	13	51.66	40.6	0.799	3100	540	7.74	3.23	167	70.5	6.62	
	250×200	248	199	9	14	13	49.64	39.0	0.883	2820	921	7.54	4.30	150	92.6	5.97	500×200
		250	200	10	16	13	56.12	44.1	0.889	3200	1070	7.54	4.36	169	107	6.03	
		253	201	11	19	13	64.65	50.8	0.897	3660	1290	7.52	4.46	189	128	6.00	
	275×200	273	199	9	14	13	51.89	40.7	0.933	3690	921	8.43	4.21	180	92.6	6.85	550×200
		275	200	10	16	13	58.62	46.0	0.939	4180	1070	8.44	4.27	203	107	6.89	

续表

类别	型号（高度×宽度）（mm×mm）	截面尺寸（mm）					截面面积（cm^2）	理论重量（kg/m）	表面积（m^2/m）	惯性矩（cm^4）		回转半径（cm）		截面模量（cm^3）		重心 C_x（cm）	对应H型钢系列型号
		h	B	t_1	t_2	r				I_x	I_y	i_x	i_y	W_x	W_y		
TN	300×200	298	199	10	15	13	58.87	46.2	0.983	5150	988	9.35	4.09	235	99.3	7.92	600×200
		300	200	11	17	13	65.85	51.7	0.989	5770	1140	9.35	4.15	262	114	7.95	
		303	201	12	20	13	74.88	58.8	0.997	6530	1360	9.33	4.25	291	135	7.88	
	312.5×200	312.5	198.5	13.5	17.5	13	75.28	59.1	1.01	7460	1150	9.95	3.90	338	116	9.15	625×200
		315	200	15	20	13	84.97	66.7	1.02	8470	1340	9.98	3.97	380	134	9.21	
		319	202	17	24	13	99.35	78.0	1.03	9960	1160	10.0	4.08	440	165	9.26	
	325×300	323	299	12	18	18	91.81	72.1	1.23	8570	4020	9.66	6.61	344	269	7.36	650×300
		325	300	13	20	18	101.0	79.3	1.23	9430	4510	9.66	6.67	376	300	7.40	
		327	301	14	22	18	110.3	86.59	1.24	10300	5010	9.66	6.73	408	333	7.45	
	350×300	346	300	13	20	18	103.8	81.5	1.28	11300	4510	10.4	6.59	424	301	8.09	700×300
		350	300	13	24	18	115.8	90.9	1.28	12000	5410	10.2	6.83	438	361	7.63	
	400×300	396	300	14	22	18	119.8	94.0	1.38	17600	4960	12.1	6.43	592	331	9.78	800×300
		400	300	14	26	18	131.8	103	1.38	18700	5860	11.9	6.66	610	391	9.27	
	450×300	445	299	15	23	18	133.5	105	1.47	25900	5140	13.9	6.20	789	344	11.7	900×300
		450	300	16	28	18	152.9	120	1.48	29100	6320	13.8	6.42	865	421	11.4	
		456	302	18	34	18	180.0	141	1.50	34100	7830	13.8	6.59	997	518	11.3	

附录二

角钢的组合截面特性

一、两个热轧等边角钢的组合截面特性

按《热轧型钢》GB/T 706—2016，两个热轧等边角钢的组合截面特性，部分示例，见附表 2.1。

I—截面惯性矩；

W—截面模量；

i—截面回转半径。

附表 2.1

角钢型号	截面面积 A (cm^2)	每米重量 (kg/m)	截面特性													
			$x-x$ 轴				$y-y$ 轴 当 a（mm）为									
							0		4		6		8		10	
			I_x (cm^4)	W_{xmax} (cm^3)	W_{xmin} (cm^3)	i_x (cm)	W_y (cm^3)	i_y (cm)	W_y (cm^3)	i_y (cm)	W_y (cm^3)	i_y (cm)	W_y (cm^3)	i_y (cm)	W_y (cm^3)	i_y (cm)
2L45×3	5.318	4.18	10.34	8.48	3.15	1.40	4.06	1.85	4.48	1.99	4.71	2.06	4.96	2.14	5.21	2.21
2L45×4	6.972	5.48	13.30	10.56	4.10	1.38	5.42	1.87	5.99	2.01	6.31	2.08	6.64	2.16	6.98	2.24
2L45×5	8.584	6.74	16.08	12.37	5.02	1.37	6.80	1.89	7.53	2.03	7.93	2.11	8.34	2.18	8.78	2.26
2L45×6	10.154	7.98	18.66	14.03	5.89	1.36	8.14	1.90	9.03	2.04	9.51	2.12	10.01	2.20	10.53	2.28
2L50×3	5.942	4.66	14.36	10.72	3.92	1.55	5.01	2.05	5.47	2.19	5.72	2.26	5.99	2.33	6.27	2.41
2L50×4	7.794	6.12	18.52	13.42	5.12	1.54	6.67	2.07	7.30	2.21	7.64	2.28	8.00	2.35	8.38	2.43
2L50×5	9.606	7.54	22.40	15.77	6.26	1.53	8.35	2.09	9.16	2.23	9.59	2.30	10.04	2.38	10.51	2.45
2L50×6	11.376	8.92	26.20	17.95	7.40	1.52	10.09	2.11	11.07	2.25	11.59	2.32	12.14	2.40	12.71	2.48
2L56×3	6.686	5.24	20.40	13.78	4.95	1.75	6.26	2.29	6.77	2.42	7.05	2.49	7.34	2.57	7.64	2.64
2L56×4	8.780	6.90	26.40	17.25	6.49	1.73	8.38	2.31	9.08	2.45	9.46	2.52	9.85	2.59	10.26	2.67
2L56×5	10.830	8.50	32.00	20.38	7.94	1.72	10.48	2.33	11.37	2.47	11.84	2.54	12.34	2.61	12.85	2.69
2L56×6	12.840	10.08	37.40	23.23	9.37	1.71	12.62	2.35	13.70	2.49	14.28	2.56	14.88	2.64	15.50	2.71
2L56×7	14.808	11.62	42.40	25.85	10.71	1.69	14.68	2.36	15.95	2.50	16.63	2.57	17.34	2.65	18.07	2.73
2L56×8	16.734	13.14	47.20	28.10	12.04	1.68	16.86	2.38	18.34	2.52	19.12	2.60	19.93	2.67	20.77	2.75

续表

角钢型号	截面面积 A (cm^2)	每米重量 (kg/m)	截面特性													
			$x-x$ 轴				$y-y$ 轴									
							当 a(mm)为									
			I_x (cm^4)	W_{xmax} (cm^3)	W_{xmin} (cm^3)	i_x (cm)	0		4		6		8		10	
							W_y (cm^3)	i_y (cm)	W_y (cm^3)	i_y (cm)	W_y (cm^3)	i_y (cm)	W_y (cm^3)	i_y (cm)	W_y (cm^3)	i_y (cm)
2L60×5	11.658	9.16	39.80	23.83	9.19	1.85	12.05	2.49	12.99	2.63	13.50	2.70	14.02	2.77	14.57	2.85
2L60×6	13.828	10.86	46.80	27.53	10.88	1.83	14.46	2.50	15.60	2.64	16.21	2.72	16.84	2.79	17.50	2.87
2L60×7	15.954	12.52	52.80	30.34	12.39	1.82	16.85	2.52	18.20	2.66	18.92	2.73	19.67	2.81	20.44	2.89
2L60×8	18.040	14.16	59.00	33.15	13.98	1.81	19.36	2.54	20.92	2.68	21.75	2.76	22.61	2.83	23.50	2.91
2L63×4	9.956	7.82	38.00	22.35	8.26	1.96	10.60	2.59	11.38	2.73	11.79	2.80	12.22	2.87	12.67	2.94
2L63×5	12.286	9.64	46.40	26.67	10.18	1.94	13.27	2.61	14.25	2.75	14.78	2.82	15.32	2.89	15.89	2.97
2L63×6	14.576	11.44	54.20	30.45	11.99	1.93	15.93	2.62	17.13	2.76	17.77	2.84	18.43	2.91	19.11	2.99
2L63×7	16.824	13.20	61.80	33.96	13.79	1.92	18.66	2.64	20.07	2.78	20.82	2.86	21.60	2.93	22.40	3.01
2L63×8	19.030	14.94	69.00	37.30	15.51	1.90	21.29	2.65	22.92	2.80	23.78	2.87	24.68	2.95	25.60	3.02
2L63×10	23.320	18.30	82.20	42.59	18.81	1.88	26.84	2.69	28.92	2.84	30.03	2.92	31.16	2.99	32.34	3.07
2L70×4	11.140	8.74	52.80	28.39	10.27	2.18	13.05	2.86	13.90	3.00	14.35	3.07	14.82	3.14	15.31	3.21
2L70×5	13.752	10.80	64.40	33.72	12.65	2.16	16.37	2.89	17.45	3.02	18.02	3.09	18.62	3.17	19.24	3.24
2L70×6	16.320	12.82	75.60	38.77	14.97	2.15	19.67	2.90	20.98	3.04	21.67	3.11	22.40	3.19	23.14	3.26
2L70×7	18.848	14.80	86.20	43.32	17.21	2.14	22.98	2.92	24.53	3.06	25.35	3.13	26.20	3.21	27.07	3.28
2L70×8	21.340	16.74	96.40	47.49	19.40	2.12	26.33	2.94	28.13	3.08	29.08	3.15	30.06	3.23	31.07	3.30
2L75×5	14.824	11.64	80.00	39.22	14.65	2.33	18.89	3.09	20.05	3.23	20.66	3.30	21.30	3.37	21.95	3.44
2L75×6	17.594	13.82	94.00	45.41	17.31	2.31	22.59	3.10	23.98	3.24	24.72	3.31	25.49	3.38	26.28	3.46
2L75×7	20.320	15.96	107.20	50.81	19.89	2.30	26.36	3.12	28.00	3.26	28.87	3.33	29.77	3.40	30.70	3.48
2L75×8	23.000	18.06	120.00	55.81	22.43	2.28	30.18	3.14	32.08	3.28	33.08	3.35	34.12	3.42	35.19	3.50
2L75×9	25.660	20.20	132.20	60.64	24.85	2.27	33.89	3.15	36.05	3.29	37.18	3.36	38.35	3.44	39.56	3.51
2L75×10	28.260	22.20	144.00	64.86	27.27	2.26	37.77	3.17	40.20	3.31	41.47	3.38	42.78	3.46	44.13	3.53

二、两个热轧不等边角钢（两短边相连）的组合截面特性

按《热轧型钢》GB/T 706—2016，两个热轧不等边角钢（两短边相连）的组合截面特性，部分示例，见附表 2.2。

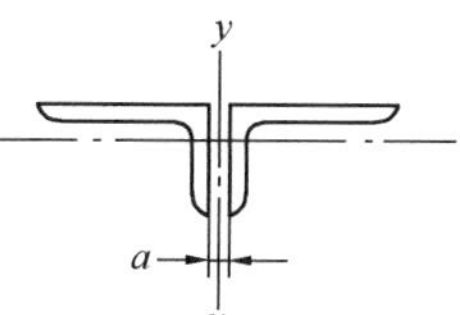

I—截面惯性矩；

W—截面模量；

i—截面回转半径。

附表 2.2

角钢型号	截面面积 A (cm^2)	每米重量 (kg/m)	截面特性													
			x—x 轴				y—y 轴									
							当 a (mm) 为									
							0		4		6		8		10	
			I_x (cm^4)	W_{xmax} (cm^3)	W_{xmin} (cm^3)	i_x (cm)	W_y (cm^3)	i_y (cm)	W_y (cm^3)	i_y (cm)	W_y (cm^3)	i_y (cm)	W_y (cm^3)	i_y (cm)	W_y (cm^3)	i_y (cm)
2L45×28×3	4.298	3.38	2.68	4.19	1.24	0.79	4.04	2.06	4.44	2.20	4.66	2.28	4.88	2.36	5.12	2.44
2L45×28×4	5.612	4.40	3.40	5.00	1.60	0.78	5.37	2.08	5.91	2.23	6.20	2.30	6.50	2.38	6.81	2.46
2L50×32×3	4.862	3.82	4.04	5.53	1.64	0.91	4.99	2.26	5.43	2.41	5.67	2.49	5.91	2.56	6.17	2.64
2L50×32×4	6.354	4.98	5.16	6.70	2.12	0.90	6.67	2.29	7.27	2.44	7.59	2.52	7.92	2.59	8.26	2.67
2L56×36×3	5.486	4.30	5.84	7.30	2.09	1.03	6.28	2.53	6.77	2.68	7.03	2.75	7.31	2.83	7.59	2.90
2L56×36×4	7.180	5.64	7.52	8.85	2.73	1.02	8.35	2.55	9.02	2.70	9.37	2.77	9.73	2.85	10.11	2.93
2L56×36×5	8.830	6.94	8.89	10.20	3.30	1.01	10.48	2.58	11.32	2.73	11.76	2.80	12.22	2.88	12.69	2.96

续表

角钢型号	截面面积 A (cm²)	每米重量 (kg/m)	截面特性													
			$x-x$ 轴				$y-y$ 轴									
							当 a (mm) 为									
			I_x (cm⁴)	W_{xmax} (cm³)	W_{xmin} (cm³)	i_x (cm)	0		4		6		8		10	
							W_y (cm³)	i_y (cm)	W_y (cm³)	i_y (cm)	W_y (cm³)	i_y (cm)	W_y (cm³)	i_y (cm)	W_y (cm³)	i_y (cm)
2L63×40×4	8.116	6.38	10.46	11.37	3.40	1.14	10.60	2.87	11.34	3.01	11.73	3.09	12.14	3.17	12.55	3.24
2L63×40×5	9.986	7.84	12.62	13.28	4.14	1.12	13.21	2.89	14.14	3.03	14.63	3.11	15.14	3.19	15.66	3.27
2L63×40×6	11.816	9.28	14.58	14.73	4.84	1.11	15.86	2.91	16.98	3.06	17.58	3.13	18.18	3.21	18.81	3.29
2L63×40×7	13.604	10.68	16.48	16.00	5.55	1.10	18.39	2.92	19.71	3.07	20.40	3.15	21.11	3.22	21.84	3.30
2L70×45×4	9.106	7.14	15.10	14.80	4.34	1.29	13.16	3.18	13.97	3.32	14.40	3.40	14.85	3.47	15.30	3.55
2L70×45×5	11.218	8.80	18.26	17.23	5.31	1.28	16.33	3.19	17.36	3.34	17.9	3.41	18.46	3.49	19.03	3.57
2L70×45×6	13.288	10.44	21.2	19.45	6.22	1.26	19.5	3.21	20.75	3.35	21.40	3.43	22.07	3.51	22.76	3.58
2L70×45×7	15.316	12.02	24.00	21.24	7.12	1.25	22.81	3.23	24.27	3.38	25.04	3.45	25.82	3.53	26.62	3.61
2L75×50×5	12.252	9.62	25.20	21.54	6.58	1.44	18.72	3.38	19.82	3.53	20.40	3.60	20.99	3.68	21.60	3.76
2L75×50×6	14.520	11.40	29.40	24.30	7.76	1.42	22.49	3.41	23.82	3.55	24.51	3.63	25.23	3.70	25.96	3.78
2L75×50×8	18.934	14.86	37.00	28.68	9.97	1.40	30.01	3.45	31.80	3.60	32.74	3.67	33.70	3.75	34.69	3.83
2L75×50×10	23.180	18.20	44.00	32.35	12.09	1.38	37.61	3.49	39.89	3.64	41.07	3.72	42.28	3.80	43.52	3.88
2L80×50×5	12.752	10.00	25.60	22.46	6.63	1.42	21.28	3.65	22.44	3.80	23.04	3.87	23.66	3.95	24.30	4.02
2L80×50×6	15.120	11.86	30.00	25.42	7.85	1.41	25.65	3.68	27.05	3.83	27.78	3.91	28.53	3.98	29.30	4.06
2L80×50×7	17.448	13.70	34.00	28.10	8.97	1.39	29.83	3.70	31.48	3.85	32.34	3.92	33.21	4.00	34.11	4.08
2L80×50×8	19.734	15.50	37.80	30.24	10.08	1.38	34.08	3.72	35.98	3.87	36.96	3.94	37.97	4.02	39.00	4.10

三、两个热轧不等边角钢（两长边相连）的组合截面特性

按《热轧型钢》GB/T 706—2016，两个热轧不等边角钢（两长边相连）的组合截面特性，部分示例，见附表 2.3。

I—截面惯性矩；

W—截面模量；

i—截面回转半径。

附表 2.3

角钢型号	截面面积 A (cm^2)	每米重量 (kg/m)	截面特性													
			$x-x$ 轴				$y-y$ 轴									
							当 a (mm) 为									
							0		4		6		8		10	
			I_x (cm^4)	W_{xmax} (cm^3)	W_{xmin} (cm^3)	i_x (cm)	W_y (cm^3)	i_y (cm)	W_y (cm^3)	i_y (cm)	W_y (cm^3)	i_y (cm)	W_y (cm^3)	i_y (cm)	W_y (cm^3)	i_y (cm)
2L45×28×3	4.298	3.38	8.90	6.05	2.94	1.44	1.59	1.02	1.90	1.15	2.09	1.23	2.29	1.31	2.50	1.39
2L45×28×4	5.612	4.40	11.38	7.54	3.81	1.42	2.14	1.03	2.58	1.17	2.84	1.25	3.11	1.33	3.40	1.41
2L50×32×3	4.862	3.82	12.48	7.80	3.67	1.60	2.07	1.17	2.43	1.30	2.63	1.38	2.85	1.45	3.08	1.53
2L50×32×4	6.354	4.98	16.04	9.72	4.79	1.59	2.79	1.19	3.28	1.32	3.55	1.40	3.85	1.48	4.16	1.56

续表

角钢型号	截面面积 A (cm²)	每米重量 (kg/m)	截面特性													
			x—x 轴				y—y 轴 当 a (mm) 为									
							0		4		6		8		10	
			I_x (cm⁴)	W_{xmax} (cm³)	W_{xmin} (cm³)	i_x (cm)	W_y (cm³)	i_y (cm)	W_y (cm³)	i_y (cm)	W_y (cm³)	i_y (cm)	W_y (cm³)	i_y (cm)	W_y (cm³)	i_y (cm)
2L56×36×3	5.486	4.30	17.76	9.98	4.65	1.80	2.60	1.31	2.98	1.44	3.20	1.51	3.43	1.58	3.69	1.66
2L56×36×4	7.180	5.64	23.00	12.64	6.08	1.79	3.53	1.33	4.06	1.47	4.36	1.54	4.68	1.62	5.03	1.69
2L56×36×5	8.830	6.94	27.80	14.87	7.45	1.77	4.39	1.34	5.07	1.48	5.46	1.55	5.86	1.63	6.29	1.71
2L63×40×4	8.116	6.38	33.00	16.18	7.75	2.02	4.33	1.46	4.91	1.59	5.24	1.67	5.59	1.74	5.96	1.82
2L63×40×5	9.986	7.84	40.00	19.23	9.48	2.00	5.41	1.47	6.15	1.61	6.56	1.68	7.00	1.76	7.47	1.83
2L63×40×6	11.816	9.28	46.80	22.08	11.20	1.96	6.54	1.49	7.46	1.63	7.96	1.70	8.50	1.78	9.07	1.86
2L63×40×7	13.604	10.68	53.00	24.65	12.77	1.98	7.73	1.51	8.82	1.65	9.43	1.73	10.07	1.80	10.74	1.88
2L70×45×4	9.106	7.14	46.40	20.71	9.75	2.26	5.46	1.64	6.10	1.77	6.45	1.84	6.83	1.92	7.23	1.99
2L70×45×5	11.218	8.80	56.00	24.56	11.86	2.23	6.86	1.66	7.67	1.79	8.13	1.86	8.61	1.94	9.11	2.02
2L70×45×6	13.288	10.44	65.00	28.02	13.89	2.21	8.22	1.67	9.22	1.81	9.77	1.88	10.35	1.95	10.96	2.03
2L70×45×7	15.316	12.02	74.40	31.53	16.03	2.20	9.68	1.69	10.87	1.83	11.52	1.90	12.21	1.98	12.94	2.06
2L75×50×5	12.252	9.62	69.80	29.08	13.69	2.39	8.39	1.85	9.27	1.98	9.75	2.05	10.26	2.13	10.79	2.20
2L75×50×6	14.520	11.40	82.20	33.69	16.25	2.38	10.13	1.87	11.21	2.00	11.79	2.07	12.41	2.15	13.07	2.22
2L75×50×8	18.934	14.86	104.80	41.59	21.04	2.35	13.70	1.90	15.20	2.04	16.01	2.12	16.87	2.19	17.76	2.27
2L75×50×10	23.180	18.20	125.40	48.23	25.59	2.33	17.37	1.94	19.31	2.08	20.35	2.16	21.44	2.24	22.58	2.31

续表

角钢型号	截面面积 A (cm^2)	每米重量 (kg/m)	截面特性													
			$x-x$ 轴				$y-y$ 轴									
							当 a (mm) 为									
							0		4		6		8		10	
			I_x (cm^4)	W_{xmax} (cm^3)	W_{xmin} (cm^3)	i_x (cm)	W_y (cm^3)	i_y (cm)	W_y (cm^3)	i_y (cm)	W_y (cm^3)	i_y (cm)	W_y (cm^3)	i_y (cm)	W_y (cm^3)	i_y (cm)
2L80×50×5	12.752	10.00	84.00	32.31	15.56	2.56	8.43	1.82	9.33	1.95	9.82	2.02	10.34	2.09	10.89	2.17
2L80×50×6	15.120	11.86	99.00	37.36	18.50	2.56	10.21	1.84	11.31	1.97	11.91	2.04	12.55	2.12	13.21	2.19
2L80×50×7	17.448	13.70	112.40	41.78	21.17	2.54	11.91	1.85	13.21	1.98	13.92	2.06	14.67	2.13	15.46	2.21
2L80×50×8	19.734	15.50	125.60	46.01	23.83	2.52	13.73	1.86	15.25	2.00	16.08	2.08	16.95	2.15	17.86	2.23
2L90×56×5	14.424	11.32	121.00	41.58	19.87	2.90	10.56	2.02	11.54	2.15	12.08	2.22	12.64	2.29	13.24	2.37
2L90×56×6	17.114	13.44	142.00	48.14	23.47	2.88	12.73	2.04	13.93	2.17	14.59	2.24	15.28	2.31	16.01	2.39
2L90×56×7	19.762	15.52	162.00	54.00	27.00	2.86	14.96	2.06	16.39	2.19	17.17	2.26	17.99	2.34	18.85	2.41
2L90×56×8	22.360	17.56	182.00	59.87	30.54	2.85	17.10	2.07	18.76	2.21	19.66	2.28	20.61	2.35	21.60	2.43
2L100×63×6	19.236	15.10	198.20	61.17	29.32	3.21	16.05	2.29	17.37	2.42	18.09	2.49	18.84	2.56	19.53	2.63
2L100×63×7	22.220	17.44	226.00	68.90	33.63	3.20	18.83	2.31	20.40	2.44	21.24	2.51	22.13	2.58	23.06	2.66
2L100×63×8	25.160	19.76	254.00	76.51	38.02	3.18	21.49	2.32	23.31	2.45	24.29	2.52	25.32	2.60	26.39	2.67
2L100×63×10	30.940	24.20	308.00	90.59	46.67	3.15	27.21	2.35	29.57	2.49	30.84	2.56	32.16	2.64	33.54	2.71
2L100×80×6	21.280	16.70	214.00	72.54	30.35	3.17	25.62	3.10	27.15	3.23	27.96	3.30	28.80	3.37	29.67	3.44
2L100×80×7	24.600	19.32	246.00	82.00	35.14	3.16	29.95	3.12	31.75	3.25	32.71	3.32	33.70	3.39	34.73	3.46
2L100×80×8	27.880	21.80	276.00	90.79	39.66	3.14	34.30	3.14	36.38	3.27	37.49	3.34	38.64	3.41	39.82	3.48
2L100×80×10	34.340	27.00	334.00	107.05	48.55	3.12	43.15	3.17	45.83	3.31	47.25	3.38	48.72	3.45	50.23	3.53

续表

角钢型号	截面面积 A (cm^2)	每米重量 (kg/m)	截面特性													
			x—x 轴				y—y 轴									
							当 a (mm) 为									
							0		4		6		8		10	
			I_x (cm^4)	W_{xmax} (cm^3)	W_{xmin} (cm^3)	i_x (cm)	W_y (cm^3)	i_y (cm)	W_y (cm^3)	i_y (cm)	W_y (cm^3)	i_y (cm)	W_y (cm^3)	i_y (cm)	W_y (cm^3)	i_y (cm)
2L110×70×6	21.280	16.70	266.00	75.35	35.61	3.54	19.75	2.55	21.18	2.68	21.95	2.74	22.75	2.81	23.60	2.88
2L110×70×7	24.600	19.32	306.00	85.71	41.18	3.53	23.11	2.56	24.80	2.69	25.72	2.76	26.67	2.83	27.67	2.90
2L110×70×8	27.880	21.80	344.00	95.03	46.61	3.51	26.53	2.58	28.50	2.71	29.56	2.78	30.67	2.85	31.82	2.93
2L110×70×10	34.340	27.00	416.00	112.43	56.99	3.48	33.34	2.61	35.89	2.74	37.25	2.81	38.67	2.89	40.14	2.96
2L125×80×7	28.200	22.20	456.00	113.72	53.71	4.02	30.02	2.92	31.90	3.05	32.91	3.11	33.96	3.18	35.06	3.25
2L125×80×8	31.980	25.20	514.00	126.60	60.90	4.01	34.41	2.93	36.60	3.06	37.77	3.13	38.98	3.20	40.25	3.27
2L125×80×10	39.420	31.00	624.00	150.72	74.64	3.98	43.41	2.97	46.24	3.10	47.74	3.17	49.31	3.24	50.92	3.31
2L125×80×12	46.700	36.60	728.00	172.51	87.92	3.95	52.60	3.00	56.10	3.14	57.96	3.21	59.88	3.28	61.87	3.36
2L140×90×8	36.080	28.40	732.00	162.67	77.05	4.50	43.57	3.30	45.98	3.42	47.26	3.49	48.60	3.56	49.98	3.63
2L140×90×10	44.520	35.00	892.00	194.76	94.69	4.47	53.34	3.28	56.48	3.42	58.14	3.49	59.86	3.56	61.64	3.63
2L140×90×12	52.800	41.40	1044.00	224.03	111.78	4.44	65.91	3.35	69.74	3.49	71.76	3.56	73.85	3.63	76.01	3.70
2L140×90×14	60.920	47.80	1188.00	250.63	128.29	4.42	77.55	3.38	82.14	3.52	84.56	3.59	87.05	3.67	89.62	3.74

续表

角钢型号	截面面积 A (cm^2)	每米重量 (kg/m)	截面特性													
			$x-x$ 轴				$y-y$ 轴									
							当 a (mm) 为									
							0		4		6		8		10	
			I_x (cm^4)	W_{xmax} (cm^3)	W_{xmin} (cm^3)	i_x (cm)	W_y (cm^3)	i_y (cm)	W_y (cm^3)	i_y (cm)	W_y (cm^3)	i_y (cm)	W_y (cm^3)	i_y (cm)	W_y (cm^3)	i_y (cm)
2L150×90×8	37.680	29.60	884.00	179.67	87.70	4.84	43.58	3.23	46.03	3.35	47.33	3.42	48.69	3.49	50.09	3.55
2L150×90×10	46.520	36.60	1078.00	215.17	107.91	4.81	54.83	3.26	57.99	3.39	59.67	3.45	61.41	3.52	63.21	3.59
2L150×90×12	55.200	43.40	1264.00	248.33	127.55	4.79	66.01	3.28	69.90	3.41	71.96	3.48	74.10	3.55	76.31	3.62
2L150×90×14	63.720	50.00	1442.00	278.92	146.69	4.76	77.82	3.32	82.50	3.45	84.97	3.52	87.53	3.59	90.16	3.67
2L150×90×15	67.900	53.40	1528.00	293.28	156.08	4.74	83.86	3.33	88.94	3.47	91.62	3.54	94.39	3.61	97.24	3.69
2L150×90×16	72.060	56.60	1612.00	307.05	165.33	4.73	89.48	3.34	94.96	3.48	97.84	3.55	100.82	3.63	103.89	3.70
2L160×100×10	50.640	39.80	1338.00	255.34	124.35	5.14	67.32	3.65	70.73	3.77	72.53	3.84	74.40	3.91	76.32	3.98
2L160×100×12	60.100	47.20	1570.00	295.11	147.00	5.11	81.27	3.68	85.48	3.81	87.69	3.88	89.98	3.95	92.34	4.02
2L160×100×14	69.420	54.40	1792.00	331.85	169.06	5.08	95.19	3.70	100.21	3.84	102.85	3.91	105.57	3.98	108.38	4.05
2L160×100×16	78.560	61.60	2000.00	364.96	190.11	5.05	109.89	3.74	115.78	3.88	118.87	3.95	122.04	4.02	125.31	4.09
2L180×110×10	56.740	44.60	1912.00	324.62	157.89	5.80	81.26	3.97	84.95	4.09	86.90	4.16	88.92	4.23	90.99	4.29
2L180×110×12	67.420	53.00	2240.00	374.58	186.36	5.78	98.01	4.00	102.57	4.13	104.97	4.19	107.44	4.26	109.99	4.33
2L180×110×14	77.940	61.20	2580.00	425.74	216.08	5.75	114.80	4.03	120.24	4.16	123.09	4.22	126.03	4.29	129.06	4.36
2L180×110×16	88.280	69.20	2880.00	469.06	242.83	5.72	132.12	4.06	138.50	4.19	141.83	4.26	145.27	4.33	148.79	4.40
2L200×125×12	75.820	59.60	3140.00	480.12	233.28	6.44	125.86	4.56	130.87	4.68	133.50	4.75	136.20	4.81	138.98	4.88
2L200×125×14	87.740	68.80	3600.00	543.81	269.06	6.41	147.60	4.59	153.59	4.72	156.73	4.78	159.94	4.85	163.25	4.92
2L200×125×16	99.480	78.00	4040.00	602.99	303.76	6.38	169.55	4.62	176.56	4.75	180.22	4.82	183.97	4.88	187.82	4.95
2L200×125×18	111.060	87.20	4480.00	660.77	338.88	6.35	191.51	4.64	199.55	4.78	203.74	4.85	208.03	4.92	212.43	4.99

附录三

《建筑桩基技术规范》第一次印刷本问题修改建议

《建筑桩基技术规范》第一次印刷本问题修改建议（正文部分）

附表 3.1

页码	条目	原文	修改建议
15	3.4.6-2	承台和地下室侧墙周围应采用灰土、级配砂石、压实性较好的素土回填，并分层夯实，也可采用素混凝土回填	承台和地下室侧墙周围应采用灰土、级配砂石、压实性较好的素土回填，并分层夯实，也可采用素混凝土或搅拌流动性水泥土回填
22	4.2.1-1	对于墙下条形承台梁，桩的外边缘至承台梁边缘的距离不应小于 75mm，承台的最小厚度不应小于 300mm	对于墙下条形承台梁，桩的外边缘至承台梁边缘的距离不应小于 75mm。承台的最小厚度不应小于 300mm
22	4.2.1-2	高层建筑平板式和梁板式筏形承台的最小厚度不应小于 400mm，墙下布桩的剪力墙结构筏形承台的最小厚度不应小于 200mm	高层建筑平板式和梁板式筏形承台的最小厚度不应小于 400mm，多层建筑墙下布桩筏形承台的最小厚度不应小于 200mm
23	4.2.3-3	条形承台梁的纵向主筋应符合现行国家标准《混凝土结构设计规范》GB 50010 关于最小配筋率的规定（图 4.2.3-c），主筋直径不应小于 12mm，架立筋直径不应小于 10mm，箍筋直径不应小于 6mm	条形承台梁的纵向主筋应符合现行国家标准《混凝土结构设计规范》GB 50010 关于最小配筋率的规定，主筋直径不应小于 12mm，架立筋直径不应小于 10mm，箍筋直径不应小于 6mm（图 4.2.3-c）
24	4.2.6	联系梁	连系梁
29	5.2.5	承台计算域面积对于柱下……围成的面积，按条形承台计算……	承台计算域面积，对于柱下……围成的面积，按单排桩条形承台计算……

续表

页码	条目	原文	修改建议
31	5.3.3	p_{sk2}——桩端……折减后，再计算 p_{sk}	p_{sk2}——桩端……折减后，再按式（5.3.3-2）、式（5.3.3-3）计算 p_{sk}
	表 5.3.3-2	p_{sk}（MPa）	p_{sk2}（MPa）
37	5.3.6 顺第 5 行	对于扩底桩变截面以上 $2d$ 长度范围内不计侧阻力	对于扩底桩的扩大头斜面及变截面以上 $2d$ 长度范围内不计侧阻力
39	5.3.8	当 $h_b/d<5$ 时，$\lambda_p=0.16h_b/d$（5.3.8-2） 当 $h_b/d\geqslant5$ 时，$\lambda_p=0.8$（5.3.8-3）	当 $h_b/d_1<5$ 时，$\lambda_p=0.16h_b/d_1$（5.3.8-2） 当 $h_b/d_1\geqslant5$ 时，$\lambda_p=0.8$（5.3.8-3）
41	表 5.3.10	注：干作业钻、挖孔桩，β_p 按表列值乘以小于 1.0 的折减系数。当桩端持力层为黏性土或粉土时，折减系数取 0.6。为砂土或碎石土时，取 0.8	注：干作业钻、挖孔桩，β_p 按表列值乘以小于 1.0 的折减系数，当桩端持力层为黏性土或粉土时，折减系数取 0.6。为砂土或碎石土时，取 0.8
46	5.4.4-3	表 5.4.4-2，注 3，桩基固结沉降	桩基沉降
53	5.5.11	桩距小，桩数多，沉降速率快时取大值	桩距小，桩数多，沉桩速率快时取大值
61	5.7.3	考虑地震作用且 $s_a/d\leqslant6$ 时：	此行应左移两个空格
		$\eta_h=\eta_i\eta_r+\eta_1$（5.7.3-2）	$\eta_h=\eta_i\eta_r+\eta_l$（5.7.3-2）
		$\eta_1=\dfrac{m\chi_{0a}B'_ch_c^2}{2n_1n_2R_{ha}}$（5.7.3-4）	$\eta_l=\dfrac{m\chi_{0a}B'_ch_c^2}{2n_1n_2R_{ha}}$（5.7.3-4）
		$\eta_b=\dfrac{\mu P_c}{n_1n_2R_h}$（5.7.3-7）	$\eta_b=\dfrac{\mu P_c}{n_1n_2R_{ha}}$（5.7.3-7）

续表

页码	条目	原文	修改建议
62		n_1，n_2——分别为沿水平荷载方向与垂直水平荷载方向每排桩中的桩数	n_1、n_2、n——分别为沿水平荷载方向、垂直水平荷载方向每排桩中的桩数和总桩数
66	表 5.8.4-1	注 3：$l'_0 = l_0 + \varphi_l d_l, h' = h - \varphi_l d_l$	$l'_0 = l_0 + (1-\varphi_l) d_l, h' = h - (1-\varphi_l) d_l$
66	表 5.8.4-1	无注 4	注 4：当存在 $f_{ak} < 25$kPa 的软弱土时，按液化土处理
71	5.9.2-2	三桩承台的正截面弯矩值应符合下列要求：	三桩承台的正截面弯矩值应符合下列要求：
74	5.9.7-3	图 5.9.7 中平面图的 h_0	h_c
80	5.9.10-3	对于锥形承台应对变阶处及柱边处……	对于锥形承台应对柱边处……
82	5.9.13	$+1.25 f_y \frac{A_{sv}}{s} h_0 +$	$+1.25 f_{yv} \frac{A_{sv}}{s} h_0 +$
82	5.9.14	$+ f_y \frac{A_{sv}}{s} h_0$	$+ f_{yv} \frac{A_{sv}}{s} h_0$

《桩规》第一次印刷本问题修改建议（条文说明部分）　附表 3.2

页码	条目	原　文	修改建议
P245，倒数第 1 行	4.2.7	当施工中分层夯实有困难时，可采用素混凝土回填	当施工中分层夯实有困难时，可采用素混凝土回填。此外，用水泥和土按一定比例掺水搅拌后，形成流动性水泥土，是一个较素混凝土更为经济的选择。
P255，倒数第 2 行	5.3.6	G. G. Meyerhof（1998）指出……	G. G. Meyerhof （1988） 指出……

续表

页码	条目	原文	修改建议
P259，倒数第14行	5.3.8	混凝土敞口管桩单桩竖向极限承载力的计算。与实心混凝土预制桩相同的是，桩端阻力由于桩端敞口，类似于钢管桩也存在桩端的土塞效应；不同的是，混凝土管桩壁厚度较钢管桩大得多，计算端阻力时，不能忽略管壁端部提供的端阻力，故分为两部分：一部分为管壁端部的端阻力。另一部分为敞口部分端阻力。对于后者类似于钢管桩的承载机理，考虑桩端土塞效应系数 λ_p，λ_p 随桩端进入持力层的相对深度 h_b/d 而变化（d 为管桩外径）	混凝土敞口空心桩单桩竖向极限承载力的计算。与实心混凝土预制桩相同的是，桩端阻力由于桩端敞口，类似于钢管桩也存在桩端的土塞效应；不同的是，混凝土空心桩壁厚度较钢管桩大得多，计算端阻力时，不能忽略空心桩壁端部提供的端阻力，故分为两部分：一部分为空心桩壁端部的端阻力。另一部分为敞口部分端阻力。对于后者类似于钢管桩的承载机理，考虑桩端土塞效应系数 λ_p，λ_p 随桩端进入持力层的相对深度 h_b/d_1 而变化（d_1 为空心桩内径）
P263，顺数第6行	5.3.9	$=\left[\zeta_s\frac{4h_r}{d}+\zeta_{rp}\right]f_{rk}\cdot\frac{\pi}{4}d^2$	$=\left[\zeta_s\frac{4h_r}{d}+\zeta_p\right]f_{rk}\cdot\frac{\pi}{4}d^2$
P263，顺数第7行		$\zeta_s\frac{4h_r}{d}+\zeta_{rp}=\zeta_r$	$\zeta_s\frac{4h_r}{d}+\zeta_p=\zeta_r$
P264，倒数第2行		5.3.11	5.3.12
P265，顺数第5行	5.3.11	因此，存在3.5m厚非液化覆盖土层时……	因此，存在2.5m厚非液化覆盖土层时……
P278，顺数第12行	5.5.14	关于土的泊松比 ν 的取值。土的泊松比 ν=0.25～0.42；鉴于对计算结果不敏感，故统一取 ν=0.35计算应力系数。	关于土的泊松比 μ 的取值。土的泊松比 μ=0.25～0.42；鉴于对计算结果不敏感，故统一取 μ=0.35计算应力系数。
P291，倒数第9行	5.6.2	v=0.4	ν=0.4